全国高等教育自学考试指定教材

线性代数(工)

（含：线性代数（工）自学考试大纲）

(2023 年版)

全国高等教育自学考试指导委员会　组编

申亚男　卢　刚　主编

北京大學出版社
PEKING UNIVERSITY PRESS

图书在版编目(CIP)数据

线性代数：工：2023年版 / 申亚男，卢刚主编. — 北京：北京大学出版社，2023.10
全国高等教育自学考试指定教材
ISBN 978-7-301-34409-5

Ⅰ. ①线… Ⅱ. ①申… ②卢… Ⅲ. ①线性代数 – 高等教育 – 自学考试 – 教材 Ⅳ. ①O151.2

中国国家版本馆 CIP 数据核字(2023)第 174790 号

书　　名	线性代数（工）（2023年版） XIANXING DAISHU（GONG）（2023 NIAN BAN）
著作责任者	申亚男　卢　刚　主编
责任编辑	潘丽娜
标准书号	ISBN 978-7-301-34409-5
出版发行	北京大学出版社
地　　址	北京市海淀区成府路205号　100871
网　　址	http://www.pup.cn　　新浪微博：@北京大学出版社
电子邮箱	zpup@pup.cn
电　　话	邮购部 010-62752015　发行部 010-62750672　编辑部 010-62752021
印 刷 者	河北文福旺印刷有限公司
经 销 者	新华书店
	787毫米×1092毫米　16开本　13.25印张　348千字
	2023年10月第1版　2023年10月第1次印刷
定　　价	42.00元

组编前言

21世纪是一个变幻难测的世纪，是一个催人奋进的时代.科学技术飞速发展，知识更替日新月异.希望、困惑、机遇、挑战，随时随地都有可能出现在每一个社会成员的生活之中.抓住机遇，寻求发展，迎接挑战，适应变化的制胜法宝就是学习——依靠自己学习、终身学习.

作为我国高等教育组成部分的自学考试，其职责就是在高等教育这个水平上倡导自学、鼓励自学、帮助自学、推动自学，为每一个自学者铺就成才之路.组织编写供读者学习的教材就是履行这个职责的重要环节.毫无疑问，这种教材应当适合自学，应当有利于学习者掌握和了解新知识、新信息，有利于学习者增强创新意识，培养实践能力，形成自学能力，也有利于学习者学以致用，解决实际工作中所遇到的问题.具有如此特点的书，我们虽然沿用了“教材”这个概念，但它与那种仅供教师讲、学生听，教师不讲、学生不懂，以“教”为中心的教科书相比，已经在内容安排、编写体例、行文风格等方面都大不相同了.希望读者对此有所了解，以便从一开始就树立起依靠自己学习的坚定信念，不断探索适合自己的学习方法，充分利用自己已有的知识基础和实际工作经验，最大限度地发挥自己的潜能，达到学习的目标.

欢迎读者提出意见和建议.

祝每一位读者自学成功.

全国高等教育自学考试指导委员会

2022年8月

目　　录

线性代数(工)自学考试大纲

线性代数(工)(2023年版)

全国高等教育自学考试

线性代数(工)
自学考试大纲

全国高等教育自学考试指导委员会　制定

大纲前言

为了适应社会主义现代化建设事业的需要，鼓励自学成才，我国在20世纪80年代初建立了高等教育自学考试制度.高等教育自学考试是个人自学、社会助学和国家考试相结合的一种高等教育形式.应考者通过规定的专业考试课程并经思想品德鉴定达到毕业要求的，可获得毕业证书；国家承认学历并按照规定享有与普通高等学校毕业生同等的有关待遇.经过30多年的发展，高等教育自学考试为国家培养造就了大批专门人才.

课程自学考试大纲是国家规范自学者学习范围、要求和考试标准的文件.它是按照专业考试计划的要求，具体指导个人自学、社会助学、国家考试、编写教材、编写自学辅导书的依据.

随着经济社会的快速发展，新的法律法规不断出台，科技成果不断涌现，原大纲中有些内容过时、知识陈旧.为更新教育观念，深化教学内容和方式、考试制度、质量评价制度改革，使自学考试更好地提高人才培养的质量，各专业委员会按照专业考试计划的要求，对原课程自学考试大纲组织了修订或重编.

修订后的大纲，在层次上，本科参照一般普通高校本科水平，专科参照一般普通高校专科或高职院校的水平；在内容上，力图反映学科的发展变化，增补了自然科学和社会科学近年来研究的成果，对明显陈旧的内容进行了删减.

全国高等教育自学考试指导委员会公共课课程指导委员会组织制定了《线性代数（工）自学考试大纲》，经教育部批准，现颁发施行.各地教育部门、考试机构应认真贯彻执行.

全国高等教育自学考试指导委员会

2018年10月

Ⅰ. 课程性质与课程目标

一、课程的性质和特点

线性代数课程是高等教育自学考试工科类专业独立本科段考试计划中一门重要的基础理论课,它是为培养满足工科类专业高等本科人才的需要而设置的. 线性代数是研究有限维空间线性理论的一门学科,由于线性问题广泛存在于科学技术的各个领域,而且线性问题的处理方法又是许多非线性问题处理方法的基础,因此,本课程所介绍的方法广泛地应用于各个学科. 尤其在计算机的使用日益普及的今天,该课程的地位和作用更显得重要.

二、课程目标

通过本课程的自学,使考生系统地学习并获得有关行列式、矩阵、n 维向量、线性方程组、矩阵的特征值与特征向量、实二次型的基本知识、必要的基本理论和常用的基本方法.

在自学过程中,要求考生切实理解并掌握有关内容的基本概念、基本理论和基本方法,通过学习使自己具有较为熟练的运算能力,能够运用所学的基本概念和基本方法分析和解决相关问题. 在此过程中,希望考生注意培养自己的抽象思维能力和逻辑推理能力,不断提高自学能力,并为后继课程的学习提供必要的数学基础.

三、与相关课程的联系和区别

1. 与解析几何的联系

线性代数的某些内容与解析几何有着密切的联系,例如向量空间和几何空间、二次型与二次曲面的联系,特别是向量空间 $\mathbf{R}^n$ 中向量的线性运算、向量的线性表出、向量组线性相关或线性无关、向量的内积、向量的长度、向量的正交等概念,都可以在几何空间中找到.

2. 与有关后继课程的联系

线性代数是工科类有关专业自学考试计划中技术基础课与专业课的先修课程,它与后继课程有着十分密切的联系,在建立数学模型和数值计算中起着非常重要的作用. 因此,学好线性代数,奠定一定的数学基础,对以后的学习无疑是十分必要的.

四、课程的重点和难点

本课程的重点是前 5 章:行列式,矩阵,向量空间,线性方程组和矩阵的相似对角化.

本课程的难点主要集中在第 3 章向量空间. 其中有关向量组线性相关或线性无关的概念和结论、向量组的极大无关组和向量组的秩、向量组的秩与矩阵的秩的关系等,都是初学者较难掌握的内容. 此外,行列式的计算、矩阵的初等变换与初等矩阵、矩阵可逆的几个充要条件、齐次线性方程组的基础解系、矩阵的特征值和特征向量的计算与性质、方阵的对角化、实二次型的正定性等,也都是初学者可能会感到比较困难的地方.

Ⅱ. 考 核 目 标

本大纲在考核目标中，按照识记、领会和应用三个层次规定其应达到的能力层次要求. 三个能力层次是递升的关系，后者必须建立在前者的基础上. 各能力层次的含义是：

识记（Ⅰ）：要求考生能够识别和记忆本课程中有关的数学概念和方法的主要内容（如定义、主要定理和推论、公式、性质、法则、基本计算方法和证明思路等），并能够根据考核的不同要求，做出正确的表述、选择和判断.

领会（Ⅱ）：要求考生能够领悟和理解本课程中有关数学概念（如定义、定理、公式、运算法则等）的内涵和外延，能够鉴别关于概念（如向量组线性相关或线性无关）的似是而非的说法；理解相关知识的区别和联系，并能够根据考核的不同要求对数学问题进行逻辑推理和论证，做出正确的判断、解释和说明.

应用（Ⅲ）：要求考生能够对本课程中的概念、定理、公式、性质、法则等，在熟悉和理解的基础上，综合多个知识点经过分析、计算或推导解决稍复杂的一些问题.

特别需要说明的是：试题的难易程度与能力层次有一定的联系，但二者不是等同的概念. 在各个能力层次中对于不同的考生，都存在不同的难度（试题难度分为：易，较易，较难和难 4 个等级），希望考生不要将二者混淆.

Ⅲ. 课程内容与考核要求

第1章 行 列 式

一、学习目的与要求

学习本章，要求了解行列式的定义；理解行列式的性质，会运用行列式的性质化简行列式；熟练掌握行列式的计算方法计算3，4阶的数字行列式和具有特殊结构的、简单的n阶行列式；能够利用克拉默法则求解二元或三元线性方程组.

二、课程内容

1. 行列式的定义
2. 行列式的性质
3. 行列式按一行(或一列)展开
4. 克拉默(Cramer)法则

三、考核知识点与考核要求

1. 行列式的定义

识记：元素的余子式与代数余子式.

领会：上(下)三角形行列式的计算公式.

应用：用行列式定义计算含0非常多或结构特殊的行列式.

2. 行列式的性质

领会：行列式的性质.

应用：利用行列式的性质计算行列式.

3. 行列式按一行(或一列)展开

识记：3阶范德蒙德(Vandermonde)行列式.

应用：利用行列式按一行(或一列)展开的方法计算行列式.

4. 克拉默(Cramer)法则

识记：克拉默法则.

应用：利用克拉默法则求解二元或三元线性方程组.

四、本章重点和难点

重点：行列式的性质和计算.

难点：n阶行列式的计算.

第 2 章　矩　　阵

一、学习目的与要求

学习本章，要求理解矩阵的概念；掌握矩阵的各种运算及运算法则；知道方阵可逆的定义和可逆的几个充要条件；会求可逆矩阵的逆矩阵；熟练掌握矩阵的初等变换，理解初等矩阵和初等变换的关系；知道矩阵的秩的定义，会求矩阵的秩.

二、课程内容

1. 矩阵的概念
2. 矩阵的运算
3. 矩阵的分块
4. 可逆矩阵
5. 矩阵的初等变换与初等矩阵
6. 矩阵的秩

三、考核知识点与考核要求

1. 矩阵的概念

识记：矩阵的定义；特殊的方阵：上（下）三角形矩阵、对角矩阵、数量矩阵和单位矩阵、对称矩阵和反对称矩阵.

2. 矩阵的运算

识记：矩阵的加法、数乘、乘法和转置的定义.

领会：矩阵的运算法则.

应用：矩阵的各种运算及运算法则；求方阵的方幂和方阵多项式.

3. 矩阵的分块

识记：矩阵分块的概念.

领会：分块矩阵的运算.

应用：用分块矩阵的乘法表示线性方程组；分块对角矩阵（准对角矩阵）的行列式.

4. 可逆矩阵

识记：矩阵可逆的定义；伴随矩阵 $\boldsymbol{A}^*$ 的定义以及 $\boldsymbol{AA}^*=\boldsymbol{A}^*\boldsymbol{A}=|\boldsymbol{A}|\boldsymbol{E}$；$\boldsymbol{A}^{-1}=\frac{1}{|\boldsymbol{A}|}\boldsymbol{A}^*$ 和 $\boldsymbol{A}^*=|\boldsymbol{A}|\boldsymbol{A}^{-1}$.

领会：可逆矩阵的性质；n 阶矩阵 $\boldsymbol{A}$ 可逆的充要条件.

应用：求可逆矩阵的逆矩阵；求解矩阵等式.

5. 矩阵的初等变换与初等矩阵

识记：矩阵的初等变换的概念；初等矩阵的定义和性质；矩阵的等价标准形；矩阵等价的充要条件.

领会：初等变换和初等矩阵的关系.

应用：用初等行变换法求可逆矩阵的逆矩阵；用初等行变换法求解形如 $\boldsymbol{AX}=\boldsymbol{B}$ 的矩阵

等式.

6. 矩阵的秩

识记：矩阵的 k 阶子式；矩阵秩的定义；阶梯形矩阵的概念；初等变换不改变矩阵的秩.

领会：若 $\boldsymbol{A}$ 为 n 阶可逆矩阵，对于任意 $n \times s$ 矩阵 $\boldsymbol{B}$ 和 $m \times n$ 矩阵 $\boldsymbol{C}$，有 $\mathrm{r}(\boldsymbol{AB}) = \mathrm{r}(\boldsymbol{B})$；$\mathrm{r}(\boldsymbol{CA}) = \mathrm{r}(\boldsymbol{C})$.

应用：用初等行变换求矩阵的秩.

四、本章重点和难点

重点：矩阵的运算及运算法则；可逆矩阵的定义、性质和计算；矩阵的初等变换和初等矩阵的关系.

难点：矩阵的分块；矩阵的秩.

第3章　向量空间

一、学习目的与要求

学习本章，要求知道 n 维向量和 n 维向量空间 $\mathbf{R}^n$ 的概念；知道向量组线性组合和将向量线性表出的概念；理解向量组线性相关或线性无关的概念，并能够判断给定的向量组是否线性相关；理解向量组的极大无关组的定义和向量组的秩的定义，会求给定向量组的极大无关组和秩；知道向量组的秩和矩阵的秩的关系；在两个向量内积、两个向量正交概念的基础上，掌握 $\mathbf{R}^n$ 的基和标准正交基的概念；熟练掌握施密特正交化方法；知道正交矩阵的定义.

二、课程内容

1. n 维向量空间 $\mathbf{R}^n$
2. 向量间的线性关系
3. 向量组的极大线性无关组
4. 向量组的秩与矩阵的秩
5. $\mathbf{R}^n$ 的标准正交基

三、考核知识点与考核要求

1. n 维向量空间 $\mathbf{R}^n$

识记：n 维列向量与行向量；向量的线性运算；n 维向量空间 $\mathbf{R}^n$ 的概念；$\mathbf{R}^n$ 的子空间的定义.

2. 向量间的线性关系

识记：向量组的线性组合；一个向量由一个向量组线性表出.

领会：向量组线性相关或线性无关的定义、充分条件、必要条件、几何意义.

例如，向量组线性相关的充分条件有：

(1) 包含零向量的向量组线性相关；

(2) 如果向量组中有两个向量成比例，则向量组线性相关；

(3) 部分相关，则整体相关；

(4) 任意 $n+1$ 个 n 维向量线性相关；

(5) 如果向量组中向量的个数大于向量的维数，则向量组线性相关；
等等.

应用：判断或证明向量组线性相关或线性无关；将给定的向量由向量组线性表出.

3. 向量组的极大线性无关组

识记：两个向量组等价；向量组的极大线性无关组与向量组等价；向量组的两个极大线性无关组等价.

领会：向量组的极大线性无关组的定义及相关结论.

设向量组 $\boldsymbol{\alpha}_1,\boldsymbol{\alpha}_2,\cdots,\boldsymbol{\alpha}_s$ 可由向量组 $\boldsymbol{\beta}_1,\boldsymbol{\beta}_2,\cdots,\boldsymbol{\beta}_t$ 线性表出，以下结论都成立：

(1) 如果 $s>t$，则向量组 $\boldsymbol{\alpha}_1,\boldsymbol{\alpha}_2,\cdots,\boldsymbol{\alpha}_s$ 线性相关.

(2) 如果 $\boldsymbol{\alpha}_1,\boldsymbol{\alpha}_2,\cdots,\boldsymbol{\alpha}_s$ 线性无关，则 $s\leqslant t$.

(3) $\mathrm{r}(\boldsymbol{\alpha}_1,\boldsymbol{\alpha}_2,\cdots,\boldsymbol{\alpha}_s)\leqslant \mathrm{r}(\boldsymbol{\beta}_1,\boldsymbol{\beta}_2,\cdots,\boldsymbol{\beta}_t)$.

应用：求给定向量组的一个极大线性无关组和秩，并将向量组中的其余向量由该极大线性无关组线性表出.

4. 向量组的秩与矩阵的秩

识记：矩阵的行秩与列秩；矩阵的行秩（列秩）等于矩阵的秩；初等变换不改变矩阵的行秩和列秩.

应用：求向量组的秩或矩阵的秩.

5. $\mathbf{R}^n$ 的标准正交基

识记：向量的内积及其性质；两个向量正交；向量的长度及其性质；单位向量和向量的单位化；正交向量组；正交矩阵的定义和性质.

领会：$\mathbf{R}^n$ 的基与标准正交基；向量在 $\mathbf{R}^n$ 的一组基下的坐标.

应用：施密特正交化方法.

四、本章重点和难点

重点：向量组线性相关或线性无关；向量组的极大线性无关组与秩；向量的内积与施密特正交化方法.

难点：向量组线性相关或线性无关的判断与证明；向量组的极大线性无关组与秩.

第 4 章　线性方程组

一、学习目的与要求

学习本章，要求理解齐次线性方程组有非零解的充要条件，会判断齐次线性方程组是否有非零解，掌握齐次线性方程组的基础解系与通解的求法.理解非齐次线性方程组有解的充要条件，会判断非齐次线性方程组解的情况（无解、有唯一解、有无穷解），掌握非齐次线性方程组解的结构与通解的求法.

二、课程内容

1. 高斯消元法

2. 齐次线性方程组

3. 非齐次线性方程组

三、考核知识点与考核要求

1. 高斯消元法

识记：高斯消元法与矩阵初等变换.

2. 齐次线性方程组

识记：齐次线性方程组解的性质与解空间.

领会：齐次线性方程组有非零解的充要条件.

应用：用初等行变换求齐次线性方程组的基础解系与通解.

3. 非齐次线性方程组

领会：非齐次线性方程组有解的充要条件，非齐次线性方程组无解、有唯一解、有无穷解的判别.

应用：非齐次线性方程组解的结构与通解，用初等行变换求解非齐次线性方程组.

四、本章重点和难点

重点：线性方程组解的结构与求解.

难点：求解带参数的线性方程组.

第5章　矩阵的相似对角化

一、学习目的与要求

学习本章，要求理解矩阵的特征值与特征向量的概念与性质、相似矩阵的概念与性质.会求矩阵的特征值与特征向量.掌握矩阵可相似对角化的条件，掌握将矩阵化为对角矩阵的方法.理解实对称矩阵的特征值与特征向量的性质，掌握用正交矩阵将实对称矩阵化为相似对角矩阵的方法.

二、课程内容

1. 特征值与特征向量

2. 相似矩阵与矩阵对角化

3. 实对称矩阵的对角化

三、考核知识点与考核要求

1. 特征值与特征向量

识记：特征值与特征向量的概念.

领会：特征值与特征向量的性质.

应用：求矩阵的特征值与特征向量.

2. 相似矩阵与矩阵对角化

识记：矩阵相似的概念.

领会：相似矩阵的性质.

应用：矩阵可相似对角化的条件，将矩阵化为相似对角矩阵.

3. 实对称矩阵的对角化

领会：实对称矩阵特征值与特征向量的性质.

应用：用正交矩阵将实对称矩阵化为对角矩阵.

四、本章重点和难点

重点：特征值与特征向量的性质，将矩阵化为相似对角矩阵.

难点：实对称矩阵的相似对角化.

第 6 章　实 二 次 型

一、学习目的与要求

学习本章，要求知道二次型的矩阵表示、秩、标准形与规范形的概念. 了解矩阵合同的概念与惯性定理. 理解正定二次型与正定矩阵的概念. 掌握用正交变换化二次型为标准形的方法，掌握用配方法化二次型为标准形的方法. 会判断二次型（矩阵）是否为正定二次型（矩阵）.

二、课程内容

1. 二次型及其矩阵表示
2. 实二次型的标准形
3. 正定二次型与正定矩阵

三、考核知识点与考核要求

1. 二次型及其矩阵表示

识记：二次型的概念.

领会：二次型的矩阵与秩的概念.

应用：求二次型的矩阵表示.

2. 实二次型的标准形

识记：矩阵合同的概念.

领会：实二次型的标准形与规范形，惯性定理.

应用：用正交变换化实二次型为标准形，用配方法化实二次型为标准形.

3. 正定二次型与正定矩阵

识记：正定二次型与正定矩阵，半正定（负定、半负定）二次型与半正定（负定、半负定）矩阵的概念.

领会：二次型为正定二次型的充要条件.

应用：判断二次型（矩阵）是否为正定二次型（矩阵）.

四、本章重点和难点

重点：化实二次型为标准形，判断二次型的正定性.

难点：用正交变换化二次型为标准形.

Ⅳ. 关于大纲的说明与考核实施要求

一、自学考试的目的和作用

课程自学考试大纲是根据专业自学考试计划的要求，结合自学考试的特点而确定的. 其目的是对个人自学、社会助学和课程考试命题进行指导和规定.

课程自学考试大纲明确了课程学习的内容以及深广度，规定了课程自学考试的范围和标准. 因此，它是编写自学考试教材和辅导书的依据，是社会助学组织进行自学辅导的依据，是自学者学习教材、掌握课程内容知识范围和程度的依据，也是进行自学考试命题的依据.

二、课程自学考试大纲与教材的关系

课程自学考试大纲是进行学习和考核的依据，教材是学习掌握课程知识的基本内容与范围，教材的内容是大纲所规定的课程知识和内容的扩展与发挥. 课程内容在教材中可以体现一定的深度或难度，但在大纲中对考核的要求一定要适当.

大纲与教材所体现的课程内容应基本一致：大纲里面的课程内容和考核知识点，教材里一般也要有. 反过来教材里有的内容，大纲里就不一定体现.

三、关于自学教材

《线性代数(工)(2023 年版)》，全国高等教育自学考试指导委员会组编，申亚男、卢刚主编，北京大学出版社出版.

四、关于自学要求和自学方法的指导

本大纲的课程基本要求是依据专业考试计划和专业培养目标而确定的. 课程基本要求还明确了课程的基本内容，以及对基本内容掌握的程度. 基本要求中的知识点构成了课程内容的主体部分. 因此，课程基本内容掌握程度、课程考核知识点是高等教育自学考试考核的主要内容.

为有效地指导个人自学和社会助学，本大纲已指明了课程的重点和难点，在各章节的基本要求中也指明了章节内容的重点和难点.

结合线性代数课程的特点，下面给出几点具体的学习建议，供考生参考.

(1) **搞清要求**. 在每章内容学习之前，先了解一下大纲中关于本章考核知识点、各知识点的考核要求、自学要求、重点与难点等内容，以便学习时做到心中有数，有的放矢.

(2) **重视基础**. 线性代数中的概念较多，并且一些概念和相关结论(如向量组线性相关或线性无关等) 比较抽象，不易理解和掌握. 这就要求考生对定义或定理的文字要逐字仔细阅读，并结合相应的例题和几何直观进行思考和理解，同时注意学习这些概念在相关计算题或证明题中使用的基本方法或基本思路. 还要注意不同概念的区别与联系(如行列式与矩阵；矩阵等价关系、相似关系、合同关系等). 一定要熟练掌握各章的基本计算(如行列式计算；矩阵运算；矩阵求逆；方程组求解；施密特正交化方法；特征值和特征向量的计算；矩阵的相似对角化；实对称矩阵的对角化或实二次型的正交标准化等).

(3) **加强练习**. 自己动手做一定数量的习题(在这个过程中能发现学习中存在的问题)，是学会基本计算和基本方法的根本. 要通过例题了解和学习常用的解题方法和解题思路，然后通过自己做题理解和掌握这些方法和思路. 要重视作业中发现的问题并及时解决这些问题，不要让问题积累起来以致影响后面内容的学习. 做题时做到步骤清楚，运算准确，书写及使用数学语言规范，并得出最后结果.

(4) **及时复习**. 在每章内容学习结束时，要归纳和整理一下本章的基本概念，主要结论以及它们之间的联系，对整章内容有一个整体的了解和把握. 同时也应注意与前面各章相关内容的联系(如行列式的值与矩阵的可逆性；矩阵的秩与向量组的秩；行列式的值与对应矩阵行向量组或列向量组的线性相关性；向量组的线性相关与齐次线性方程组的求解；矩阵的特征向量与齐次线性方程组的基础解系；实对称矩阵的对角化与实二次型的正交标准化等). 可以通过一些综合题的练习，理解并逐步掌握相关知识的综合运用方法.

本课程共 3 学分.

各章的学时建议：

自学时间包括学习教材和做作业，共需要 120 ～ 144 学. 各章学时安排见下表：

章　次	课程内容	学　时
1	行列式	20 ～ 24
2	矩阵	26 ～ 30
3	向量空间	26 ～ 30
4	线性方程组	12 ～ 16
5	矩阵的相似对角化	20 ～ 24
6	实二次型	16 ～ 20

五、应考指导

1. 如何学习

很好的计划和组织是你学习成功的法宝. 如果你正在接受培训学习，一定要紧跟课程进度、理解所学内容并及时完成作业. 可以利用“学习计划表”来监控你的学习进度. 在阅读课本时可根据需要做读书笔记，记下基本概念和主要结论. 对于需要重点注意的内容，可以用不同颜色的彩笔进行标注. 还要学会使用适合的辅导教材，以帮助自己学会并逐步掌握一些较难或综合题目的求解方法.

2. 如何考试

卷面整洁非常重要. 书写工整、段落与间距合理、卷面赏心悦目有助于教师评分，教师只能为他能看懂的内容打分. 看清题目的要求，并根据要求回答所提出的问题.

3. 如何处理紧张情绪

正确处理对于失败的惧怕，要正面思考. 如果可能，请向已经通过该科目考试的考生，了解一些相关的问题和注意事项. 在答题前做深呼吸并放松，这有助于头脑清醒、冷静，缓解紧张情绪. 在考试前还要注意合理膳食和休息，保持旺盛的精力和体力.

4. 如何克服心理障碍

这是一个普遍的问题！如果你在考试中出现这种情况，不妨试试下面的办法：使用“线索”纸条. 进入考场之前，将记忆“线索”记在纸条上，但你**不能**将纸条带入考场. 当你阅读试题时，一旦有了思路就快速记下，并按照自己的步调进行答卷．要为每道考题或试卷的各个部分分配合理的时间，并尽可能按此时间安排进行答卷．

六、对社会助学的要求

（1）应熟知考试大纲对本课程的总体要求和各章的知识点．

（2）应掌握各知识点要求达到的认知层次，准确理解对各知识点的考核要求．

（3）辅导时应以考试大纲为依据、以指定教材为基础，不要随意增删内容，以免与大纲脱节．

（4）辅导时应对学习方法进行指导，宜提倡"认真阅读教材，刻苦钻研教材，主动争取帮助，依靠自己学通"的学习方法．

（5）辅导时要注重基础，在全面学习的基础上，突出重点，以主带次．对考生提出的问题，要积极启发引导，重在揭示数学概念的本质、基本原理和方法，以及各章节内容之间的联系．

（6）注意对考生能力的培养，特别是自学能力的培养．要引导考生逐步学会独立学习的能力，在自学过程中学会提出问题、分析问题、判断问题、解决问题．

七、对考核内容的说明

本课程要求考生学习和掌握的知识点内容都作为考核的内容．课程中各章的内容均由若干个知识点组成，在自学考试中成为考核的知识点．因此，课程自学考试大纲中所规定的考试内容是以分解为考核知识点的方式给出的．由于各知识点在课程中的地位、作用，以及知识自身的特点不同，自学考试将对各知识点分别按三个认知（或叫能力）层次确定其考核要求．

八、关于考试命题的若干规定

（1）考试的方法为闭卷、笔试．考试时间为 150 分钟．试题分量以中等水平的考生在规定的时间内能答完全部试题为度．评分采用百分制，60 分为及格．考试时只允许带钢笔、圆珠笔、铅笔、三角板和橡皮，答卷必须用钢笔或圆珠笔．

（2）本大纲各章规定的基本要求、知识点以及知识点下的知识细目，都属于考核的内容．考试命题既要覆盖到章，又要避免面面俱到．要注意突出课程的重点、章节的重点，加大重点内容的覆盖度．

（3）命题不应有超出大纲中考核知识点范围的题目，考核目标不得高于大纲中所规定的相应的最高能力层次要求．命题应着重考核自学者对基本概念、基本知识、基本方法和基本理论是否了解或掌握．不应出与基本要求不符的偏题或怪题．

（4）本课程在试卷中对不同能力层次要求的分数比例大致为：识记占 20%，领会占 40%，应用占 40%．

（5）要合理安排试题的难易程度．试题的难度可分为：易，较易，较难和难 4 个等级．每份试卷中这 4 个等级试题分数的比例一般为 2∶4∶3∶1．

（6）课程考试命题的题型有：单项选择题，填空题，计算题和证明题．其中单项选择题和填空题占 30 分．

线性代数(工)试题样卷

试卷说明: $\boldsymbol{E}$ 表示单位矩阵,$\boldsymbol{A}^{\mathrm{T}}$ 表示矩阵 $\boldsymbol{A}$ 的转置矩阵,$\mathrm{r}(\boldsymbol{A})$ 表示矩阵 $\boldsymbol{A}$ 的秩;对于 n 阶矩阵 $\boldsymbol{A}$,$\boldsymbol{A}^*$ 表示 $\boldsymbol{A}$ 的伴随矩阵,$|\boldsymbol{A}|$ 表示 $\boldsymbol{A}$ 的行列式.

一、单项选择题(本大题共 5 小题,每小题 2 分,共 10 分)

1. 设 $\boldsymbol{A}$ 是 3 阶矩阵,且 $|\boldsymbol{A}|=-1$,则 $|2\boldsymbol{A}|=$(　　).

A. -8　　B. -2　　C. 2　　D. 8

2. 设矩阵 $\boldsymbol{A}=\begin{pmatrix}2&0&0\\0&-1&-1\\0&1&2\end{pmatrix}$,则 $\boldsymbol{A}^{-1}=$(　　).

A. $\begin{pmatrix}1/2&0&0\\0&-2&-1\\0&1&1\end{pmatrix}$　　B. $\begin{pmatrix}1/2&0&0\\0&2&1\\0&-1&-1\end{pmatrix}$

C. $\begin{pmatrix}2&1&0\\-1&-1&0\\0&0&1/2\end{pmatrix}$　　D. $\begin{pmatrix}-2&-1&0\\1&1&0\\0&0&2\end{pmatrix}$

3. 若向量组 $\boldsymbol{\alpha}_1,\boldsymbol{\alpha}_2,\cdots,\boldsymbol{\alpha}_s$ 的秩为 $r(r<s)$,则 $\boldsymbol{\alpha}_1,\boldsymbol{\alpha}_2,\cdots,\boldsymbol{\alpha}_s$ 中(　　).

A. 多于 r 个向量的部分组必线性相关　　B. 多于 r 个向量的部分组必线性无关

C. 少于 r 个向量的部分组必线性相关　　D. 少于 r 个向量的部分组必线性无关

4. 若齐次线性方程组 $\begin{pmatrix}1&2&3\\2&4&t\\3&6&9\end{pmatrix}\begin{pmatrix}x_1\\x_2\\x_3\end{pmatrix}=\begin{pmatrix}0\\0\\0\end{pmatrix}$ 的基础解系含有两个解向量,则 $t=$(　　).

A. 2　　B. 4　　C. 6　　D. 8

5. 设 3 阶矩阵 $\boldsymbol{A}$ 的 3 个特征值是 $1,0,-2$,相应的特征向量依次为 $\begin{pmatrix}1\\1\\1\end{pmatrix},\begin{pmatrix}1\\0\\1\end{pmatrix},\begin{pmatrix}1\\1\\0\end{pmatrix}$,令矩阵 $\boldsymbol{P}=\begin{pmatrix}1&1&1\\1&0&1\\0&1&1\end{pmatrix}$,则 $\boldsymbol{P}^{-1}\boldsymbol{AP}=$(　　).

A. $\begin{pmatrix}1&0&0\\0&-2&0\\0&0&0\end{pmatrix}$　　B. $\begin{pmatrix}-2&0&0\\0&0&0\\0&0&1\end{pmatrix}$　　C. $\begin{pmatrix}-2&0&0\\0&1&0\\0&0&0\end{pmatrix}$　　D. $\begin{pmatrix}1&0&0\\0&0&0\\0&0&-2\end{pmatrix}$

二、填空题（本大题共 10 小题，每小题 2 分，共 20 分）

6. 设 $D=\begin{vmatrix}1&2&3&4\\0&1&2&5\\3&3&3&3\\1&1&1&1\end{vmatrix}$，$A_{ij}$ 表示 D 中 (i,j) 元素 $(i,j=1,2,3,4)$ 的代数余子式，则 $A_{21}+A_{22}+A_{23}+A_{24}=$________.

7. $\begin{pmatrix}2&1&0\\1&-1&4\end{pmatrix}\begin{pmatrix}1&3\\0&-1\\4&0\end{pmatrix}=$________.

8. 若 $\boldsymbol{A},\boldsymbol{B}$ 均为 3 阶矩阵，且 $|\boldsymbol{A}|=2$，$\boldsymbol{B}=-3\boldsymbol{E}$，则 $|\boldsymbol{AB}|=$________.

9. 若向量组 $\boldsymbol{\alpha}_1=(1,0,0)$，$\boldsymbol{\alpha}_2=(2,t,4)$，$\boldsymbol{\alpha}_3=(0,0,6)$ 线性相关，则 $t=$________.

10. 设矩阵 $\boldsymbol{A}=\begin{pmatrix}a_1b_1&a_1b_2&a_1b_3\\a_2b_1&a_2b_2&a_2b_3\\a_3b_1&a_3b_2&a_3b_3\end{pmatrix}$，其中 $a_ib_i\neq 0,i=1,2,3$，则 $\mathrm{r}(\boldsymbol{A})=$________.

11. 设 $\boldsymbol{A}$ 为 n 阶矩阵，$\mathrm{r}(\boldsymbol{A})<n$，且 $\boldsymbol{A}^*\neq\boldsymbol{O}$，则齐次线性方程组 $\boldsymbol{Ax}=\boldsymbol{0}$ 的基础解系中所含解向量的个数为________.

12. 设 $\boldsymbol{A}$ 为 n 阶矩阵，若齐次线性方程组 $\boldsymbol{Ax}=\boldsymbol{0}$ 只有零解，则非齐次线性方程组 $\boldsymbol{Ax}=\boldsymbol{b}$ 的解的个数为________.

13. 已知 n 阶矩阵 $\boldsymbol{A}$ 与 $\boldsymbol{B}$ 相似，且 $\boldsymbol{B}^2=\boldsymbol{E}$，则 $\boldsymbol{A}^2+\boldsymbol{B}^2=$________.

14. 设 $\boldsymbol{A}$ 为 n 阶矩阵，如果行列式 $|5\boldsymbol{E}-\boldsymbol{A}|=0$，则 $\boldsymbol{A}$ 必有一个特征值为________.

15. 二次型 $f(x_1,x_2,x_3)=2x_1^2-x_2^2-x_3^2+2x_2x_3$ 的规范形是________.

三、计算题（本大题共 7 小题，每小题 9 分，共 63 分）

16. 计算行列式 $\begin{vmatrix}a&b&a+b\\b&a+b&a\\a+b&a&b\end{vmatrix}$ 的值.

17. 设 $\boldsymbol{A}=\begin{pmatrix}1&1&2\\2&2&3\\4&3&3\end{pmatrix}$，$\boldsymbol{B}=\begin{pmatrix}1&0&0\\2&1&1\\-1&2&2\end{pmatrix}$，矩阵 $\boldsymbol{X}$ 满足方程 $\boldsymbol{AX}=\boldsymbol{B}^{\mathrm{T}}$，求 $\boldsymbol{X}$.

18. 求下列向量组的秩和一个极大线性无关组：

$$\boldsymbol{\alpha}_1=\begin{pmatrix}1\\2\\3\\0\end{pmatrix},\quad \boldsymbol{\alpha}_2=\begin{pmatrix}-1\\-2\\0\\3\end{pmatrix},\quad \boldsymbol{\alpha}_3=\begin{pmatrix}2\\4\\6\\0\end{pmatrix},\quad \boldsymbol{\alpha}_4=\begin{pmatrix}1\\-2\\-1\\0\end{pmatrix},\quad \boldsymbol{\alpha}_5=\begin{pmatrix}0\\0\\1\\1\end{pmatrix}.$$

19. 确定 λ,μ 的值，使线性方程组 $\begin{cases}x_1+x_2+x_3=1,\\3x_1+2x_2+x_3=\lambda,\\x_2+2x_3=3,\\5x_1+4x_2+3x_3=\mu\end{cases}$ 有解.

20. 已知向量 $\boldsymbol{\alpha}_1=(-1,1,1)^{\mathrm{T}}$，$\boldsymbol{\alpha}_2=(1,0,1)^{\mathrm{T}}$，求一个单位向量 $\boldsymbol{\alpha}_3$，使 $\boldsymbol{\alpha}_3$ 与 $\boldsymbol{\alpha}_1,\boldsymbol{\alpha}_2$ 都正交.

21. 已知$\boldsymbol{A}=\begin{pmatrix} 2 & -1 & 2 \\ 5 & a & 3 \\ -1 & b & -2 \end{pmatrix}$的一个特征向量$\boldsymbol{\xi}=(1,1,-1)^{T}$，求$a$，$b$及$\boldsymbol{\xi}$所对应的特征值，并写出对应于这个特征值的全部特征向量.

22. 用正交变换化二次型$f(x_1,x_2,x_3)=3x_1^2+6x_2^2+3x_3^2-4x_1x_2-8x_1x_3-4x_2x_3$为标准形，并写出所用的正交变换.

四、证明题（本大题共1小题，7分）

23. 设$\boldsymbol{\xi}_1$，$\boldsymbol{\xi}_2$，$\boldsymbol{\xi}_3$是齐次线性方程组$\boldsymbol{Ax}=\boldsymbol{0}$的一个基础解系.证明：$\boldsymbol{\xi}_1$，$\boldsymbol{\xi}_1+\boldsymbol{\xi}_2$，$\boldsymbol{\xi}_2+\boldsymbol{\xi}_3$也是$\boldsymbol{Ax}=\boldsymbol{0}$的一个基础解系.

大纲后记

《线性代数(工)自学考试大纲》是根据全国高等教育自学考试公共课的考核要求编写的.2011年12月公共课课程指导委员会召开审稿会议,对本大纲进行讨论评审,修改后,经主审复审定稿.

本大纲由北京科技大学申亚男教授和中国人民大学卢刚教授共同主持编写.

本大纲经由北京航空航天大学吴纪桃教授主审,北京邮电大学刘吉佑副教授和北方工业大学邹杰涛教授参加审稿并提出改进意见.

本大纲最后由全国高等教育自学考试指导委员会审定.

本大纲编审人员付出了辛勤劳动,特此表示感谢.

全国高等教育自学考试指导委员会
公共课课程指导委员会
2018年10月

全国高等教育自学考试指定教材

线性代数(工)

(2023 年版)

全国高等教育自学考试指导委员会　组编
申亚男　卢　刚　主编

编写说明

线性代数课程是高等教育自学考试工科类专业(本科阶段)一门重要的基础理论课程.线性代数是研究有限维空间线性理论的一门学科,由于线性问题广泛存在于科学技术的各个领域,而且线性问题的处理方法又是许多非线性问题处理方法的基础,因此本课程所介绍的方法广泛地应用于各个学科.通过本课程的学习,读者可掌握线性代数的基本知识、基本理论和基本方法,建立抽象思维和逻辑推理能力,奠定后续课程学习的必要的数学基础.

本书是根据《线性代数(工)自学考试大纲》编写的,章节安排与大纲相一致,全书共分6章:行列式、矩阵、向量空间、线性方程组、矩阵的相似对角化、实二次型.

为满足自学需要,使读者更好地理解线性代数的基本概念、掌握线性代数的基本方法,本书有以下特点:第一,在内容安排上由浅入深、由具体到抽象,在引入重要概念之前先讲例题,使读者易于理解和接受.第二,为培养逻辑推理能力,本书尽可能给出定理的证明,对个别省略了复杂证明过程的定理,给出了直观说明或以例题的方式对特殊情况给出证明.第三,本书有较多不同层次、不同类型的典型例题,同时配备了大量的习题,对大部分习题给出了提示,并给出了所有习题的参考答案.第四,为引导有兴趣的读者探索和思考数学问题,本书用 * 标出拓展内容,不在考试大纲范围内.第五,本书2023年版配备了数字资源,每一章都选择部分典型的例题和习题进行了讲解.

本书的第1,2,3章由卢刚编写,相应的数字资源由卢刚录制;第4,5,6章由申亚男编写,相应的数字资源由申亚男录制.清华大学的杨晶副教授、朱彬教授和中央财经大学的尹钊教授认真审阅了全书,提出了宝贵的修改意见与建议,编者在此表示衷心的感谢.

北京大学出版社的潘丽娜老师为本教材的出版做了认真细致的工作,在此表示诚挚的谢意.

本书难免存在缺点和不足之处,恳请读者不吝赐教,编者不胜感激.

编　者

2023年5月于北京

第 1 章 行 列 式

行列式是线性代数中的一个基本概念. 本章通过求解二元一次方程组来引入 2 阶行列式的概念,在 2 阶和 3 阶行列式的基础上给出 n 阶行列式的定义,并介绍行列式的性质、行列式按一行(或一列)展开、行列式按 k 行(或 k 列)展开,讨论 n 阶行列式的计算方法. 在本章的最后,将给出利用行列式求解 n 元一次方程组的克拉默(Cramer)法则.

1.1 行列式的定义

1.1.1 2 阶行列式和 3 阶行列式

我们先考虑由两个方程组成的二元一次方程组

$$\begin{cases} a_{11}x_1 + a_{12}x_2 = b_1, \\ a_{21}x_1 + a_{22}x_2 = b_2, \end{cases} \tag{1.1}$$

其中,a_{11},a_{12},b_1 分别表示第 1 个方程中未知数 x_1,x_2 的系数和常数项,a_{21},a_{22},b_2 则分别表示第 2 个方程中未知数 x_1,x_2 的系数和常数项.

对方程组(1.1) 用加减消元法:将第 1 个方程的两边乘以 a_{22},将第 2 个方程的两边乘以 a_{12},然后把得到的两个方程相减,可得

$$(a_{11}a_{22} - a_{12}a_{21})x_1 = b_1a_{22} - a_{12}b_2.$$

类似地,将第 1 个方程的两边乘以 a_{21},将第 2 个方程的两边乘以 a_{11},然后把得到的两个方程相减,可得

$$(a_{11}a_{22} - a_{12}a_{21})x_2 = a_{11}b_2 - b_1a_{21}.$$

当 $a_{11}a_{22} - a_{12}a_{21} \neq 0$ 时,由上述两个等式得到方程组(1.1) 的唯一解

$$\begin{cases} x_1 = \dfrac{b_1a_{22} - a_{12}b_2}{a_{11}a_{22} - a_{12}a_{21}}, \\[2ex] x_2 = \dfrac{a_{11}b_2 - b_1a_{21}}{a_{11}a_{22} - a_{12}a_{21}}. \end{cases} \tag{1.2}$$

为了便于记忆,我们将分母 $a_{11}a_{22} - a_{12}a_{21}$ 记作

$$\begin{vmatrix} a_{11} & a_{12} \\ a_{21} & a_{22} \end{vmatrix}. \tag{1.3}$$

于是,表达式 $a_{11}a_{22} - a_{12}a_{21}$ 就是(1.3) 中主对角线(从左上至右下的对角线) 上两个数的乘积,减去副对角线(从右上至左下的对角线) 上两个数的乘积.

我们称(1.3) 为一个 **2 阶行列式**,即

$$\begin{vmatrix} a_{11} & a_{12} \\ a_{21} & a_{22} \end{vmatrix} = a_{11}a_{22} - a_{12}a_{21},$$

(1.3) 也称为方程组(1.1) 的**系数行列式**.

利用 2 阶行列式的概念，将(1.2) 中的两个分子，分别记作

$$\begin{vmatrix} b_1 & a_{12} \\ b_2 & a_{22} \end{vmatrix} = b_1 a_{22} - a_{12} b_2 \quad 和 \quad \begin{vmatrix} a_{11} & b_1 \\ a_{21} & b_2 \end{vmatrix} = a_{11} b_2 - b_1 a_{21},$$

从而当方程组(1.1) 的系数行列式 $\begin{vmatrix} a_{11} & a_{12} \\ a_{21} & a_{22} \end{vmatrix} = a_{11}a_{22} - a_{12}a_{21} \neq 0$ 时，它的唯一解就可以方便地表示为

$$\begin{cases} x_1 = \dfrac{\begin{vmatrix} b_1 & a_{12} \\ b_2 & a_{22} \end{vmatrix}}{\begin{vmatrix} a_{11} & a_{12} \\ a_{21} & a_{22} \end{vmatrix}}, \\ x_2 = \dfrac{\begin{vmatrix} a_{11} & b_1 \\ a_{21} & b_2 \end{vmatrix}}{\begin{vmatrix} a_{11} & a_{12} \\ a_{21} & a_{22} \end{vmatrix}}. \end{cases} \tag{1.4}$$

(1.4) 式也称为二元一次方程组(1.1) 的公式解.

例 1.1 解方程组

$$\begin{cases} 2x_1 - 3x_2 = 4, \\ x_1 + 2x_2 = 9. \end{cases}$$

解 由于方程组的系数行列式

$$\begin{vmatrix} a_{11} & a_{12} \\ a_{21} & a_{22} \end{vmatrix} = \begin{vmatrix} 2 & -3 \\ 1 & 2 \end{vmatrix} = 2 \times 2 - (-3) \times 1 = 7 \neq 0,$$

又

$$\begin{vmatrix} b_1 & a_{12} \\ b_2 & a_{22} \end{vmatrix} = \begin{vmatrix} 4 & -3 \\ 9 & 2 \end{vmatrix} = 4 \times 2 - (-3) \times 9 = 35, \quad \begin{vmatrix} a_{11} & b_1 \\ a_{12} & b_2 \end{vmatrix} = \begin{vmatrix} 2 & 4 \\ 1 & 9 \end{vmatrix} = 2 \times 9 - 4 \times 1 = 14,$$

由此得到方程组的唯一解

$$\begin{cases} x_1 = \dfrac{35}{7} = 5, \\ x_2 = \dfrac{14}{7} = 2. \end{cases}$$

对于三元一次方程组

$$\begin{cases} a_{11}x_1 + a_{12}x_2 + a_{13}x_3 = b_1, \\ a_{21}x_1 + a_{22}x_2 + a_{23}x_3 = b_2, \\ a_{31}x_1 + a_{32}x_2 + a_{33}x_3 = b_3, \end{cases}$$

在满足相关条件下，也有类似的公式解，将在本章 1.5 节给出.

与 2 阶行列式(1.3) 类似，我们称记号

$$\begin{vmatrix} a_{11} & a_{12} & a_{13} \\ a_{21} & a_{22} & a_{23} \\ a_{31} & a_{32} & a_{33} \end{vmatrix} \tag{1.5}$$

为一个**3 阶行列式**.它是由 3 行 3 列共 9 个数组成的，代表所有位于不同行不同列的 3 个数乘积的代数和，即

$$\begin{vmatrix} a_{11} & a_{12} & a_{13} \\ a_{21} & a_{22} & a_{23} \\ a_{31} & a_{32} & a_{33} \end{vmatrix} = a_{11}a_{22}a_{33} + a_{12}a_{23}a_{31} + a_{13}a_{21}a_{32} - a_{11}a_{23}a_{32} - a_{12}a_{21}a_{33} - a_{13}a_{22}a_{31}. \tag{1.6}$$

可见，3 阶行列式共有 $3!=6$ 个乘积项，2 阶行列式共有 $2!=2$ 个乘积项.

我们可以用图 1.1 记忆 3 阶行列式的表达式(1.6).图 1.1 中由实线连接的 3 个数的乘积项符号为正，而由虚线连接的 3 个数的乘积项符号为负.例如，3 阶行列式

$$\begin{vmatrix} 2 & 1 & 1 \\ 3 & 2 & 1 \\ 1 & -1 & 0 \end{vmatrix} = 2\times2\times0+1\times1\times1+1\times3\times(-1)-2\times1\times(-1)-1\times3\times0-1\times2\times1 = -2.$$

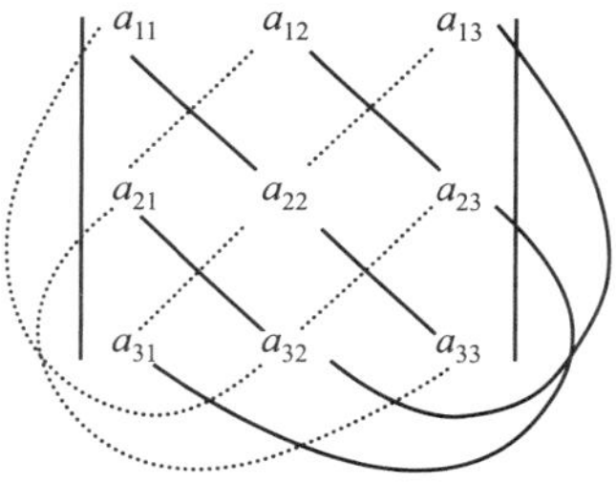

图 1.1

由例 1.1 我们自然想到，对于由 n 个方程、n 个未知数组成的 n 元一次方程组（一般称为 n 元线性方程组）：

$$\begin{cases} a_{11}x_1 + a_{12}x_2 + \cdots + a_{1n}x_n = b_1, \\ a_{21}x_1 + a_{22}x_2 + \cdots + a_{2n}x_n = b_2, \\ \cdots\cdots \\ a_{n1}x_1 + a_{n2}x_2 + \cdots + a_{nn}x_n = b_n, \end{cases}$$

是否也有如(1.4) 形式的解法呢？在本章 1.5 节将回答这个问题. 为回答这个问题，需要先引入 n 阶行列式的概念.

1.1.2 n 阶行列式的定义

如果将 3 阶行列式的表达式(1.6) 以行列式第 1 行的 3 个数 a_{11}，a_{12}，a_{13} 分别为公因子重新组合，并利用 2 阶行列式的概念，就可以得到

$$\begin{vmatrix} a_{11} & a_{12} & a_{13} \\ a_{21} & a_{22} & a_{23} \\ a_{31} & a_{32} & a_{33} \end{vmatrix} = a_{11}(a_{22}a_{33} - a_{23}a_{32}) - a_{12}(a_{21}a_{33} - a_{23}a_{31}) + a_{13}(a_{21}a_{32} - a_{22}a_{31})$$

$$=a_{11}\begin{vmatrix} a_{22} & a_{23} \\ a_{32} & a_{33} \end{vmatrix}-a_{12}\begin{vmatrix} a_{21} & a_{23} \\ a_{31} & a_{33} \end{vmatrix}+a_{13}\begin{vmatrix} a_{21} & a_{22} \\ a_{31} & a_{32} \end{vmatrix}, \tag{1.7}$$

即 3 阶行列式(1.5) 可以表为第 1 行的 3 个数 a_{11}, a_{12}, a_{13} 分别与相应的 2 阶行列式乘积的代数和. 我们称这 3 个 2 阶行列式

$$\begin{vmatrix} a_{22} & a_{23} \\ a_{32} & a_{33} \end{vmatrix}, \quad \begin{vmatrix} a_{21} & a_{23} \\ a_{31} & a_{33} \end{vmatrix}, \quad \begin{vmatrix} a_{21} & a_{22} \\ a_{31} & a_{32} \end{vmatrix}$$

分别为 a_{11}, a_{12}, a_{13} 的**余子式**.

在 2 阶行列式和 3 阶行列式概念的基础上,我们有下面的定义.

定义 1.1 一个 n 阶行列式是由 n 行 n 列共 n^2 个数组成的,这 n^2 个数也称为**行列式的元素**. 其中,位于第 i 行第 j 列交叉点上的元素,称为**行列式的**(i,j) **元素**,如果(i,j) 元素为 a_{ij}（其中第一个下标 i 称为**行标**,表示 a_{ij} 在第 i 行;第二个下标 j 称为**列标**,表示 a_{ij} 在第 j 列, $i,j=1,2,\cdots,n$),则 n 阶行列式可记作

$$\begin{vmatrix} a_{11} & a_{12} & \cdots & a_{1n} \\ a_{21} & a_{22} & \cdots & a_{2n} \\ \vdots & \vdots & & \vdots \\ a_{n1} & a_{n2} & \cdots & a_{nn} \end{vmatrix}.$$

定义 1.2 将 $n(n \geqslant 2)$ 阶行列式

$$\begin{vmatrix} a_{11} & a_{12} & \cdots & a_{1n} \\ a_{21} & a_{22} & \cdots & a_{2n} \\ \vdots & \vdots & & \vdots \\ a_{n1} & a_{n2} & \cdots & a_{nn} \end{vmatrix}$$

的第 i 行和第 j 列元素全部划去,由剩下的$(n-1)^2$ 个元素按原来的相对位置组成的 $n-1$ 阶行列式,称为**元素** a_{ij} **的余子式**,记作 $M_{ij}, i,j=1,2,\cdots,n$. 令 $A_{ij}=(-1)^{i+j}M_{ij}, i,j=1,2,\cdots,n$,称 A_{ij} 为**元素** a_{ij} **的代数余子式**.

因此,(1.7) 式中,3 个 2 阶行列式分别为

$$M_{11}=\begin{vmatrix} a_{22} & a_{23} \\ a_{32} & a_{33} \end{vmatrix}, \quad M_{12}=\begin{vmatrix} a_{21} & a_{23} \\ a_{31} & a_{33} \end{vmatrix}, \quad M_{13}=\begin{vmatrix} a_{21} & a_{22} \\ a_{31} & a_{32} \end{vmatrix},$$

从而(1.7) 式即

$$\begin{vmatrix} a_{11} & a_{12} & a_{13} \\ a_{21} & a_{22} & a_{23} \\ a_{31} & a_{32} & a_{33} \end{vmatrix}=a_{11}(-1)^{1+1}M_{11}+a_{12}(-1)^{1+2}M_{12}+a_{13}(-1)^{1+3}M_{13}$$

$$=a_{11}A_{11}+a_{12}A_{12}+a_{13}A_{13}.$$

类似地,2 阶行列式 $\begin{vmatrix} a_{11} & a_{12} \\ a_{21} & a_{22} \end{vmatrix}$ 中,$M_{11}=a_{22}, M_{12}=a_{21}$,从而

$$\begin{vmatrix} a_{11} & a_{12} \\ a_{21} & a_{22} \end{vmatrix}=a_{11}a_{22}-a_{12}a_{21}=a_{11}(-1)^{1+1}M_{11}+a_{12}(-1)^{1+2}M_{12}=a_{11}A_{11}+a_{12}A_{12}.$$

由此,我们可以给出 n 阶行列式的递推定义.

定义 1.3 如果 1 阶行列式定义为 $|a_{11}|=a_{11}$,并假设 $n-1(n \geqslant 2)$ 阶行列式已有定义,则

$n(n \geqslant 2)$ **阶行列式**定义为

$$\begin{vmatrix} a_{11} & a_{12} & \cdots & a_{1n} \\ a_{21} & a_{22} & \cdots & a_{2n} \\ \vdots & \vdots & & \vdots \\ a_{n1} & a_{n2} & \cdots & a_{nn} \end{vmatrix} = a_{11}A_{11} + a_{12}A_{12} + \cdots + a_{1n}A_{1n} = \sum_{j=1}^{n} a_{1j}A_{1j}. \tag{1.8}$$

注意 1 阶行列式 $|a_{11}| = a_{11}$，这里 $|a_{11}|$ 不是 a_{11} 的绝对值.同时，需要说明的是，行列式有多种等价定义，有兴趣的读者可以参考其他教材.

例 1.2 用定义 1.3 计算 3 阶行列式

$$\begin{vmatrix} 2 & 1 & 1 \\ 3 & 2 & 1 \\ 1 & -1 & 0 \end{vmatrix}.$$

解 $$\begin{vmatrix} 2 & 1 & 1 \\ 3 & 2 & 1 \\ 1 & -1 & 0 \end{vmatrix} = 2 \times \begin{vmatrix} 2 & 1 \\ -1 & 0 \end{vmatrix} - 1 \times \begin{vmatrix} 3 & 1 \\ 1 & 0 \end{vmatrix} + 1 \times \begin{vmatrix} 3 & 2 \\ 1 & -1 \end{vmatrix}$$

$$= 2 \times 1 - 1 \times (-1) + 1 \times (-5) = -2.$$

例 1.3 计算下列 4 阶行列式：

(1) $\begin{vmatrix} a_{11} & 0 & 0 & 0 \\ a_{21} & a_{22} & 0 & 0 \\ a_{31} & a_{32} & a_{33} & 0 \\ a_{41} & a_{42} & a_{43} & a_{44} \end{vmatrix}$； (2) $\begin{vmatrix} 0 & 0 & 0 & a_{14} \\ 0 & 0 & a_{23} & a_{24} \\ 0 & a_{32} & a_{33} & a_{34} \\ a_{41} & a_{42} & a_{43} & a_{44} \end{vmatrix}$.

解 (1) 这个 4 阶行列式的主对角线上方的元素全为 0，这种形式的行列式称为**下三角形行列式**. 由定义 1.3 有

$$\begin{vmatrix} a_{11} & 0 & 0 & 0 \\ a_{21} & a_{22} & 0 & 0 \\ a_{31} & a_{32} & a_{33} & 0 \\ a_{41} & a_{42} & a_{43} & a_{44} \end{vmatrix} = a_{11}(-1)^{1+1} \begin{vmatrix} a_{22} & 0 & 0 \\ a_{32} & a_{33} & 0 \\ a_{42} & a_{43} & a_{44} \end{vmatrix}$$

$$= a_{11}a_{22}(-1)^{1+1} \begin{vmatrix} a_{33} & 0 \\ a_{43} & a_{44} \end{vmatrix} = a_{11}a_{22}a_{33}a_{44}.$$

用类似的方法可以求出 n 阶下三角形行列式

$$\begin{vmatrix} a_{11} & 0 & \cdots & 0 \\ a_{21} & a_{22} & \cdots & 0 \\ \vdots & \vdots & \ddots & \vdots \\ a_{n1} & a_{n2} & \cdots & a_{nn} \end{vmatrix} = a_{11}a_{22}\cdots a_{nn},$$

即 n 阶下三角形行列式的值等于它主对角线上 n 个元素的乘积.

(2) $$\begin{vmatrix} 0 & 0 & 0 & a_{14} \\ 0 & 0 & a_{23} & a_{24} \\ 0 & a_{32} & a_{33} & a_{34} \\ a_{41} & a_{42} & a_{43} & a_{44} \end{vmatrix} = a_{14}(-1)^{1+4} \begin{vmatrix} 0 & 0 & a_{23} \\ 0 & a_{32} & a_{33} \\ a_{41} & a_{42} & a_{43} \end{vmatrix}$$

$$=-a_{14}a_{23}(-1)^{1+3}\begin{vmatrix} 0 & a_{32} \\ a_{41} & a_{42} \end{vmatrix}=a_{14}a_{23}a_{32}a_{41}.$$

需要注意的是，(2) 中的行列式不是三角形行列式.

习 题 1.1

1. 利用(1.4)式求解下列二元线性方程组：

$$\begin{cases} 2x_1+\ x_2=-2, \\ -2x_1+3x_2=1. \end{cases}$$

2. 计算下列行列式：

(1) $\begin{vmatrix} \cos\alpha & -\sin\alpha \\ \sin\alpha & \cos\alpha \end{vmatrix}$；　(2) $\begin{vmatrix} 1 & -1 & 3 \\ 2 & -1 & 1 \\ 1 & 2 & 0 \end{vmatrix}$；

(3) $\begin{vmatrix} a_1 & 0 & 0 & 0 \\ 0 & a_2 & 0 & 0 \\ 0 & 0 & a_3 & 0 \\ 0 & 0 & 0 & a_4 \end{vmatrix}$；　(4) $\begin{vmatrix} 0 & 0 & 0 & a_1 \\ 0 & 0 & a_2 & 0 \\ 0 & a_3 & 0 & 0 \\ a_4 & 0 & 0 & 0 \end{vmatrix}$；

(5) $\begin{vmatrix} 0 & a_1 & 0 & 0 \\ 0 & 0 & a_2 & 0 \\ 0 & 0 & 0 & a_3 \\ a_4 & 0 & 0 & 0 \end{vmatrix}$；　(6) $\begin{vmatrix} 0 & 0 & a_1 & 0 \\ 0 & a_2 & 0 & 0 \\ a_3 & 0 & 0 & 0 \\ 0 & 0 & 0 & a_4 \end{vmatrix}$；

(7) $\begin{vmatrix} a & b & 0 & 0 \\ 0 & a & b & 0 \\ 0 & 0 & a & b \\ b & 0 & 0 & a \end{vmatrix}$；　(8) $\begin{vmatrix} a & 0 & 0 & b \\ 0 & a & b & 0 \\ 0 & b & a & 0 \\ b & 0 & 0 & a \end{vmatrix}$.

3. 计算下列 n 阶行列式：

(1) $\begin{vmatrix} 0 & 0 & \cdots & 0 & a_1 \\ a_2 & 0 & \cdots & 0 & 0 \\ 0 & a_3 & \cdots & 0 & 0 \\ \vdots & \vdots & \ddots & \vdots & \vdots \\ 0 & 0 & \cdots & a_n & 0 \end{vmatrix}$；　(2) $\begin{vmatrix} a & 0 & 0 & \cdots & 0 & b \\ b & a & 0 & \cdots & 0 & 0 \\ 0 & b & a & \cdots & 0 & 0 \\ \vdots & \vdots & \vdots & \ddots & \vdots & \vdots \\ 0 & 0 & 0 & \cdots & a & 0 \\ 0 & 0 & 0 & \cdots & b & a \end{vmatrix}$.

1.2 行列式的性质

由 n 阶行列式的定义可以计算出，n 阶行列式是 $n!$ 项的代数和，其中每一项是位于不同行不同列的 n 个数的乘积. 当 n 较大时，用定义计算行列式的计算量是很大的. 例如，当 $n=10$ 时，用定义计算一个10阶行列式，其中所做的乘法次数为 $9\times10!=9\times3628800$ 次. 因此，我们必须通过研究行列式的性质来简化行列式的计算.

为简单起见，下面我们通过直观的例子，不加证明地引入行列式的几个性质.

观察2阶行列式 $\begin{vmatrix} 1 & 4 \\ -1 & 3 \end{vmatrix}=7$，如果将行列式的行与列位置互换，有 $\begin{vmatrix} 1 & -1 \\ 4 & 3 \end{vmatrix}=7$. 对于 n 阶行列式，也有类似的结果.

性质1 行列互换，行列式的值不变，即

$$\begin{vmatrix} a_{11} & a_{12} & \cdots & a_{1n} \\ a_{21} & a_{22} & \cdots & a_{2n} \\ \vdots & \vdots & & \vdots \\ a_{n1} & a_{n2} & \cdots & a_{nn} \end{vmatrix}=\begin{vmatrix} a_{11} & a_{21} & \cdots & a_{n1} \\ a_{12} & a_{22} & \cdots & a_{n2} \\ \vdots & \vdots & & \vdots \\ a_{1n} & a_{2n} & \cdots & a_{nn} \end{vmatrix}.$$

性质1表明，在行列式中，行与列的地位是对等的或相同的，从而对行成立的性质同样对列也成立，对列成立的性质同样对行也成立.

利用性质1和例1.3可以推出，n **阶上三角形行列式**

$$\begin{vmatrix} a_{11} & a_{12} & \cdots & a_{1n} \\ 0 & a_{22} & \cdots & a_{2n} \\ \vdots & \vdots & \ddots & \vdots \\ 0 & 0 & \cdots & a_{nn} \end{vmatrix}=a_{11}a_{22}\cdots a_{nn}.$$

这是由于

$$\begin{vmatrix} a_{11} & a_{12} & \cdots & a_{1n} \\ 0 & a_{22} & \cdots & a_{2n} \\ \vdots & \vdots & \ddots & \vdots \\ 0 & 0 & \cdots & a_{nn} \end{vmatrix}=\begin{vmatrix} a_{11} & 0 & \cdots & 0 \\ a_{12} & a_{22} & \cdots & 0 \\ \vdots & \vdots & \ddots & \vdots \\ a_{1n} & a_{2n} & \cdots & a_{nn} \end{vmatrix}=a_{11}a_{22}\cdots a_{nn}.$$

观察2阶行列式 $\begin{vmatrix} a_1 & a_2 \\ 2b_1 & 2b_2 \end{vmatrix}=2a_1b_2-2a_2b_1=2(a_1b_2-a_2b_1)=2\begin{vmatrix} a_1 & a_2 \\ b_1 & b_2 \end{vmatrix}$，对于 n 阶行列式有下面的性质.

性质2 行列式某一行(或某一列)的公因子，可以提到行列式外. 行的情况即

$$\begin{vmatrix} a_{11} & a_{12} & \cdots & a_{1n} \\ \vdots & \vdots & & \vdots \\ ka_{i1} & ka_{i2} & \cdots & ka_{in} \\ \vdots & \vdots & & \vdots \\ a_{n1} & a_{n2} & \cdots & a_{nn} \end{vmatrix}=k\begin{vmatrix} a_{11} & a_{12} & \cdots & a_{1n} \\ \vdots & \vdots & & \vdots \\ a_{i1} & a_{i2} & \cdots & a_{in} \\ \vdots & \vdots & & \vdots \\ a_{n1} & a_{n2} & \cdots & a_{nn} \end{vmatrix}.$$

如果交换2阶行列式 $\begin{vmatrix} 1 & 4 \\ -1 & 3 \end{vmatrix}$ 的两行，得到 $\begin{vmatrix} -1 & 3 \\ 1 & 4 \end{vmatrix}=-7$，则有

$$\begin{vmatrix} -1 & 3 \\ 1 & 4 \end{vmatrix}=-\begin{vmatrix} 1 & 4 \\ -1 & 3 \end{vmatrix}.$$

交换两列，也有相同的结果：$\begin{vmatrix} 4 & 1 \\ 3 & -1 \end{vmatrix}=-7=-\begin{vmatrix} 1 & 4 \\ -1 & 3 \end{vmatrix}$. 这个性质对于 n 阶行列式同样成立.

性质3 交换行列式的某两行(或某两列)，行列式反号.

推论1 如果行列式有两行(或两列)元素相同，则行列式的值为0.

例如,3阶行列式 $\begin{vmatrix} a_1 & a_2 & a_3 \\ b_1 & b_2 & b_3 \\ b_1 & b_2 & b_3 \end{vmatrix}$ 的第2,3行元素相同,若交换第2,3行,由性质2有

$$\begin{vmatrix} a_1 & a_2 & a_3 \\ b_1 & b_2 & b_3 \\ b_1 & b_2 & b_3 \end{vmatrix} = -\begin{vmatrix} a_1 & a_2 & a_3 \\ b_1 & b_2 & b_3 \\ b_1 & b_2 & b_3 \end{vmatrix}$$,移项得到 $2\begin{vmatrix} a_1 & a_2 & a_3 \\ b_1 & b_2 & b_3 \\ b_1 & b_2 & b_3 \end{vmatrix}=0$,从而 $\begin{vmatrix} a_1 & a_2 & a_3 \\ b_1 & b_2 & b_3 \\ b_1 & b_2 & b_3 \end{vmatrix}=0.$

由性质2和性质3又可得到下面的推论.

推论2 如果行列式有两行(或两列)元素成比例,则行列式的值为0.行的情况即

$$\begin{array}{r} \\ \\ \text{第}\,i\,\text{行} \\ \\ \text{第}\,k\,\text{行} \\ \\ \\ \end{array}\begin{vmatrix} a_{11} & a_{12} & \cdots & a_{1n} \\ \vdots & \vdots & & \vdots \\ a_{i1} & a_{i2} & \cdots & a_{in} \\ \vdots & \vdots & & \vdots \\ ka_{i1} & ka_{i2} & \cdots & ka_{in} \\ \vdots & \vdots & & \vdots \\ a_{n1} & a_{n2} & \cdots & a_{nn} \end{vmatrix} = k\begin{vmatrix} a_{11} & a_{12} & \cdots & a_{1n} \\ \vdots & \vdots & & \vdots \\ a_{i1} & a_{i2} & \cdots & a_{in} \\ \vdots & \vdots & & \vdots \\ a_{i1} & a_{i2} & \cdots & a_{in} \\ \vdots & \vdots & & \vdots \\ a_{n1} & a_{n2} & \cdots & a_{nn} \end{vmatrix} = 0.$$

观察2阶行列式

$$\begin{aligned} \begin{vmatrix} a_1 & a_2 \\ b_1+c_1 & b_2+c_2 \end{vmatrix} &= a_1(b_2+c_2) - a_2(b_1+c_1) \\ &= (a_1b_2 - a_2b_1) + (a_1c_2 - a_2c_1) \\ &= \begin{vmatrix} a_1 & a_2 \\ b_1 & b_2 \end{vmatrix} + \begin{vmatrix} a_1 & a_2 \\ c_1 & c_2 \end{vmatrix}. \end{aligned}$$

对于 n 阶行列式,有下面的性质.

性质4 如果行列式某一行(或某一列)元素是两组数的和,则此行列式等于两个行列式的和,这两个行列式的这一行(或这一列)分别是第1组数和第2组数,而其余各行(或各列)与原来行列式的相应各行(或各列)相同.行的情况即

$$\begin{array}{r} \\ \\ \text{第}\,i\,\text{行} \\ \\ \\ \end{array}\begin{vmatrix} a_{11} & a_{12} & \cdots & a_{1n} \\ \vdots & \vdots & & \vdots \\ b_{i1}+c_{i1} & b_{i2}+c_{i2} & \cdots & b_{in}+c_{in} \\ \vdots & \vdots & & \vdots \\ a_{n1} & a_{n2} & \cdots & a_{nn} \end{vmatrix} = \begin{vmatrix} a_{11} & a_{12} & \cdots & a_{1n} \\ \vdots & \vdots & & \vdots \\ b_{i1} & b_{i2} & \cdots & b_{in} \\ \vdots & \vdots & & \vdots \\ a_{n1} & a_{n2} & \cdots & a_{nn} \end{vmatrix} + \begin{vmatrix} a_{11} & a_{12} & \cdots & a_{1n} \\ \vdots & \vdots & & \vdots \\ c_{i1} & c_{i2} & \cdots & c_{in} \\ \vdots & \vdots & & \vdots \\ a_{n1} & a_{n2} & \cdots & a_{nn} \end{vmatrix}.$$

例如

$$\begin{aligned} \begin{vmatrix} 3 & 1 \\ 202 & 99 \end{vmatrix} = \begin{vmatrix} 3 & 1 \\ 200+2 & 100-1 \end{vmatrix} &= \begin{vmatrix} 3 & 1 \\ 200 & 100 \end{vmatrix} + \begin{vmatrix} 3 & 1 \\ 2 & -1 \end{vmatrix} \\ &= 100\begin{vmatrix} 3 & 1 \\ 2 & 1 \end{vmatrix} + (-5) = 100 - 5 = 95. \end{aligned}$$

性质5 将行列式某行(或某列)的 k 倍加到另一行(或另一列)上,行列式的值不变.行的情况,即

$$\begin{array}{r} \\ \\ \text{第 } i \text{ 行} \\ \\ \text{第 } m \text{ 行} \\ \\ \\ \end{array}\begin{vmatrix} a_{11} & a_{12} & \cdots & a_{1n} \\ \vdots & \vdots & & \vdots \\ a_{i1} & a_{i2} & \cdots & a_{in} \\ \vdots & \vdots & & \vdots \\ ka_{i1}+a_{m1} & ka_{i2}+a_{m2} & \cdots & ka_{in}+a_{mn} \\ \vdots & \vdots & & \vdots \\ a_{n1} & a_{n2} & \cdots & a_{nn} \end{vmatrix} = \begin{vmatrix} a_{11} & a_{12} & \cdots & a_{1n} \\ \vdots & \vdots & & \vdots \\ a_{i1} & a_{i2} & \cdots & a_{in} \\ \vdots & \vdots & & \vdots \\ a_{m1} & a_{m2} & \cdots & a_{mn} \\ \vdots & \vdots & & \vdots \\ a_{n1} & a_{n2} & \cdots & a_{nn} \end{vmatrix}.$$

例 1.4 计算 4 阶行列式

$$\begin{vmatrix} 3 & 2 & 1 & 0 \\ 1 & 1 & 0 & -1 \\ 2 & 1 & -1 & 1 \\ 1 & 1 & 1 & 1 \end{vmatrix}.$$

解 利用行列式的性质，将所给的行列式化为上三角形（或下三角形）行列式，即可求出行列式的值.

$$\begin{vmatrix} 3 & 2 & 1 & 0 \\ 1 & 1 & 0 & -1 \\ 2 & 1 & -1 & 1 \\ 1 & 1 & 1 & 1 \end{vmatrix} \xlongequal{(①,②)} (-1)\begin{vmatrix} 1 & 1 & 0 & -1 \\ 3 & 2 & 1 & 0 \\ 2 & 1 & -1 & 1 \\ 1 & 1 & 1 & 1 \end{vmatrix}$$

$$\xlongequal[\text{④}+(-1)\text{①}]{\substack{\text{②}+(-3)\text{①} \\ \text{③}+(-2)\text{①}}} (-1)\begin{vmatrix} 1 & 1 & 0 & -1 \\ 0 & -1 & 1 & 3 \\ 0 & -1 & -1 & 3 \\ 0 & 0 & 1 & 2 \end{vmatrix}$$

$$\xlongequal{\text{③}+(-1)\text{②}} (-1)\begin{vmatrix} 1 & 1 & 0 & -1 \\ 0 & -1 & 1 & 3 \\ 0 & 0 & -2 & 0 \\ 0 & 0 & 1 & 2 \end{vmatrix}$$

$$\xlongequal{\text{④}+\frac{1}{2}\text{③}} (-1)\begin{vmatrix} 1 & 1 & 0 & -1 \\ 0 & -1 & 1 & 3 \\ 0 & 0 & -2 & 0 \\ 0 & 0 & 0 & 2 \end{vmatrix} = -4.$$

说明 在例 1.4 的计算中，为了表明每一步所做的变换，特将行的变换写在等号的上面，将列的变换写在等号的下面（本题计算中没有做列的变换）. 其中（①，②）表示交换 1，2 行；② +（−3）① 表示将第 1 行的（−3）倍加到第 2 行上；等等.

例 1.5 计算 n 阶行列式

$$\begin{vmatrix} a & b & b & \cdots & b \\ b & a & b & \cdots & b \\ b & b & a & \cdots & b \\ \vdots & \vdots & \vdots & \ddots & \vdots \\ b & b & b & \cdots & a \end{vmatrix}.$$

解 由于行列式每行(列)均含有一个 a 和 $n-1$ 个 b，故如果将第 2,3,…,n 列都加到第 1 列上，就可使第 1 列元素都化为 $a+(n-1)b$，接着再设法将得到的行列式化为上三角形行列式.

$$原式=\begin{vmatrix} a+(n-1)b & b & b & \cdots & b \\ a+(n-1)b & a & b & \cdots & b \\ a+(n-1)b & b & a & \cdots & b \\ \vdots & \vdots & \vdots & \ddots & \vdots \\ a+(n-1)b & b & b & \cdots & a \end{vmatrix}$$

$$\xlongequal{\text{第 1 行的}(-1)\text{倍分别加到其余各行}} \begin{vmatrix} a+(n-1)b & b & b & \cdots & b \\ 0 & a-b & 0 & \cdots & 0 \\ 0 & 0 & a-b & \cdots & 0 \\ \vdots & \vdots & \vdots & \ddots & \vdots \\ 0 & 0 & 0 & \cdots & a-b \end{vmatrix}$$

$$=[a+(n-1)b](a-b)^{n-1}.$$

显然，如果先做行的变换，可将行列式化为下三角形行列式.

例 1.6 计算 4 阶行列式

$$\begin{vmatrix} 1+a_1 & 1 & 1 & 1 \\ 1 & 1+a_2 & 1 & 1 \\ 1 & 1 & 1+a_3 & 1 \\ 1 & 1 & 1 & 1+a_4 \end{vmatrix}，\quad 其中\ a_i \neq 0, i=1,2,3,4.$$

解 由于行列式中 1 比较多，故先将第 1 行的(−1)倍分别加到第 2,3,4 行.

$$原式=\begin{vmatrix} 1+a_1 & 1 & 1 & 1 \\ -a_1 & a_2 & 0 & 0 \\ -a_1 & 0 & a_3 & 0 \\ -a_1 & 0 & 0 & a_4 \end{vmatrix}$$

$$\xlongequal[a_1,a_2,a_3,a_4]{\text{提出各列公因子}} (a_1a_2a_3a_4)\begin{vmatrix} 1+\frac{1}{a_1} & \frac{1}{a_2} & \frac{1}{a_3} & \frac{1}{a_4} \\ -1 & 1 & 0 & 0 \\ -1 & 0 & 1 & 0 \\ -1 & 0 & 0 & 1 \end{vmatrix}$$

$$\xlongequal[\text{第 2,3,4 列加到第 1 列}]{} (a_1a_2a_3a_4)\begin{vmatrix} 1+\sum\limits_{i=1}^{4}\frac{1}{a_i} & \frac{1}{a_2} & \frac{1}{a_3} & \frac{1}{a_4} \\ 0 & 1 & 0 & 0 \\ 0 & 0 & 1 & 0 \\ 0 & 0 & 0 & 1 \end{vmatrix}$$

$$=a_1a_2a_3a_4\left(1+\sum_{i=1}^{4}\frac{1}{a_i}\right).$$

在上述几个例子中，都是利用行列式的性质，将所给的行列式化为上(或下)三角形行列式，这是计算行列式的基本方法之一.这种方法也称为**三角形法**.

例 1.7 证明：

$$\begin{vmatrix} a_1+b_1 & b_1+c_1 & c_1+a_1 \\ a_2+b_2 & b_2+c_2 & c_2+a_2 \\ a_3+b_3 & b_3+c_3 & c_3+a_3 \end{vmatrix} = 2\begin{vmatrix} a_1 & b_1 & c_1 \\ a_2 & b_2 & c_2 \\ a_3 & b_3 & c_3 \end{vmatrix}.$$

证明 方法 1 由于等式左边行列式的每个元素都是两个数的和，故考虑利用性质 4 化简.

$$\text{左边}=\begin{vmatrix} a_1 & b_1+c_1 & c_1+a_1 \\ a_2 & b_2+c_2 & c_2+a_2 \\ a_3 & b_3+c_3 & c_3+a_3 \end{vmatrix}+\begin{vmatrix} b_1 & b_1+c_1 & c_1+a_1 \\ b_2 & b_2+c_2 & c_2+a_2 \\ b_3 & b_3+c_3 & c_3+a_3 \end{vmatrix}$$

$$=\begin{vmatrix} a_1 & b_1 & c_1+a_1 \\ a_2 & b_2 & c_2+a_2 \\ a_3 & b_3 & c_3+a_3 \end{vmatrix}+\begin{vmatrix} a_1 & c_1 & c_1+a_1 \\ a_2 & c_2 & c_2+a_2 \\ a_3 & c_3 & c_3+a_3 \end{vmatrix}+\begin{vmatrix} b_1 & b_1 & c_1+a_1 \\ b_2 & b_2 & c_2+a_2 \\ b_3 & b_3 & c_3+a_3 \end{vmatrix}+\begin{vmatrix} b_1 & c_1 & c_1+a_1 \\ b_2 & c_2 & c_2+a_2 \\ b_3 & c_3 & c_3+a_3 \end{vmatrix}$$

$$=\begin{vmatrix} a_1 & b_1 & c_1 \\ a_2 & b_2 & c_2 \\ a_3 & b_3 & c_3 \end{vmatrix}+\begin{vmatrix} a_1 & b_1 & a_1 \\ a_2 & b_2 & a_2 \\ a_3 & b_3 & a_3 \end{vmatrix}+\begin{vmatrix} a_1 & c_1 & c_1 \\ a_2 & c_2 & c_2 \\ a_3 & c_3 & c_3 \end{vmatrix}+\begin{vmatrix} a_1 & c_1 & a_1 \\ a_2 & c_2 & a_2 \\ a_3 & c_3 & a_3 \end{vmatrix}+\begin{vmatrix} b_1 & b_1 & c_1+a_1 \\ b_2 & b_2 & c_2+a_2 \\ b_3 & b_3 & c_3+a_3 \end{vmatrix}$$

$$+\begin{vmatrix} b_1 & c_1 & c_1 \\ b_2 & c_2 & c_2 \\ b_3 & c_3 & c_3 \end{vmatrix}+\begin{vmatrix} b_1 & c_1 & a_1 \\ b_2 & c_2 & a_2 \\ b_3 & c_3 & a_3 \end{vmatrix}$$

$$=\begin{vmatrix} a_1 & b_1 & c_1 \\ a_2 & b_2 & c_2 \\ a_3 & b_3 & c_3 \end{vmatrix}+0+0+0+0+0+(-1)\begin{vmatrix} a_1 & c_1 & b_1 \\ a_2 & c_2 & b_2 \\ a_3 & c_3 & b_3 \end{vmatrix}$$

$$=2\begin{vmatrix} a_1 & b_1 & c_1 \\ a_2 & b_2 & c_2 \\ a_3 & b_3 & c_3 \end{vmatrix}=\text{右边}.$$

方法 2 先利用性质 5 化简，将左边行列式的各列都加到第 1 列上.

$$\text{左边}=\begin{vmatrix} 2(a_1+b_1+c_1) & b_1+c_1 & c_1+a_1 \\ 2(a_2+b_2+c_2) & b_2+c_2 & c_2+a_2 \\ 2(a_3+b_3+c_3) & b_3+c_3 & c_3+a_3 \end{vmatrix}$$

$$=2\begin{vmatrix} a_1+b_1+c_1 & b_1+c_1 & c_1+a_1 \\ a_2+b_2+c_2 & b_2+c_2 & c_2+a_2 \\ a_3+b_3+c_3 & b_3+c_3 & c_3+a_3 \end{vmatrix}$$

$$\xlongequal[③+(-1)①]{②+(-1)①}2\begin{vmatrix} a_1+b_1+c_1 & -a_1 & -b_1 \\ a_2+b_2+c_2 & -a_2 & -b_2 \\ a_3+b_3+c_3 & -a_3 & -b_3 \end{vmatrix}$$

$$\xlongequal[\text{第 2,3 列加到第 1 列}]{}2\begin{vmatrix} c_1 & -a_1 & -b_1 \\ c_2 & -a_2 & -b_2 \\ c_3 & -a_3 & -b_3 \end{vmatrix}$$

$$=2\begin{vmatrix} c_1 & a_1 & b_1 \\ c_2 & a_2 & b_2 \\ c_3 & a_3 & b_3 \end{vmatrix}$$

$$=(-2)\begin{vmatrix} a_1 & c_1 & b_1 \\ a_2 & c_2 & b_2 \\ a_3 & c_3 & b_3 \end{vmatrix}$$

$$=2\begin{vmatrix} a_1 & b_1 & c_1 \\ a_2 & b_2 & c_2 \\ a_3 & b_3 & c_3 \end{vmatrix}=\text{右边}.$$

初学者在使用性质 4 时需要注意,一般情况下,

$$\begin{vmatrix} a_1+b_1 & a_2+b_2 \\ c_1+d_1 & c_2+d_2 \end{vmatrix} \neq \begin{vmatrix} a_1 & a_2 \\ c_1 & c_2 \end{vmatrix}+\begin{vmatrix} b_1 & b_2 \\ d_1 & d_2 \end{vmatrix}.$$

例如,已知 2 阶行列式 $\begin{vmatrix} 1 & 2 \\ 2 & 4 \end{vmatrix}=0$,如果将该行列式写成 $\begin{vmatrix} 1+0 & 1+1 \\ 1+1 & 1+3 \end{vmatrix}$,注意到,

$$\begin{vmatrix} 1 & 1 \\ 1 & 1 \end{vmatrix}+\begin{vmatrix} 0 & 1 \\ 1 & 3 \end{vmatrix}=-1,\quad \text{显然}\quad \begin{vmatrix} 1 & 2 \\ 2 & 4 \end{vmatrix}=\begin{vmatrix} 1+0 & 1+1 \\ 1+1 & 1+3 \end{vmatrix} \neq \begin{vmatrix} 1 & 1 \\ 1 & 1 \end{vmatrix}+\begin{vmatrix} 0 & 1 \\ 1 & 3 \end{vmatrix}.$$

正确地使用性质 4 化简 2 阶行列式 $\begin{vmatrix} a_1+b_1 & a_2+b_2 \\ c_1+d_1 & c_2+d_2 \end{vmatrix}$,应为

$$\begin{vmatrix} a_1+b_1 & a_2+b_2 \\ c_1+d_1 & c_2+d_2 \end{vmatrix}=\begin{vmatrix} a_1 & a_2 \\ c_1 & c_2 \end{vmatrix}+\begin{vmatrix} a_1 & b_2 \\ c_1 & d_2 \end{vmatrix}+\begin{vmatrix} b_1 & a_2 \\ d_1 & c_2 \end{vmatrix}+\begin{vmatrix} b_1 & b_2 \\ d_1 & d_2 \end{vmatrix}.$$

习 题 1.2

1. 利用行列式的性质计算下列行列式:

(1) $\begin{vmatrix} 3421 & 3521 \\ 2809 & 2909 \end{vmatrix}$; (2) $\begin{vmatrix} 5 & -1 & 3 \\ 2 & 2 & 2 \\ 196 & 203 & 199 \end{vmatrix}$; (3) $\begin{vmatrix} 5 & 1 & 1 & 1 \\ 1 & 5 & 1 & 1 \\ 1 & 1 & 5 & 1 \\ 1 & 1 & 1 & 5 \end{vmatrix}$;

(4) $\begin{vmatrix} 1 & 2 & 3 & 4 \\ 2 & 2 & 0 & 0 \\ 3 & 0 & 3 & 0 \\ 4 & 0 & 0 & 4 \end{vmatrix}$; (5) $\begin{vmatrix} 1 & 2 & 3 & 4 \\ 2 & 3 & 4 & 1 \\ 3 & 4 & 1 & 2 \\ 4 & 1 & 2 & 3 \end{vmatrix}$.

2. 解下列方程:

(1) $\begin{vmatrix} 1 & 1 & 1 \\ 1 & 2 & x \\ 1 & x & 6 \end{vmatrix}=1$; (2) $\begin{vmatrix} x & x & 2 \\ 0 & -1 & 1 \\ 1 & 2 & x \end{vmatrix}=0$.

3. 已知 3 阶行列式 $\begin{vmatrix} a_{11} & a_{12} & a_{13} \\ a_{21} & a_{22} & a_{23} \\ a_{31} & a_{32} & a_{33} \end{vmatrix}=1$,求行列式 $\begin{vmatrix} 4a_{11} & 2a_{12}-3a_{11} & -a_{13} \\ 4a_{21} & 2a_{22}-3a_{21} & -a_{23} \\ 4a_{31} & 2a_{32}-3a_{31} & -a_{33} \end{vmatrix}$ 的值.

4. 利用行列式的性质证明：

(1) $\begin{vmatrix} a_1-b_1 & b_1-c_1 & c_1-a_1 \\ a_2-b_2 & b_2-c_2 & c_2-a_2 \\ a_3-b_3 & b_3-c_3 & c_3-a_3 \end{vmatrix}=0$；　　(2) $\begin{vmatrix} b+c & c+a & a+b \\ a+b & b+c & c+a \\ c+a & a+b & b+c \end{vmatrix}=2\begin{vmatrix} a & b & c \\ c & a & b \\ b & c & a \end{vmatrix}$；

(3) 3 阶反对称行列式 $\begin{vmatrix} 0 & a & b \\ -a & 0 & c \\ -b & -c & 0 \end{vmatrix}=0$.

5. 计算下列 n 阶行列式：

(1) $\begin{vmatrix} a_1-b & a_2 & \cdots & a_n \\ a_1 & a_2-b & \cdots & a_n \\ \vdots & \vdots & & \vdots \\ a_1 & a_2 & \cdots & a_n-b \end{vmatrix}$；　　(2) $\begin{vmatrix} a_1-b_1 & a_1-b_2 & \cdots & a_1-b_n \\ a_2-b_1 & a_2-b_2 & \cdots & a_2-b_n \\ \vdots & \vdots & & \vdots \\ a_n-b_1 & a_n-b_2 & \cdots & a_n-b_n \end{vmatrix}$.

1.3 行列式按一行(或一列)展开

如果将 3 阶行列式的表达式(1.6) 以第 2 行元素 a_{21}, a_{22}, a_{23} 为公因子分成 3 组，则有

$$\begin{aligned}
&\begin{vmatrix} a_{11} & a_{12} & a_{13} \\ a_{21} & a_{22} & a_{23} \\ a_{31} & a_{32} & a_{33} \end{vmatrix} \\
&=a_{11}a_{22}a_{33}+a_{12}a_{23}a_{31}+a_{13}a_{21}a_{32}-a_{11}a_{23}a_{32}-a_{12}a_{21}a_{33}-a_{13}a_{22}a_{31} \\
&=-a_{21}(a_{12}a_{33}-a_{13}a_{32})+a_{22}(a_{11}a_{33}-a_{13}a_{31})-a_{23}(a_{11}a_{32}-a_{12}a_{31}) \\
&=a_{21}(-1)^{2+1}\begin{vmatrix} a_{12} & a_{13} \\ a_{32} & a_{33} \end{vmatrix}+a_{22}(-1)^{2+2}\begin{vmatrix} a_{11} & a_{13} \\ a_{31} & a_{33} \end{vmatrix}+a_{23}(-1)^{2+3}\begin{vmatrix} a_{11} & a_{12} \\ a_{31} & a_{32} \end{vmatrix} \\
&=a_{21}(-1)^{2+1}M_{21}+a_{22}(-1)^{2+2}M_{22}+a_{23}(-1)^{2+3}M_{23} \\
&=a_{21}A_{21}+a_{22}A_{22}+a_{23}A_{23}.
\end{aligned}$$

类似可得

$$\begin{aligned}
\begin{vmatrix} a_{11} & a_{12} & a_{13} \\ a_{21} & a_{22} & a_{23} \\ a_{31} & a_{32} & a_{33} \end{vmatrix}&=a_{31}(-1)^{3+1}M_{31}+a_{32}(-1)^{3+2}M_{32}+a_{33}(-1)^{3+3}M_{33} \\
&=a_{31}A_{31}+a_{32}A_{32}+a_{33}A_{33}.
\end{aligned}$$

上式说明 3 阶行列式也可以表为第 2 行(或第 3 行) 各元素分别与对应的代数余子式的乘积之和.

将 3 阶行列式的这种情况推广到 n 阶行列式，我们有下面的定理.

定理 1.1 $n(n \geqslant 2)$ 阶行列式等于它的第 i 行元素与各自的代数余子式的乘积之和，即

$$\begin{vmatrix} a_{11} & a_{12} & \cdots & a_{1n} \\ \vdots & \vdots & & \vdots \\ a_{i1} & a_{i2} & \cdots & a_{in} \\ \vdots & \vdots & & \vdots \\ a_{n1} & a_{n2} & \cdots & a_{nn} \end{vmatrix} = a_{i1}A_{i1} + a_{i2}A_{i2} + \cdots + a_{in}A_{in} = \sum_{j=1}^{n} a_{ij}A_{ij}, \tag{1.9}$$

其中 $i=1,2,\cdots,n$.(1.9) 式也称为**行列式按第 i 行的展开式**.

（证明略）

由于行列式中行与列的地位是对等的，故与定理 1.1 对应，有下面的定理.

定理 1.2 $n(n\geqslant 2)$ 阶行列式等于它的第 j 列元素与各自的代数余子式的乘积之和，即

$$\begin{vmatrix} a_{11} & \cdots & a_{1j} & \cdots & a_{1n} \\ a_{21} & \cdots & a_{2j} & \cdots & a_{2n} \\ \vdots & & \vdots & & \vdots \\ a_{n1} & \cdots & a_{nj} & \cdots & a_{nn} \end{vmatrix} = a_{1j}A_{1j} + a_{2j}A_{2j} + \cdots + a_{nj}A_{nj} = \sum_{i=1}^{n} a_{ij}A_{ij}, \tag{1.10}$$

其中 $j=1,2,\cdots,n$.(1.10) 式也称为**行列式按第 j 列的展开式**.

（证明略）

由定理 1.1 和定理 1.2 立即推出下面的推论.

推论 如果行列式有一行（或一列）元素全为 0，则该行列式的值为 0.

例 1.8 计算 4 阶行列式

$$\begin{vmatrix} a & b & 0 & 0 \\ 0 & a & b & 0 \\ 0 & 0 & a & b \\ b & 0 & 0 & a \end{vmatrix}.$$

解 由于该行列式中 0 非常多，因此考虑将其按第 1 列展开：

$$\begin{vmatrix} a & b & 0 & 0 \\ 0 & a & b & 0 \\ 0 & 0 & a & b \\ b & 0 & 0 & a \end{vmatrix} = a(-1)^{1+1}\begin{vmatrix} a & b & 0 \\ 0 & a & b \\ 0 & 0 & a \end{vmatrix} + b(-1)^{4+1}\begin{vmatrix} b & 0 & 0 \\ a & b & 0 \\ 0 & a & b \end{vmatrix} = a^4 - b^4.$$

（请读者考虑，如果按第 1 行展开，会出现什么情况？）

例 1.9 计算 3 阶行列式

$$\begin{vmatrix} \lambda-6 & 2 & -2 \\ 2 & \lambda-3 & -4 \\ -2 & -4 & \lambda-3 \end{vmatrix}.$$

解 由于行列式中除数字外还有字母 λ，故可利用行列式的性质，先将某行（或某列）中尽可能多的元素化为 0，再按该行（或该列）展开.

$$\begin{vmatrix} \lambda-6 & 2 & -2 \\ 2 & \lambda-3 & -4 \\ -2 & -4 & \lambda-3 \end{vmatrix} \xlongequal{③+②} \begin{vmatrix} \lambda-6 & 2 & -2 \\ 2 & \lambda-3 & -4 \\ 0 & \lambda-7 & \lambda-7 \end{vmatrix}$$

$$\xlongequal[②+(-1)③]{} \begin{vmatrix} \lambda-6 & 4 & -2 \\ 2 & \lambda+1 & -4 \\ 0 & 0 & \lambda-7 \end{vmatrix}$$

$$=(\lambda-7)(-1)^{3+3}\begin{vmatrix} \lambda-6 & 4 \\ 2 & \lambda+1 \end{vmatrix}$$

$$=(\lambda-7)(\lambda^2-5\lambda-14)=(\lambda-7)^2(\lambda+2).$$

例 1.10 证明:3 阶范德蒙德(Vandermonde)行列式

$$\begin{vmatrix} 1 & 1 & 1 \\ a_1 & a_2 & a_3 \\ a_1^2 & a_2^2 & a_3^2 \end{vmatrix}=(a_2-a_1)(a_3-a_1)(a_3-a_2).$$

证明 先将第 2 行的$(-a_1)$倍加到第 3 行,再将第 1 行的$(-a_1)$倍加到第 2 行,有

$$\begin{vmatrix} 1 & 1 & 1 \\ a_1 & a_2 & a_3 \\ a_1^2 & a_2^2 & a_3^2 \end{vmatrix}=\begin{vmatrix} 1 & 1 & 1 \\ 0 & a_2-a_1 & a_3-a_1 \\ 0 & a_2^2-a_2a_1 & a_3^2-a_3a_1 \end{vmatrix}$$

$$\xlongequal[\text{按第 1 列展开}]{} \begin{vmatrix} a_2-a_1 & a_3-a_1 \\ (a_2-a_1)a_2 & (a_3-a_1)a_3 \end{vmatrix}$$

$$=(a_2-a_1)(a_3-a_1)\begin{vmatrix} 1 & 1 \\ a_2 & a_3 \end{vmatrix}$$

$$=(a_2-a_1)(a_3-a_1)(a_3-a_2).$$

我们观察下列 3 阶行列式

$$\begin{vmatrix} a_1 & a_2 & a_3 \\ b_1 & b_2 & b_3 \\ c_1 & c_2 & c_3 \end{vmatrix}$$

的第 1 行元素与第 2 行相应元素的代数余子式的乘积之和:

$$a_1A_{21}+a_2A_{22}+a_3A_{23}$$

$$=a_1(-1)^{2+1}\begin{vmatrix} a_2 & a_3 \\ c_2 & c_3 \end{vmatrix}+a_2(-1)^{2+2}\begin{vmatrix} a_1 & a_3 \\ c_1 & c_3 \end{vmatrix}+a_3(-1)^{2+3}\begin{vmatrix} a_1 & a_2 \\ c_1 & c_2 \end{vmatrix}.$$

可以看出,上式等于下面的 3 阶行列式

$$\begin{vmatrix} a_1 & a_2 & a_3 \\ a_1 & a_2 & a_3 \\ c_1 & c_2 & c_3 \end{vmatrix}$$

按第 2 行的展开式,即

$$a_1(-1)^{2+1}\begin{vmatrix} a_2 & a_3 \\ c_2 & c_3 \end{vmatrix}+a_2(-1)^{2+2}\begin{vmatrix} a_1 & a_3 \\ c_1 & c_3 \end{vmatrix}+a_3(-1)^{2+3}\begin{vmatrix} a_1 & a_2 \\ c_1 & c_2 \end{vmatrix}=\begin{vmatrix} a_1 & a_2 & a_3 \\ a_1 & a_2 & a_3 \\ c_1 & c_2 & c_3 \end{vmatrix}=0.$$

对于 n 阶行列式，也有类似的结果.

定理 1.3 $n(n \geqslant 2)$ 阶行列式

$$\begin{vmatrix} a_{11} & a_{12} & \cdots & a_{1n} \\ a_{21} & a_{22} & \cdots & a_{2n} \\ \vdots & \vdots & & \vdots \\ a_{n1} & a_{n2} & \cdots & a_{nn} \end{vmatrix} \tag{1.11}$$

的第 i 行元素与第 k 行$(k \neq i)$ 相应元素的代数余子式的乘积之和为 0，即

$$a_{i1}A_{k1} + a_{i2}A_{k2} + \cdots + a_{in}A_{kn} = 0.$$

由于行列式中行与列的地位是对等的，故同时有下面的定理.

定理 1.4 $n(n \geqslant 2)$ 阶行列式(1.11) 的第 j 列元素与第 l 列$(l \neq j)$ 对应元素的代数余子式的乘积之和为 0，即

$$a_{1j}A_{1l} + a_{2j}A_{2l} + \cdots + a_{nj}A_{nl} = 0.$$

设 n 阶行列式(1.11) 的值为 d，则定理 1.1 和定理 1.3 可以合并起来表为

$$a_{i1}A_{k1} + a_{i2}A_{k2} + \cdots + a_{in}A_{kn} = \begin{cases} d, & 当\ k = i\ 时, \\ 0, & 当\ k \neq i\ 时; \end{cases}$$

定理 1.2 和定理 1.4 可以合并起来表为

$$a_{1j}A_{1l} + a_{2j}A_{2l} + \cdots + a_{nj}A_{nl} = \begin{cases} d, & 当\ l = j\ 时, \\ 0, & 当\ l \neq j\ 时. \end{cases}$$

例 1.11 设 4 阶行列式 $\begin{vmatrix} 2 & -3 & 1 & 5 \\ -1 & 5 & 7 & -8 \\ 2 & 2 & 2 & 2 \\ 0 & 1 & -1 & 0 \end{vmatrix}$，求：

(1) $2A_{41} - 3A_{42} + A_{43} + 5A_{44}$；

(2) $A_{11} + A_{12} + A_{13} + A_{14}$.

解 这类题目，一般并不是真的要计算出行列式某行元素代数余子式的代数和，而是根据给定的表示式判断出对应的行列式的结构，再由此进行计算.

(1) $2A_{41} - 3A_{42} + A_{43} + 5A_{44}$ 表示用行列式第 1 行元素 2，-3，1 和 5，分别乘以第 4 行各元素的代数余子式，然后相加. 由定理 1.3 可知

$$2A_{41} - 3A_{42} + A_{43} + 5A_{44} = 0.$$

(2) $A_{11} + A_{12} + A_{13} + A_{14}$ 表示的是用 1 分别乘以第 1 行各元素的代数余子式，然后相加. 可以看成是将原行列式的第 1 行元素都换成 1(而其他元素不变) 得到的行列式，按第 1 行展开，即有

$$A_{11} + A_{12} + A_{13} + A_{14} = \begin{vmatrix} 1 & 1 & 1 & 1 \\ -1 & 5 & 7 & -8 \\ 2 & 2 & 2 & 2 \\ 0 & 1 & -1 & 0 \end{vmatrix} = 0.$$

或者按以下思路：由于 $A_{11} + A_{12} + A_{13} + A_{14} = \frac{1}{2}(2A_{11} + 2A_{12} + 2A_{13} + 2A_{14})$，而 $2A_{11} + 2A_{12} + 2A_{13} + 2A_{14}$ 是行列式第 3 行元素 2，2，2，2 与第 1 行对应的各元素的代数余子式

的乘积之和，由定理1.3知：$2A_{11}+2A_{12}+2A_{13}+2A_{14}=0$，由此推出

$$A_{11}+A_{12}+A_{13}+A_{14}=\frac{1}{2}(2A_{11}+2A_{12}+2A_{13}+2A_{14})=0.$$

习 题 1.3

1. 计算下列行列式：

(1) $\begin{vmatrix} 1 & 2 & 0 & 3 \\ 1 & 1 & -1 & -1 \\ 2 & 2 & 0 & 4 \\ -1 & 2 & 0 & -1 \end{vmatrix}$；　(2) $\begin{vmatrix} \lambda-3 & -2 & -4 \\ -2 & \lambda & -2 \\ -4 & -2 & \lambda-3 \end{vmatrix}$；　(3) $\begin{vmatrix} 1 & 2 & 4 \\ 1 & 3 & 9 \\ 1 & 5 & 25 \end{vmatrix}$.

2. 计算下列4阶行列式：

(1) $\begin{vmatrix} a & 0 & 0 & b \\ b & a & 0 & 0 \\ 0 & b & a & 0 \\ 0 & 0 & b & a \end{vmatrix}$；　(2) $\begin{vmatrix} a & 0 & 0 & b \\ 0 & 0 & b & a \\ 0 & b & a & 0 \\ b & a & 0 & 0 \end{vmatrix}$.

3. 证明：

$$\begin{vmatrix} x & 0 & 0 & a_0 \\ -1 & x & 0 & a_1 \\ 0 & -1 & x & a_2 \\ 0 & 0 & -1 & x+a_3 \end{vmatrix}=x^4+a_3x^3+a_2x^2+a_1x+a_0.$$

4. 计算下列5阶行列式：

(1) $\begin{vmatrix} 1 & 2 & 3 & 4 & 5 \\ 1 & -1 & 0 & 0 & 0 \\ 0 & 2 & -2 & 0 & 0 \\ 0 & 0 & 3 & -3 & 0 \\ 0 & 0 & 0 & 4 & -4 \end{vmatrix}$；　(2) $\begin{vmatrix} -a_1 & a_1 & 0 & 0 & 0 \\ 0 & -a_2 & a_2 & 0 & 0 \\ 0 & 0 & -a_3 & a_3 & 0 \\ 0 & 0 & 0 & -a_4 & a_4 \\ 1 & 1 & 1 & 1 & 1 \end{vmatrix}$.

1.4* 行列式按 k 行(或 k 列)展开

我们知道，将3阶行列式按第1行展开，有

$$\begin{vmatrix} a_{11} & a_{12} & a_{13} \\ a_{21} & a_{22} & a_{23} \\ a_{31} & a_{32} & a_{33} \end{vmatrix}=a_{11}(-1)^{1+1}\begin{vmatrix} a_{22} & a_{23} \\ a_{32} & a_{33} \end{vmatrix}+a_{12}(-1)^{1+2}\begin{vmatrix} a_{21} & a_{23} \\ a_{31} & a_{33} \end{vmatrix}+a_{13}(-1)^{1+3}\begin{vmatrix} a_{21} & a_{22} \\ a_{31} & a_{32} \end{vmatrix},$$

其中3个2阶行列式分别为 a_{11}, a_{12}, a_{13} 的余子式. 现在，若将 a_{11}, a_{12}, a_{13} 与它们的余子式的关系反过来看：将这3个2阶行列式称为该3阶行列式的**2阶子式**，而将3个1阶行列式 $|a_{11}|=a_{11}$，$|a_{12}|=a_{12}$，$|a_{13}|=a_{13}$ 分别称为这3个**2阶子式的余子式**，并且令

$$(-1)^{(2+3)+(2+3)}a_{11},\quad (-1)^{(2+3)+(1+3)}a_{12},\quad (-1)^{(2+3)+(1+2)}a_{13}$$

分别为2阶子式

$$\begin{vmatrix} a_{22} & a_{23} \\ a_{32} & a_{33} \end{vmatrix}, \quad \begin{vmatrix} a_{21} & a_{23} \\ a_{31} & a_{33} \end{vmatrix}, \quad \begin{vmatrix} a_{21} & a_{22} \\ a_{31} & a_{32} \end{vmatrix}$$

的**代数余子式**，则3阶行列式也可以表为

$$\begin{vmatrix} a_{11} & a_{12} & a_{13} \\ a_{21} & a_{22} & a_{23} \\ a_{31} & a_{32} & a_{33} \end{vmatrix}$$

$$= \begin{vmatrix} a_{22} & a_{23} \\ a_{32} & a_{33} \end{vmatrix} \cdot (-1)^{(2+3)+(2+3)} a_{11} + \begin{vmatrix} a_{21} & a_{23} \\ a_{31} & a_{33} \end{vmatrix} \cdot (-1)^{(2+3)+(1+3)} a_{12} + \begin{vmatrix} a_{21} & a_{22} \\ a_{31} & a_{32} \end{vmatrix} \cdot (-1)^{(2+3)+(1+2)} a_{13}$$

$$= \begin{vmatrix} a_{22} & a_{23} \\ a_{32} & a_{33} \end{vmatrix} \cdot a_{11} + \begin{vmatrix} a_{21} & a_{23} \\ a_{31} & a_{33} \end{vmatrix} \cdot (-a_{12}) + \begin{vmatrix} a_{21} & a_{22} \\ a_{31} & a_{32} \end{vmatrix} \cdot a_{13},$$

即3阶行列式也可以表为第2,3行的所有2阶子式与它们的代数余子式的乘积之和，称上式为3阶行列式**按第2,3行展开**.

对于 n 阶行列式，也可以定义其按 k 行（或 k 列）的展开式. 为此，先介绍

定义1.4 在 $n(n \geqslant 2)$ 阶行列式

$$\begin{vmatrix} a_{11} & a_{12} & \cdots & a_{1n} \\ a_{21} & a_{22} & \cdots & a_{2n} \\ \vdots & \vdots & & \vdots \\ a_{n1} & a_{n2} & \cdots & a_{nn} \end{vmatrix} \tag{1.12}$$

中，任意选定 k 行，k 列 $(1 \leqslant k \leqslant n)$，位于这些行和列交叉点上的 k^2 个元素，按原来的相对位置组成的一个 k 阶行列式 M，称为行列式(1.12)的一个 **k 阶子式**.

特别地，行列式的每一个元素都是它的1阶子式，行列式本身则是其 n 阶子式.

当 $1 \leqslant k < n$ 时，在行列式(1.12)中，划去这 k 行和 k 列 $(1 \leqslant k < n)$ 后，剩下的元素按原来的相对位置组成的 $n-k$ 阶行列式 N，称为 **k 阶子式 M 的余子式**.

如果 k 阶子式 M 在(1.12)中所在行和列的标号分别为 $i_1, i_2, \cdots, i_k$ 和 $j_1, j_2, \cdots, j_k$，其中 $1 \leqslant i_1 < i_2 < \cdots < i_k \leqslant n$；$1 \leqslant j_1 < j_2 < \cdots < j_k \leqslant n$，则在 M 的余子式 N 前加上符号

$$(-1)^{(i_1+i_2+\cdots+i_k)+(j_1+j_2+\cdots+j_k)}$$

后，所得到的表示式

$$B = (-1)^{(i_1+i_2+\cdots+i_k)+(j_1+j_2+\cdots+j_k)} N$$

称为 **k 阶子式 M 的代数余子式**.

例1.12 在4阶行列式

$$\begin{vmatrix} 3 & -1 & -1 & 1 \\ 2 & 1 & 1 & -1 \\ 0 & 0 & 5 & -2 \\ 0 & 0 & 2 & -1 \end{vmatrix}$$

中，如果选定第2,4行，第2,3列，可确定一个2阶子式

$$M = \begin{vmatrix} 1 & 1 \\ 0 & 2 \end{vmatrix},$$

M 的余子式为

$$N=\begin{vmatrix}3 & 1\\0 & -2\end{vmatrix},$$

M 的代数余子式为

$$B=(-1)^{(2+4)+(2+3)}N=-\begin{vmatrix}3 & 1\\0 & -2\end{vmatrix}=6.$$

定理 1.5（拉普拉斯（Laplace）定理） 在 $n(n\geqslant 2)$ 阶行列式(1.12)中，任意取定 k 行（或 k 列）：第 $i_1,i_2,\cdots,i_k$ 行 $(1\leqslant i_1<i_2<\cdots<i_k\leqslant n,1\leqslant k<n)$（或第 $j_1,j_2,\cdots,j_k$ 列 $(1\leqslant j_1\leqslant j_2<\cdots<j_k\leqslant n,1\leqslant k<n)$），则这 k 行（或 k 列）元素组成的所有 k 阶子式与它们的代数余子式的乘积之和等于该行列式的值.

（证明略）

显然，当 $k=1$ 时，即为行列式按一行（或一列）的展开式.

例 1.13 利用拉普拉斯定理，计算例 1.12 中的 4 阶行列式.

解 注意到该行列式的第 1,2 列只有一个 2 阶子式，$\begin{vmatrix}3 & -1\\2 & 1\end{vmatrix}=5\neq 0$，因此可以选择行列式按第 1,2 列展开.

该 2 阶子式的代数余子式为 $(-1)^{(1+2)+(1+2)}\begin{vmatrix}5 & -2\\2 & -1\end{vmatrix}$，从而

$$\begin{vmatrix}3 & -1 & -1 & 1\\2 & 1 & 1 & -1\\0 & 0 & 5 & -2\\0 & 0 & 2 & -1\end{vmatrix}=\begin{vmatrix}3 & -1\\2 & 1\end{vmatrix}\cdot\begin{vmatrix}5 & -2\\2 & -1\end{vmatrix}=5\cdot(-1)=-5.$$

一般地，拉普拉斯定理在用于下列形式的行列式计算时，有

$$\begin{vmatrix}a_{11} & \cdots & a_{1k} & c_{11} & \cdots & c_{1r}\\\vdots & & \vdots & \vdots & & \vdots\\a_{k1} & \cdots & a_{kk} & c_{k1} & \cdots & c_{kr}\\0 & \cdots & 0 & b_{11} & \cdots & b_{1r}\\\vdots & & \vdots & \vdots & & \vdots\\0 & \cdots & 0 & b_{r1} & \cdots & b_{rr}\end{vmatrix}=\begin{vmatrix}a_{11} & \cdots & a_{1k}\\\vdots & & \vdots\\a_{k1} & \cdots & a_{kk}\end{vmatrix}\cdot\begin{vmatrix}b_{11} & \cdots & b_{1r}\\\vdots & & \vdots\\b_{r1} & \cdots & b_{rr}\end{vmatrix},$$

或

$$\begin{vmatrix}a_{11} & \cdots & a_{1k} & 0 & \cdots & 0\\\vdots & & \vdots & \vdots & & \vdots\\a_{k1} & \cdots & a_{kk} & 0 & \cdots & 0\\c_{11} & \cdots & c_{1k} & b_{11} & \cdots & b_{1r}\\\vdots & & \vdots & \vdots & & \vdots\\c_{r1} & \cdots & c_{rr} & b_{r1} & \cdots & b_{rr}\end{vmatrix}=\begin{vmatrix}a_{11} & \cdots & a_{1k}\\\vdots & & \vdots\\a_{k1} & \cdots & a_{kk}\end{vmatrix}\cdot\begin{vmatrix}b_{11} & \cdots & b_{1r}\\\vdots & & \vdots\\b_{r1} & \cdots & b_{rr}\end{vmatrix}.$$

例 1.14 已知 $\begin{vmatrix}a_{11} & a_{12}\\a_{21} & a_{22}\end{vmatrix}=m$，$\begin{vmatrix}b_{11} & b_{12} & b_{13}\\b_{21} & b_{22} & b_{23}\\b_{31} & b_{32} & b_{33}\end{vmatrix}=n$，分别求下列行列式的值：

(1) $\begin{vmatrix} 0 & 0 & b_{11} & b_{12} & b_{13} \\ 0 & 0 & b_{21} & b_{22} & b_{23} \\ 0 & 0 & b_{31} & b_{32} & b_{33} \\ a_{11} & a_{12} & c_{11} & c_{12} & c_{13} \\ a_{21} & a_{22} & c_{21} & c_{22} & c_{23} \end{vmatrix}$； (2) $\begin{vmatrix} b_{11} & 0 & b_{12} & 0 & b_{13} \\ b_{21} & 0 & b_{22} & 0 & b_{23} \\ b_{31} & 0 & b_{32} & 0 & b_{33} \\ 0 & a_{11} & 0 & a_{12} & 0 \\ 0 & a_{21} & 0 & a_{22} & 0 \end{vmatrix}$.

解 (1) 将行列式按第1,2列展开：

$$\begin{vmatrix} 0 & 0 & b_{11} & b_{12} & b_{13} \\ 0 & 0 & b_{21} & b_{22} & b_{23} \\ 0 & 0 & b_{31} & b_{32} & b_{33} \\ a_{11} & a_{12} & c_{11} & c_{12} & c_{13} \\ a_{21} & a_{22} & c_{21} & c_{22} & c_{23} \end{vmatrix} = \begin{vmatrix} a_{11} & a_{12} \\ a_{21} & a_{22} \end{vmatrix} \cdot (-1)^{(4+5)+(1+2)} \cdot \begin{vmatrix} b_{11} & b_{12} & b_{13} \\ b_{21} & b_{22} & b_{23} \\ b_{31} & b_{32} & b_{33} \end{vmatrix} = mn.$$

(2) 将行列式按第4,5行展开：

$$\begin{vmatrix} b_{11} & 0 & b_{12} & 0 & b_{13} \\ b_{21} & 0 & b_{22} & 0 & b_{23} \\ b_{31} & 0 & b_{32} & 0 & b_{33} \\ 0 & a_{11} & 0 & a_{12} & 0 \\ 0 & a_{21} & 0 & a_{22} & 0 \end{vmatrix} = \begin{vmatrix} a_{11} & a_{12} \\ a_{21} & a_{22} \end{vmatrix} \cdot (-1)^{(4+5)+(2+4)} \cdot \begin{vmatrix} b_{11} & b_{12} & b_{13} \\ b_{21} & b_{22} & b_{23} \\ b_{31} & b_{32} & b_{33} \end{vmatrix} = -mn.$$

习 题 1.4

1. 计算下列行列式：

$$\begin{vmatrix} -2 & 4 & 0 & 0 & 0 \\ -1 & 3 & 0 & 0 & 0 \\ 32 & 19 & 1 & 3 & 0 \\ 41 & 25 & 0 & 2 & 1 \\ 78 & 5 & -1 & 0 & 2 \end{vmatrix}.$$

2. 计算下列行列式：

(1) $\begin{vmatrix} a & 0 & 0 & b \\ 0 & a & b & 0 \\ 0 & b & a & 0 \\ b & 0 & 0 & a \end{vmatrix}$； (2) $\begin{vmatrix} 0 & a & 0 & b \\ 0 & b & 0 & a \\ a & 0 & b & 0 \\ b & 0 & a & 0 \end{vmatrix}$.

3. 已知 $\begin{vmatrix} a_{11} & a_{12} & a_{13} \\ a_{21} & a_{22} & a_{23} \\ a_{31} & a_{32} & a_{33} \end{vmatrix} = a$，$\begin{vmatrix} b_{11} & b_{12} \\ b_{21} & b_{22} \end{vmatrix} = b$，求下列行列式的值：

(1) $\begin{vmatrix} a_{11} & a_{12} & a_{13} & 0 & 0 \\ a_{21} & a_{22} & a_{23} & 0 & 0 \\ a_{31} & a_{32} & a_{33} & 0 & 0 \\ 0 & 0 & 0 & b_{11} & b_{12} \\ 0 & 0 & 0 & b_{21} & b_{22} \end{vmatrix}$； (2) $\begin{vmatrix} 0 & 0 & a_{11} & a_{12} & a_{13} \\ 0 & 0 & a_{21} & a_{22} & a_{23} \\ 0 & 0 & a_{31} & a_{32} & a_{33} \\ b_{11} & b_{12} & 0 & 0 & 0 \\ b_{21} & b_{22} & 0 & 0 & 0 \end{vmatrix}$；

(3) $\begin{vmatrix} 0 & b_{11} & 0 & b_{12} & 0 \\ 0 & b_{21} & 0 & b_{22} & 0 \\ a_{11} & 0 & a_{12} & 0 & a_{13} \\ a_{21} & 0 & a_{22} & 0 & a_{23} \\ a_{31} & 0 & a_{32} & 0 & a_{33} \end{vmatrix}$.

1.5 克拉默(Cramer)法则

在1.1节我们曾讨论由两个方程组成的二元线性方程组

$$\begin{cases} a_{11}x_1 + a_{12}x_2 = b_1, \\ a_{21}x_1 + a_{22}x_2 = b_2. \end{cases}$$

当它的系数行列式 $\begin{vmatrix} a_{11} & a_{12} \\ a_{21} & a_{22} \end{vmatrix} \neq 0$ 时，方程组存在唯一解，并且它的解可以表为行列式的商，即

$$x_1 = \frac{\begin{vmatrix} b_1 & a_{12} \\ b_2 & a_{22} \end{vmatrix}}{\begin{vmatrix} a_{11} & a_{12} \\ a_{21} & a_{22} \end{vmatrix}}, \quad x_2 = \frac{\begin{vmatrix} a_{11} & b_1 \\ a_{21} & b_2 \end{vmatrix}}{\begin{vmatrix} a_{11} & a_{12} \\ a_{21} & a_{22} \end{vmatrix}}.$$

这个结果可以推广到一般的 n 元线性方程组.

定理1.6(克拉默(Cramer)法则) 如果由 n 个方程组成的 n 元线性方程组

$$\begin{cases} a_{11}x_1 + a_{12}x_2 + \cdots + a_{1n}x_n = b_1, \\ a_{21}x_1 + a_{22}x_2 + \cdots + a_{2n}x_n = b_2, \\ \cdots\cdots \\ a_{n1}x_1 + a_{n2}x_2 + \cdots + a_{nn}x_n = b_n \end{cases} \tag{1.13}$$

的系数行列式

$$\begin{vmatrix} a_{11} & a_{12} & \cdots & a_{1n} \\ a_{21} & a_{22} & \cdots & a_{2n} \\ \vdots & \vdots & & \vdots \\ a_{n1} & a_{n2} & \cdots & a_{nn} \end{vmatrix} \neq 0,$$

则方程组有唯一解，并且

$$x_j = \frac{|\boldsymbol{B}_j|}{|\boldsymbol{A}|}, \quad j = 1,2,\cdots,n. \tag{1.14}$$

(1.14)式中，记号

$$|\boldsymbol{A}| = \begin{vmatrix} a_{11} & a_{12} & \cdots & a_{1n} \\ a_{21} & a_{22} & \cdots & a_{2n} \\ \vdots & \vdots & & \vdots \\ a_{n1} & a_{n2} & \cdots & a_{nn} \end{vmatrix},$$

$$|\boldsymbol{B}_j|=\begin{vmatrix} a_{11} & \cdots & a_{1,j-1} & b_1 & a_{1,j+1} & \cdots & a_{1n} \\ a_{21} & \cdots & a_{2,j-1} & b_2 & a_{2,j+1} & \cdots & a_{2n} \\ \vdots & & \vdots & \vdots & \vdots & & \vdots \\ a_{n1} & \cdots & a_{n,j-1} & b_n & a_{n,j+1} & \cdots & a_{nn} \end{vmatrix}, \quad j=1,2,\cdots,n,$$

其中,$|\boldsymbol{B}_j|$是将系数行列式的第j列元素$a_{1j},a_{2j},\cdots,a_{nj}$分别换成常数项$b_1,b_2,\cdots,b_n$,而其他元素不变所对应的行列式.

定理1.6的证明将在第2章2.4节给出.说明:如果$|\boldsymbol{A}|=0$,则方程组(1.13)解的情况比较复杂,将在第4章详细讨论.

例1.15 解方程组

$$\begin{cases} x_1+2x_2+x_3=3, \\ -2x_1+x_2-x_3=-3, \\ x_1-4x_2+2x_3=-5. \end{cases}$$

解 由于方程组的系数行列式

$$|\boldsymbol{A}|=\begin{vmatrix} 1 & 2 & 1 \\ -2 & 1 & -1 \\ 1 & -4 & 2 \end{vmatrix}=\begin{vmatrix} 1 & 2 & 1 \\ 0 & 5 & 1 \\ 0 & -6 & 1 \end{vmatrix}=\begin{vmatrix} 5 & 1 \\ -6 & 1 \end{vmatrix}=11\neq 0,$$

故方程组有唯一解. 又

$$|\boldsymbol{B}_1|=\begin{vmatrix} 3 & 2 & 1 \\ -3 & 1 & -1 \\ -5 & -4 & 2 \end{vmatrix}=33,|\boldsymbol{B}_2|=\begin{vmatrix} 1 & 3 & 1 \\ -2 & -3 & -1 \\ 1 & -5 & 2 \end{vmatrix}=11,|\boldsymbol{B}_3|=\begin{vmatrix} 1 & 2 & 3 \\ -2 & 1 & -3 \\ 1 & -4 & -5 \end{vmatrix}=-22,$$

从而方程组的解为

$$\begin{cases} x_1=\dfrac{|\boldsymbol{B}_1|}{|\boldsymbol{A}|}=3, \\ x_2=\dfrac{|\boldsymbol{B}_2|}{|\boldsymbol{A}|}=1, \\ x_3=\dfrac{|\boldsymbol{B}_3|}{|\boldsymbol{A}|}=-2. \end{cases}$$

如果方程组(1.13)中,所有的常数项$b_1,b_2,\cdots,b_n$都为0,则称该方程组为n**元齐次线性方程组**(否则称为n**元非齐次线性方程组**).

将定理1.6应用于由n个方程组成的n元齐次线性方程组

$$\begin{cases} a_{11}x_1+a_{12}x_2+\cdots+a_{1n}x_n=0, \\ a_{21}x_1+a_{22}x_2+\cdots+a_{2n}x_n=0, \\ \cdots\cdots \\ a_{n1}x_1+a_{n2}x_2+\cdots+a_{nn}x_n=0 \end{cases} \tag{1.15}$$

有下面的定理.

定理1.7 如果n元齐次线性方程组(1.15)的系数行列式

$$\begin{vmatrix} a_{11} & a_{12} & \cdots & a_{1n} \\ a_{21} & a_{22} & \cdots & a_{2n} \\ \vdots & \vdots & & \vdots \\ a_{n1} & a_{n2} & \cdots & a_{nn} \end{vmatrix}\neq 0,$$

则方程组(1.15)有唯一零解.

证明 当方程组(1.15)的系数行列式 $|\boldsymbol{A}|=\begin{vmatrix} a_{11} & a_{12} & \cdots & a_{1n} \\ a_{21} & a_{22} & \cdots & a_{2n} \\ \vdots & \vdots & & \vdots \\ a_{n1} & a_{n2} & \cdots & a_{nn} \end{vmatrix}\neq 0$ 时，由定理 1.6 知该方程组有唯一解，而

$$|\boldsymbol{B}_j|=\begin{vmatrix} a_{11} & \cdots & a_{1,j-1} & 0 & a_{1,j+1} & \cdots & a_{1n} \\ a_{21} & \cdots & a_{2,j-1} & 0 & a_{2,j+1} & \cdots & a_{2n} \\ \vdots & & \vdots & \vdots & \vdots & & \vdots \\ a_{n1} & \cdots & a_{n,j-1} & 0 & a_{n,j+1} & \cdots & a_{nn} \end{vmatrix}=0,\quad j=1,2,\cdots,n.$$

故必有

$$x_j=\frac{|\boldsymbol{B}_j|}{|\boldsymbol{A}|}=0,\quad j=1,2,\cdots,n.$$

例 1.16 设三元齐次线性方程组

$$\begin{cases} x_1+(k^2+1)x_2+2x_3=0, \\ x_1+(2k+1)x_2+2x_3=0, \\ kx_1+kx_2+(2k+1)x_3=0. \end{cases}$$

确定当 k 取何值时，方程组有唯一零解？

解 当方程组的系数行列式

$$\begin{vmatrix} 1 & k^2+1 & 2 \\ 1 & 2k+1 & 2 \\ k & k & 2k+1 \end{vmatrix}=\begin{vmatrix} 1 & k^2+1 & 2 \\ 0 & -k^2+2k & 0 \\ 0 & -k^3 & 1 \end{vmatrix}=\begin{vmatrix} k(2-k) & 0 \\ -k^3 & 1 \end{vmatrix}=k(2-k)\neq 0,$$

即当 $k\neq 0$ 且 $k\neq 2$ 时，方程组有唯一零解.

由于 n 元齐次线性方程组(1.15)在任何情况下都有零解

$$x_1=0,\quad x_2=0,\quad \cdots,\quad x_n=0.$$

故当 n 元齐次线性方程组有唯一零解时，也称方程组仅有零解. 而有些齐次线性方程组除了零解之外，还有非零解. 从而得到定理 1.7 的逆否命题.

推论 如果 n 元齐次线性方程组(1.15)有非零解，则方程组的系数行列式

$$\begin{vmatrix} a_{11} & a_{12} & \cdots & a_{1n} \\ a_{21} & a_{22} & \cdots & a_{2n} \\ \vdots & \vdots & & \vdots \\ a_{n1} & a_{n2} & \cdots & a_{nn} \end{vmatrix}=0.$$

例 1.17 已知三元齐次线性方程组

$$\begin{cases} 3x+2y-z=0, \\ kx+7y-2z=0, \\ 2x-y+3z=0 \end{cases}$$

有非零解，试求出 k 的值.

解 由已知条件，方程组的系数行列式

$$\begin{vmatrix} 3 & 2 & -1 \\ k & 7 & -2 \\ 2 & -1 & 3 \end{vmatrix} = \begin{vmatrix} 0 & 0 & -1 \\ k-6 & 3 & -2 \\ 11 & 5 & 3 \end{vmatrix} = (-1)\begin{vmatrix} k-6 & 3 \\ 11 & 5 \end{vmatrix} = -5(k-6)+33 = -5k+63 = 0,$$

因此 $k=\dfrac{63}{5}$.

习 题 1.5

1. 用克拉默法则求解下列线性方程组：

(1) $\begin{cases} bx_1 - ax_2 = -2ab, \\ -2cx_2 + 3bx_3 = bc, \\ cx_1 + ax_3 = 0, \end{cases}$ 其中 $abc \neq 0$；

(2) $\begin{cases} ax_1 + ax_2 + bx_3 = 1, \\ ax_1 + bx_2 + ax_3 = 1, \\ bx_1 + ax_2 + ax_3 = 1, \end{cases}$ 其中 $a \neq b$ 并且 $a \neq -\dfrac{b}{2}$.

2. 确定当 k 取何值时，下列齐次线性方程组仅有零解：

$$\begin{cases} kx + y + z = 0, \\ x + ky - z = 0, \\ 2x - y + z = 0. \end{cases}$$

3. 已知线性方程组

$$\begin{cases} ax_1 + x_2 + x_3 = 0, \\ x_1 + bx_2 + x_3 = 0, \\ x_1 + 2bx_2 + x_3 = 0 \end{cases}$$

有非零解，试确定 a,b 的取值.

习 题 一

1. 单项选择题

(1) 行列式 $\begin{vmatrix} 1 & 2 & 3 \\ 2 & 3 & 4 \\ 3 & 4 & 5 \end{vmatrix}$ 的值为________.

A. -1　　B. 0　　C. 1　　D. 2

(2) 已知 4 阶行列式 D_4 第 1 行的元素依次为 $1,2,-1,-1$，它们的余子式依次为 $2,-2,1,0$，则 $D_4=$________.

A. -5　　B. -3　　C. 3　　D. 5

(3) 设多项式 $f(x)=\begin{vmatrix} 0 & -1 & x & 0 \\ 1 & 1 & -1 & -1 \\ 1 & -1 & 1 & -1 \\ 1 & -1 & -1 & 1 \end{vmatrix}$，则 $f(x)$ 的常数项为________.

A. -4　　B. -1　　C. 1　　D. 4

(4) 设方程 $f(x)=\begin{vmatrix}1&1&1&1\\1&1&-1&-1\\1&-1&1&-1\\x&-1&-1&1\end{vmatrix}=0$，则该方程的根为________.

A. -3　　B. -1　　C. 1　　D. 3

(5) 已知行列式 $\begin{vmatrix}a_1&b_1\\a_2&b_2\end{vmatrix}=1$，$\begin{vmatrix}a_1&c_1\\a_2&c_2\end{vmatrix}=2$，则 $\begin{vmatrix}a_1&b_1+c_1\\a_2&b_2+c_2\end{vmatrix}=$________.

A. -3　　B. -1　　C. 1　　D. 3

(6) 设行列式 $D=\begin{vmatrix}a_{11}&a_{12}&a_{13}\\a_{21}&a_{22}&a_{23}\\a_{31}&a_{32}&a_{33}\end{vmatrix}=3$，$D_1=\begin{vmatrix}a_{11}&5a_{11}+2a_{12}&a_{13}\\a_{21}&5a_{21}+2a_{22}&a_{23}\\a_{31}&5a_{31}+2a_{32}&a_{33}\end{vmatrix}$，则 D_1 的值为________.

A. -15　　B. -6　　C. 6　　D. 15

2. 填空题

(1) 设 $D=\begin{vmatrix}1&2&3&4\\0&1&2&5\\3&3&3&3\\1&1&1&1\end{vmatrix}$，$A_{ij}$ 表示 D 中 (i,j) 元素的代数余子式，$i,j=1,2,3,4$，则 $A_{21}+A_{22}+A_{23}+A_{24}=$________.

(2) 若 $a_ib_i\neq0$，$i=1,2,3$，则行列式 $\begin{vmatrix}a_1b_1&a_1b_2&a_1b_3\\a_2b_1&a_2b_2&a_2b_3\\a_3b_1&a_3b_2&a_3b_3\end{vmatrix}=$________.

(3) 行列式 $\begin{vmatrix}0&0&0&1\\0&0&2&0\\0&3&0&0\\4&0&0&0\end{vmatrix}=$________.

(4) 行列式 $\begin{vmatrix}1&2&3\\0&1&2\\-4&2&-5\end{vmatrix}$ 中 $(2,3)$ 元素的代数余子式 A_{23} 的值为________.

(5) 已知 3 阶行列式 $\begin{vmatrix}a_{11}&a_{12}&a_{13}\\a_{21}&a_{22}&a_{23}\\a_{31}&a_{32}&a_{33}\end{vmatrix}=d$，则 $\begin{vmatrix}a_{11}&2a_{12}&3a_{13}\\2a_{21}&4a_{22}&6a_{23}\\3a_{31}&6a_{32}&9a_{33}\end{vmatrix}=$________.

(6) 已知行列式 $\begin{vmatrix}a_1&b_1\\a_2&b_2\end{vmatrix}=3$，则 $\begin{vmatrix}a_1+b_1&2b_1\\a_2+b_2&2b_2\end{vmatrix}=$________.

(7) 若 $\begin{vmatrix}x&y&z\\3&0&2\\1&1&1\end{vmatrix}=1$，则 $\begin{vmatrix}x&y&z\\5&2&4\\1&1&1\end{vmatrix}=$________.

（8）行列式$\begin{vmatrix} 1 & 5 & 25 \\ 1 & 7 & 49 \\ 1 & 8 & 64 \end{vmatrix}=$________.

（9）已知三元齐次线性方程组$\begin{cases} x_1+x_2-x_3=0, \\ 2x_1+3x_2+ax_3=0, \\ x_1+2x_2+3x_3=0 \end{cases}$有非零解，则$a=$________.

（10）若齐次线性方程组$\begin{cases} a_{11}x_1+a_{12}x_2+a_{13}x_3=0, \\ a_{21}x_1+a_{22}x_2+a_{23}x_3=0, \\ a_{31}x_1+a_{32}x_2+a_{33}x_3=0 \end{cases}$有非零解，则其系数行列式的值为________.

3. 计算题

（1）计算3阶行列式$\begin{vmatrix} 123 & 23 & 3 \\ 249 & 49 & 9 \\ 367 & 67 & 7 \end{vmatrix}$.

（2）计算3阶行列式$\begin{vmatrix} a & b & a+b \\ b & a+b & a \\ a+b & a & b \end{vmatrix}$.

（3）计算4阶行列式$D=\begin{vmatrix} 1 & 0 & 2 & 0 \\ 0 & 1 & 0 & 2 \\ 3 & 0 & 4 & 0 \\ 0 & 3 & 0 & 4 \end{vmatrix}$.

（4）计算4阶行列式$D=\begin{vmatrix} 1 & 1 & 1 & 1 \\ 1 & 1 & 1 & -1 \\ 1 & 1 & -1 & -1 \\ 1 & -1 & -1 & -1 \end{vmatrix}$.

（5）求4阶行列式$\begin{vmatrix} 1 & 1 & 1 & 4 \\ 1 & 1 & 3 & 1 \\ 1 & 2 & 1 & 1 \\ 1 & 1 & 1 & 1 \end{vmatrix}$的值.

（6）计算4阶行列式$D=\begin{vmatrix} 1 & 1 & 1 & 1 \\ 1 & 2 & 0 & 0 \\ 1 & 0 & 3 & 0 \\ 1 & 0 & 0 & 4 \end{vmatrix}$.

（7）计算4阶行列式$D=\begin{vmatrix} 0 & 1 & 1 & 1 \\ 1 & 0 & a & a \\ 1 & a & 0 & a \\ 1 & a & a & 0 \end{vmatrix}$，其中$a\neq 0$.

第 2 章　矩　阵

矩阵是线性代数中的一个基本概念和重要工具. 它在科学技术和经济管理等许多领域有着广泛的应用. 本章将介绍矩阵的定义、矩阵的运算、可逆矩阵及其性质、分块矩阵及其运算、矩阵的初等变换和初等矩阵、矩阵的秩等. 这些内容是学习以后各章的基础.

2.1　矩阵的概念

2.1.1　引例

引例 1　在第 1 章我们讨论过二元线性方程组

$$\begin{cases} a_{11}x_1 + a_{12}x_2 = b_1, \\ a_{21}x_1 + a_{22}x_2 = b_2, \end{cases}$$

它的未知数的系数和常数项按原来的相对位置,可以排成一个 2 行 3 列的表

$$\begin{pmatrix} a_{11} & a_{12} & b_1 \\ a_{21} & a_{22} & b_2 \end{pmatrix},$$

我们称这个表为该方程组的**增广矩阵**,其中由未知数的系数排成的 2 行 2 列的表

$$\begin{pmatrix} a_{11} & a_{12} \\ a_{21} & a_{22} \end{pmatrix}$$

称为该方程组的**系数矩阵**.

由方程组增广矩阵的第 1 行和第 2 行,我们可以研究两个方程之间的关系;由增广矩阵的各列,我们可以确定常数项和各个未知数的系数之间的关系. 这将为我们深入研究方程组有解的条件,以及在有解时讨论解之间的关系带来很大的方便.

引例 2　有 3 个炼油厂以原油作为主要原料,生产燃料油、柴油和汽油. 已知它们用 1 吨原油生产上述 3 种油品的数量(单位:吨)如表 2.1 所示.

表 2.1

油品	炼油厂		
	第一炼油厂	第二炼油厂	第三炼油厂
燃料油	0.762	0.476	0.286
柴油	0.190	0.476	0.381
汽油	0.286	0.381	0.571

表 2.1 中的这些数据可以排列成一个 3 行 3 列的数表:

$$\begin{pmatrix} 0.762 & 0.476 & 0.286 \\ 0.190 & 0.476 & 0.381 \\ 0.286 & 0.381 & 0.571 \end{pmatrix},$$

也称之为一个 3×3 的矩阵.

在很多实际问题中,我们经常会遇到这样的数表,并且要对它们进行研究和处理. 本章将讨论关于这些数表的概念,以及它们之间的关系和运算,并研究数表自身的特点和性质.

2.1.2 矩阵的概念

由于线性代数的许多问题,在不同的数集范围内讨论,可能得到不同的结论(例如方程或方程组的解). 为此,我们首先介绍数域的概念.

定义 2.1 设 $\mathbf{F}$ 是由一些数组成的集合,其中包含 0 和 1. 如果 $\mathbf{F}$ 中的任意两个数(这两个数可以相同)的和、差、积、商(除数不为零)仍为 $\mathbf{F}$ 中的数,则称 $\mathbf{F}$ 为一个**数域**.

由定义 2.1 可知:所有整数组成的集合不是数域,因为任意两个整数的商(除数不为零)不一定是整数. 而由所有有理数组成的集合 $\mathbf{Q}$,由所有实数组成的集合 $\mathbf{R}$,由所有复数组成的集合 $\mathbf{C}$ 都是数域.

本书所涉及的数域主要是实数域 $\mathbf{R}$,若无特别说明,各章涉及的数均为实数.

定义 2.2 由 $m\times n$ 个数排成的一个 m 行 n 列的数表,称为一个 $m\times n$ **矩阵**,其中的每一个数称为这个**矩阵的元素**,位于第 i 行第 j 列交叉点上的元素,称为**矩阵的** (i,j) **元素** $(i=1,2,\cdots,m;j=1,2,\cdots,n)$.

例如,引例 2 中 3×3 矩阵的(1,2)元素为 0.476,而(2,1)元素为 0.190.

通常用大写的黑体英文字母 $\boldsymbol{A},\boldsymbol{B},\boldsymbol{C}$ 等表示矩阵,一个 $m\times n$ 矩阵 $\boldsymbol{A}$ 可以记作 $\boldsymbol{A}_{m\times n}$,如果 $\boldsymbol{A}$ 的 $(i;j)$ 元素为 a_{ij} $(i=1,2,\cdots,m;j=1,2,\cdots,n)$,则可将 $\boldsymbol{A}$ 表为

$$\boldsymbol{A}=\begin{pmatrix} a_{11} & a_{12} & \cdots & a_{1n} \\ a_{21} & a_{22} & \cdots & a_{2n} \\ \vdots & \vdots & & \vdots \\ a_{m1} & a_{m2} & \cdots & a_{mn} \end{pmatrix},$$

也可以简记为 $\boldsymbol{A}=(a_{ij})_{m\times n}$.

当矩阵 $\boldsymbol{A}$ 的元素都是实数时,称 $\boldsymbol{A}$ 为**实矩阵**.

当矩阵 $\boldsymbol{A}$ 的行数 m 与列数 n 相等时,称 $\boldsymbol{A}$ 为 n **阶矩阵**或 n **阶方阵**. 显然,1 阶矩阵就是一个数.

元素全为 0 的 $m\times n$ 矩阵称为**零矩阵**,记作 $\boldsymbol{O}_{m\times n}$,或在明确行、列数的情况下,记作 $\boldsymbol{O}$.

2.1.3 几种特殊的方阵

1. 对角矩阵

形如

$$\begin{pmatrix} a_{11} & 0 & \cdots & 0 \\ 0 & a_{22} & \cdots & 0 \\ \vdots & \vdots & \ddots & \vdots \\ 0 & 0 & \cdots & a_{nn} \end{pmatrix}$$

的 n 阶矩阵，称为**对角矩阵**，其中元素 $a_{11},a_{22},\cdots,a_{nn}$ 位于矩阵的主对角线(从左上角到右下角)上，而主对角线以外的元素全为 0. 上述对角矩阵也可以记作

$$\mathrm{diag}(a_{11},a_{22},\cdots,a_{nn}).$$

例如

$$\mathrm{diag}(1,-2,3)=\begin{pmatrix}1&0&0\\0&-2&0\\0&0&3\end{pmatrix}.$$

注 为了简单和醒目，也可以将上述对角矩阵记作

$$\begin{pmatrix}1&&\\&-2&\\&&3\end{pmatrix}.$$

2. 数量矩阵

当对角矩阵的主对角线上的元素都相同时，$\mathrm{diag}(a,a,\cdots,a)$ 称为**数量矩阵**. 特别是当 $a=1$ 时，称 n 阶数量矩阵

$$\begin{pmatrix}1&0&\cdots&0\\0&1&\cdots&0\\\vdots&\vdots&\ddots&\vdots\\0&0&\cdots&1\end{pmatrix}$$

为 n 阶**单位矩阵**，记作 $\boldsymbol{E}_n$ 或 $\boldsymbol{E}$.

3. 上三角形矩阵与下三角形矩阵

形如

$$\begin{pmatrix}a_{11}&a_{12}&\cdots&a_{1n}\\0&a_{22}&\cdots&a_{2n}\\\vdots&\vdots&\ddots&\vdots\\0&0&\cdots&a_{nn}\end{pmatrix}$$

的矩阵，即主对角线下方的元素全为 0 的 n 阶矩阵称为**上三角形矩阵**.

而形如

$$\begin{pmatrix}a_{11}&0&\cdots&0\\a_{21}&a_{22}&\cdots&0\\\vdots&\vdots&\ddots&\vdots\\a_{n1}&a_{n2}&\cdots&a_{nn}\end{pmatrix}$$

的 n 阶矩阵称为**下三角形矩阵**.

因此，对角矩阵既可以看成上三角形矩阵，也可以看成下三角形矩阵.

4. 对称矩阵与反对称矩阵

如果矩阵 $\boldsymbol{A}=(a_{ij})_{n\times n}$ 的元素满足 $a_{ij}=a_{ji}(i,j=1,2,\cdots,n)$，则称 $\boldsymbol{A}$ 为 n 阶**对称矩阵**. 例如

$$\boldsymbol{A}=\begin{pmatrix}2&1&-3\\1&0&4\\-3&4&-2\end{pmatrix}$$

就是一个 3 阶对称矩阵.

如果矩阵 $\boldsymbol{A}=(a_{ij})_{n\times n}$ 的元素满足 $a_{ij}=-a_{ji}(i,j=1,2,\cdots,n)$，则称 $\boldsymbol{A}$ 为 n 阶**反对称矩阵**. 据此，反对称矩阵的主对角线上的元素也应满足 $a_{ii}=-a_{ii}$，由此推出 $a_{ii}=0(i=1,2,\cdots,n)$.

例如

$$\boldsymbol{A}=\begin{pmatrix} 0 & 1 & -3 \\ -1 & 0 & 2 \\ 3 & -2 & 0 \end{pmatrix}$$

就是一个3阶反对称矩阵.

对于 n 阶矩阵 $\boldsymbol{A}=(a_{ij})_{n\times n}$，根据研究问题的需要，有时要计算对应的 n 阶行列式

$$\begin{vmatrix} a_{11} & a_{12} & \cdots & a_{1n} \\ a_{21} & a_{22} & \cdots & a_{2n} \\ \vdots & \vdots & & \vdots \\ a_{n1} & a_{n2} & \cdots & a_{nn} \end{vmatrix},$$

这个行列式称为 n 阶矩阵 $\boldsymbol{A}$ 的行列式，记作 $|\boldsymbol{A}|$（或 $\det(\boldsymbol{A})$，也可以简记为 $|a_{ij}|_n$），即

$$|\boldsymbol{A}|=\begin{vmatrix} a_{11} & a_{12} & \cdots & a_{1n} \\ a_{21} & a_{22} & \cdots & a_{2n} \\ \vdots & \vdots & & \vdots \\ a_{n1} & a_{n2} & \cdots & a_{nn} \end{vmatrix}.$$

必须注意的是：n 阶矩阵 $\boldsymbol{A}$ 是一个 n 行 n 列的数表，而 n 阶行列式 $|\boldsymbol{A}|$ 是一个确定的表达式（见定义1.3），表示一个数，这两个概念不要混淆.

2.2　矩阵的运算

定义 2.3　设矩阵 $\boldsymbol{A}=(a_{ij})_{m\times n}$，$\boldsymbol{B}=(b_{ij})_{s\times r}$，如果满足 $m=s$，$n=r$，则称 $\boldsymbol{A}$ 与 $\boldsymbol{B}$ 为**同型矩阵**. 进一步，若 $\boldsymbol{A}$ 与 $\boldsymbol{B}$ 的元素满足 $a_{ij}=b_{ij}(i=1,2,\cdots,m;j=1,2,\cdots,n)$，则称 **$\boldsymbol{A}$ 与 $\boldsymbol{B}$ 相等**，记作 $\boldsymbol{A}=\boldsymbol{B}$.

例 2.1　设矩阵

$$\boldsymbol{A}=\begin{pmatrix} 2 & 1 & -3 \\ y & 4 & -2 \end{pmatrix},\quad \boldsymbol{B}=\begin{pmatrix} 2 & x & -3 \\ 0 & 4 & z \end{pmatrix},$$

已知 $\boldsymbol{A}=\boldsymbol{B}$，则 $x=1$，$y=0$，$z=-2$.

2.2.1　矩阵的加法

定义 2.4　设矩阵 $\boldsymbol{A}=(a_{ij})_{m\times n}$，$\boldsymbol{B}=(b_{ij})_{m\times n}$，令

$$\boldsymbol{C}=(a_{ij}+b_{ij})_{m\times n},$$

则称矩阵 $\boldsymbol{C}$ 为**矩阵 $\boldsymbol{A}$ 与 $\boldsymbol{B}$ 的和**，记作 $\boldsymbol{C}=\boldsymbol{A}+\boldsymbol{B}$.

可见，两个矩阵相加，就是将它们的对应元素相加. 显然，只有同型的矩阵才能相加.

由定义2.4可以直接验证，矩阵的加法满足以下4条运算法则：

(1) 交换律：$\boldsymbol{A}+\boldsymbol{B}=\boldsymbol{B}+\boldsymbol{A}$.

(2) 结合律：$(\boldsymbol{A}+\boldsymbol{B})+\boldsymbol{C}=\boldsymbol{A}+(\boldsymbol{B}+\boldsymbol{C})$.

(3) $\boldsymbol{A}+\boldsymbol{O}=\boldsymbol{A}$.

(4) $\boldsymbol{A}+(-\boldsymbol{A})=\boldsymbol{O}$.

其中，当 $\boldsymbol{A}=(a_{ij})_{m\times n}$ 时，$-\boldsymbol{A}=(-a_{ij})_{m\times n}$ 称为 $\boldsymbol{A}$ 的**负矩阵**.

由此可以定义矩阵的减法：

$$\boldsymbol{A}-\boldsymbol{B}=\boldsymbol{A}+(-\boldsymbol{B}).$$

上述各式中，$\boldsymbol{A},\boldsymbol{B},\boldsymbol{C}$ 均为 $m\times n$ 矩阵，$\boldsymbol{O}$ 为 $m\times n$ 零矩阵.

例 2.2 设 $\boldsymbol{A}=\begin{pmatrix}1 & -2\\3 & 0\end{pmatrix}$，$\boldsymbol{B}=\begin{pmatrix}2 & 1\\-1 & -4\end{pmatrix}$，则

$$\boldsymbol{A}-\boldsymbol{B}=\boldsymbol{A}+(-\boldsymbol{B})=\begin{pmatrix}1 & -2\\3 & 0\end{pmatrix}+\begin{pmatrix}-2 & -1\\1 & 4\end{pmatrix}=\begin{pmatrix}-1 & -3\\4 & 4\end{pmatrix}.$$

2.2.2 数与矩阵的乘法

定义 2.5 设矩阵 $\boldsymbol{A}=(a_{ij})_{m\times n}$，用数 k 乘以 $\boldsymbol{A}$ 的每一个元素所得到的矩阵

$$\begin{pmatrix}ka_{11} & ka_{12} & \cdots & ka_{1n}\\ka_{21} & ka_{22} & \cdots & ka_{2n}\\ \vdots & \vdots & & \vdots\\ka_{m1} & ka_{m2} & \cdots & ka_{mn}\end{pmatrix}$$

称为**数 k 与矩阵 $\boldsymbol{A}$ 的乘积**(简称为**矩阵的数乘**)，记作 $k\boldsymbol{A}=(ka_{ij})_{m\times n}$.

由定义 2.5 可以直接验证，矩阵的数乘满足以下运算法则：

(1) $k(\boldsymbol{A}+\boldsymbol{B})=k\boldsymbol{A}+k\boldsymbol{B}$，

(2) $(k+l)\boldsymbol{A}=k\boldsymbol{A}+l\boldsymbol{A}$，

(3) $k(l\boldsymbol{A})=(kl)\boldsymbol{A}$，

其中，$\boldsymbol{A},\boldsymbol{B}$ 为 $m\times n$ 矩阵，k,l 为常数.

由定义 2.5 可知，$\boldsymbol{A}$ 的负矩阵 $-\boldsymbol{A}$ 也可以看成用 -1 乘以 $\boldsymbol{A}$，即 $-\boldsymbol{A}=(-1)\boldsymbol{A}$.

当矩阵的所有元素都有公因子 k 时，可将 k 提到矩阵外面. 例如

$$\begin{pmatrix}2 & 4\\10 & -6\end{pmatrix}=2\begin{pmatrix}1 & 2\\5 & -3\end{pmatrix},$$

从而数量矩阵

$$\mathrm{diag}(a,a,\cdots,a)=a\boldsymbol{E}.$$

2.2.3 矩阵的乘法

例 2.3 在引例 2 中，将所给数据表为

$$\begin{array}{c} \qquad\qquad\qquad\qquad\text{炼油厂}\quad \text{一}\qquad\quad \text{二}\qquad\quad \text{三}\\ \boldsymbol{A}=\begin{pmatrix}a_{11} & a_{12} & a_{13}\\a_{21} & a_{22} & a_{23}\\a_{31} & a_{32} & a_{33}\end{pmatrix}=\begin{pmatrix}0.762 & 0.476 & 0.286\\0.190 & 0.476 & 0.381\\0.286 & 0.381 & 0.571\end{pmatrix}\begin{matrix}\text{燃料油}\\\text{柴油}\\\text{汽油}\end{matrix}.\end{array}$$

现分别向第一、二、三炼油厂提供 2000 吨，1500 吨和 3000 吨原油作为炼油的主要原料，设

$$\boldsymbol{B}=\begin{pmatrix}b_{11}\\b_{21}\\b_{31}\end{pmatrix}=\begin{pmatrix}2000\\1500\\3000\end{pmatrix},$$

则 3 个炼油厂生产的 3 种油品总量可以表为

$$
\begin{aligned}
\boldsymbol{C}&=\begin{pmatrix} a_{11}b_{11}+a_{12}b_{21}+a_{13}b_{31}\\ a_{21}b_{11}+a_{22}b_{21}+a_{23}b_{31}\\ a_{31}b_{11}+a_{32}b_{21}+a_{33}b_{31}\end{pmatrix}\\
&=\begin{pmatrix} 0.762\times 2000+0.476\times 1500+0.286\times 3000\\ 0.190\times 2000+0.476\times 1500+0.381\times 3000\\ 0.286\times 2000+0.381\times 1500+0.571\times 3000\end{pmatrix}\\
&=\begin{pmatrix} 3096\\ 2237\\ 2856.5\end{pmatrix},
\end{aligned}
$$

即 3 个炼油厂共生产燃料油 3096 吨，柴油 2237 吨，汽油 2856. 5 吨. 矩阵 $\boldsymbol{C}$ 称为矩阵 $\boldsymbol{A}$ 与 $\boldsymbol{B}$ 的乘积.

定义 2.6 设矩阵 $\boldsymbol{A}=(a_{ij})_{m\times s}$，$\boldsymbol{B}=(b_{ij})_{s\times n}$，则**矩阵 $\boldsymbol{A}$ 与 $\boldsymbol{B}$ 的乘积矩阵** $\boldsymbol{C}=(c_{ij})_{m\times n}$，其中

$$
c_{ij}=a_{i1}b_{1j}+a_{i2}b_{2j}+\cdots+a_{is}b_{sj}=\sum_{k=1}^{s}a_{ik}b_{kj}, \tag{2.1}
$$

$i=1,2,\cdots,m$；$j=1,2,\cdots,n$，记作 $\boldsymbol{C}=\boldsymbol{AB}$.

在做矩阵乘法时需要注意以下 3 点：

(1) 只有左边矩阵 $\boldsymbol{A}$ 的列数等于右边矩阵 $\boldsymbol{B}$ 的行数时，乘积 $\boldsymbol{AB}$ 才有意义.

(2)(2.1) 式表明：乘积矩阵 $\boldsymbol{C}=(c_{ij})_{m\times n}$ 的第 i 行第 j 列元素 c_{ij}，等于矩阵 $\boldsymbol{A}$ 的第 i 行元素 $a_{i1},a_{i2},\cdots,a_{is}$ 与矩阵 $\boldsymbol{B}$ 的第 j 列对应元素 $b_{1j},b_{2j},\cdots,b_{sj}$ 的乘积之和.

(3) 乘积矩阵 $\boldsymbol{C}$ 的行数等于 $\boldsymbol{A}$ 的行数，列数等于 $\boldsymbol{B}$ 的列数.

在例 2.3 中，

$$
\boldsymbol{A}=\begin{pmatrix} 0.762 & 0.476 & 0.286\\ 0.190 & 0.476 & 0.381\\ 0.286 & 0.381 & 0.571\end{pmatrix},\quad \boldsymbol{B}=\begin{pmatrix} 2000\\ 1500\\ 3000\end{pmatrix},
$$

则

$$
\boldsymbol{C}=\boldsymbol{AB}=\begin{pmatrix} 0.762 & 0.476 & 0.286\\ 0.190 & 0.476 & 0.381\\ 0.286 & 0.381 & 0.571\end{pmatrix}\begin{pmatrix} 2000\\ 1500\\ 3000\end{pmatrix}=\begin{pmatrix} 3096\\ 2237\\ 2856.5\end{pmatrix}.
$$

例 2.4 对于引例 1 中的二元线性方程组

$$
\begin{cases} a_{11}x_1+a_{12}x_2=b_1,\\ a_{21}x_1+a_{22}x_2=b_2,\end{cases}
$$

如果设

$$
\boldsymbol{A}=\begin{pmatrix} a_{11} & a_{12}\\ a_{21} & a_{22}\end{pmatrix},\quad \boldsymbol{x}=\begin{pmatrix} x_1\\ x_2\end{pmatrix},\quad \boldsymbol{\beta}=\begin{pmatrix} b_1\\ b_2\end{pmatrix},
$$

则该方程组可以用矩阵乘法表示为

$$
\begin{pmatrix} a_{11} & a_{12}\\ a_{21} & a_{22}\end{pmatrix}\begin{pmatrix} x_1\\ x_2\end{pmatrix}=\begin{pmatrix} b_1\\ b_2\end{pmatrix},
$$

或简记为 $\boldsymbol{Ax}=\boldsymbol{\beta}$.

一般地，对于由 m 个方程、n 个未知数组成的 n 元线性方程组

$$\begin{cases} a_{11}x_1+a_{12}x_2+\cdots+a_{1n}x_n=b_1, \\ a_{21}x_1+a_{22}x_2+\cdots+a_{2n}x_n=b_2, \\ \cdots\cdots \\ a_{m1}x_1+a_{m2}x_2+\cdots+a_{mn}x_n=b_m, \end{cases}$$

若设

$$\boldsymbol{A}=\begin{pmatrix} a_{11} & a_{12} & \cdots & a_{1n} \\ a_{21} & a_{22} & \cdots & a_{2n} \\ \vdots & \vdots & & \vdots \\ a_{m1} & a_{m2} & \cdots & a_{mn} \end{pmatrix}, \quad \boldsymbol{x}=\begin{pmatrix} x_1 \\ x_2 \\ \vdots \\ x_n \end{pmatrix}, \quad \boldsymbol{\beta}=\begin{pmatrix} b_1 \\ b_2 \\ \vdots \\ b_m \end{pmatrix},$$

则该方程组可以表示为

$$\begin{pmatrix} a_{11} & a_{12} & \cdots & a_{1n} \\ a_{21} & a_{22} & \cdots & a_{2n} \\ \vdots & \vdots & & \vdots \\ a_{m1} & a_{m2} & \cdots & a_{mn} \end{pmatrix}\begin{pmatrix} x_1 \\ x_2 \\ \vdots \\ x_n \end{pmatrix}=\begin{pmatrix} b_1 \\ b_2 \\ \vdots \\ b_m \end{pmatrix},$$

或简记为 $\boldsymbol{Ax}=\boldsymbol{\beta}$.

例 2.5 设矩阵

$$\boldsymbol{A}=(a_1,a_2,\cdots,a_n)_{1\times n}, \quad \boldsymbol{B}=\begin{pmatrix} b_1 \\ b_2 \\ \vdots \\ b_n \end{pmatrix}_{n\times 1},$$

求 $\boldsymbol{AB}$ 与 $\boldsymbol{BA}$.

解

$$\boldsymbol{AB}=(a_1,a_2,\cdots,a_n)\begin{pmatrix} b_1 \\ b_2 \\ \vdots \\ b_n \end{pmatrix}=a_1b_1+a_2b_2+\cdots+a_nb_n=\sum_{k=1}^{n}a_kb_k,$$

$$\boldsymbol{BA}=\begin{pmatrix} b_1 \\ b_2 \\ \vdots \\ b_n \end{pmatrix}(a_1,a_2,\cdots,a_n)=\begin{pmatrix} b_1a_1 & b_1a_2 & \cdots & b_1a_n \\ b_2a_1 & b_2a_2 & \cdots & b_2a_n \\ \vdots & \vdots & & \vdots \\ b_na_1 & b_na_2 & \cdots & b_na_n \end{pmatrix}.$$

即 $\boldsymbol{AB}$ 为 1 阶矩阵，而 $\boldsymbol{BA}$ 为 n 阶矩阵.

例 2.6 设

$$\boldsymbol{A}=\begin{pmatrix} 1 & 1 \\ -1 & -1 \end{pmatrix}, \quad \boldsymbol{B}=\begin{pmatrix} -1 & 1 \\ 1 & -1 \end{pmatrix},$$

计算 $\boldsymbol{AB}$ 与 $\boldsymbol{BA}$.

解

$$\boldsymbol{AB}=\begin{pmatrix} 1 & 1 \\ -1 & -1 \end{pmatrix}\begin{pmatrix} -1 & 1 \\ 1 & -1 \end{pmatrix}=\begin{pmatrix} 1\times(-1)+1\times 1 & 1\times 1+1\times(-1) \\ (-1)\times(-1)+(-1)\times 1 & (-1)\times 1+(-1)\times(-1) \end{pmatrix}$$

$$=\begin{pmatrix}0&0\\0&0\end{pmatrix},$$

$$BA=\begin{pmatrix}-1&1\\1&-1\end{pmatrix}\begin{pmatrix}1&1\\-1&-1\end{pmatrix}=\begin{pmatrix}(-1)\times1+1\times(-1)&(-1)\times1+1\times(-1)\\1\times1+(-1)\times(-1)&1\times1+(-1)\times(-1)\end{pmatrix}$$

$$=\begin{pmatrix}-2&-2\\2&2\end{pmatrix}.$$

我们注意到，在例2.5中，当$n>1$时，显然$AB\neq BA$. 而在例2.6中，尽管AB与BA都是2阶矩阵，但也有$AB\neq BA$. 这说明矩阵乘法不满足交换律. 为此，将AB称为用**A 左乘 B**（或用**B 右乘 A**）.

又注意到，在例2.6中，A与B都不是零矩阵，但乘积$AB=O$. 这是矩阵乘法与数的乘法的不同之处.

矩阵的乘法和数乘满足以下运算法则：

(1) 结合律：$(AB)C=A(BC)$.

(2) 左分配律：$A(B+C)=AB+AC$.

(3) 右分配律：$(B+C)D=BD+CD$.

(4) $k(AB)=(kA)B=A(kB)$，k为常数.

其中有关矩阵都假设可以进行上述运算.

我们举例验证上述部分运算法则.

例 2.7 设矩阵

$$A=\begin{pmatrix}1&2\\-1&3\end{pmatrix},\quad B=\begin{pmatrix}3&-2\\0&1\end{pmatrix},\quad C=\begin{pmatrix}-1&1&0\\2&-2&4\end{pmatrix},\quad D=\begin{pmatrix}2\\1\\-1\end{pmatrix},$$

分别验证$(AC)D=A(CD)$和$(A+B)C=AC+BC$.

解 由于

$$AC=\begin{pmatrix}1&2\\-1&3\end{pmatrix}\begin{pmatrix}-1&1&0\\2&-2&4\end{pmatrix}=\begin{pmatrix}3&-3&8\\7&-7&12\end{pmatrix},$$

故

$$(AC)D=\begin{pmatrix}3&-3&8\\7&-7&12\end{pmatrix}\begin{pmatrix}2\\1\\-1\end{pmatrix}=\begin{pmatrix}-5\\-5\end{pmatrix},$$

而

$$CD=\begin{pmatrix}-1&1&0\\2&-2&4\end{pmatrix}\begin{pmatrix}2\\1\\-1\end{pmatrix}=\begin{pmatrix}-1\\-2\end{pmatrix},$$

故

$$A(CD)=\begin{pmatrix}1&2\\-1&3\end{pmatrix}\begin{pmatrix}-1\\-2\end{pmatrix}=\begin{pmatrix}-5\\-5\end{pmatrix}.$$

因此，$(AC)D=A(CD)$.

再验证$(A+B)C=AC+BC$.由

$$\boldsymbol{A}+\boldsymbol{B}=\begin{pmatrix}1&2\\-1&3\end{pmatrix}+\begin{pmatrix}3&-2\\0&1\end{pmatrix}=\begin{pmatrix}4&0\\-1&4\end{pmatrix},$$

故

$$(\boldsymbol{A}+\boldsymbol{B})\boldsymbol{C}=\begin{pmatrix}4&0\\-1&4\end{pmatrix}\begin{pmatrix}-1&1&0\\2&-2&4\end{pmatrix}=\begin{pmatrix}-4&4&0\\9&-9&16\end{pmatrix},$$

而

$$\boldsymbol{AC}=\begin{pmatrix}1&2\\-1&3\end{pmatrix}\begin{pmatrix}-1&1&0\\2&-2&4\end{pmatrix}=\begin{pmatrix}3&-3&8\\7&-7&12\end{pmatrix},$$

$$\boldsymbol{BC}=\begin{pmatrix}3&-2\\0&1\end{pmatrix}\begin{pmatrix}-1&1&0\\2&-2&4\end{pmatrix}=\begin{pmatrix}-7&7&-8\\2&-2&4\end{pmatrix},$$

故

$$\boldsymbol{AC}+\boldsymbol{BC}=\begin{pmatrix}3&-3&8\\7&-7&12\end{pmatrix}+\begin{pmatrix}-7&7&-8\\2&-2&4\end{pmatrix}=\begin{pmatrix}-4&4&0\\9&-9&16\end{pmatrix}.$$

从而有$(\boldsymbol{A}+\boldsymbol{B})\boldsymbol{C}=\boldsymbol{AC}+\boldsymbol{BC}$.

例 2.8 设矩阵 $\boldsymbol{A}=\begin{pmatrix}1&2&3\\4&5&6\end{pmatrix}$，计算 $\boldsymbol{AE}_3$ 与 $\boldsymbol{E}_2\boldsymbol{A}$.

解

$$\boldsymbol{AE}_3=\begin{pmatrix}1&2&3\\4&5&6\end{pmatrix}\begin{pmatrix}1&0&0\\0&1&0\\0&0&1\end{pmatrix}=\begin{pmatrix}1&2&3\\4&5&6\end{pmatrix}=\boldsymbol{A},$$

$$\boldsymbol{E}_2\boldsymbol{A}=\begin{pmatrix}1&0\\0&1\end{pmatrix}\begin{pmatrix}1&2&3\\4&5&6\end{pmatrix}=\begin{pmatrix}1&2&3\\4&5&6\end{pmatrix}=\boldsymbol{A}.$$

可见，单位矩阵在矩阵乘法中的作用相当于数 1 在数的乘法中的作用. 同样可以验证，对任意 n 阶矩阵 $\boldsymbol{A}$，有 $\boldsymbol{AE}_n=\boldsymbol{E}_n\boldsymbol{A}=\boldsymbol{A}$.

由于矩阵乘法满足结合律，由此可以定义**方阵的方幂**.

定义 2.7 设 $\boldsymbol{A}$ 为 n 阶矩阵，对于正整数 m，有

$$\boldsymbol{A}^m=\underbrace{\boldsymbol{AA}\cdots\boldsymbol{A}}_{m个}=\boldsymbol{A}^{m-1}\boldsymbol{A}.$$

同时规定

$$\boldsymbol{A}^0=\boldsymbol{E}.$$

设 k,l 为任意正整数，则有

$$\boldsymbol{A}^k\boldsymbol{A}^l=\boldsymbol{A}^{k+l},\quad (\boldsymbol{A}^k)^l=\boldsymbol{A}^{kl}.$$

需要注意的是，由于矩阵乘法一般不满足交换律，因此$(\boldsymbol{AB})^k$ 一般不等于 $\boldsymbol{A}^k\boldsymbol{B}^k(k>1)$. 此外，当 $\boldsymbol{A}^k=\boldsymbol{O}(k>1)$ 时，也未必有 $\boldsymbol{A}=\boldsymbol{O}$. 例如，

$$\boldsymbol{A}=\begin{pmatrix}0&1\\0&0\end{pmatrix}\neq\boldsymbol{O},\quad 而\quad \boldsymbol{A}^2=\begin{pmatrix}0&0\\0&0\end{pmatrix}=\boldsymbol{O}.$$

由方阵的方幂，可以定义**方阵的多项式**. 已知 x 的一元 m 次多项式

$$f(x)=a_mx^m+a_{m-1}x^{m-1}+\cdots+a_1x+a_0,\quad a_m\neq 0,$$

对于给定的 n 阶矩阵 $\boldsymbol{A}$，令

$$f(\boldsymbol{A})=a_m\boldsymbol{A}^m+a_{m-1}\boldsymbol{A}^{m-1}+\cdots+a_1\boldsymbol{A}+a_0\boldsymbol{E}_n,\quad a_m\neq 0,$$

称上式为 n 阶矩阵 $\boldsymbol{A}$ 的**一元 m 次多项式**.

例 2.9 设 $f(x)=x^2-5x+3$，对于 $\boldsymbol{A}=\begin{pmatrix}2&-1\\3&1\end{pmatrix}$，求 $f(\boldsymbol{A})$.

解 由于 $f(x)=x^2-5x+3$，$\boldsymbol{A}=\begin{pmatrix}2&-1\\3&1\end{pmatrix}$，故

$$\begin{aligned}f(\boldsymbol{A})&=\boldsymbol{A}^2-5\boldsymbol{A}+3\boldsymbol{E}_2=\begin{pmatrix}2&-1\\3&1\end{pmatrix}\begin{pmatrix}2&-1\\3&1\end{pmatrix}+(-5)\begin{pmatrix}2&-1\\3&1\end{pmatrix}+3\begin{pmatrix}1&0\\0&1\end{pmatrix}\\&=\begin{pmatrix}1&-3\\9&-2\end{pmatrix}+\begin{pmatrix}-10&5\\-15&-5\end{pmatrix}+\begin{pmatrix}3&0\\0&3\end{pmatrix}=\begin{pmatrix}-6&2\\-6&-4\end{pmatrix}.\end{aligned}$$

可见，方阵的多项式仍为一个方阵.

2.2.4 矩阵的转置

定义 2.8 将矩阵 $\boldsymbol{A}=(a_{ij})_{m\times n}$ 的行与列互换，得到的 $n\times m$ 矩阵，称为 $\boldsymbol{A}$ 的**转置矩阵**，简称 $\boldsymbol{A}$ 的**转置**，记作 $\boldsymbol{A}^{\mathrm{T}}$.

例如，$\boldsymbol{A}=\begin{pmatrix}1&2&3\\4&5&6\end{pmatrix}$，则 $\boldsymbol{A}^{\mathrm{T}}=\begin{pmatrix}1&4\\2&5\\3&6\end{pmatrix}$；又如，$\boldsymbol{A}=\begin{pmatrix}a_1\\a_2\\\vdots\\a_n\end{pmatrix}$，则 $\boldsymbol{A}^{\mathrm{T}}=(a_1,a_2,\cdots,a_n)$.

当 $\boldsymbol{A}$ 为 n 阶对称矩阵(即 $a_{ij}=a_{ji},i,j=1,2,\cdots,n$)时，有 $\boldsymbol{A}^{\mathrm{T}}=\boldsymbol{A}$；当 $\boldsymbol{A}$ 为 n 阶反对称矩阵(即 $a_{ij}=-a_{ji},i,j=1,2,\cdots,n$)时，有 $\boldsymbol{A}^{\mathrm{T}}=-\boldsymbol{A}$.

矩阵的转置满足以下运算法则：

(1) $(\boldsymbol{A}^{\mathrm{T}})^{\mathrm{T}}=\boldsymbol{A}$，

(2) $(\boldsymbol{A}+\boldsymbol{B})^{\mathrm{T}}=\boldsymbol{A}^{\mathrm{T}}+\boldsymbol{B}^{\mathrm{T}}$，

(3) $(k\boldsymbol{A})^{\mathrm{T}}=k\boldsymbol{A}^{\mathrm{T}}$，

(4) $(\boldsymbol{AB})^{\mathrm{T}}=\boldsymbol{B}^{\mathrm{T}}\boldsymbol{A}^{\mathrm{T}}$，

其中，矩阵 $\boldsymbol{A},\boldsymbol{B}$ 可进行有关运算，k 为常数.

前3个运算法则很容易直接验证，对于运算法则(4)，我们通过下面的例子给出直观的说明.

例 2.10 设

$$\boldsymbol{A}=\begin{pmatrix}1&-1&2\\0&1&3\end{pmatrix},\quad \boldsymbol{B}=\begin{pmatrix}0&1\\2&2\\1&-1\end{pmatrix},$$

则

$$\boldsymbol{AB}=\begin{pmatrix}1&-1&2\\0&1&3\end{pmatrix}\begin{pmatrix}0&1\\2&2\\1&-1\end{pmatrix}=\begin{pmatrix}0&-3\\5&-1\end{pmatrix},$$

故

$$(\boldsymbol{AB})^{\mathrm{T}}=\begin{pmatrix}0 & 5\\ -3 & -1\end{pmatrix},$$

而

$$\boldsymbol{B}^{\mathrm{T}}\boldsymbol{A}^{\mathrm{T}}=\begin{pmatrix}0 & 2 & 1\\ 1 & 2 & -1\end{pmatrix}\begin{pmatrix}1 & 0\\ -1 & 1\\ 2 & 3\end{pmatrix}=\begin{pmatrix}0 & 5\\ -3 & -1\end{pmatrix},$$

从而有

$$(\boldsymbol{AB})^{\mathrm{T}}=\boldsymbol{B}^{\mathrm{T}}\boldsymbol{A}^{\mathrm{T}}.$$

运算法则(4) 可以推广到多个矩阵相乘的情况，即

$$(\boldsymbol{A}_1\boldsymbol{A}_2\cdots\boldsymbol{A}_{m-1}\boldsymbol{A}_m)^{\mathrm{T}}=\boldsymbol{A}_m^{\mathrm{T}}\boldsymbol{A}_{m-1}^{\mathrm{T}}\cdots\boldsymbol{A}_2^{\mathrm{T}}\boldsymbol{A}_1^{\mathrm{T}}.$$

习　题　2.2

1. 设

$$\boldsymbol{A}=\begin{pmatrix}2 & 0 & -1\\ 3 & 1 & -2\end{pmatrix},\quad \boldsymbol{B}=\begin{pmatrix}-1 & 1 & 2\\ -2 & 1 & 5\end{pmatrix},$$

求 $\boldsymbol{A}+\boldsymbol{B}$，$\boldsymbol{A}-\boldsymbol{B}$，$2\boldsymbol{A}-3\boldsymbol{B}$.

2. 设矩阵 $\boldsymbol{X}$ 满足 $\boldsymbol{X}-2\boldsymbol{A}=\boldsymbol{B}-\boldsymbol{X}$，其中

$$\boldsymbol{A}=\begin{pmatrix}2 & -1\\ -1 & 2\end{pmatrix},\quad \boldsymbol{B}=\begin{pmatrix}0 & -2\\ -2 & 0\end{pmatrix},$$

求 $\boldsymbol{X}$.

3. 计算下列矩阵的乘积：

(1) $\begin{pmatrix}3 & -2 & 1\\ 1 & -1 & 2\end{pmatrix}\begin{pmatrix}-1 & 5\\ -2 & 4\\ 3 & -1\end{pmatrix}$；

(2) $\begin{pmatrix}0 & 2\\ 0 & 3\end{pmatrix}\begin{pmatrix}1 & 1\\ 0 & 0\end{pmatrix}$；

(3) $(1,2,3)\begin{pmatrix}1\\ 2\\ 3\end{pmatrix}$；

(4) $(1,-1,2)\begin{pmatrix}-1 & 2 & 0\\ 0 & 1 & 1\\ 3 & 0 & -1\end{pmatrix}\begin{pmatrix}2\\ -1\\ -2\end{pmatrix}$；

(5) $\begin{pmatrix}a_1 & 0 & 0\\ 0 & a_2 & 0\\ 0 & 0 & a_3\end{pmatrix}\begin{pmatrix}b_1 & 0 & 0\\ 0 & b_2 & 0\\ 0 & 0 & b_3\end{pmatrix}$；

(6) $\begin{pmatrix}1 & 4 & 7\\ 2 & 5 & 8\\ 3 & 6 & 9\end{pmatrix}\begin{pmatrix}1\\ 1\\ 1\end{pmatrix}$.

4. 对于给定的 n 阶矩阵 $\boldsymbol{A}$，如果存在 n 阶矩阵 $\boldsymbol{B}$，使得 $\boldsymbol{AB}=\boldsymbol{BA}$，则称 $\boldsymbol{B}$ 与 $\boldsymbol{A}$ 可交换. 对于下列矩阵 $\boldsymbol{A}$，试分别求出所有与 $\boldsymbol{A}$ 可交换的矩阵.

(1) $\boldsymbol{A}=\begin{pmatrix}1 & 0\\ 1 & 1\end{pmatrix}$；

(2) $\boldsymbol{A}=\begin{pmatrix}0 & 1 & 0\\ 0 & 0 & 1\\ 0 & 0 & 0\end{pmatrix}$.

5. 计算下列方阵的方幂（其中 n 为正整数）：

(1) $\begin{pmatrix}1 & 1\\ -1 & -1\end{pmatrix}^3$；

(2) $\begin{pmatrix}1 & 3\\ 0 & 1\end{pmatrix}^n$；

(3) $\begin{pmatrix} a & 0 & 0 \\ 0 & b & 0 \\ 0 & 0 & c \end{pmatrix}^n$；　　(4) $\begin{pmatrix} 0 & 1 & 0 \\ 0 & 0 & 1 \\ 0 & 0 & 0 \end{pmatrix}^n$.

6. 求下列矩阵的多项式：

(1) 设 $f(x)=x^2-5x+3$，$\boldsymbol{A}=\begin{pmatrix} 2 & -1 \\ -3 & 3 \end{pmatrix}$，求 $f(\boldsymbol{A})$；

(2) 设 $f(x)=x^2-x+1$，$\boldsymbol{A}=\begin{pmatrix} 2 & 1 & 1 \\ 3 & 1 & 2 \\ 1 & -1 & 0 \end{pmatrix}$，求 $f(\boldsymbol{A})$.

2.3 矩阵的分块

2.3.1 矩阵分块的概念

在理论研究和一些实际问题中，经常遇到阶数很高或结构特殊的矩阵. 为了便于分析和计算，常常把所讨论的矩阵看作是由一些小矩阵组成的. 这些由矩阵 $\boldsymbol{A}$ 的连续若干行、若干列组成的小矩阵，称为 $\boldsymbol{A}$ 的**子矩阵**或**子块**. 原矩阵分块后，就称为**分块矩阵**.

例如，设

$$\boldsymbol{A}=\begin{pmatrix} 1 & 0 & 0 & 3 & 2 \\ 0 & 1 & 0 & -1 & -5 \\ 0 & 0 & 1 & 2 & 4 \\ 0 & 0 & 0 & 6 & 0 \\ 0 & 0 & 0 & 0 & 6 \end{pmatrix},$$

若将 $\boldsymbol{A}$ 的行分成两组：前 3 行为第一组，后 2 行为第二组；同时将 $\boldsymbol{A}$ 的列分为两组：前 3 列为第一组，后 2 列为第二组，则 $\boldsymbol{A}$ 被分成 4 个子矩阵. 如果把位于第 i 个行组与第 j 个列组交叉点处的子矩阵记作 $\boldsymbol{A}_{ij}$，$i,j=1,2$，则

$$\boldsymbol{A}_{11}=\boldsymbol{E}_3,\quad \boldsymbol{A}_{12}=\begin{pmatrix} 3 & 2 \\ -1 & -5 \\ 2 & 4 \end{pmatrix},\quad \boldsymbol{A}_{21}=\boldsymbol{O}_{2\times 3},\quad \boldsymbol{A}_{22}=6\boldsymbol{E}_2,$$

从而 $\boldsymbol{A}$ 可以看成由这 4 个子矩阵组成的分块矩阵，即

$$\boldsymbol{A}=\begin{pmatrix} \boldsymbol{A}_{11} & \boldsymbol{A}_{12} \\ \boldsymbol{A}_{21} & \boldsymbol{A}_{22} \end{pmatrix}=\begin{pmatrix} \boldsymbol{E}_3 & \boldsymbol{A}_{12} \\ \boldsymbol{O}_{2\times 3} & 6\boldsymbol{E}_2 \end{pmatrix}.$$

由此可见，根据研究问题的实际背景或需要，将矩阵进行分块，可以使矩阵的结构变得更加清晰.

2.3.2 分块矩阵的运算

分块矩阵运算时，可以把子矩阵当作元素看待，直接运用矩阵运算的有关法则，但要注意以下几个问题.

（1）用分块矩阵做加法时，必须使对应相加的子矩阵具有相同的行数和列数，即相加的矩阵的分块方式应完全相同. 用数 k 与分块矩阵相乘时，k 应与每个子矩阵相乘.

例如，设 $\boldsymbol{A},\boldsymbol{B}$ 均为 $m\times n$ 矩阵，将 $\boldsymbol{A},\boldsymbol{B}$ 按同样方式分块：

$$\boldsymbol{A}=\begin{pmatrix}\boldsymbol{A}_{11} & \boldsymbol{A}_{12} & \boldsymbol{A}_{13}\\ \boldsymbol{A}_{21} & \boldsymbol{A}_{22} & \boldsymbol{A}_{23}\end{pmatrix}\begin{matrix}m_1\text{ 行}\\ m_2\text{ 行}\end{matrix},\quad \boldsymbol{B}=\begin{pmatrix}\boldsymbol{B}_{11} & \boldsymbol{B}_{12} & \boldsymbol{B}_{13}\\ \boldsymbol{B}_{21} & \boldsymbol{B}_{22} & \boldsymbol{B}_{23}\end{pmatrix}\begin{matrix}m_1\text{ 行}\\ m_2\text{ 行}\end{matrix},$$
$$\begin{matrix}n_1\text{列} & n_2\text{列} & n_3\text{列}\end{matrix}\qquad\qquad \begin{matrix}n_1\text{列} & n_2\text{列} & n_3\text{列}\end{matrix}$$

其中，$m_1+m_2=m,n_1+n_2+n_3=n$. 从而

$$\boldsymbol{A}+\boldsymbol{B}=\begin{pmatrix}\boldsymbol{A}_{11}+\boldsymbol{B}_{11} & \boldsymbol{A}_{12}+\boldsymbol{B}_{12} & \boldsymbol{A}_{13}+\boldsymbol{B}_{13}\\ \boldsymbol{A}_{21}+\boldsymbol{B}_{21} & \boldsymbol{A}_{22}+\boldsymbol{B}_{22} & \boldsymbol{A}_{23}+\boldsymbol{B}_{23}\end{pmatrix},$$

$$k\boldsymbol{A}=\begin{pmatrix}k\boldsymbol{A}_{11} & k\boldsymbol{A}_{12} & k\boldsymbol{A}_{13}\\ k\boldsymbol{A}_{21} & k\boldsymbol{A}_{22} & k\boldsymbol{A}_{23}\end{pmatrix}.$$

（2）利用分块矩阵计算矩阵 $\boldsymbol{A}_{m\times s}$ 与 $\boldsymbol{B}_{s\times n}$ 的乘积 $\boldsymbol{AB}$ 时，应使左矩阵 $\boldsymbol{A}$ 的列的分块方式与右矩阵 $\boldsymbol{B}$ 的行的分块方式相同. 还要注意的是，相乘时 $\boldsymbol{A}$ 的各子矩阵分别左乘 $\boldsymbol{B}$ 对应的子矩阵. 并且乘积矩阵 $\boldsymbol{AB}$ 行的分块方式与 $\boldsymbol{A}$ 相同，列的分块方式与 $\boldsymbol{B}$ 相同.

例如，当矩阵 $\boldsymbol{A},\boldsymbol{B}$ 分别分块为

$$\boldsymbol{A}=\begin{pmatrix}\boldsymbol{A}_{11} & \boldsymbol{A}_{12}\\ \boldsymbol{A}_{21} & \boldsymbol{A}_{22}\\ \boldsymbol{A}_{31} & \boldsymbol{A}_{32}\end{pmatrix}\begin{matrix}m_1\text{ 行}\\ m_2\text{ 行}\\ m_3\text{ 行}\end{matrix},\quad \boldsymbol{B}=\begin{pmatrix}\boldsymbol{B}_{11} & \boldsymbol{B}_{12}\\ \boldsymbol{B}_{21} & \boldsymbol{B}_{22}\end{pmatrix}\begin{matrix}s_1\text{ 行}\\ s_2\text{ 行}\end{matrix},$$
$$\begin{matrix}s_1\text{列} & s_2\text{列}\end{matrix}\qquad\qquad \begin{matrix}n_1\text{列} & n_2\text{列}\end{matrix}$$

其中，$m_1+m_2+m_3=m,s_1+s_2=s,n_1+n_2=n$，则

$$\boldsymbol{AB}=\begin{pmatrix}\boldsymbol{A}_{11}\boldsymbol{B}_{11}+\boldsymbol{A}_{12}\boldsymbol{B}_{21} & \boldsymbol{A}_{11}\boldsymbol{B}_{12}+\boldsymbol{A}_{12}\boldsymbol{B}_{22}\\ \boldsymbol{A}_{21}\boldsymbol{B}_{11}+\boldsymbol{A}_{22}\boldsymbol{B}_{21} & \boldsymbol{A}_{21}\boldsymbol{B}_{12}+\boldsymbol{A}_{22}\boldsymbol{B}_{22}\\ \boldsymbol{A}_{31}\boldsymbol{B}_{11}+\boldsymbol{A}_{32}\boldsymbol{B}_{21} & \boldsymbol{A}_{31}\boldsymbol{B}_{12}+\boldsymbol{A}_{32}\boldsymbol{B}_{22}\end{pmatrix}\begin{matrix}m_1\text{ 行}\\ m_2\text{ 行}\\ m_3\text{ 行}\end{matrix}.$$
$$\begin{matrix}n_1\text{列} & n_2\text{列}\end{matrix}$$

例 2.11 设矩阵 $\boldsymbol{A}_{3\times4}$ 与 $\boldsymbol{B}_{4\times2}$ 分块为

$$\boldsymbol{A}=\begin{pmatrix}1 & 0 & -2 & 0\\ 0 & 1 & 0 & -2\\ 0 & 0 & 5 & 3\end{pmatrix}=\begin{pmatrix}\boldsymbol{E}_2 & -2\boldsymbol{E}_2\\ \boldsymbol{O}_{1\times2} & \boldsymbol{A}_{22}\end{pmatrix},\quad \boldsymbol{B}=\begin{pmatrix}0 & -2\\ 2 & 0\\ 1 & 0\\ 0 & 1\end{pmatrix}=\begin{pmatrix}\boldsymbol{B}_{11}\\ \boldsymbol{E}_2\end{pmatrix},$$

则

$$\boldsymbol{AB}=\begin{pmatrix}\boldsymbol{E}_2 & -2\boldsymbol{E}_2\\ \boldsymbol{O}_{1\times2} & \boldsymbol{A}_{22}\end{pmatrix}\begin{pmatrix}\boldsymbol{B}_{11}\\ \boldsymbol{E}_2\end{pmatrix}=\begin{pmatrix}\boldsymbol{E}_2\boldsymbol{B}_{11}+(-2\boldsymbol{E}_2)\boldsymbol{E}_2\\ \boldsymbol{O}_{1\times2}\boldsymbol{B}_{11}+\boldsymbol{A}_{22}\boldsymbol{E}_2\end{pmatrix}=\begin{pmatrix}\boldsymbol{B}_{11}-2\boldsymbol{E}_2\\ \boldsymbol{A}_{22}\end{pmatrix},$$

其中

$$\boldsymbol{B}_{11}-2\boldsymbol{E}_2=\begin{pmatrix}0 & -2\\ 2 & 0\end{pmatrix}+\begin{pmatrix}-2 & 0\\ 0 & -2\end{pmatrix}=\begin{pmatrix}-2 & -2\\ 2 & -2\end{pmatrix},\quad \boldsymbol{A}_{22}=(5\quad 3),$$

从而

$$\boldsymbol{AB}=\begin{pmatrix}\boldsymbol{B}_{11}-2\boldsymbol{E}_2\\ \boldsymbol{A}_{22}\end{pmatrix}=\begin{pmatrix}-2 & -2\\ 2 & -2\\ 5 & 3\end{pmatrix}.$$

例 2.12 设 $\boldsymbol{A}=(a_{ij})_{m\times n}$，$\boldsymbol{B}=(b_{ij})_{n\times s}$，$\boldsymbol{C}=(c_{ij})_{m\times s}$，且 $\boldsymbol{AB}=\boldsymbol{C}$.

① 若将 $\boldsymbol{A}$ 按列分为 n 块：$\boldsymbol{A}=(\boldsymbol{\alpha}_1,\boldsymbol{\alpha}_2,\cdots,\boldsymbol{\alpha}_n)$；将 $\boldsymbol{C}$ 按列分为 s 块：$\boldsymbol{C}=(\boldsymbol{\gamma}_1,\boldsymbol{\gamma}_2,\cdots,\boldsymbol{\gamma}_s)$，则

$$\boldsymbol{AB}=\boldsymbol{C}\Leftrightarrow(\boldsymbol{\alpha}_1,\boldsymbol{\alpha}_2,\cdots,\boldsymbol{\alpha}_n)\begin{pmatrix}b_{11}&b_{12}&\cdots&b_{1s}\\b_{21}&b_{22}&\cdots&b_{2s}\\\vdots&\vdots&&\vdots\\b_{n1}&b_{n2}&\cdots&b_{ns}\end{pmatrix}=(\boldsymbol{\gamma}_1,\boldsymbol{\gamma}_2,\cdots,\boldsymbol{\gamma}_s),$$

其中

$$\boldsymbol{\gamma}_j=b_{1j}\boldsymbol{\alpha}_1+b_{2j}\boldsymbol{\alpha}_2+\cdots+b_{nj}\boldsymbol{\alpha}_n,\quad j=1,2,\cdots,s,$$

称 $\boldsymbol{C}$ 的第 j 列 $\boldsymbol{\gamma}_j$ 可由 $\boldsymbol{A}$ 的各列 $\boldsymbol{\alpha}_1,\boldsymbol{\alpha}_2,\cdots,\boldsymbol{\alpha}_n$ 线性表出，$j=1,2,\cdots,s$.

注 式中符号“$\Leftrightarrow$”表示“充要条件”或“等价于”，以后出现时不再说明.

② 若将 $\boldsymbol{B}$ 按行分为 n 块，将 $\boldsymbol{C}$ 按行分为 m 块：

$$\boldsymbol{B}=\begin{pmatrix}\boldsymbol{\beta}_1\\\boldsymbol{\beta}_2\\\vdots\\\boldsymbol{\beta}_n\end{pmatrix},\quad\boldsymbol{C}=\begin{pmatrix}\boldsymbol{\eta}_1\\\boldsymbol{\eta}_2\\\vdots\\\boldsymbol{\eta}_m\end{pmatrix},$$

则

$$\boldsymbol{AB}=\boldsymbol{C}\Leftrightarrow\begin{pmatrix}a_{11}&a_{12}&\cdots&a_{1n}\\a_{21}&a_{22}&\cdots&a_{2n}\\\vdots&\vdots&&\vdots\\a_{m1}&a_{m2}&\cdots&a_{mn}\end{pmatrix}\begin{pmatrix}\boldsymbol{\beta}_1\\\boldsymbol{\beta}_2\\\vdots\\\boldsymbol{\beta}_n\end{pmatrix}=\begin{pmatrix}\boldsymbol{\eta}_1\\\boldsymbol{\eta}_2\\\vdots\\\boldsymbol{\eta}_m\end{pmatrix},$$

其中

$$\boldsymbol{\eta}_i=a_{i1}\boldsymbol{\beta}_1+a_{i2}\boldsymbol{\beta}_2+\cdots+a_{in}\boldsymbol{\beta}_n,\quad i=1,2,\cdots,m,$$

称 $\boldsymbol{C}$ 的第 i 行 $\boldsymbol{\eta}_i$ 可由 $\boldsymbol{B}$ 的各行 $\boldsymbol{\beta}_1,\boldsymbol{\beta}_2,\cdots,\boldsymbol{\beta}_n$ 线性表出，$i=1,2,\cdots,m$.

③ 若将 $\boldsymbol{B}$ 按列分为 s 块：

$$\boldsymbol{B}=(\boldsymbol{\beta}_1,\boldsymbol{\beta}_2,\cdots,\boldsymbol{\beta}_s),$$

其中

$$\boldsymbol{\beta}_j=\begin{pmatrix}b_{1j}\\b_{2j}\\\vdots\\b_{nj}\end{pmatrix},\quad j=1,2,\cdots,s,$$

则

$$\boldsymbol{AB}=\boldsymbol{A}(\boldsymbol{\beta}_1,\boldsymbol{\beta}_2,\cdots,\boldsymbol{\beta}_s)=(\boldsymbol{A\beta}_1,\boldsymbol{A\beta}_2,\cdots,\boldsymbol{A\beta}_s).$$

若令 $\boldsymbol{AB}=\boldsymbol{C}=\boldsymbol{O}$，则有

$$\boldsymbol{AB}=(\boldsymbol{A\beta}_1,\boldsymbol{A\beta}_2,\cdots,\boldsymbol{A\beta}_s)=(\boldsymbol{0},\boldsymbol{0},\cdots,\boldsymbol{0}),$$

其中 $\boldsymbol{A\beta}_j=\boldsymbol{0}$，$j=1,2,\cdots,s$.

（在第 4 章我们将知道：这表明 $\boldsymbol{\beta}_j$ 是齐次线性方程组 $\boldsymbol{Ax}=\boldsymbol{0}$ 的解.）

例 2.12 表明，当使用不同的分块方式表示矩阵乘积 $\boldsymbol{AB}=\boldsymbol{C}$ 时，可以从不同的角度反映出矩阵 $\boldsymbol{C}$ 与矩阵 $\boldsymbol{A}$ 和 $\boldsymbol{B}$ 之间不同的内在关系.

例 2.13 对于 n 元线性方程组

$$\begin{cases} a_{11}x_1+a_{12}x_2+\cdots+a_{1n}x_n=b_1, \\ a_{21}x_1+a_{22}x_2+\cdots+a_{2n}x_n=b_2, \\ \quad\cdots\cdots \\ a_{m1}x_1+a_{m2}x_2+\cdots+a_{mn}x_n=b_m, \end{cases}$$

令

$$\boldsymbol{A}=\begin{pmatrix} a_{11} & a_{12} & \cdots & a_{1n} \\ a_{21} & a_{22} & \cdots & a_{2n} \\ \vdots & \vdots & & \vdots \\ a_{m1} & a_{m2} & \cdots & a_{mn} \end{pmatrix}, \quad \boldsymbol{x}=\begin{pmatrix} x_1 \\ x_2 \\ \vdots \\ x_n \end{pmatrix}, \quad \boldsymbol{\beta}=\begin{pmatrix} b_1 \\ b_2 \\ \vdots \\ b_m \end{pmatrix},$$

称 $\boldsymbol{A},\boldsymbol{x},\boldsymbol{\beta}$ 分别为方程组的系数矩阵、未知数矩阵和常数项矩阵. 利用矩阵乘法，可将方程组简洁地表为

$$\boldsymbol{Ax}=\boldsymbol{\beta}.$$

若将 $\boldsymbol{A}$ 按列分为 n 块：

$$\boldsymbol{A}=(\boldsymbol{\alpha}_1,\boldsymbol{\alpha}_2,\cdots,\boldsymbol{\alpha}_n),$$

其中

$$\boldsymbol{\alpha}_j=\begin{pmatrix} a_{1j} \\ a_{2j} \\ \vdots \\ a_{mj} \end{pmatrix}$$

为方程组中未知数 x_j 的系数，$j=1,2,\cdots,n$；同时将 $\boldsymbol{x}$ 按行分为 n 块：

$$\boldsymbol{x}=\begin{pmatrix} x_1 \\ x_2 \\ \vdots \\ x_n \end{pmatrix},$$

则由分块矩阵乘法，有

$$\boldsymbol{Ax}=\boldsymbol{\beta} \Leftrightarrow (\boldsymbol{\alpha}_1,\boldsymbol{\alpha}_2,\cdots,\boldsymbol{\alpha}_n)\begin{pmatrix} x_1 \\ x_2 \\ \vdots \\ x_n \end{pmatrix}=\boldsymbol{\beta} \Leftrightarrow x_1\boldsymbol{\alpha}_1+x_2\boldsymbol{\alpha}_2+\cdots+x_n\boldsymbol{\alpha}_n=\boldsymbol{\beta}.$$

这反映出方程组的常数项和系数矩阵的各列之间的一种特殊关系(称之为线性表出关系，在第3章将讨论这种关系).

(3) 分块矩阵转置时，不但要将行列互换，而且行列互换后的各子矩阵都应转置.

例如，若设矩阵 $\boldsymbol{A}_{m\times n}$ 的分块方式为

$$\boldsymbol{A}=\begin{pmatrix} \boldsymbol{A}_{11} & \boldsymbol{A}_{12} & \boldsymbol{A}_{13} \\ \boldsymbol{A}_{21} & \boldsymbol{A}_{22} & \boldsymbol{A}_{23} \end{pmatrix}\begin{matrix} m_1\text{ 行} \\ m_2\text{ 行} \end{matrix},$$

$$\quad n_1\text{列} \quad n_2\text{列} \quad n_3\text{列}$$

则

$$\boldsymbol{A}^{\mathrm{T}}=\begin{pmatrix}\boldsymbol{A}_{11}^{\mathrm{T}} & \boldsymbol{A}_{21}^{\mathrm{T}}\\ \boldsymbol{A}_{12}^{\mathrm{T}} & \boldsymbol{A}_{22}^{\mathrm{T}}\\ \boldsymbol{A}_{13}^{\mathrm{T}} & \boldsymbol{A}_{23}^{\mathrm{T}}\end{pmatrix}\begin{matrix}n_1\text{行}\\ n_2\text{行}.\\ n_3\text{行}\end{matrix}$$
$$\qquad m_1\text{列}\quad m_2\text{列}$$

（4）两类特殊的分块矩阵.

① 分块对角矩阵（或准对角矩阵）.

形如

$$\begin{pmatrix}\boldsymbol{A}_1 & \boldsymbol{O} & \cdots & \boldsymbol{O}\\ \boldsymbol{O} & \boldsymbol{A}_2 & \cdots & \boldsymbol{O}\\ \vdots & \vdots & \ddots & \vdots\\ \boldsymbol{O} & \boldsymbol{O} & \cdots & \boldsymbol{A}_s\end{pmatrix},$$

其中，$\boldsymbol{A}_1,\boldsymbol{A}_2,\cdots,\boldsymbol{A}_s$ 均为方阵，且其余子矩阵均为零矩阵的分块矩阵，称为**分块对角矩阵**或**准对角矩阵**.

需注意的是，对角矩阵可以看成分块对角矩阵（每个子矩阵都是1阶矩阵），但分块对角矩阵不一定是对角矩阵. 例如

$$\boldsymbol{A}=\begin{pmatrix}\boldsymbol{A}_{11} & \boldsymbol{O}_{2\times1}\\ \boldsymbol{O}_{1\times2} & 5\boldsymbol{E}_1\end{pmatrix}=\begin{pmatrix}1&2&0\\4&3&0\\0&0&5\end{pmatrix}$$

可以作为分块对角矩阵，但显然不是对角矩阵.

② 分块上（下）三角形矩阵.

形如

$$\begin{pmatrix}\boldsymbol{A}_{11} & \boldsymbol{A}_{12} & \cdots & \boldsymbol{A}_{1s}\\ \boldsymbol{O} & \boldsymbol{A}_{22} & \cdots & \boldsymbol{A}_{2s}\\ \vdots & \vdots & \ddots & \vdots\\ \boldsymbol{O} & \boldsymbol{O} & \cdots & \boldsymbol{A}_{ss}\end{pmatrix}$$

的分块矩阵，其中 $\boldsymbol{A}_{11},\boldsymbol{A}_{22},\cdots,\boldsymbol{A}_{ss}$ 均为方阵，称为**分块上三角形矩阵**.

而形如

$$\begin{pmatrix}\boldsymbol{A}_{11} & \boldsymbol{O} & \cdots & \boldsymbol{O}\\ \boldsymbol{A}_{21} & \boldsymbol{A}_{22} & \cdots & \boldsymbol{O}\\ \vdots & \vdots & \ddots & \vdots\\ \boldsymbol{A}_{s1} & \boldsymbol{A}_{s2} & \cdots & \boldsymbol{A}_{ss}\end{pmatrix}$$

的分块矩阵，其中 $\boldsymbol{A}_{11},\boldsymbol{A}_{22},\cdots,\boldsymbol{A}_{ss}$ 均为方阵，称为**分块下三角形矩阵**.

由拉普拉斯定理可知，分块上三角形矩阵

$$\begin{pmatrix}\boldsymbol{A} & \boldsymbol{C}\\ \boldsymbol{O} & \boldsymbol{B}\end{pmatrix}$$

的行列式

$$\begin{vmatrix}\boldsymbol{A} & \boldsymbol{C}\\ \boldsymbol{O} & \boldsymbol{B}\end{vmatrix}=|\boldsymbol{A}|\cdot|\boldsymbol{B}|.$$

将此结果推广到一般的分块上三角形矩阵，其行列式

$$\begin{vmatrix} \boldsymbol{A}_{11} & \boldsymbol{A}_{12} & \cdots & \boldsymbol{A}_{1s} \\ \boldsymbol{O} & \boldsymbol{A}_{22} & \cdots & \boldsymbol{A}_{2s} \\ \vdots & \vdots & \ddots & \vdots \\ \boldsymbol{O} & \boldsymbol{O} & \cdots & \boldsymbol{A}_{ss} \end{vmatrix} = |\boldsymbol{A}_{11}| \cdot |\boldsymbol{A}_{22}| \cdot \cdots \cdot |\boldsymbol{A}_{ss}|.$$

类似地，对于分块下三角形矩阵，其行列式

$$\begin{vmatrix} \boldsymbol{A}_{11} & \boldsymbol{O} & \cdots & \boldsymbol{O} \\ \boldsymbol{A}_{21} & \boldsymbol{A}_{22} & \cdots & \boldsymbol{O} \\ \vdots & \vdots & \ddots & \vdots \\ \boldsymbol{A}_{s1} & \boldsymbol{A}_{s2} & \cdots & \boldsymbol{A}_{ss} \end{vmatrix} = |\boldsymbol{A}_{11}| \cdot |\boldsymbol{A}_{22}| \cdot \cdots \cdot |\boldsymbol{A}_{ss}|.$$

例 2.14 设 $\boldsymbol{A} = \begin{pmatrix} a_{11} & a_{12} \\ a_{21} & a_{22} \end{pmatrix}$，$\boldsymbol{B} = \begin{pmatrix} b_{11} & b_{12} \\ b_{21} & b_{22} \end{pmatrix}$，利用拉普拉斯定理和矩阵乘法，证明：

$$|\boldsymbol{AB}| = |\boldsymbol{A}| \cdot |\boldsymbol{B}|.$$

证明 考虑行列式

$$\begin{vmatrix} \boldsymbol{A} & \boldsymbol{O} \\ -\boldsymbol{E} & \boldsymbol{B} \end{vmatrix} = \begin{vmatrix} a_{11} & a_{12} & 0 & 0 \\ a_{21} & a_{22} & 0 & 0 \\ -1 & 0 & b_{11} & b_{12} \\ 0 & -1 & b_{21} & b_{22} \end{vmatrix},$$

利用拉普拉斯定理，将行列式按第 1,2 行展开，有

$$\begin{aligned} \begin{vmatrix} a_{11} & a_{12} & 0 & 0 \\ a_{21} & a_{22} & 0 & 0 \\ -1 & 0 & b_{11} & b_{12} \\ 0 & -1 & b_{21} & b_{22} \end{vmatrix} &= \begin{vmatrix} a_{11} & a_{12} \\ a_{21} & a_{22} \end{vmatrix} \cdot (-1)^{(1+2)+(1+2)} \begin{vmatrix} b_{11} & b_{12} \\ b_{21} & b_{22} \end{vmatrix} \\ &= \begin{vmatrix} a_{11} & a_{12} \\ a_{21} & a_{22} \end{vmatrix} \cdot \begin{vmatrix} b_{11} & b_{12} \\ b_{21} & b_{22} \end{vmatrix}. \end{aligned} \tag{2.2}$$

另一方面，由行列式性质，

$$\begin{aligned} \begin{vmatrix} a_{11} & a_{12} & 0 & 0 \\ a_{21} & a_{22} & 0 & 0 \\ -1 & 0 & b_{11} & b_{12} \\ 0 & -1 & b_{21} & b_{22} \end{vmatrix} &\overset{\substack{①+a_{11}③ \\ ①+a_{12}④}}{=\!=\!=} \begin{vmatrix} 0 & 0 & a_{11}b_{11}+a_{12}b_{21} & a_{11}b_{12}+a_{12}b_{22} \\ a_{21} & a_{22} & 0 & 0 \\ -1 & 0 & b_{11} & b_{12} \\ 0 & -1 & b_{21} & b_{22} \end{vmatrix} \\ &\overset{\substack{②+a_{21}③ \\ ②+a_{22}④}}{=\!=\!=} \begin{vmatrix} 0 & 0 & a_{11}b_{11}+a_{12}b_{21} & a_{11}b_{12}+a_{12}b_{22} \\ 0 & 0 & a_{21}b_{11}+a_{22}b_{21} & a_{21}b_{12}+a_{22}b_{22} \\ -1 & 0 & b_{11} & b_{12} \\ 0 & -1 & b_{21} & b_{22} \end{vmatrix} \\ &\overset{\text{按第 1,2 行展开}}{=\!=\!=} \begin{vmatrix} a_{11}b_{11}+a_{12}b_{21} & a_{11}b_{12}+a_{12}b_{22} \\ a_{21}b_{11}+a_{22}b_{21} & a_{21}b_{12}+a_{22}b_{22} \end{vmatrix} \cdot (-1)^{(1+2)+(3+4)} \begin{vmatrix} -1 & 0 \\ 0 & -1 \end{vmatrix} \\ &\overset{\text{由矩阵乘法}}{=\!=\!=} \left| \begin{pmatrix} a_{11} & a_{12} \\ a_{21} & a_{22} \end{pmatrix} \begin{pmatrix} b_{11} & b_{12} \\ b_{21} & b_{22} \end{pmatrix} \right|. \end{aligned} \tag{2.3}$$

由(2.2) 式与(2.3) 式得到

$$\left|\begin{pmatrix}a_{11}&a_{12}\\a_{21}&a_{22}\end{pmatrix}\begin{pmatrix}b_{11}&b_{12}\\b_{21}&b_{22}\end{pmatrix}\right|=\begin{vmatrix}a_{11}&a_{12}\\a_{21}&a_{22}\end{vmatrix}\cdot\begin{vmatrix}b_{11}&b_{12}\\b_{21}&b_{22}\end{vmatrix},$$

即

$$|\boldsymbol{AB}|=|\boldsymbol{A}|\cdot|\boldsymbol{B}|.$$

用与例2.14类似的方法可以证明下面的定理.

定理2.1 设 $\boldsymbol{A},\boldsymbol{B}$ 为任意 n 阶矩阵，则

$$|\boldsymbol{AB}|=|\boldsymbol{A}|\cdot|\boldsymbol{B}|.$$

定理2.1可以推广到有限个 n 阶矩阵相乘的情况.

推论 设 $\boldsymbol{A}_1,\boldsymbol{A}_2,\cdots,\boldsymbol{A}_t$ 均为 n 阶矩阵，则

$$|\boldsymbol{A}_1\boldsymbol{A}_2\cdots\boldsymbol{A}_t|=|\boldsymbol{A}_1|\cdot|\boldsymbol{A}_2|\cdot\cdots\cdot|\boldsymbol{A}_t|.$$

习 题 2.3

1. 利用分块矩阵乘法，计算下列乘积矩阵 $\boldsymbol{AB}$：

(1) $\boldsymbol{A}=\begin{pmatrix}1&0&0&0\\0&1&0&0\\2&0&1&1\\-1&1&0&1\end{pmatrix}=\begin{pmatrix}\boldsymbol{E}_2&\boldsymbol{O}\\\boldsymbol{A}_{21}&\boldsymbol{A}_{22}\end{pmatrix}$，$\boldsymbol{B}=\begin{pmatrix}3&-2&5\\-2&1&3\\1&0&-2\\0&1&1\end{pmatrix}=\begin{pmatrix}\boldsymbol{B}_{11}&\boldsymbol{B}_{12}\\\boldsymbol{E}_2&\boldsymbol{B}_{22}\end{pmatrix}$；

(2) $\boldsymbol{A}=\begin{pmatrix}\boldsymbol{A}_1\\\boldsymbol{A}_2\\\boldsymbol{A}_3\end{pmatrix}$，$\boldsymbol{B}=(\boldsymbol{B}_1,\boldsymbol{B}_2,\boldsymbol{B}_3)$，其中

$$\boldsymbol{A}_1=(-2,-1,2),\quad \boldsymbol{A}_2=(2,-2,1),\quad \boldsymbol{A}_3=(1,2,2),$$

$$\boldsymbol{B}_1=\begin{pmatrix}-2\\-1\\2\end{pmatrix},\quad \boldsymbol{B}_2=\begin{pmatrix}2\\-2\\1\end{pmatrix},\quad \boldsymbol{B}_3=\begin{pmatrix}1\\2\\2\end{pmatrix}.$$

2. 设 $\boldsymbol{A}$ 为3阶矩阵，将 $\boldsymbol{A}$ 按列分块为 $\boldsymbol{A}=(\boldsymbol{A}_1,\boldsymbol{A}_2,\boldsymbol{A}_3)$，其中 $\boldsymbol{A}_j$ 为 $\boldsymbol{A}$ 的第 j 列，$j=1,2,3$，若已知 $|\boldsymbol{A}|=|\boldsymbol{A}_1,\boldsymbol{A}_2,\boldsymbol{A}_3|=-2$，求下列分块矩阵的行列式：

(1) $(\boldsymbol{A}_1,2\boldsymbol{A}_2,3\boldsymbol{A}_3)$；

(2) $(\boldsymbol{A}_1,2\boldsymbol{A}_3,\boldsymbol{A}_2)$；

(3) $(\boldsymbol{A}_3-2\boldsymbol{A}_1,3\boldsymbol{A}_2,\boldsymbol{A}_1)$.

3. 设矩阵

$$\boldsymbol{A}=\begin{pmatrix}2&0\\-1&1\end{pmatrix},\quad \boldsymbol{B}=\begin{pmatrix}1&1\\0&1\end{pmatrix},\quad \boldsymbol{C}=\begin{pmatrix}3&-2\\-2&1\end{pmatrix},$$

分别计算 $|\boldsymbol{ABC}|$ 与 $|\boldsymbol{A}|\cdot|\boldsymbol{B}|\cdot|\boldsymbol{C}|$.

4. 设2阶矩阵 $\boldsymbol{A}=\begin{pmatrix}a_{11}&a_{12}\\a_{21}&a_{22}\end{pmatrix}$，$\boldsymbol{B}=\begin{pmatrix}b_{11}&b_{12}\\b_{21}&b_{22}\end{pmatrix}$，直接利用矩阵乘法和行列式性质，证明：

$$|\boldsymbol{AB}|=|\boldsymbol{A}|\cdot|\boldsymbol{B}|.$$

2.4 可逆矩阵

数的乘法有逆运算,矩阵的乘法有没有逆运算呢?我们知道,只有非零的数 a,才有"逆" $a^{-1}=\frac{1}{a}$,并且满足 $a \cdot a^{-1}=a^{-1} \cdot a=1$. 由此自然会提出:什么样的矩阵具有类似非零数 a 那样的性质呢?

定义 2.9 设 $\boldsymbol{A}$ 为 n 阶矩阵,如果存在 n 阶矩阵 $\boldsymbol{B}$,使得

$$\boldsymbol{AB}=\boldsymbol{BA}=\boldsymbol{E}, \tag{2.4}$$

则称 $\boldsymbol{A}$ 为**可逆矩阵**.

由于 1 阶矩阵就是一个数,当 1 阶矩阵 $\boldsymbol{A}=(a_{11})_{1\times 1}=a_{11} \neq 0$ 时,有

$$a_{11} \cdot \frac{1}{a_{11}}=\frac{1}{a_{11}} \cdot a_{11}=1=\boldsymbol{E}_1,$$

故 $\boldsymbol{A}$ 一定可逆. 因此,若无特别说明,本节讨论的可逆矩阵的阶数 n 满足:$n \geqslant 2$.

由(2.4)式可以看出:

(1) 由于 $\boldsymbol{A}$ 与 $\boldsymbol{B}$ 可交换,因此,可逆矩阵一定是方阵. 换句话说,如果矩阵 $\boldsymbol{A}$ 不是方阵,则它一定不可逆.

(2) 如果矩阵 $\boldsymbol{A}$ 可逆,则满足(2.4)式的矩阵 $\boldsymbol{B}$ 是唯一的. 这是由于,假如 $\boldsymbol{B}$ 与 $\boldsymbol{B}_1$ 都满足(2.4)式,即

$$\boldsymbol{AB}=\boldsymbol{BA}=\boldsymbol{E}, \quad \boldsymbol{AB}_1=\boldsymbol{B}_1\boldsymbol{A}=\boldsymbol{E}.$$

从而有

$$\boldsymbol{B}=\boldsymbol{BE}=\boldsymbol{B}(\boldsymbol{A}\boldsymbol{B}_1)=(\boldsymbol{BA})\boldsymbol{B}_1=\boldsymbol{EB}_1=\boldsymbol{B}_1,$$

由此推出 $\boldsymbol{B}=\boldsymbol{B}_1$.

定义 2.10 如果 $\boldsymbol{A}$ 为可逆矩阵,则称满足(2.4)式的矩阵 $\boldsymbol{B}$ 为 $\boldsymbol{A}$ 的**逆矩阵**,记作 $\boldsymbol{A}^{-1}=\boldsymbol{B}$.

当 $\boldsymbol{A}$ 可逆时,由 $\boldsymbol{B}=\boldsymbol{A}^{-1}$,即有

$$\boldsymbol{AA}^{-1}=\boldsymbol{A}^{-1}\boldsymbol{A}=\boldsymbol{E}.$$

说明当 $\boldsymbol{A}$ 可逆时,其逆矩阵 $\boldsymbol{B}$ 也可逆,并且 $\boldsymbol{B}^{-1}=(\boldsymbol{A}^{-1})^{-1}=\boldsymbol{A}$,即 $\boldsymbol{A}$ 与 $\boldsymbol{B}$ 互为逆矩阵.

必须注意的是,$\boldsymbol{A}^{-1}$ 只是一个记号,不能将 $\boldsymbol{A}^{-1}$ 写成$\frac{1}{\boldsymbol{A}}$,因为没有定义矩阵除法.

例 2.15 单位矩阵 $\boldsymbol{E}$ 可逆. 因为 $\boldsymbol{EE}=\boldsymbol{E}$,故 $\boldsymbol{E}$ 可逆,且$\boldsymbol{E}^{-1}=\boldsymbol{E}$.

例 2.16 设 $\boldsymbol{A}=\begin{pmatrix}2 & 5\\1 & 3\end{pmatrix}$,则存在 $\boldsymbol{B}=\begin{pmatrix}3 & -5\\-1 & 2\end{pmatrix}$,使得

$$\begin{pmatrix}2 & 5\\1 & 3\end{pmatrix}\begin{pmatrix}3 & -5\\-1 & 2\end{pmatrix}=\begin{pmatrix}1 & 0\\0 & 1\end{pmatrix}=\begin{pmatrix}3 & -5\\-1 & 2\end{pmatrix}\begin{pmatrix}2 & 5\\1 & 3\end{pmatrix},$$

即 $\boldsymbol{A}$ 可逆,并且

$$\boldsymbol{A}^{-1}=\begin{pmatrix}2 & 5\\1 & 3\end{pmatrix}^{-1}=\begin{pmatrix}3 & -5\\-1 & 2\end{pmatrix}=\boldsymbol{B}.$$

那么一般情况下,什么样的 n 阶矩阵$\boldsymbol{A}$ 才可逆呢?并且当 $\boldsymbol{A}$ 可逆时,如何求出它的逆矩阵

呢？下面我们就来讨论这些问题.

定义 2.11 设 $\boldsymbol{A}=(a_{ij})_{n\times n}$，$n\geqslant 2$，$A_{ij}$ 为 $\boldsymbol{A}$ 的元素 a_{ij} 的代数余子式，$i,j=1,2,\cdots,n$. 以 $\boldsymbol{A}$ 的第 1 行元素的代数余子式 $A_{11},A_{12},\cdots,A_{1n}$ 为第 1 列，第 2 行元素的代数余子式 $A_{21},A_{22},\cdots,A_{2n}$ 为第 2 列……第 n 行元素的代数余子式 $A_{n1},A_{n2},\cdots,A_{nn}$ 为第 n 列，构造的 n 阶矩阵

$$\begin{pmatrix} A_{11} & A_{21} & \cdots & A_{n1} \\ A_{12} & A_{22} & \cdots & A_{n2} \\ \vdots & \vdots & & \vdots \\ A_{1n} & A_{2n} & \cdots & A_{nn} \end{pmatrix}$$

称为 $\boldsymbol{A}$ 的**伴随矩阵**，记作 $\boldsymbol{A}^*$.

例 2.17 设 $\boldsymbol{A}=\begin{pmatrix} 2 & 5 \\ 1 & 3 \end{pmatrix}$，则 $\boldsymbol{A}^*=\begin{pmatrix} A_{11} & A_{21} \\ A_{12} & A_{22} \end{pmatrix}=\begin{pmatrix} 3 & -5 \\ -1 & 2 \end{pmatrix}$.

一般地，对于 2 阶矩阵 $\boldsymbol{A}=\begin{pmatrix} a_{11} & a_{12} \\ a_{21} & a_{22} \end{pmatrix}$，其伴随矩阵 $\boldsymbol{A}^*=\begin{pmatrix} a_{22} & -a_{12} \\ -a_{21} & a_{11} \end{pmatrix}$.

（注意观察伴随矩阵 $\boldsymbol{A}^*$ 与 $\boldsymbol{A}$ 的元素之间的关系.）

例 2.18 设 3 阶矩阵 $\boldsymbol{A}=\begin{pmatrix} 1 & 1 & -1 \\ 2 & -1 & 0 \\ 1 & 0 & 1 \end{pmatrix}$，求 $\boldsymbol{A}^*$.

解 由于

$$\boldsymbol{A}^*=\begin{pmatrix} A_{11} & A_{21} & A_{31} \\ A_{12} & A_{22} & A_{32} \\ A_{13} & A_{23} & A_{33} \end{pmatrix},$$

其中

$$A_{11}=\begin{vmatrix} -1 & 0 \\ 0 & 1 \end{vmatrix}=-1,\quad A_{21}=-\begin{vmatrix} 1 & -1 \\ 0 & 1 \end{vmatrix}=-1,\quad A_{31}=\begin{vmatrix} 1 & -1 \\ -1 & 0 \end{vmatrix}=-1,$$

$$A_{12}=-\begin{vmatrix} 2 & 0 \\ 1 & 1 \end{vmatrix}=-2,\quad A_{22}=\begin{vmatrix} 1 & -1 \\ 1 & 1 \end{vmatrix}=2,\quad A_{32}=-\begin{vmatrix} 1 & -1 \\ 2 & 0 \end{vmatrix}=-2,$$

$$A_{13}=\begin{vmatrix} 2 & -1 \\ 1 & 0 \end{vmatrix}=1,\quad A_{23}=-\begin{vmatrix} 1 & 1 \\ 1 & 0 \end{vmatrix}=1,\quad A_{33}=\begin{vmatrix} 1 & 1 \\ 2 & -1 \end{vmatrix}=-3,$$

因此

$$\boldsymbol{A}^*=\begin{pmatrix} -1 & -1 & -1 \\ -2 & 2 & -2 \\ 1 & 1 & -3 \end{pmatrix}.$$

例 2.19 对于例 2.18 中的矩阵 $\boldsymbol{A}$ 与 $\boldsymbol{A}^*$，计算 $\boldsymbol{A}\boldsymbol{A}^*$ 和 $\boldsymbol{A}^*\boldsymbol{A}$.

解

$$\boldsymbol{A}\boldsymbol{A}^*=\begin{pmatrix} 1 & 1 & -1 \\ 2 & -1 & 0 \\ 1 & 0 & 1 \end{pmatrix}\begin{pmatrix} -1 & -1 & -1 \\ -2 & 2 & -2 \\ 1 & 1 & -3 \end{pmatrix}=\begin{pmatrix} -4 & 0 & 0 \\ 0 & -4 & 0 \\ 0 & 0 & -4 \end{pmatrix},$$

$$\boldsymbol{A}^*\boldsymbol{A}=\begin{pmatrix} -1 & -1 & -1 \\ -2 & 2 & -2 \\ 1 & 1 & -3 \end{pmatrix}\begin{pmatrix} 1 & 1 & -1 \\ 2 & -1 & 0 \\ 1 & 0 & 1 \end{pmatrix}=\begin{pmatrix} -4 & 0 & 0 \\ 0 & -4 & 0 \\ 0 & 0 & -4 \end{pmatrix},$$

注意到 $\boldsymbol{A}\boldsymbol{A}^*=\boldsymbol{A}^*\boldsymbol{A}=(-4)\boldsymbol{E}$，而 $|\boldsymbol{A}|=-4$.

上述结果对于一般的 n 阶矩阵 $\boldsymbol{A}=(a_{ij})_{n\times n}$ 同样成立. 利用定理 1.1 和定理 1.3 可以推出

$$\boldsymbol{A}\boldsymbol{A}^*=\begin{pmatrix} a_{11} & a_{12} & \cdots & a_{1n} \\ a_{21} & a_{22} & \cdots & a_{2n} \\ \vdots & \vdots & & \vdots \\ a_{n1} & a_{n2} & \cdots & a_{nn} \end{pmatrix}\begin{pmatrix} A_{11} & A_{21} & \cdots & A_{n1} \\ A_{12} & A_{22} & \cdots & A_{n2} \\ \vdots & \vdots & & \vdots \\ A_{1n} & A_{2n} & \cdots & A_{nn} \end{pmatrix}=\begin{pmatrix} |\boldsymbol{A}| & 0 & \cdots & 0 \\ 0 & |\boldsymbol{A}| & \cdots & 0 \\ \vdots & \vdots & \ddots & \vdots \\ 0 & 0 & \cdots & |\boldsymbol{A}| \end{pmatrix}=|\boldsymbol{A}|\boldsymbol{E}.$$

类似地，利用定理 1.2 和定理 1.4 也可以推出 $\boldsymbol{A}^*\boldsymbol{A}=|\boldsymbol{A}|\boldsymbol{E}$.

由此，我们得到下面的定理.

定理 2.2 矩阵 $\boldsymbol{A}=(a_{ij})_{n\times n}$ 可逆的充要条件是 $|\boldsymbol{A}|\neq 0$，并且当 $\boldsymbol{A}$ 可逆时，

$$\boldsymbol{A}^{-1}=\frac{1}{|\boldsymbol{A}|}\boldsymbol{A}^*.$$

证明 必要性（可记作"⇒"，由 $\boldsymbol{A}$ 可逆证明 $|\boldsymbol{A}|\neq 0$）：若 $\boldsymbol{A}$ 为可逆矩阵，则存在 $\boldsymbol{A}^{-1}$，使 $\boldsymbol{A}\boldsymbol{A}^{-1}=\boldsymbol{E}$. 由定理 2.1，有

$$|\boldsymbol{A}\boldsymbol{A}^{-1}|=|\boldsymbol{A}|\cdot|\boldsymbol{A}^{-1}|=|\boldsymbol{E}|=1,$$

因此 $|\boldsymbol{A}|\neq 0$.

充分性（可记作"⇐"，由 $|\boldsymbol{A}|\neq 0$ 证明 $\boldsymbol{A}$ 可逆）：若 $|\boldsymbol{A}|\neq 0$，故由 $\boldsymbol{A}\boldsymbol{A}^*=|\boldsymbol{A}|\boldsymbol{E}$ 和 $\boldsymbol{A}^*\boldsymbol{A}=|\boldsymbol{A}|\boldsymbol{E}$，可推出

$$\boldsymbol{A}\left(\frac{1}{|\boldsymbol{A}|}\boldsymbol{A}^*\right)=\left(\frac{1}{|\boldsymbol{A}|}\boldsymbol{A}^*\right)\boldsymbol{A}=\boldsymbol{E}.$$

由定义 2.9 知 $\boldsymbol{A}$ 可逆，并由定义 2.10 知 $\boldsymbol{A}^{-1}=\dfrac{1}{|\boldsymbol{A}|}\boldsymbol{A}^*$.

推论 设 $\boldsymbol{A},\boldsymbol{B}$ 均为 n 阶矩阵，并且满足 $\boldsymbol{A}\boldsymbol{B}=\boldsymbol{E}$，则 $\boldsymbol{A}$ 与 $\boldsymbol{B}$ 都可逆，且 $\boldsymbol{A}^{-1}=\boldsymbol{B}$，$\boldsymbol{B}^{-1}=\boldsymbol{A}$.

证明 由 $\boldsymbol{A}\boldsymbol{B}=\boldsymbol{E}$ 可推出 $|\boldsymbol{A}|\neq 0$ 且 $|\boldsymbol{B}|\neq 0$，从而 $\boldsymbol{A}$ 与 $\boldsymbol{B}$ 都可逆. 将 $\boldsymbol{A}\boldsymbol{B}=\boldsymbol{E}$ 两边同时左乘 $\boldsymbol{A}^{-1}$，即

$$\boldsymbol{A}^{-1}\boldsymbol{A}\boldsymbol{B}=\boldsymbol{A}^{-1}\boldsymbol{E},$$

得到 $\boldsymbol{A}^{-1}=\boldsymbol{B}$ 或 $\boldsymbol{B}=\boldsymbol{A}^{-1}$. 将等式两边同时求逆，有

$$\boldsymbol{B}^{-1}=(\boldsymbol{A}^{-1})^{-1}=\boldsymbol{A}.$$

显然，利用这个推论来判断 $\boldsymbol{A}$ 是否可逆（或 $\boldsymbol{B}$ 是否可逆），要比用定义 2.9 简单一些.

例 2.20 分别判断例 2.17 和例 2.18 中的矩阵 $\boldsymbol{A}$ 是否可逆，若可逆，求 $\boldsymbol{A}^{-1}$.

解 例 2.17 中，由于

$$|\boldsymbol{A}|=\begin{vmatrix} 2 & 5 \\ 1 & 3 \end{vmatrix}=1\neq 0,$$

故 $\boldsymbol{A}$ 可逆. 又由 $\boldsymbol{A}^*=\begin{pmatrix} 3 & -5 \\ -1 & 2 \end{pmatrix}$，从而

$$\boldsymbol{A}^{-1}=\frac{1}{|\boldsymbol{A}|}\boldsymbol{A}^*=1\cdot\begin{pmatrix} 3 & -5 \\ -1 & 2 \end{pmatrix}=\begin{pmatrix} 3 & -5 \\ -1 & 2 \end{pmatrix}.$$

例 2.18 中，由于

$$|\boldsymbol{A}|=\begin{vmatrix} 1 & 1 & -1 \\ 2 & -1 & 0 \\ 1 & 0 & 1 \end{vmatrix}=-4\neq 0,$$

因此 $\boldsymbol{A}$ 可逆. 又已知 $\boldsymbol{A}^*=\begin{pmatrix}-1&-1&-1\\-2&2&-2\\1&1&-3\end{pmatrix}$,从而

$$\boldsymbol{A}^{-1}=\frac{1}{|\boldsymbol{A}|}\boldsymbol{A}^*=-\frac{1}{4}\begin{pmatrix}-1&-1&-1\\-2&2&-2\\1&1&-3\end{pmatrix}=\begin{pmatrix}1/4&1/4&1/4\\1/2&-1/2&1/2\\-1/4&-1/4&3/4\end{pmatrix}.$$

可逆矩阵有以下的性质.

性质 1　如果 $\boldsymbol{A},\boldsymbol{B}$ 均为 n 阶可逆矩阵,则 $\boldsymbol{AB}$ 也为可逆矩阵,并且 $(\boldsymbol{AB})^{-1}=\boldsymbol{B}^{-1}\boldsymbol{A}^{-1}$.

证明　由于 $(\boldsymbol{AB})\boldsymbol{B}^{-1}\boldsymbol{A}^{-1}=\boldsymbol{A}(\boldsymbol{BB}^{-1})\boldsymbol{A}^{-1}=\boldsymbol{AEA}^{-1}=\boldsymbol{AA}^{-1}=\boldsymbol{E}$,故由定理 2.2 的推论可知,$\boldsymbol{AB}$ 可逆,并且 $(\boldsymbol{AB})^{-1}=\boldsymbol{B}^{-1}\boldsymbol{A}^{-1}$.

性质 1 可以推广到多个可逆矩阵相乘的情况. 即若 $\boldsymbol{A}_1,\boldsymbol{A}_2,\cdots,\boldsymbol{A}_t$ 均为 n 阶可逆矩阵,则 $\boldsymbol{A}_1\boldsymbol{A}_2\cdots\boldsymbol{A}_t$ 也可逆,并且 $(\boldsymbol{A}_1\boldsymbol{A}_2\cdots\boldsymbol{A}_t)^{-1}=\boldsymbol{A}_t^{-1}\cdots\boldsymbol{A}_2^{-1}\boldsymbol{A}_1^{-1}$.

性质 2　如果矩阵 $\boldsymbol{A}$ 可逆,则其转置矩阵 $\boldsymbol{A}^{\mathrm{T}}$ 也可逆,并且 $(\boldsymbol{A}^{\mathrm{T}})^{-1}=(\boldsymbol{A}^{-1})^{\mathrm{T}}$.

证明　由矩阵转置的运算法则,有

$$\boldsymbol{A}^{\mathrm{T}}(\boldsymbol{A}^{-1})^{\mathrm{T}}=(\boldsymbol{A}^{-1}\boldsymbol{A})^{\mathrm{T}}=\boldsymbol{E}^{\mathrm{T}}=\boldsymbol{E}.$$

从而 $\boldsymbol{A}^{\mathrm{T}}$ 可逆,并且 $(\boldsymbol{A}^{\mathrm{T}})^{-1}=(\boldsymbol{A}^{-1})^{\mathrm{T}}$.

性质 2 也表明,可逆矩阵的转置运算和求逆运算的次序可以交换.

性质 3　如果矩阵 $\boldsymbol{A}$ 可逆,则对任意非零常数 k,$k\boldsymbol{A}$ 也可逆,并且 $(k\boldsymbol{A})^{-1}=\frac{1}{k}\boldsymbol{A}^{-1}$.

性质 3 的证明与前两个性质的证明方法类似,将其留给读者.

性质 4　如果矩阵 $\boldsymbol{A}$ 可逆,则 $|\boldsymbol{A}^{-1}|=\frac{1}{|\boldsymbol{A}|}$.

证明留给读者.

例 2.21　证明:若 n 阶矩阵 $\boldsymbol{A}$ 可逆,则其伴随矩阵 $\boldsymbol{A}^*$ 也可逆,并且 $(\boldsymbol{A}^*)^{-1}=\frac{1}{|\boldsymbol{A}|}\boldsymbol{A}$.

证明　由于 n 阶矩阵 $\boldsymbol{A}$ 可逆,故 $|\boldsymbol{A}|\neq 0$,且 $\boldsymbol{A}^{-1}=\frac{1}{|\boldsymbol{A}|}\boldsymbol{A}^*$,即有 $\boldsymbol{A}^*=|\boldsymbol{A}|\boldsymbol{A}^{-1}$. 由性质 3 即可得到:$\boldsymbol{A}^*=|\boldsymbol{A}|\boldsymbol{A}^{-1}$ 可逆,并且 $(\boldsymbol{A}^*)^{-1}=(|\boldsymbol{A}|\boldsymbol{A}^{-1})^{-1}=\frac{1}{|\boldsymbol{A}|}\boldsymbol{A}$.

例 2.22　设矩阵 $\boldsymbol{A},\boldsymbol{B},\boldsymbol{C}$ 和 $\boldsymbol{X}$ 分别满足下列等式:

(1) $\boldsymbol{AX}=\boldsymbol{B}$,　　　(2) $\boldsymbol{XA}=\boldsymbol{C}$,

其中 $\boldsymbol{A}=\begin{pmatrix}5&2\\3&1\end{pmatrix}$,$\boldsymbol{B}=\begin{pmatrix}2\\-1\end{pmatrix}$,$\boldsymbol{C}=\begin{pmatrix}1&-1\\2&3\end{pmatrix}$.求矩阵 $\boldsymbol{X}$.

解　由于 $|\boldsymbol{A}|=\begin{vmatrix}5&2\\3&1\end{vmatrix}=-1\neq 0$,故 $\boldsymbol{A}$ 可逆,且

$$\boldsymbol{A}^{-1}=\frac{1}{|\boldsymbol{A}|}\boldsymbol{A}^*=(-1)\begin{pmatrix}1&-2\\-3&5\end{pmatrix}=\begin{pmatrix}-1&2\\3&-5\end{pmatrix}.$$

(1) 用 $\boldsymbol{A}^{-1}$ 左乘等式 $\boldsymbol{AX}=\boldsymbol{B}$ 两边,得到

$$\boldsymbol{X}=\boldsymbol{A}^{-1}\boldsymbol{B}=\begin{pmatrix}-1&2\\3&-5\end{pmatrix}\begin{pmatrix}2\\-1\end{pmatrix}=\begin{pmatrix}-4\\11\end{pmatrix}.$$

(2) 用 $\boldsymbol{A}^{-1}$ 右乘等式 $\boldsymbol{XA}=\boldsymbol{C}$ 两边，得到

$$\boldsymbol{X}=\boldsymbol{CA}^{-1}=\begin{pmatrix}1 & -1\\ 2 & 3\end{pmatrix}\begin{pmatrix}-1 & 2\\ 3 & -5\end{pmatrix}=\begin{pmatrix}-4 & 7\\ 7 & -11\end{pmatrix}.$$

例 2.23 证明定理 1.6（克拉默法则）：如果由 n 个方程组成的 n 元线性方程组

$$\begin{cases}a_{11}x_1+a_{12}x_2+\cdots+a_{1n}x_n=b_1,\\ a_{21}x_1+a_{22}x_2+\cdots+a_{2n}x_n=b_2,\\ \cdots\cdots\\ a_{n1}x_1+a_{n2}x_2+\cdots+a_{nn}x_n=b_n\end{cases}\tag{2.5}$$

的系数行列式

$$\begin{vmatrix}a_{11} & a_{12} & \cdots & a_{1n}\\ a_{21} & a_{22} & \cdots & a_{2n}\\ \vdots & \vdots & & \vdots\\ a_{n1} & a_{n2} & \cdots & a_{nn}\end{vmatrix}\neq 0,$$

则方程组有唯一解，并且

$$x_j=\frac{|\boldsymbol{B}_j|}{|\boldsymbol{A}|},\quad j=1,2,\cdots,n.\tag{2.6}$$

(2.6) 式中记号

$$|\boldsymbol{A}|=\begin{vmatrix}a_{11} & a_{12} & \cdots & a_{1n}\\ a_{21} & a_{22} & \cdots & a_{2n}\\ \vdots & \vdots & & \vdots\\ a_{n1} & a_{n2} & \cdots & a_{nn}\end{vmatrix},\quad |\boldsymbol{B}_j|=\begin{vmatrix}a_{11} & \cdots & a_{1,j-1} & b_1 & a_{1,j+1} & \cdots & a_{1n}\\ a_{21} & \cdots & a_{2,j-1} & b_2 & a_{2,j+1} & \cdots & a_{2n}\\ \vdots & & \vdots & \vdots & \vdots & & \vdots\\ a_{n1} & \cdots & a_{n,j-1} & b_n & a_{n,j+1} & \cdots & a_{nn}\end{vmatrix},\quad j=1,2,\cdots,n,$$

其中，$|\boldsymbol{B}_j|$ 是将系数行列式的第 j 列元素 $a_{1j},a_{2j},\cdots,a_{nj}$ 分别换成常数项 $b_1,b_2,\cdots,b_n$，而其他元素不变所对应的行列式. 若将 $|\boldsymbol{B}_j|$ 按第 j 列展开，则

$$|\boldsymbol{B}_j|=b_1A_{1j}+b_2A_{2j}+\cdots+b_nA_{nj},\quad j=1,2,\cdots,n.$$

证明 设方程组 (2.5) 的系数矩阵、未知数矩阵和常数项矩阵分别为

$$\boldsymbol{A}=(a_{ij})_{n\times n},\quad \boldsymbol{x}=(x_1,x_2,\cdots,x_n)^{\mathrm{T}},\quad \boldsymbol{\beta}=(b_1,b_2,\cdots,b_n)^{\mathrm{T}},$$

则方程组 (2.5) 可以表为

$$\boldsymbol{Ax}=\boldsymbol{\beta}.\tag{2.7}$$

由于 $|\boldsymbol{A}|\neq 0$，故 $\boldsymbol{A}$ 可逆. 用 $\boldsymbol{A}^{-1}$ 左乘 (2.7) 式两边，有

$$\boldsymbol{x}=\boldsymbol{A}^{-1}\boldsymbol{\beta}=\frac{1}{|\boldsymbol{A}|}\boldsymbol{A}^{*}\boldsymbol{\beta},$$

即

$$\begin{pmatrix}x_1\\ x_2\\ \vdots\\ x_n\end{pmatrix}=\frac{1}{|\boldsymbol{A}|}\begin{pmatrix}A_{11} & A_{21} & \cdots & A_{n1}\\ A_{12} & A_{22} & \cdots & A_{n2}\\ \vdots & \vdots & & \vdots\\ A_{1n} & A_{2n} & \cdots & A_{nn}\end{pmatrix}\begin{pmatrix}b_1\\ b_2\\ \vdots\\ b_n\end{pmatrix},$$

其中

$$x_j=\frac{1}{|\boldsymbol{A}|}(b_1A_{1j}+b_2A_{2j}+\cdots+b_nA_{nj})=\frac{|\boldsymbol{B}_j|}{|\boldsymbol{A}|},\quad j=1,2,\cdots,n.$$

这说明 $x_j=\dfrac{|\boldsymbol{B}_j|}{|\boldsymbol{A}|}$,$j=1,2,\cdots,n$ 是方程组(2.5)的解. 又由于 $\boldsymbol{A}^{-1}$ 唯一,从而方程组(2.5)的解是唯一的.

例 2.24 设分块对角矩阵

$$\boldsymbol{D}=\begin{pmatrix}\boldsymbol{A} & \boldsymbol{O}\\ \boldsymbol{O} & \boldsymbol{B}\end{pmatrix},$$

其中,$\boldsymbol{A}$ 为 n 阶可逆矩阵,$\boldsymbol{B}$ 为 m 阶可逆矩阵. 证明 $\boldsymbol{D}$ 可逆,并求$\boldsymbol{D}^{-1}$.

证明 由于 $\boldsymbol{A}$ 与 $\boldsymbol{B}$ 都可逆,故 $|\boldsymbol{A}|\neq 0$,$|\boldsymbol{B}|\neq 0$. 又由拉普拉斯定理可知

$$|\boldsymbol{D}|=\begin{vmatrix}\boldsymbol{A} & \boldsymbol{O}\\ \boldsymbol{O} & \boldsymbol{B}\end{vmatrix}=|\boldsymbol{A}|\cdot|\boldsymbol{B}|\neq 0,$$

从而 $\boldsymbol{D}$ 可逆. 设

$$\boldsymbol{D}^{-1}=\begin{pmatrix}\boldsymbol{X}_{11} & \boldsymbol{X}_{12}\\ \boldsymbol{X}_{21} & \boldsymbol{X}_{22}\end{pmatrix},$$

则由 $\boldsymbol{D}\boldsymbol{D}^{-1}=\boldsymbol{E}_{n+m}$,有

$$\begin{pmatrix}\boldsymbol{A} & \boldsymbol{O}\\ \boldsymbol{O} & \boldsymbol{B}\end{pmatrix}\begin{pmatrix}\boldsymbol{X}_{11} & \boldsymbol{X}_{12}\\ \boldsymbol{X}_{21} & \boldsymbol{X}_{22}\end{pmatrix}=\begin{pmatrix}\boldsymbol{A}\boldsymbol{X}_{11} & \boldsymbol{A}\boldsymbol{X}_{12}\\ \boldsymbol{B}\boldsymbol{X}_{21} & \boldsymbol{B}\boldsymbol{X}_{22}\end{pmatrix}=\begin{pmatrix}\boldsymbol{E}_n & \boldsymbol{O}\\ \boldsymbol{O} & \boldsymbol{E}_m\end{pmatrix},$$

其中

$$\begin{aligned}
&\boldsymbol{A}\boldsymbol{X}_{11}=\boldsymbol{E}_n \Rightarrow \boldsymbol{X}_{11}=\boldsymbol{A}^{-1}\boldsymbol{E}_n=\boldsymbol{A}^{-1},\\
&\boldsymbol{A}\boldsymbol{X}_{12}=\boldsymbol{O} \Rightarrow \boldsymbol{X}_{12}=\boldsymbol{A}^{-1}\boldsymbol{O}=\boldsymbol{O},\\
&\boldsymbol{B}\boldsymbol{X}_{21}=\boldsymbol{O} \Rightarrow \boldsymbol{X}_{21}=\boldsymbol{B}^{-1}\boldsymbol{O}=\boldsymbol{O},\\
&\boldsymbol{B}\boldsymbol{X}_{22}=\boldsymbol{E}_m \Rightarrow \boldsymbol{X}_{22}=\boldsymbol{B}^{-1}\boldsymbol{E}_m=\boldsymbol{B}^{-1}.
\end{aligned}$$

因此

$$\boldsymbol{D}^{-1}=\begin{pmatrix}\boldsymbol{A}^{-1} & \boldsymbol{O}\\ \boldsymbol{O} & \boldsymbol{B}^{-1}\end{pmatrix}.$$

例 2.24 的结果可以推广到更一般情况:若分块对角矩阵

$$\boldsymbol{D}=\begin{pmatrix}\boldsymbol{A}_1 & \boldsymbol{O} & \cdots & \boldsymbol{O}\\ \boldsymbol{O} & \boldsymbol{A}_2 & \cdots & \boldsymbol{O}\\ \vdots & \vdots & \ddots & \vdots\\ \boldsymbol{O} & \boldsymbol{O} & \cdots & \boldsymbol{A}_t\end{pmatrix}$$

中,$\boldsymbol{A}_1,\boldsymbol{A}_2,\cdots,\boldsymbol{A}_t$ 均为可逆矩阵,则 $\boldsymbol{D}$ 也可逆,并且

$$\boldsymbol{D}^{-1}=\begin{pmatrix}\boldsymbol{A}_1^{-1} & \boldsymbol{O} & \cdots & \boldsymbol{O}\\ \boldsymbol{O} & \boldsymbol{A}_2^{-1} & \cdots & \boldsymbol{O}\\ \vdots & \vdots & \ddots & \vdots\\ \boldsymbol{O} & \boldsymbol{O} & \cdots & \boldsymbol{A}_t^{-1}\end{pmatrix}.$$

习 题 2.4

1. 判断下列矩阵 $\boldsymbol{A}$ 是否可逆，若可逆求出 $\boldsymbol{A}^{-1}$：

（1）$\boldsymbol{A}=\begin{pmatrix}5&4\\3&2\end{pmatrix}$；

（2）$\boldsymbol{A}=\begin{pmatrix}1&-3\\-2&6\end{pmatrix}$；

（3）$\boldsymbol{A}=\begin{pmatrix}0&2&1\\1&-1&1\\3&-1&2\end{pmatrix}$；

（4）$\boldsymbol{A}=\begin{pmatrix}1&0&0\\1&2&0\\1&2&3\end{pmatrix}$；

（5）$\boldsymbol{A}=\begin{pmatrix}1&0&0\\0&2&0\\0&0&3\end{pmatrix}$；

（6）$\boldsymbol{A}=\begin{pmatrix}0&0&1\\0&2&0\\3&0&0\end{pmatrix}$.

2. 完成下列计算：

（1）设 2 阶矩阵 $\boldsymbol{A}$ 可逆，已知 $\boldsymbol{A}^{-1}=\begin{pmatrix}1&2\\3&4\end{pmatrix}$，求 $\boldsymbol{A}$ 和 $\boldsymbol{A}^*$.

（2）设 2 阶矩阵 $\boldsymbol{A}$ 可逆，已知 $\boldsymbol{A}^*=\begin{pmatrix}1&2\\3&4\end{pmatrix}$，求 $\boldsymbol{A}$ 和 $\boldsymbol{A}^{-1}$.

（3）设 2 阶矩阵 $\boldsymbol{A}=\begin{pmatrix}1&2\\3&4\end{pmatrix}$，求 $\boldsymbol{A}^*$ 和 $(\boldsymbol{A}^*)^{-1}$.

3. 完成下列计算：

（1）设 $\boldsymbol{A}$ 为 n 阶矩阵，并且 $\boldsymbol{A}\neq\boldsymbol{O}$，而 $\boldsymbol{A}^3=\boldsymbol{O}$. 证明：$\boldsymbol{E}-\boldsymbol{A}$ 可逆，且

$$(\boldsymbol{E}-\boldsymbol{A})^{-1}=\boldsymbol{E}+\boldsymbol{A}+\boldsymbol{A}^2.$$

（2）设 $\boldsymbol{A}=\begin{pmatrix}0&1&0\\0&0&1\\0&0&0\end{pmatrix}$，利用（1）的结果，求 $(\boldsymbol{E}-\boldsymbol{A})^{-1}$.

4. 设矩阵 $\boldsymbol{A}=\begin{pmatrix}5&0&0\\0&1&2\\0&3&7\end{pmatrix}$，$\boldsymbol{B}=\begin{pmatrix}10&0&1\\20&2&1\end{pmatrix}$，满足矩阵等式 $\boldsymbol{XA}=\boldsymbol{B}$，求矩阵 $\boldsymbol{X}$.

5. 设矩阵 $\boldsymbol{A}=\begin{pmatrix}4&2&3\\1&1&0\\-1&2&3\end{pmatrix}$，且矩阵 $\boldsymbol{X}$ 满足 $\boldsymbol{AX}=\boldsymbol{A}+2\boldsymbol{X}$，求 $\boldsymbol{X}$.

6. 设矩阵 $\boldsymbol{A}=\begin{pmatrix}1&1&2\\2&2&3\\4&3&3\end{pmatrix}$，$\boldsymbol{B}=\begin{pmatrix}1&0&0\\2&1&1\\-1&2&2\end{pmatrix}$，矩阵 $\boldsymbol{X}$ 满足 $\boldsymbol{AX}=\boldsymbol{B}^{\mathrm{T}}$，求 $\boldsymbol{X}$.

7. 确定 k 为何值时，矩阵 $\boldsymbol{A}=\begin{pmatrix}1&0&0\\1&k&0\\0&-1&-1\end{pmatrix}$ 可逆，并求 $\boldsymbol{A}^{-1}$.

8. 设 2 阶矩阵 $\boldsymbol{A}$ 可逆，且 $\boldsymbol{A}^{-1}=\begin{pmatrix}a_1&a_2\\b_1&b_2\end{pmatrix}$，对于矩阵 $\boldsymbol{P}_1=\begin{pmatrix}1&2\\0&1\end{pmatrix}$，$\boldsymbol{P}_2=\begin{pmatrix}0&1\\1&0\end{pmatrix}$，令矩阵

$B=P_1AP_2$,求 B^{-1}.

9. 求下列分块矩阵 D 的逆矩阵:

$$D=\begin{pmatrix}A & O\\ O & B\end{pmatrix},\quad 其中\ A=\begin{pmatrix}2 & 1\\ 1 & 1\end{pmatrix}, B=\begin{pmatrix}5 & 3\\ 2 & 1\end{pmatrix}.$$

10. 完成下列计算:

(1) 证明分块矩阵 $D=\begin{pmatrix}O & A\\ B & O\end{pmatrix}$ 的逆矩阵 $D^{-1}=\begin{pmatrix}O & B^{-1}\\ A^{-1} & O\end{pmatrix}$,其中 A 为 m 阶可逆矩阵,B 为 n 阶可逆矩阵.

(2) 利用(1)的结果,求分块矩阵 $D=\begin{pmatrix}O & A\\ B & O\end{pmatrix}$ 的逆矩阵 D^{-1},其中

$$A=\begin{pmatrix}1 & 2\\ 3 & 4\end{pmatrix},\quad B=\begin{pmatrix}2 & 0 & 0\\ 0 & 3 & 0\\ 0 & 0 & 4\end{pmatrix}.$$

2.5 矩阵的初等变换和初等矩阵

2.5.1 矩阵的初等变换和初等矩阵

定义 2.12 设矩阵 $A=(a_{ij})_{m\times n}$,则以下 3 种变换:

(1) 交换 A 的某两行(列),

(2) 用一个非零数 k 乘以 A 的某一行(列),

(3) 将 A 某一行(列)的 k 倍加到另一行(列),

称为**矩阵 A 的初等行(列)变换**. 矩阵的初等行变换和列变换统称为**矩阵的初等变换**.

定义 2.13 由单位矩阵 E 经过一次初等变换得到的矩阵称为**初等矩阵**.

对应于 3 种初等变换,可以得到 3 类初等矩阵. 例如,对于 3 阶单位矩阵

$$E_3=\begin{pmatrix}1 & 0 & 0\\ 0 & 1 & 0\\ 0 & 0 & 1\end{pmatrix},$$

交换 E_3 的第 1,2 行(或第 1,2 列),得到第 1 类初等矩阵

$$\begin{pmatrix}0 & 1 & 0\\ 1 & 0 & 0\\ 0 & 0 & 1\end{pmatrix};$$

用(-2)乘以 E_3 的第 3 行(或第 3 列),得到第 2 类初等矩阵

$$\begin{pmatrix}1 & 0 & 0\\ 0 & 1 & 0\\ 0 & 0 & -2\end{pmatrix};$$

将 E_3 第 1 行的 3 倍加到第 2 行(或将 E_3 第 2 列的 3 倍加到第 1 列),得到第 3 类初等矩阵

$$\begin{pmatrix}1&0&0\\3&1&0\\0&0&1\end{pmatrix}.$$

以上 3 个初等矩阵可依次记作 $\boldsymbol{P}(1,2)$,$\boldsymbol{P}(3(-2))$ 和 $\boldsymbol{P}(1(3),2)$.

类似地,将 n 阶单位矩阵 $\boldsymbol{E}$ 经过一次初等变换得到的 3 类初等矩阵依次记作

$$\boldsymbol{P}(i,j),\quad \boldsymbol{P}(i(k)),\quad \boldsymbol{P}(i(k),j).$$

需要注意的是,3 阶初等矩阵的记号 $\boldsymbol{P}(1(3),2)$,既表示将单位矩阵第 1 行的 3 倍加到第 2 行,同时也表示将单位矩阵第 2 列的 3 倍加到第 1 列所得到的初等矩阵,从而

$$\boldsymbol{P}(1(3),2)=\begin{pmatrix}1&0&0\\3&1&0\\0&0&1\end{pmatrix}.$$

因此,n 阶初等矩阵的记号 $\boldsymbol{P}(i(k),j)$ 既表示将 n 阶单位矩阵 $\boldsymbol{E}$ 的第 i 行的 k 倍加到第 j 行,同时也表示将 $\boldsymbol{E}$ 的第 j 列的 k 倍加到第 i 列所得到的初等矩阵. 在使用时要注意区别.

初等矩阵有以下性质:

(1) 初等矩阵的转置矩阵仍为初等矩阵;

(2) 初等矩阵为可逆矩阵,并且其逆矩阵仍为初等矩阵.

性质(1) 显然成立. 对于性质(2),我们看下面几个例子:

$$\begin{vmatrix}0&1&0\\1&0&0\\0&0&1\end{vmatrix}=-1,\begin{pmatrix}0&1&0\\1&0&0\\0&0&1\end{pmatrix}^{-1}=\begin{pmatrix}0&1&0\\1&0&0\\0&0&1\end{pmatrix},\text{即}[\boldsymbol{P}(1,2)]^{-1}=\boldsymbol{P}(1,2);$$

$$\begin{vmatrix}1&0&0\\0&1&0\\0&0&-2\end{vmatrix}=-2,\begin{pmatrix}1&0&0\\0&1&0\\0&0&-2\end{pmatrix}^{-1}=\begin{pmatrix}1&0&0\\0&1&0\\0&0&-1/2\end{pmatrix},\text{即}[\boldsymbol{P}(3(-2))]^{-1}=\boldsymbol{P}\left(3\left(-\frac{1}{2}\right)\right);$$

$$\begin{vmatrix}1&0&0\\3&1&0\\0&0&1\end{vmatrix}=1,\begin{pmatrix}1&0&0\\3&1&0\\0&0&1\end{pmatrix}^{-1}=\begin{pmatrix}1&0&0\\-3&1&0\\0&0&1\end{pmatrix},\text{即}[\boldsymbol{P}(1(3),2)]^{-1}=\boldsymbol{P}(1(-3),2).$$

一般地,对于 n 阶初等矩阵,有

$$|\boldsymbol{P}(i,j)|=-1,\quad |\boldsymbol{P}(i(k))|=k,\quad |\boldsymbol{P}(i(k),j)|=1,$$

并且

$$[\boldsymbol{P}(i,j)]^{-1}=\boldsymbol{P}(i,j),\quad [\boldsymbol{P}(i(k))]^{-1}=\boldsymbol{P}\left(i\left(\frac{1}{k}\right)\right),\quad [\boldsymbol{P}(i(k),j)]^{-1}=\boldsymbol{P}(i(-k),j),$$

其中 $i\neq j,i,j=1,2,\cdots,n$;$\boldsymbol{P}(i(k))$ 中,k 为任意非零常数.

例 2.25 设矩阵 $\boldsymbol{A}=\begin{pmatrix}1&2&3\\4&5&6\end{pmatrix}$.

(1) 分别用下列初等矩阵左乘 $\boldsymbol{A}$:

$$\boldsymbol{P}_1=\begin{pmatrix}0&1\\1&0\end{pmatrix},\quad \boldsymbol{P}_2=\begin{pmatrix}1&0\\0&1/2\end{pmatrix},\quad \boldsymbol{P}_3=\begin{pmatrix}1&0\\-4&1\end{pmatrix}.$$

(2) 分别用下列初等矩阵右乘 $\boldsymbol{A}$:

$$Q_1=\begin{pmatrix}0&1&0\\1&0&0\\0&0&1\end{pmatrix},\quad Q_2=\begin{pmatrix}1&0&0\\0&1&0\\0&0&1/3\end{pmatrix},\quad Q_3=\begin{pmatrix}1&-2&0\\0&1&0\\0&0&1\end{pmatrix}.$$

解 (1)

$$P_1A=\begin{pmatrix}0&1\\1&0\end{pmatrix}\begin{pmatrix}1&2&3\\4&5&6\end{pmatrix}=\begin{pmatrix}4&5&6\\1&2&3\end{pmatrix},$$

$$P_2A=\begin{pmatrix}1&0\\0&1/2\end{pmatrix}\begin{pmatrix}1&2&3\\4&5&6\end{pmatrix}=\begin{pmatrix}1&2&3\\2&5/2&3\end{pmatrix},$$

$$P_3A=\begin{pmatrix}1&0\\-4&1\end{pmatrix}\begin{pmatrix}1&2&3\\4&5&6\end{pmatrix}=\begin{pmatrix}1&2&3\\0&-3&-6\end{pmatrix}.$$

(2)

$$AQ_1=\begin{pmatrix}1&2&3\\4&5&6\end{pmatrix}\begin{pmatrix}0&1&0\\1&0&0\\0&0&1\end{pmatrix}=\begin{pmatrix}2&1&3\\5&4&6\end{pmatrix},$$

$$AQ_2=\begin{pmatrix}1&2&3\\4&5&6\end{pmatrix}\begin{pmatrix}1&0&0\\0&1&0\\0&0&1/3\end{pmatrix}=\begin{pmatrix}1&2&1\\4&5&2\end{pmatrix},$$

$$AQ_3=\begin{pmatrix}1&2&3\\4&5&6\end{pmatrix}\begin{pmatrix}1&-2&0\\0&1&0\\0&0&1\end{pmatrix}=\begin{pmatrix}1&0&3\\4&-3&6\end{pmatrix}.$$

由此例可以看出：用一个2阶第 i 类初等矩阵左乘 $\boldsymbol{A}$，相当于对 $\boldsymbol{A}$ 做一次第 i 种初等行变换；而用一个3阶第 i 类初等矩阵右乘 $\boldsymbol{A}$，相当于对 $\boldsymbol{A}$ 做一次第 i 类初等列变换，$i=1,2,3$. 下面的定理2.3就反映出矩阵的初等变换和初等矩阵之间的这种密切关系.

用类似的方法可以证明下述结论，反映了矩阵的初等变换和初等矩阵之间的密切关系.

定理2.3 设矩阵 $\boldsymbol{A}=(a_{ij})_{m\times n}$，则

(1) 对 $\boldsymbol{A}$ 做一次第 i 种初等行变换，相当于用一个 m 阶的第 i 类初等矩阵左乘 $\boldsymbol{A}$，$i=1,2,3$；

(2) 对 $\boldsymbol{A}$ 做一次第 i 种初等列变换，相当于用一个 n 阶的第 i 类初等矩阵右乘 $\boldsymbol{A}$，$i=1,2,3$.

2.5.2 矩阵的等价标准形

定义2.14 如果矩阵 $\boldsymbol{A}$ 经过初等变换化为矩阵 $\boldsymbol{B}$，则称 $\boldsymbol{A}$ 与 $\boldsymbol{B}$ 等价.

当矩阵 $\boldsymbol{A}$ 经过初等变换化为矩阵 $\boldsymbol{B}$ 时，矩阵 $\boldsymbol{B}$ 也可以经过相反的初等变换化为 $\boldsymbol{A}$，因而矩阵的等价关系具有**对称性**.

进一步，如果矩阵 $\boldsymbol{A}$ 经过初等变换化为 $\boldsymbol{B}$，而矩阵 $\boldsymbol{B}$ 又经过初等变换化为 $\boldsymbol{C}$，则矩阵 $\boldsymbol{A}$ 必可经过初等变换化为矩阵 $\boldsymbol{C}$. 从而，矩阵的等价关系还具有**传递性**.

定理2.4 任意矩阵 $\boldsymbol{A}$ 都可以经过初等变换与一个形如

$$\begin{pmatrix}\boldsymbol{E}_r&\boldsymbol{O}\\\boldsymbol{O}&\boldsymbol{O}\end{pmatrix}$$

的(分块)矩阵等价. 这个矩阵称为矩阵 $\boldsymbol{A}$ 的**等价标准形**，记作 $\widetilde{\boldsymbol{A}}$，并且 $\widetilde{\boldsymbol{A}}$ 唯一，与所做的初等变换无关.

零矩阵 $\boldsymbol{O}_{m\times n}$ 的等价标准形即为其自身. 因此，下面我们只讨论非零矩阵的等价标准形.

例如，一个 2×3 非零矩阵 $\boldsymbol{A}$ 的等价标准形必为下列矩阵之一：

$$\begin{pmatrix}1&0&0\\0&0&0\end{pmatrix}=\begin{pmatrix}\boldsymbol{E}_1&\boldsymbol{O}\\0&\boldsymbol{O}\end{pmatrix}，\quad 或\quad \begin{pmatrix}1&0&0\\0&1&0\end{pmatrix}=(\boldsymbol{E}_2,\boldsymbol{O}).$$

而一个 3 阶非零矩阵 $\boldsymbol{A}$ 的等价标准形必为下列矩阵之一：

$$\begin{pmatrix}1&0&0\\0&0&0\\0&0&0\end{pmatrix}=\begin{pmatrix}\boldsymbol{E}_1&\boldsymbol{O}\\\boldsymbol{O}&\boldsymbol{O}\end{pmatrix}，\quad 或\quad \begin{pmatrix}1&0&0\\0&1&0\\0&0&0\end{pmatrix}=\begin{pmatrix}\boldsymbol{E}_2&\boldsymbol{O}\\\boldsymbol{O}&0\end{pmatrix}，\quad 或\quad \begin{pmatrix}1&0&0\\0&1&0\\0&0&1\end{pmatrix}=\boldsymbol{E}_3.$$

由等价关系的对称性和传递性及定理 2.4，我们可以推出下面的定理.

定理 2.5 两个 $m\times n$ 矩阵 $\boldsymbol{A}$ 与 $\boldsymbol{B}$ 等价的充要条件是 $\boldsymbol{A}$ 与 $\boldsymbol{B}$ 有相同的等价标准形.

下面的例 2.26 将说明，如何通过矩阵的初等变换求出给定矩阵的等价标准形.

例 2.26 对于矩阵

$$\boldsymbol{A}=\begin{pmatrix}1&-1&2&1\\1&1&-1&0\\2&0&1&1\end{pmatrix},$$

由

$$\boldsymbol{A}\to\begin{pmatrix}1&-1&2&1\\0&2&-3&-1\\0&2&-3&-1\end{pmatrix}\to\begin{pmatrix}1&-1&2&1\\0&2&-3&-1\\0&0&0&0\end{pmatrix}\to\begin{pmatrix}1&0&0&0\\0&2&-3&-1\\0&0&0&0\end{pmatrix}\to\begin{pmatrix}1&0&0&0\\0&1&0&0\\0&0&0&0\end{pmatrix}.$$

故 $\boldsymbol{A}$ 的等价标准形为

$$\widetilde{\boldsymbol{A}}=\begin{pmatrix}1&0&0&0\\0&1&0&0\\0&0&0&0\end{pmatrix}=\begin{pmatrix}\boldsymbol{E}_2&\boldsymbol{O}\\\boldsymbol{O}&\boldsymbol{O}\end{pmatrix}.$$

例 2.27 求矩阵 $\boldsymbol{A}=\begin{pmatrix}1&2\\3&4\end{pmatrix}$ 的等价标准形，并写出每次初等变换对应的初等矩阵.

解 由于

$$\boldsymbol{A}=\begin{pmatrix}1&2\\3&4\end{pmatrix}\xrightarrow{①}\begin{pmatrix}1&2\\0&-2\end{pmatrix}\xrightarrow{②}\begin{pmatrix}1&0\\0&-2\end{pmatrix}\xrightarrow{③}\begin{pmatrix}1&0\\0&1\end{pmatrix}=\boldsymbol{E}.$$

初等行变换 ① 对应的初等矩阵为 $\boldsymbol{P}_1=\begin{pmatrix}1&0\\-3&1\end{pmatrix}$.

初等行变换 ② 对应的初等矩阵为 $\boldsymbol{P}_2=\begin{pmatrix}1&1\\0&1\end{pmatrix}$.

初等行变换 ③ 对应的初等矩阵为 $\boldsymbol{P}_3=\begin{pmatrix}1&0\\0&-1/2\end{pmatrix}$.

从而有

$$\boldsymbol{P}_3\boldsymbol{P}_2\boldsymbol{P}_1\boldsymbol{A}=\widetilde{\boldsymbol{A}}=\boldsymbol{E}.$$

注意 此例中，$\boldsymbol{A}$ 为可逆矩阵，其等价标准形为单位矩阵. 同时，由上式还可以得到

$$\boldsymbol{A}=\boldsymbol{P}_1^{-1}\boldsymbol{P}_2^{-1}\boldsymbol{P}_3^{-1}\boldsymbol{E}=\boldsymbol{P}_1^{-1}\boldsymbol{P}_2^{-1}\boldsymbol{P}_3^{-1},$$

即 $\boldsymbol{A}$ 可以表为一些初等矩阵的乘积.

利用定理 2.3 可将定理 2.4 叙述为下面的推论.

推论 1 对任意 $m\times n$ 矩阵 $\boldsymbol{A}$，必存在 m 阶初等矩阵 $\boldsymbol{P}_1,\boldsymbol{P}_2,\cdots,\boldsymbol{P}_s$ 和 n 阶初等矩阵 $\boldsymbol{Q}_1$，

$Q_2,\cdots,Q_t$，使得

$$P_s\cdots P_2P_1AQ_1Q_2\cdots Q_t=\widetilde{A}.$$

若令 $P=P_s\cdots P_2P_1$，$Q=Q_1Q_2\cdots Q_t$，由于初等矩阵都是可逆矩阵，而可逆矩阵的乘积仍为可逆矩阵，因此 P 与 Q 均为可逆矩阵. 从而推论 1 又可以表述为下面的推论.

推论 2 对任意 $m\times n$ 矩阵 A，必存在 m 阶可逆矩阵 P 和 n 阶可逆矩阵 Q，使得

$$PAQ=\widetilde{A}.$$

当 A 为 n 阶可逆矩阵时，由定理 2.2 知，A 可逆的充要条件是 $|A|\neq 0$. 又由推论 2 知，存在 n 阶可逆矩阵 P 和 Q，使得

$$PAQ=\widetilde{A}=\begin{pmatrix}E_r & O\\ O & O\end{pmatrix},$$

从而有

$$|PAQ|=|\widetilde{A}|=\begin{vmatrix}E_r & O\\ O & O\end{vmatrix}.$$

由于 $|PAQ|=|P|\cdot|A|\cdot|Q|\neq 0$，故必有 $|\widetilde{A}|=\begin{vmatrix}E_r & O\\ O & O\end{vmatrix}\neq 0$，因此 $r=n$，即 $\widetilde{A}=E_n$.

这个结果可以表述为下面的推论.

推论 3 n 阶矩阵 A 可逆的充要条件是 A 的等价标准形 $\widetilde{A}=E$.

由推论 1 和推论 3 又可得到下面的推论.

推论 4 n 阶矩阵 A 可逆的充要条件是 A 可以表为有限个初等矩阵的乘积.

这是由于：n 阶矩阵 A 可逆的充要条件是存在 n 阶初等矩阵 $P_1,P_2,\cdots,P_s$ 和 $Q_1,Q_2,\cdots,Q_t$，使得

$$P_s\cdots P_2P_1AQ_1Q_2\cdots Q_t=E,$$

而初等矩阵的逆矩阵仍为初等矩阵，由此得到

$$A=P_1^{-1}P_2^{-1}\cdots P_s^{-1}EQ_t^{-1}\cdots Q_2^{-1}Q_1^{-1}=P_1^{-1}P_2^{-1}\cdots P_s^{-1}Q_t^{-1}\cdots Q_2^{-1}Q_1^{-1}.$$

2.5.3 求逆矩阵的初等变换法

在 2.4 节已知，当 n 阶矩阵 A 可逆时，$A^{-1}=\dfrac{1}{|A|}A^*$. 我们将这种求逆矩阵的方法称为**伴随矩阵法**. 伴随矩阵法比较适合于求 2 阶可逆矩阵的逆矩阵. 而本节介绍的方法更适合于 3 阶或更高阶可逆矩阵的求逆计算.

设 A 为 n 阶可逆矩阵，则 A^{-1} 也为 n 阶可逆矩阵. 由推论 4 知，A^{-1} 可以表为有限个初等矩阵的乘积，设存在 n 阶初等矩阵 $G_1,G_2,\cdots,G_k$，使得

$$A^{-1}=G_1G_2\cdots G_k, \tag{2.8}$$

上式也可以写成

$$A^{-1}=G_1G_2\cdots G_kE. \tag{2.9}$$

用 A 右乘(2.8)式两边，得到

$$A^{-1}A=G_1G_2\cdots G_kA,$$

即

$$E = G_1 G_2 \cdots G_k A. \tag{2.10}$$

比较(2.10)式与(2.9)式，可以看出：当对 A 进行一系列初等行变换，将 A 化为单位矩阵 E 的同时，对单位矩阵 E 也进行同样的初等行变换，即可将 E 化为 A^{-1}.

由此，我们得到用初等行变换求逆矩阵的计算形式：将 A 与 E 并排放在一起，组成一个 $n \times 2n$ 的分块矩阵 (A, E). 对 (A, E) 做一系列初等行变换，将其左半部分的 A 化为单位矩阵 E，这时其右半部分 E 就化为 A^{-1}，即

$$(A, E) \to \overset{\text{初等行变换}}{\cdots\cdots} \to (E, A^{-1}).$$

注 当左边的 A 经初等变换化为单位矩阵 E 时，即表明 A 是可逆的.

例 2.28 设 $A = \begin{pmatrix} 2 & 5 \\ 1 & 3 \end{pmatrix}$，求 A^{-1}.

解 由

$$\begin{pmatrix} 2 & 5 & 1 & 0 \\ 1 & 3 & 0 & 1 \end{pmatrix} \to \begin{pmatrix} 1 & 3 & 0 & 1 \\ 2 & 5 & 1 & 0 \end{pmatrix} \to \begin{pmatrix} 1 & 3 & 0 & 1 \\ 0 & -1 & 1 & -2 \end{pmatrix} \to \begin{pmatrix} 1 & 0 & 3 & -5 \\ 0 & -1 & 1 & -2 \end{pmatrix}$$
$$\to \begin{pmatrix} 1 & 0 & 3 & -5 \\ 0 & 1 & -1 & 2 \end{pmatrix},$$

从而

$$A^{-1} = \begin{pmatrix} 3 & -5 \\ -1 & 2 \end{pmatrix}.$$

例 2.29 设 $A = \begin{pmatrix} 2 & -4 & 1 \\ 1 & -5 & 2 \\ 1 & -1 & 1 \end{pmatrix}$，求 A^{-1}.

解 由

$$(A, E) = \begin{pmatrix} 2 & -4 & 1 & 1 & 0 & 0 \\ 1 & -5 & 2 & 0 & 1 & 0 \\ 1 & -1 & 1 & 0 & 0 & 1 \end{pmatrix} \to \begin{pmatrix} 1 & -5 & 2 & 0 & 1 & 0 \\ 2 & -4 & 1 & 1 & 0 & 0 \\ 1 & -1 & 1 & 0 & 0 & 1 \end{pmatrix}$$
$$\to \begin{pmatrix} 1 & -5 & 2 & 0 & 1 & 0 \\ 0 & 6 & -3 & 1 & -2 & 0 \\ 0 & 4 & -1 & 0 & -1 & 1 \end{pmatrix} \to \begin{pmatrix} 1 & -5 & 2 & 0 & 1 & 0 \\ 0 & 1 & -1/2 & 1/6 & -1/3 & 0 \\ 0 & 4 & -1 & 0 & -1 & 1 \end{pmatrix}$$
$$\to \begin{pmatrix} 1 & -5 & 2 & 0 & 1 & 0 \\ 0 & 1 & -1/2 & 1/6 & -1/3 & 0 \\ 0 & 0 & 1 & -2/3 & 1/3 & 1 \end{pmatrix} \to \begin{pmatrix} 1 & -5 & 0 & 4/3 & 1/3 & -2 \\ 0 & 1 & 0 & -1/6 & -1/6 & 1/2 \\ 0 & 0 & 1 & -2/3 & 1/3 & 1 \end{pmatrix}$$
$$\to \begin{pmatrix} 1 & 0 & 0 & 1/2 & -1/2 & 1/2 \\ 0 & 1 & 0 & -1/6 & -1/6 & 1/2 \\ 0 & 0 & 1 & -2/3 & 1/3 & 1 \end{pmatrix},$$

因此

$$A^{-1} = \begin{pmatrix} 1/2 & -1/2 & 1/2 \\ -1/6 & -1/6 & 1/2 \\ -2/3 & 1/3 & 1 \end{pmatrix}.$$

2.5.4 用初等行变换法求解形如 $AX = B$ 的矩阵等式

在矩阵等式 $AX = B$ 中，如果 A 与 B 为已知矩阵，并且 A 可逆，则

$$X=A^{-1}B.$$

若设 $A^{-1}=G_1G_2\cdots G_k$，其中 $G_1,G_2,\cdots,G_k$ 为初等矩阵. 用 A^{-1} 左乘等式 $AX=B$ 两边，有

$$A^{-1}AX=EX=A^{-1}B,$$

或

$$G_1G_2\cdots G_kAX=EX=G_1G_2\cdots G_kB, \tag{2.11}$$

即

$$X=G_1G_2\cdots G_kB=A^{-1}B.$$

(2.11)式表明：当对 A 经过一系列初等行变换化为 E 时，同样的初等行变换可将 B 化为 $A^{-1}B$，由此得到以下计算形式：

$$(A,B)\rightarrow\overset{\text{初等行变换}}{\cdots\cdots}\rightarrow(E,A^{-1}B).$$

例 2.30 用初等行变换法求解矩阵等式 $AX=B$，其中

$$A=\begin{pmatrix}2&1\\-2&-2\end{pmatrix},\quad B=\begin{pmatrix}4&-1&2\\3&0&-1\end{pmatrix}.$$

解 由于 $\begin{vmatrix}2&1\\-2&-2\end{vmatrix}=-2\neq0$，故 A 可逆. 由

$$(A,B)=\begin{pmatrix}2&1&4&-1&2\\-2&-2&3&0&-1\end{pmatrix}\rightarrow\begin{pmatrix}2&1&4&-1&2\\0&-1&7&-1&1\end{pmatrix}$$
$$\rightarrow\begin{pmatrix}2&0&11&-2&3\\0&-1&7&-1&1\end{pmatrix}\rightarrow\begin{pmatrix}1&0&11/2&-1&3/2\\0&1&-7&1&-1\end{pmatrix},$$

从而

$$X=\begin{pmatrix}11/2&-1&3/2\\-7&1&-1\end{pmatrix}.$$

作为比较，如果用矩阵乘法计算，有

$$X=A^{-1}B=\begin{pmatrix}1&1/2\\-1&-1\end{pmatrix}\begin{pmatrix}4&-1&2\\3&0&-1\end{pmatrix}=\begin{pmatrix}11/2&-1&3/2\\-7&1&-1\end{pmatrix}.$$

习 题 2.5

1. 求下列矩阵的等价标准形：

(1) $\begin{pmatrix}1&2\\3&5\end{pmatrix}$；　(2) $\begin{pmatrix}1&-1&2\\2&-2&-3\end{pmatrix}$；　(3) $\begin{pmatrix}1&2&-1\\1&-2&0\\2&0&-1\end{pmatrix}$.

2. 用初等行变换法求下列可逆矩阵的逆矩阵：

(1) $A=\begin{pmatrix}1&0&0\\1&2&0\\1&2&3\end{pmatrix}$；　(2) $A=\begin{pmatrix}2&0&0\\0&3&0\\0&0&4\end{pmatrix}$；　(3) $A=\begin{pmatrix}0&0&0&1\\0&0&1&1\\0&1&1&1\\1&1&1&1\end{pmatrix}$；

(4) $\boldsymbol{A}=\begin{pmatrix}0&0&0&1\\0&0&2&0\\0&3&0&0\\4&0&0&0\end{pmatrix}$；　(5) $\boldsymbol{A}=\begin{pmatrix}0&a_1&0&0\\0&0&a_2&0\\0&0&0&a_3\\a_4&0&0&0\end{pmatrix}$，其中 $a_i\neq 0, i=1,2,3,4$.

3. 求解下列矩阵等式：

(1) $\begin{pmatrix}3&5\\1&2\end{pmatrix}\boldsymbol{X}=\begin{pmatrix}4&-1&2\\3&0&-1\end{pmatrix}$；

(2) $\boldsymbol{AX}=\boldsymbol{A}+2\boldsymbol{X}$，其中 $\boldsymbol{A}=\begin{pmatrix}4&2&3\\1&1&0\\-1&2&3\end{pmatrix}$.

4. 设 $\boldsymbol{A}$ 为 2 阶矩阵，将 $\boldsymbol{A}$ 的第 2 行乘以 (-3) 得到矩阵 $\boldsymbol{B}$，若 $\boldsymbol{B}=\begin{pmatrix}1&2\\3&4\end{pmatrix}$，求矩阵 $\boldsymbol{A}$ 和 $\boldsymbol{A}^{-1}$.

5. 设 $\boldsymbol{A}$ 为 2 阶矩阵，将 $\boldsymbol{A}$ 的第 2 列的 (-3) 倍加到第 1 列得到矩阵 $\boldsymbol{B}$，若 $\boldsymbol{B}=\begin{pmatrix}1&2\\3&4\end{pmatrix}$，求矩阵 $\boldsymbol{A}$ 和 $\boldsymbol{A}^{-1}$.

6. 设 $\boldsymbol{A}$ 为 2 阶矩阵，交换 $\boldsymbol{A}$ 的两行，得到矩阵 $\boldsymbol{B}$，再将 $\boldsymbol{B}$ 的第 1 列的 (-2) 倍加到第 2 列得到矩阵 $\boldsymbol{C}$，若 $\boldsymbol{C}=\begin{pmatrix}1&2\\3&4\end{pmatrix}$，求矩阵 $\boldsymbol{A}$ 和 $\boldsymbol{A}^{-1}$.

2.6 矩阵的秩

在第 1 章 1.4 节中，我们曾经介绍过行列式的 k 阶子式的概念，对于矩阵也有类似的概念.

定义 2.15 设矩阵

$$\boldsymbol{A}=\begin{pmatrix}a_{11}&a_{12}&\cdots&a_{1n}\\a_{21}&a_{22}&\cdots&a_{2n}\\\vdots&\vdots&&\vdots\\a_{m1}&a_{m2}&\cdots&a_{mn}\end{pmatrix},$$

从 $\boldsymbol{A}$ 中任取 k 行 k 列，由这 k 行 k 列交叉点上的元素按原来的相对位置组成的 k 阶行列式，称为**矩阵 $\boldsymbol{A}$ 的一个 k 阶子式**.

定义 2.16 如果 $m\times n$ 矩阵

$$\boldsymbol{A}=\begin{pmatrix}a_{11}&a_{12}&\cdots&a_{1n}\\a_{21}&a_{22}&\cdots&a_{2n}\\\vdots&\vdots&&\vdots\\a_{m1}&a_{m2}&\cdots&a_{mn}\end{pmatrix}$$

存在一个 k 阶子式不为 0，并且所有的 $k+1$ 阶子式（如果有的话）全为 0，则称 $\boldsymbol{A}$ 的**秩**为 k，记作 $\mathrm{r}(\boldsymbol{A})=k$.

也就是，$\boldsymbol{A}$ 的秩等于 $\boldsymbol{A}$ 的非零子式的最高阶数. 如果 $\boldsymbol{A}$ 没有非零子式，等价于 $\boldsymbol{A}=\boldsymbol{O}$，则 $\mathrm{r}(\boldsymbol{A})=0$.

显然，$r(\boldsymbol{A}) \leqslant \min(m,n)$.

例如，3×4 矩阵

$$\boldsymbol{A}=\begin{pmatrix}1 & 0 & -1 & 2\\ 1 & -1 & 2 & 3\\ 2 & -2 & 4 & 6\end{pmatrix}$$

存在2阶子式

$$\begin{vmatrix}1 & 0\\ 1 & -1\end{vmatrix}=-1\neq 0$$

（当然，不为0的2阶子式不止这一个），并且由于$\boldsymbol{A}$的第2，3行成比例，因此$\boldsymbol{A}$的所有3阶子式都为0，故$r(\boldsymbol{A})=2$.

又如，2阶矩阵$\boldsymbol{A}=\begin{pmatrix}1 & 2\\ 3 & 4\end{pmatrix}$的行列式$\begin{vmatrix}1 & 2\\ 3 & 4\end{vmatrix}=-2\neq 0$，故$r(\boldsymbol{A})=2$.

再如，结构最简单的等价标准形矩阵

$$\begin{pmatrix}1 & 0 & 0 & 0\\ 0 & 1 & 0 & 0\\ 0 & 0 & 1 & 0\end{pmatrix}$$

的秩显然为3.

但对于一般的$m\times n$矩阵$\boldsymbol{A}$，利用定义2.14求它的秩可不是一件容易的事，而对于等价标准形矩阵，或形如

$$\begin{pmatrix}1 & 0 & -1 & 2 & 2\\ 0 & -2 & 1 & 0 & 1\\ 0 & 0 & 0 & 3 & -1\\ 0 & 0 & 0 & 0 & 0\end{pmatrix}$$

的矩阵，秩的确定就容易得多，例如由它的前3行和第1，2，4列构成的3阶子式

$$\begin{vmatrix}1 & 0 & 2\\ 0 & -2 & 0\\ 0 & 0 & 3\end{vmatrix}=-6\neq 0,$$

并且显然它的所有4阶子式全为0，因此该矩阵的秩为3.

一般称具有上述形式的矩阵为**阶梯形矩阵**. 这种矩阵的特点是：

(1) 元素全为0的行（如果有的话），位于矩阵的最下面；

(2) 自上而下的各行中，每行从左边起的第1个非零元素（称这个元素为**主元**），其左边0的个数，随着行数的增大而增加.

因此，下面的几个矩阵都不是阶梯形矩阵：

$$\begin{pmatrix}1 & 2 & 0 & 2\\ 0 & -1 & 1 & 3\\ 0 & 2 & 4 & -1\\ 0 & 0 & 0 & 0\end{pmatrix},\quad \begin{pmatrix}1 & 2 & 0 & 2\\ 0 & -1 & 1 & 3\\ 0 & 0 & 0 & 0\\ 0 & 0 & 2 & 1\end{pmatrix},\quad \begin{pmatrix}0 & 0 & 1\\ 0 & 2 & 0\\ 3 & -1 & 1\end{pmatrix}.$$

可见，阶梯形矩阵的秩，就是它的非零行的个数（即“阶梯”个数或主元个数）. 那么，一般的矩阵和这种阶梯形矩阵之间是否存在某种关系呢？我们有下面的定理.

定理 2.6 任意一个 $m\times n$ 矩阵，均可经过一系列初等行变换化为一个 $m\times n$ 阶梯形矩阵.

定理 2.7 矩阵的初等变换不改变矩阵的秩.

（证明略）

这两个定理告诉我们：如果我们要求一个矩阵的秩，而它不是阶梯形矩阵时，可先利用初等行变换将它化为阶梯形矩阵，这样就可以由阶梯形矩阵的秩求出原矩阵的秩了.

例 2.31 设

$$\boldsymbol{A}=\begin{pmatrix}3&-1&-4&2&-2\\1&0&-1&1&0\\1&2&1&3&4\\-1&4&3&-3&0\end{pmatrix},$$

求 $\mathrm{r}(\boldsymbol{A})$.

解

$$\boldsymbol{A}\to\begin{pmatrix}1&0&-1&1&0\\3&-1&-4&2&-2\\1&2&1&3&4\\-1&4&3&-3&0\end{pmatrix}\to\begin{pmatrix}1&0&-1&1&0\\0&-1&-1&-1&-2\\0&2&2&2&4\\0&4&2&-2&0\end{pmatrix}$$

$$\to\begin{pmatrix}1&0&-1&1&0\\0&-1&-1&-1&-2\\0&0&0&0&0\\0&0&-2&-6&-8\end{pmatrix}\to\begin{pmatrix}1&0&-1&1&0\\0&-1&-1&-1&-2\\0&0&-2&-6&-8\\0&0&0&0&0\end{pmatrix},$$

因此，$\mathrm{r}(\boldsymbol{A})=3$.

由定理 2.7 还可以推出下面的定理.

定理 2.8 对任意 $m\times n$ 矩阵 $\boldsymbol{A}$，如果 $\boldsymbol{P}$ 为 m 阶可逆矩阵，$\boldsymbol{Q}$ 为 n 阶可逆矩阵，则

$$\mathrm{r}(\boldsymbol{PA})=\mathrm{r}(\boldsymbol{AQ})=\mathrm{r}(\boldsymbol{PAQ})=\mathrm{r}(\boldsymbol{A}).$$

证明 由于 $\boldsymbol{P}$ 为 m 阶可逆矩阵，$\boldsymbol{Q}$ 为 n 阶可逆矩阵，故存在 m 阶初等矩阵 $\boldsymbol{P}_1,\boldsymbol{P}_2,\cdots,\boldsymbol{P}_s$，使得 $\boldsymbol{P}=\boldsymbol{P}_1\boldsymbol{P}_2\cdots\boldsymbol{P}_s$；存在 n 阶初等矩阵 $\boldsymbol{Q}_1,\boldsymbol{Q}_2,\cdots,\boldsymbol{Q}_t$，使得 $\boldsymbol{Q}=\boldsymbol{Q}_1\boldsymbol{Q}_2\cdots\boldsymbol{Q}_t$. 从而

$$\boldsymbol{PA}=\boldsymbol{P}_1\boldsymbol{P}_2\cdots\boldsymbol{P}_s\boldsymbol{A}.$$

由定理 2.3 和定理 2.7 即可推出

$$\mathrm{r}(\boldsymbol{PA})=\mathrm{r}(\boldsymbol{P}_1\boldsymbol{P}_2\cdots\boldsymbol{P}_s\boldsymbol{A})=\mathrm{r}(\boldsymbol{A}).\tag{2.12}$$

类似地，由

$$\boldsymbol{AQ}=\boldsymbol{AQ}_1\boldsymbol{Q}_2\cdots\boldsymbol{Q}_t,$$

有

$$\mathrm{r}(\boldsymbol{AQ})=\mathrm{r}(\boldsymbol{AQ}_1\boldsymbol{Q}_2\cdots\boldsymbol{Q}_t)=\mathrm{r}(\boldsymbol{A}).\tag{2.13}$$

再由

$$\boldsymbol{PAQ}=\boldsymbol{P}_1\boldsymbol{P}_2\cdots\boldsymbol{P}_s\boldsymbol{AQ}_1\boldsymbol{Q}_2\cdots\boldsymbol{Q}_t,$$

又可推出

$$\mathrm{r}(\boldsymbol{PAQ})=\mathrm{r}(\boldsymbol{P}_1\boldsymbol{P}_2\cdots\boldsymbol{P}_s\boldsymbol{AQ}_1\boldsymbol{Q}_2\cdots\boldsymbol{Q}_t)=\mathrm{r}(\boldsymbol{A}).\tag{2.14}$$

从而，由(2.12)式，(2.13)式和(2.14)式可知

$$\mathrm{r}(\boldsymbol{PA})=\mathrm{r}(\boldsymbol{AQ})=\mathrm{r}(\boldsymbol{PAQ})=\mathrm{r}(\boldsymbol{A}).$$

对于 n 阶可逆矩阵 $\boldsymbol{A}$，由于 $|\boldsymbol{A}| \neq 0$，则 $\mathrm{r}(\boldsymbol{A})=n$；反之，如果 n 阶矩阵 $\boldsymbol{A}$ 满足 $\mathrm{r}(\boldsymbol{A})=n$，则表明 $|\boldsymbol{A}| \neq 0$（$\boldsymbol{A}$ 的最高阶非零子式即为 $\boldsymbol{A}$ 本身的行列式），从而 $\boldsymbol{A}$ 可逆. 此结果即下面的定理.

定理 2.9　*n 阶矩阵 $\boldsymbol{A}$ 可逆的充要条件是 $\mathrm{r}(\boldsymbol{A})=n$.*

定理 2.9 的逆否命题是下面的推论.

推论　*n 阶矩阵 $\boldsymbol{A}$ 不可逆（或 $|\boldsymbol{A}|=0$）的充要条件是 $\mathrm{r}(\boldsymbol{A})<n$.*

2.5 节的定理 2.5 告诉我们：两个 $m \times n$ 矩阵 $\boldsymbol{A}$ 与 $\boldsymbol{B}$ 等价的充要条件是 $\boldsymbol{A}$ 与 $\boldsymbol{B}$ 有相同的等价标准形. 从而 $\boldsymbol{A}$ 与 $\boldsymbol{B}$ 有相同的秩. 由此得到

定理 2.10　*两个 $m \times n$ 矩阵 $\boldsymbol{A}$ 与 $\boldsymbol{B}$ 等价的充要条件是 $\boldsymbol{A}$ 与 $\boldsymbol{B}$ 有相同的秩.*

利用定理 2.10，我们可以根据秩的不同，将所有的 $m \times n$ 矩阵按等价进行分类. 例如，所有的 3×4 矩阵按等价可以分为 4 类，这 4 类矩阵的代表是

$$\begin{pmatrix}0&0&0&0\\0&0&0&0\\0&0&0&0\end{pmatrix},\quad \begin{pmatrix}1&0&0&0\\0&0&0&0\\0&0&0&0\end{pmatrix},\quad \begin{pmatrix}1&0&0&0\\0&1&0&0\\0&0&0&0\end{pmatrix},\quad \begin{pmatrix}1&0&0&0\\0&1&0&0\\0&0&1&0\end{pmatrix}.$$

习　题　2.6

1. 求下列矩阵的秩：

(1) $\begin{pmatrix}1&2&3\\2&3&1\\3&1&2\end{pmatrix}$；　(2) $\begin{pmatrix}2&3\\1&-1\\-1&2\end{pmatrix}$；　(3) $\begin{pmatrix}2&-1&2&1&1\\1&1&-1&0&2\\2&5&-4&-2&9\\3&3&-1&-1&8\end{pmatrix}$.

2. 设矩阵 $\boldsymbol{A}=\begin{pmatrix}a_1b_1&a_1b_2&a_1b_3\\a_2b_1&a_2b_2&a_2b_3\\a_3b_1&a_3b_2&a_3b_3\end{pmatrix}$，其中 $a_ib_i \neq 0, i=1,2,3$，求 $\mathrm{r}(\boldsymbol{A})$.

3. 设 $\boldsymbol{A}$ 是 4×3 矩阵，$\mathrm{r}(\boldsymbol{A})=2$. 若 $\boldsymbol{B}=\begin{pmatrix}1&0&2\\0&2&0\\-1&0&3\end{pmatrix}$，求 $\mathrm{r}(\boldsymbol{AB})$.

习　题　二

1. 单项选择题

(1) 设矩阵 $\boldsymbol{A}=(1,2)$，$\boldsymbol{B}=\begin{pmatrix}1&2\\3&4\end{pmatrix}$，$\boldsymbol{C}=\begin{pmatrix}1&2&3\\4&5&6\end{pmatrix}$，则下列矩阵运算中有意义的是________.

A. $\boldsymbol{ACB}$　　B. $\boldsymbol{ABC}$　　C. $\boldsymbol{BAC}$　　D. $\boldsymbol{CBA}$

(2) 设 $\boldsymbol{A}$ 为 3 阶矩阵，且 $|\boldsymbol{A}|=2$，则 $|-2\boldsymbol{A}^{-1}|=$________.

A. -4　　B. -1　　C. 1　　D. 4

(3) 设 $\boldsymbol{A}$ 为 3 阶矩阵，且 $|\boldsymbol{A}|=-2$，则 $\left|\left(\frac{1}{2}\boldsymbol{A}\right)^{-1}\right|=$________.

A. -4　　B. -1　　C. 1　　D. 4

(4) 设 2 阶矩阵 $\boldsymbol{A}=\begin{pmatrix}a&b\\c&d\end{pmatrix}$，且已知 $|\boldsymbol{A}|=-1$，则 $\boldsymbol{A}^{-1}=$________.

A. $\begin{pmatrix}d&-c\\-d&a\end{pmatrix}$　　B. $\begin{pmatrix}d&-b\\-c&a\end{pmatrix}$　　C. $\begin{pmatrix}-d&b\\c&-a\end{pmatrix}$　　D. $\begin{pmatrix}-d&c\\b&-a\end{pmatrix}$

(5) 设 2 阶矩阵 $\boldsymbol{A}$ 可逆，且已知 $(2\boldsymbol{A})^{-1}=\begin{pmatrix}1&2\\3&4\end{pmatrix}$，则 $\boldsymbol{A}=$________.

A. $2\begin{pmatrix}1&2\\3&4\end{pmatrix}$　　B. $\frac{1}{2}\begin{pmatrix}1&2\\3&4\end{pmatrix}$　　C. $2\begin{pmatrix}1&2\\3&4\end{pmatrix}^{-1}$　　D. $\frac{1}{2}\begin{pmatrix}1&2\\3&4\end{pmatrix}^{-1}$

(6) 设 $\boldsymbol{A}$ 为 3 阶矩阵，且已知 $|\boldsymbol{A}|=-2$，则 $|\boldsymbol{A}^*|=$________.

A. -8　　B. -4　　C. 4　　D. 8

(7) 设 $\boldsymbol{A},\boldsymbol{B}$ 为任意 n 阶矩阵，$\boldsymbol{E}$ 为 n 阶单位矩阵，$\boldsymbol{O}$ 为 n 阶零矩阵，则下列各式中正确的是________.

A. $(\boldsymbol{A}+\boldsymbol{B})(\boldsymbol{A}-\boldsymbol{B})=\boldsymbol{A}^2-\boldsymbol{B}^2$　　B. $(\boldsymbol{AB})^2=\boldsymbol{A}^2\boldsymbol{B}^2$

C. $(\boldsymbol{A}+\boldsymbol{E})(\boldsymbol{A}-\boldsymbol{E})=\boldsymbol{A}^2-\boldsymbol{E}$　　D. 由 $\boldsymbol{AB}=\boldsymbol{O}$ 必可推出 $\boldsymbol{A}=\boldsymbol{O}$ 或 $\boldsymbol{B}=\boldsymbol{O}$

(8) 设 $\boldsymbol{A},\boldsymbol{B}$ 均为 $n(n\geqslant 2)$ 阶可逆矩阵，k 为非零常数，则下列等式中正确的是________.

A. $(\boldsymbol{A}+\boldsymbol{B})^{-1}=\boldsymbol{A}^{-1}+\boldsymbol{B}^{-1}$　　B. $(\boldsymbol{AB})^{-1}=\boldsymbol{A}^{-1}\boldsymbol{B}^{-1}$

C. $|(k\boldsymbol{A})^{-1}|=\frac{1}{k}|\boldsymbol{A}^{-1}|$　　D. $[(\boldsymbol{AB})^{\mathrm{T}}]^{-1}=(\boldsymbol{A}^{-1})^{\mathrm{T}}(\boldsymbol{B}^{-1})^{\mathrm{T}}$

(9) 设 n 阶矩阵 $\boldsymbol{A},\boldsymbol{B},\boldsymbol{C}$ 满足 $\boldsymbol{ABC}=\boldsymbol{E}$，则 $\boldsymbol{B}^{-1}=$________.

A. $\boldsymbol{A}^{-1}\boldsymbol{C}^{-1}$　　B. $\boldsymbol{C}^{-1}\boldsymbol{A}^{-1}$　　C. $\boldsymbol{AC}$　　D. $\boldsymbol{CA}$

(10) 设 n 阶矩阵 $\boldsymbol{A},\boldsymbol{B},\boldsymbol{C}$ 满足 $\boldsymbol{ABC}=\boldsymbol{E}$，则必有________.

A. $\boldsymbol{ACB}=\boldsymbol{E}$　　B. $\boldsymbol{CBA}=\boldsymbol{E}$　　C. $\boldsymbol{BAC}=\boldsymbol{E}$　　D. $\boldsymbol{BCA}=\boldsymbol{E}$

(11) 设 3 阶矩阵 $\boldsymbol{A}$ 与 $\boldsymbol{B}$ 分别分块为 $\boldsymbol{A}=(\boldsymbol{\alpha}_1,\boldsymbol{\beta},\boldsymbol{\gamma})$，$\boldsymbol{B}=(\boldsymbol{\alpha}_2,\boldsymbol{\beta},\boldsymbol{\gamma})$，且 $|\boldsymbol{A}|=-2$，$|\boldsymbol{B}|=1$，则 $|\boldsymbol{A}+\boldsymbol{B}|=$________.

A. -4　　B. 1　　C. 2　　D. 4

(12) 设 3 阶矩阵 $\boldsymbol{A}=\begin{pmatrix}a_{11}&a_{12}&a_{13}\\a_{21}&a_{22}&a_{23}\\a_{31}&a_{32}&a_{33}\end{pmatrix}$，若存在初等矩阵 $\boldsymbol{P}$，使得

$$\boldsymbol{PA}=\begin{pmatrix}a_{11}-2a_{31}&a_{12}-2a_{32}&a_{13}-2a_{33}\\a_{21}&a_{22}&a_{23}\\a_{31}&a_{32}&a_{33}\end{pmatrix},$$

则 $\boldsymbol{P}=$________.

A. $\begin{pmatrix}1&0&0\\0&1&0\\-2&0&1\end{pmatrix}$　　B. $\begin{pmatrix}1&0&-2\\0&1&0\\0&0&1\end{pmatrix}$　　C. $\begin{pmatrix}1&0&0\\-2&1&0\\0&0&1\end{pmatrix}$　　D. $\begin{pmatrix}1&-2&0\\0&1&0\\0&0&1\end{pmatrix}$

(13) 设 3 阶矩阵 $\boldsymbol{A}$ 的秩为 2，则下列矩阵中与 $\boldsymbol{A}$ 等价的是

A. $\begin{pmatrix}1&1&1\\0&0&0\\0&0&0\end{pmatrix}$　　B. $\begin{pmatrix}1&1&1\\0&2&2\\0&0&0\end{pmatrix}$　　C. $\begin{pmatrix}1&1&1\\2&2&2\\0&0&0\end{pmatrix}$　　D. $\begin{pmatrix}1&1&1\\0&2&2\\0&0&3\end{pmatrix}$

2. 填空题

(1) 已知矩阵 $\boldsymbol{A}=\begin{pmatrix}1 & -1\\ 2 & 3\end{pmatrix}$，$\boldsymbol{E}$ 为 2 阶单位矩阵，令 $\boldsymbol{B}=\boldsymbol{A}^2-3\boldsymbol{A}+2\boldsymbol{E}$，则 $\boldsymbol{B}=$________.

(2) 设矩阵 $\boldsymbol{A}=\begin{pmatrix}1 & 2\\ 3 & 4\end{pmatrix}$，则行列式 $|\boldsymbol{A}^{\mathrm{T}}\boldsymbol{A}|=$________.

(3) 设 $\boldsymbol{A}$，$\boldsymbol{B}$ 为 3 阶矩阵，且 $|\boldsymbol{A}|=2$，$\boldsymbol{B}=-3\boldsymbol{E}$，则 $|\boldsymbol{AB}|=$________.

(4) 设 3 阶矩阵 $\boldsymbol{A}=\begin{pmatrix}0 & 1 & 3\\ 0 & 2 & 5\\ 2 & 0 & 0\end{pmatrix}$，则 $(\boldsymbol{A}^{\mathrm{T}})^{-1}=$________.

(5) 设 3 阶矩阵 $\boldsymbol{A}=\begin{pmatrix}1 & 0 & 0\\ 2 & 2 & 0\\ 3 & 3 & 3\end{pmatrix}$，则 $\boldsymbol{A}^*\boldsymbol{A}=$________.

(6) 设矩阵 $\boldsymbol{A}=\begin{pmatrix}2 & 4\\ 1 & 3\end{pmatrix}$，$\boldsymbol{A}^*$ 是 $\boldsymbol{A}$ 的伴随矩阵，则 $(\boldsymbol{A}^*)^{-1}=$________.

(7) 设 $\boldsymbol{A}$ 为 $m\times n$ 矩阵，$r(\boldsymbol{A})=r$，$\boldsymbol{C}$ 是 n 阶可逆矩阵，令 $\boldsymbol{B}=\boldsymbol{AC}$，则 $\mathrm{r}(\boldsymbol{B})=$________.

(8) 设矩阵 $\boldsymbol{A}=\begin{pmatrix}1 & 0 & 1\\ 0 & 2 & 0\\ 0 & 0 & 1\end{pmatrix}$，矩阵 $\boldsymbol{B}=\boldsymbol{A}-\boldsymbol{E}$，则 $\mathrm{r}(\boldsymbol{B})=$________.

(9) 已知 3 阶矩阵 $\boldsymbol{A}=\begin{pmatrix}1 & a & a\\ a & 1 & a\\ a & a & 1\end{pmatrix}$ 的秩为 2，则 $a=$________.

3. 计算题

(1) 已知矩阵 $\boldsymbol{A}=\begin{pmatrix}1 & 0 & 1\\ 1 & -1 & 0\\ 0 & 1 & 2\end{pmatrix}$，$\boldsymbol{B}=\begin{pmatrix}3 & 0 & 1\\ 1 & 1 & 0\\ 0 & 1 & 4\end{pmatrix}$ 满足矩阵等式 $\boldsymbol{AX}=\boldsymbol{B}$，求 $\boldsymbol{A}^{-1}$ 和矩阵 $\boldsymbol{X}$.

(2) 设矩阵 $\boldsymbol{A}=\begin{pmatrix}2 & 1\\ -1 & 2\end{pmatrix}$，$\boldsymbol{E}$ 为 2 阶单位矩阵，矩阵 $\boldsymbol{B}$ 满足 $\boldsymbol{BA}=\boldsymbol{B}+\boldsymbol{E}$，求行列式 $|\boldsymbol{B}|$.

(3) 设 $\boldsymbol{A}$，$\boldsymbol{B}$ 均为 3 阶矩阵，$\boldsymbol{E}$ 为 3 阶单位矩阵，且满足 $\boldsymbol{AB}+\boldsymbol{E}=\boldsymbol{A}^2+\boldsymbol{B}$，若已知

$$\boldsymbol{A}=\begin{pmatrix}1 & 0 & -1\\ 0 & 2 & 0\\ -1 & 0 & 1\end{pmatrix},$$

求矩阵 $\boldsymbol{B}$.

(4) 设 $\boldsymbol{A}$ 为 3 阶矩阵，$\boldsymbol{A}^*$ 为 $\boldsymbol{A}$ 的伴随矩阵，且已知 $|\boldsymbol{A}|=\dfrac{1}{2}$，求行列式

$$|(3\boldsymbol{A})^{-1}-2\boldsymbol{A}^*|$$

的值.

4. 证明题

(1) 设 $\boldsymbol{A}$ 为 n 阶矩阵，且满足 $(\boldsymbol{A}+\boldsymbol{E})^2=\boldsymbol{O}$，证明：$\boldsymbol{A}$ 可逆.

（2）证明：若 A 为 3 阶可逆的上三角形矩阵，则 A^{-1} 也是上三角形矩阵.

（3）设 A,B 为同阶对称矩阵，证明：$AB+BA$ 也为对称矩阵.

（4）设 A 为 n 阶矩阵，$n\geqslant 2$，且 $|A|\neq 0$，证明：$|A^*|=|A|^{n-1}$.

（5）设 n 阶矩阵 A 满足 $A^2=A$，并且 $A\neq E$，证明：$|A|=0$.

（6）设 n 阶矩阵 A 与 B 都可逆，证明：$(AB)^*=B^*A^*$.

第 3 章　向量空间

本章将介绍 n 维向量及其线性运算，给出 n 维向量空间 $\mathbf{R}^n$ 的定义，讨论向量间的线性关系，向量组的极大线性无关组，向量组的秩和矩阵的秩之间的关系，n 维向量空间 $\mathbf{R}^n$ 的基与标准正交基等内容. 关于 n 维向量空间 $\mathbf{R}^n$ 的讨论有助于理解线性代数中一般线性空间的有关概念和结论，也是第 4 章研究线性方程组的解之间关系的理论基础.

3.1　n 维向量空间 $\mathbf{R}^n$

在第 2 章 2.3 节例 2.13 中，我们曾说明含有 m 个方程的 n 元线性方程组

$$\begin{cases} a_{11}x_1+a_{12}x_2+\cdots+a_{1n}x_n=b_1, \\ a_{21}x_1+a_{22}x_2+\cdots+a_{2n}x_n=b_2, \\ \cdots\cdots \\ a_{m1}x_1+a_{m2}x_2+\cdots+a_{mn}x_n=b_m \end{cases} \tag{3.1}$$

可以表为

$$x_1\boldsymbol{\alpha}_1+x_2\boldsymbol{\alpha}_2+\cdots+x_n\boldsymbol{\alpha}_n=\boldsymbol{\beta} \tag{3.2}$$

的形式，其中

$$\boldsymbol{\alpha}_1=\begin{pmatrix} a_{11} \\ a_{21} \\ \vdots \\ a_{m1} \end{pmatrix},\quad \boldsymbol{\alpha}_2=\begin{pmatrix} a_{12} \\ a_{22} \\ \vdots \\ a_{m2} \end{pmatrix},\quad \cdots,\quad \boldsymbol{\alpha}_n=\begin{pmatrix} a_{1n} \\ a_{2n} \\ \vdots \\ a_{mn} \end{pmatrix},\quad \boldsymbol{\beta}=\begin{pmatrix} b_1 \\ b_2 \\ \vdots \\ b_m \end{pmatrix}.$$

(3.2) 式反映出方程组(3.1) 的各未知数的系数和常数项之间的关系. 从而方程组(3.1) 有解 $\Leftrightarrow$ 存在一组数 $x_1=k_1, x_2=k_2, \cdots, x_n=k_n$，使得

$$k_1\boldsymbol{\alpha}_1+k_2\boldsymbol{\alpha}_2+\cdots+k_n\boldsymbol{\alpha}_n=\boldsymbol{\beta}.$$

反之，方程组(3.1) 无解 $\Leftrightarrow$ 找不到一组数，使得(3.2) 式成立.

为了深入了解和分析方程组(3.1) 的各未知数的系数和常数项之间的关系、各个方程之间的关系，以及研究当方程组有无穷多个解时，这些解之间的关系和解的结构，我们需要涉及形如(3.2) 式中 $\boldsymbol{\alpha}_1, \boldsymbol{\alpha}_2, \cdots, \boldsymbol{\alpha}_n, \boldsymbol{\beta}$ 的有序数组以及它们之间的加法和数乘运算. 为此，先引入如下定义.

定义 3.1　由 n 个实数 $a_1, a_2, \cdots, a_n$ 组成的一个 n 元有序数组

$$(a_1, a_2, \cdots, a_n) \tag{3.3}$$

或

$$\begin{pmatrix} a_1 \\ a_2 \\ \vdots \\ a_n \end{pmatrix} \tag{3.4}$$

称为数域 **R** 上的一个 n **维向量**，其中 a_i 称为向量的第 i 个分量，$i=1,2,\cdots,n$. 形如(3.3)的称为**行向量**，而形如(3.4)的称为**列向量**.

在本书中，一般用黑体的小写希腊字母 $\boldsymbol{\alpha},\boldsymbol{\beta},\boldsymbol{\gamma}$ 等表示向量.

行向量和列向量除了形式不同，没有本质的区别. 只是当我们的研究角度不同时，会分别遇到行向量和列向量的形式. 例如对于方程组(3.1)的系数矩阵

$$\boldsymbol{A}=\begin{pmatrix} a_{11} & a_{12} & \cdots & a_{1n} \\ a_{21} & a_{22} & \cdots & a_{2n} \\ \vdots & \vdots & & \vdots \\ a_{m1} & a_{m2} & \cdots & a_{mn} \end{pmatrix},$$

它的每一行都是 n 维行向量

$$(a_{11},a_{12},\cdots,a_{1n}),\quad (a_{21},a_{22},\cdots,a_{2n}),\quad \cdots,\quad (a_{m1},a_{m2},\cdots,a_{mn}),$$

而它的每一列以及常数项则都是 m 维列向量

$$\begin{pmatrix} a_{11} \\ a_{21} \\ \vdots \\ a_{m1} \end{pmatrix},\quad \begin{pmatrix} a_{12} \\ a_{22} \\ \vdots \\ a_{m2} \end{pmatrix},\quad \cdots,\quad \begin{pmatrix} a_{1n} \\ a_{2n} \\ \vdots \\ a_{mn} \end{pmatrix},\quad \begin{pmatrix} b_1 \\ b_2 \\ \vdots \\ b_m \end{pmatrix}.$$

方程组(3.1)的解，一般表为 n 维列向量的形式：

$$\boldsymbol{x}=\begin{pmatrix} x_1 \\ x_2 \\ \vdots \\ x_n \end{pmatrix}=\begin{pmatrix} k_1 \\ k_2 \\ \vdots \\ k_n \end{pmatrix}.$$

为节省空间，也可以将列向量写成行向量的转置，如：$\boldsymbol{x}=(x_1,x_2,\cdots,x_n)^{\mathrm{T}}$.

在本书中，为讨论问题方便，如无特别说明，涉及向量都是指列向量. 以下各节中得到的有关列向量的结论，对行向量也同样成立.

从矩阵的角度看，一个 n 维行向量就是一个 $1\times n$ 的矩阵，而一个 n 维列向量则是一个 $n\times 1$ 的矩阵. 因此，可以把矩阵的有关概念和运算平移到向量中来.

定义 3.2　所有分量都是 0 的向量称为**零向量**，零向量记作 $\mathbf{0}=(0,0,\cdots,0)^{\mathrm{T}}$.

n 维向量 $\boldsymbol{\alpha}=(a_1,a_2,\cdots,a_n)^{\mathrm{T}}$ 的各分量都取相反数的向量，称为 $\boldsymbol{\alpha}$ 的**负向量**，记作

$$-\boldsymbol{\alpha}=(-a_1,-a_2,\cdots,-a_n)^{\mathrm{T}}.$$

定义 3.3　如果向量 $\boldsymbol{\alpha}=(a_1,a_2,\cdots,a_n)^{\mathrm{T}}$ 与 $\boldsymbol{\beta}=(b_1,b_2,\cdots,b_n)^{\mathrm{T}}$ 的对应分量都相等，即 $a_i=b_i$，$i=1,2,\cdots,n$，则称向量 $\boldsymbol{\alpha}$ 与 $\boldsymbol{\beta}$ **相等**，记作 $\boldsymbol{\alpha}=\boldsymbol{\beta}$.

定义 3.4(向量的加法)　设向量 $\boldsymbol{\alpha}=(a_1,a_2,\cdots,a_n)^{\mathrm{T}}$，$\boldsymbol{\beta}=(b_1,b_2,\cdots,b_n)^{\mathrm{T}}$，则 $\boldsymbol{\alpha}$ 与 $\boldsymbol{\beta}$ 的和记作 $\boldsymbol{\alpha}+\boldsymbol{\beta}$，并且

$$\boldsymbol{\alpha}+\boldsymbol{\beta}=(a_1+b_1,a_2+b_2,\cdots,a_n+b_n)^{\mathrm{T}}.$$

利用负向量的概念，可以定义向量的减法，即

$$\boldsymbol{\alpha}-\boldsymbol{\beta}=\boldsymbol{\alpha}+(-\boldsymbol{\beta})=(a_1-b_1,a_2-b_2,\cdots,a_n-b_n)^{\mathrm{T}}.$$

定义 3.5(向量的数乘) 设向量 $\boldsymbol{\alpha}=(a_1,a_2,\cdots,a_n)^{\mathrm{T}}$，$k$ 为实数，则 k 与 $\boldsymbol{\alpha}$ 的乘积

$$k\boldsymbol{\alpha}=(ka_1,ka_2,\cdots,ka_n)^{\mathrm{T}}$$

称为**向量的数乘**.

向量的加法和数乘，统称为**向量的线性运算**. 显然，实数域 $\mathbf{R}$ 上的向量经过线性运算后，得到的向量仍为实数域 $\mathbf{R}$ 上的向量.

由上述定义，很容易验证向量的线性运算满足以下 8 条运算法则：

(1) $\boldsymbol{\alpha}+\boldsymbol{\beta}=\boldsymbol{\beta}+\boldsymbol{\alpha}$，

(2) $(\boldsymbol{\alpha}+\boldsymbol{\beta})+\boldsymbol{\gamma}=\boldsymbol{\alpha}+(\boldsymbol{\beta}+\boldsymbol{\gamma})$，

(3) $\boldsymbol{\alpha}+\mathbf{0}=\boldsymbol{\alpha}$，

(4) $\boldsymbol{\alpha}+(-\boldsymbol{\alpha})=\mathbf{0}$，

(5) $k(\boldsymbol{\alpha}+\boldsymbol{\beta})=k\boldsymbol{\alpha}+k\boldsymbol{\beta}$（数乘分配律 1），

(6) $(k+l)\boldsymbol{\alpha}=k\boldsymbol{\alpha}+l\boldsymbol{\alpha}$（数乘分配律 2），

(7) $(kl)\boldsymbol{\alpha}=k(l\boldsymbol{\alpha})$，

(8) $1\boldsymbol{\alpha}=\boldsymbol{\alpha}$，

其中 $\boldsymbol{\alpha},\boldsymbol{\beta},\boldsymbol{\gamma}$ 为任意 n 维向量，k,l 为任意实数.

定义 3.6(n 维向量空间) 实数域 $\mathbf{R}$ 上的所有 n 维向量组成的集合，连同它们上面定义的线性运算，称为**实数域 $\mathbf{R}$ 上的 n 维向量空间**，记作 $\mathbf{R}^n$.

所有 n 维列向量组成的向量空间与所有 n 维行向量组成的向量空间，都用 $\mathbf{R}^n$ 表示.

当 $n=3$ 时，$\mathbf{R}^3$ 就是 3 维几何空间；当 $n=2$ 时，$\mathbf{R}^2$ 就是 2 维几何空间（平面）.

定义 3.7 设 $\mathbf{V}$ 是 $\mathbf{R}^n$ 的一个非空子集，如果满足

(1) 对任意 $\boldsymbol{\alpha},\boldsymbol{\beta}\in\mathbf{V}$，都有 $\boldsymbol{\alpha}+\boldsymbol{\beta}\in\mathbf{V}$，

(2) 对任意 $k\in\mathbf{R}$，$\boldsymbol{\alpha}\in\mathbf{V}$，都有 $k\boldsymbol{\alpha}\in\mathbf{V}$，

则称 $\mathbf{V}$ 是 $\mathbf{R}^n$ 的一个**子空间**.

（满足条件(1) 与(2)，也称 **$\mathbf{V}$ 对向量的线性运算封闭**.）

例如，容易验证：$\mathbf{V}_1=\{(a,0,0)^{\mathrm{T}}\mid a\in\mathbf{R}\}$，即空间直角坐标系中的 x 轴；以及 $\mathbf{V}_2=\{(a,b,0)^{\mathrm{T}}\mid a,b\in\mathbf{R}\}$，即空间直角坐标系中的 xOy 坐标平面，显然都是 $\mathbf{R}^3$ 的子空间.（类似地，y 轴，z 轴，以及 xOz 坐标平面和 yOz 坐标平面，也都是 $\mathbf{R}^3$ 的子空间.）特别地，$\mathbf{V}=\{(0,0,0)^{\mathrm{T}}\}$ 也是 $\mathbf{R}^3$ 的一个子空间，称之为**零空间**.

但 $\mathbf{V}_3=\{(a,b,c)^{\mathrm{T}}\mid a,b,c\in\mathbf{R},c\geqslant 0\}$，即空间直角坐标系中的 xOy 平面及其上方的半空间，不是 $\mathbf{R}^3$ 的子空间. 这是由于 $\mathbf{V}_3$ 对于数乘运算不封闭：例如取 $\boldsymbol{\alpha}=(1,-2,3)^{\mathrm{T}}\in\mathbf{V}_3$，对于 $k=-1$，$k\boldsymbol{\alpha}=(-1,2,-3)^{\mathrm{T}}\notin\mathbf{V}_3$.

在第 4 章我们还将知道：n 元齐次线性方程组 $\boldsymbol{A}\boldsymbol{x}=\mathbf{0}$ 的所有解向量组成的集合是 $\mathbf{R}^n$ 的一个子空间，称之为**齐次线性方程组的解空间**.

3.2 向量间的线性关系

3.2.1 向量的线性组合

观察平面 $\mathbf{R}^2$ 上的两个向量，例如 $\boldsymbol{\alpha}=(2,-1)^{\mathrm{T}}$，$\boldsymbol{\beta}=(2,2)^{\mathrm{T}}$。对任意常数 k_1,k_2，由向量的加法和数乘运算，可以得到向量 $k_1\boldsymbol{\alpha}+k_2\boldsymbol{\beta}$。例如当 $k_1=-1,k_2=\frac{1}{2}$ 时，有

$$-\boldsymbol{\alpha}+\frac{1}{2}\boldsymbol{\beta}=-(2,-1)^{\mathrm{T}}+\frac{1}{2}(2,2)^{\mathrm{T}}=(-1,2)^{\mathrm{T}}. \tag{3.5}$$

若令 $\boldsymbol{\gamma}=(-1,2)^{\mathrm{T}}$，则上式表明

$$\boldsymbol{\gamma}=-\boldsymbol{\alpha}+\frac{1}{2}\boldsymbol{\beta}. \tag{3.6}$$

根据平行四边形法则，(3.6) 式中向量 $\boldsymbol{\gamma}$ 与 $\boldsymbol{\alpha},\boldsymbol{\beta}$ 的关系如图 3.1 所示。

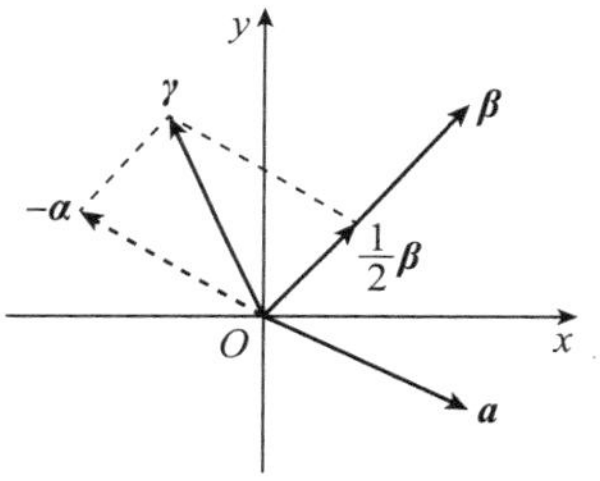

图 3.1

我们称(3.5)式为向量 $\boldsymbol{\alpha}$ 与 $\boldsymbol{\beta}$ 的一个线性组合，而将(3.6)式称作向量 $\boldsymbol{\gamma}$ 可由向量 $\boldsymbol{\alpha},\boldsymbol{\beta}$ 线性表出。

对于一般的 n 维向量组，我们有以下定义。

定义 3.8 设 $\boldsymbol{\alpha}_1,\boldsymbol{\alpha}_2,\cdots,\boldsymbol{\alpha}_s,\boldsymbol{\beta}\in\mathbf{R}^n$。

(1) 对任意常数 $c_1,c_2,\cdots,c_s\in\mathbf{R}$，称

$$c_1\boldsymbol{\alpha}_1+c_2\boldsymbol{\alpha}_2+\cdots+c_s\boldsymbol{\alpha}_s$$

为向量 $\boldsymbol{\alpha}_1,\boldsymbol{\alpha}_2,\cdots,\boldsymbol{\alpha}_s$ 的一个**线性组合**。

(2) 如果存在常数 $k_1,k_2,\cdots,k_s\in\mathbf{R}$，使得

$$k_1\boldsymbol{\alpha}_1+k_2\boldsymbol{\alpha}_2+\cdots+k_s\boldsymbol{\alpha}_s=\boldsymbol{\beta},$$

则称向量 $\boldsymbol{\beta}$ 可由向量组 $\boldsymbol{\alpha}_1,\boldsymbol{\alpha}_2,\cdots,\boldsymbol{\alpha}_s$ **线性表出**（或称向量 $\boldsymbol{\beta}$ 可以表为向量 $\boldsymbol{\alpha}_1,\boldsymbol{\alpha}_2,\cdots,\boldsymbol{\alpha}_s$ 的线性组合）。

例 3.1 设向量 $\boldsymbol{\alpha}_1=(1,0,0)^{\mathrm{T}},\boldsymbol{\alpha}_2=(0,2,0)^{\mathrm{T}},\boldsymbol{\beta}=(0,0,3)^{\mathrm{T}}$，显然，$\boldsymbol{\beta}$ 不能由 $\boldsymbol{\alpha}_1,\boldsymbol{\alpha}_2$ 线性表出。

例 3.2 设向量组 $\boldsymbol{\alpha}_1=(1,0,0)^{\mathrm{T}},\boldsymbol{\alpha}_2=(0,1,0)^{\mathrm{T}},\boldsymbol{\alpha}_3=(0,0,1)^{\mathrm{T}}$，对任意向量 $\boldsymbol{\beta}=(b_1,b_2,b_3)^{\mathrm{T}}$，有 $b_1\boldsymbol{\alpha}_1+b_2\boldsymbol{\alpha}_2+b_3\boldsymbol{\alpha}_3=\boldsymbol{\beta}$。

对于一般的 n 维向量 $\boldsymbol{\alpha}_1,\boldsymbol{\alpha}_2,\cdots,\boldsymbol{\alpha}_s$ 和 $\boldsymbol{\beta}$，其中 $\boldsymbol{\alpha}_1=(a_{11},a_{21},\cdots,a_{n1})^{\mathrm{T}},\boldsymbol{\alpha}_2=$

$(a_{12},a_{22},\cdots,a_{n2})^{T},\cdots,\boldsymbol{\alpha}_s=(a_{1s},a_{2s},\cdots,a_{ns})^{T},\boldsymbol{\beta}=(b_1,b_2,\cdots,b_n)^{T}$.$\boldsymbol{\beta}$ 能否由向量组 $\boldsymbol{\alpha}_1,\boldsymbol{\alpha}_2,\cdots,\boldsymbol{\alpha}_s$ 线性表出，等价于下列 s 元线性方程组

$$x_1\boldsymbol{\alpha}_1+x_2\boldsymbol{\alpha}_2+\cdots+x_s\boldsymbol{\alpha}_s=\boldsymbol{\beta},$$

即

$$\begin{cases}a_{11}x_1+a_{12}x_2+\cdots+a_{1s}x_s=b_1,\\ a_{21}x_1+a_{22}x_2+\cdots+a_{2s}x_s=b_2,\\ \qquad\cdots\cdots\\ a_{n1}x_1+a_{n2}x_2+\cdots+a_{ns}x_s=b_n\end{cases}\tag{3.7}$$

是否有解. 如果方程组(3.7)有解，则 $\boldsymbol{\beta}$ 可由 $\boldsymbol{\alpha}_1,\boldsymbol{\alpha}_2,\cdots,\boldsymbol{\alpha}_s$ 线性表出(如果解唯一，则称 $\boldsymbol{\beta}$ 的表示法唯一；如果解不唯一，则称 $\boldsymbol{\beta}$ 的表示法不唯一)；如果方程组(3.7)无解，则 $\boldsymbol{\beta}$ 不能由 $\boldsymbol{\alpha}_1,\boldsymbol{\alpha}_2,\cdots,\boldsymbol{\alpha}_s$ 线性表出.(在第4章将讨论一般线性方程组的求解问题.)

向量 $\boldsymbol{\beta}$ 能否由向量组 $\boldsymbol{\alpha}_1,\boldsymbol{\alpha}_2,\cdots,\boldsymbol{\alpha}_s$ 线性表出，反映出一个向量和一个向量组之间的关系. 下面我们考察一个向量组中各个向量之间的关系.

3.2.2 向量组线性相关或线性无关

观察 $\mathbf{R}^2$ 中的两个向量组：

(1) $\boldsymbol{\alpha}_1=(1,2)^{T},\boldsymbol{\alpha}_2=\left(\frac{1}{2},1\right)^{T}$；

(2) $\boldsymbol{\beta}_1=(2,1)^{T},\boldsymbol{\beta}_2=(1,-1)^{T}$.

它们之间的关系如图3.2所示.

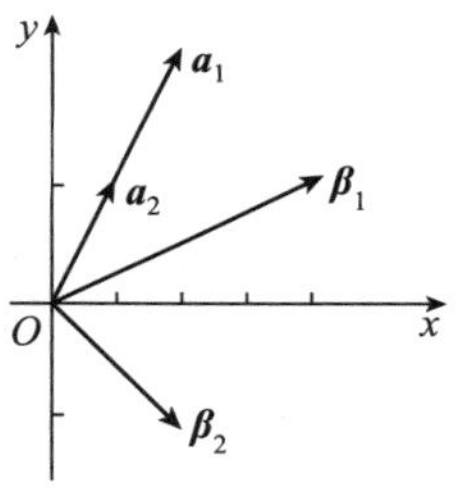

图 3.2

对于向量组(1)，显然有 $\boldsymbol{\alpha}_1=2\boldsymbol{\alpha}_2$(或 $\boldsymbol{\alpha}_2=\frac{1}{2}\boldsymbol{\alpha}_1$)，即 $\boldsymbol{\alpha}_1$ 与 $\boldsymbol{\alpha}_2$ 共线. 这时我们也称向量组 $\boldsymbol{\alpha}_1,\boldsymbol{\alpha}_2$ 线性相关.

而对于向量组(2)中的 $\boldsymbol{\beta}_1$ 和 $\boldsymbol{\beta}_2$，则找不到常数 k，使得 $\boldsymbol{\beta}_1=k\boldsymbol{\beta}_2$ 或 $\boldsymbol{\beta}_2=k\boldsymbol{\beta}_1$ 成立，即 $\boldsymbol{\beta}_1$ 与 $\boldsymbol{\beta}_2$ 不共线. 这时我们也称向量组 $\boldsymbol{\beta}_1,\boldsymbol{\beta}_2$ 线性无关.

与 $\mathbf{R}^2$ 中的情况类似，如果 $\mathbf{R}^3$ 中的3个向量 $\boldsymbol{\alpha},\boldsymbol{\beta},\boldsymbol{\gamma}$ 线性相关，则表示它们共面或共线；而如果它们线性无关，则表示它们不共面且不共线.

将上述情况推广到 $\mathbf{R}^n$ 中由多个向量组成的向量组，有

定义3.9 $\mathbf{R}^n$ 中的向量组 $\boldsymbol{\alpha}_1,\boldsymbol{\alpha}_2,\cdots,\boldsymbol{\alpha}_s,s\geqslant 2$ 称为**线性相关**，如果 $\boldsymbol{\alpha}_1,\boldsymbol{\alpha}_2,\cdots,\boldsymbol{\alpha}_s$ 中至少有一个向量可以由向量组中的其余向量线性表出.

定义3.10 $\mathbf{R}^n$ 中的向量组 $\boldsymbol{\alpha}_1,\boldsymbol{\alpha}_2,\cdots,\boldsymbol{\alpha}_s,s\geqslant 2$ 如果不是线性相关，则称之为**线性无关**. 换

句话说，向量组 $\boldsymbol{\alpha}_1,\boldsymbol{\alpha}_2,\cdots,\boldsymbol{\alpha}_s$，$s\geqslant 2$ 称为**线性无关**，如果 $\boldsymbol{\alpha}_1,\boldsymbol{\alpha}_2,\cdots,\boldsymbol{\alpha}_s$ 中的每一个向量都不能由向量组中的其余向量线性表出.

例如，向量组 $\boldsymbol{\alpha}_1=(1,0,0)^{\mathrm{T}}$，$\boldsymbol{\alpha}_2=(2,0,0)^{\mathrm{T}}$，$\boldsymbol{\alpha}_3=(0,1,0)^{\mathrm{T}}$ 线性相关，这是由于有

$$\boldsymbol{\alpha}_2=2\boldsymbol{\alpha}_1+0\boldsymbol{\alpha}_3,\tag{3.8}$$

而向量组 $\boldsymbol{\beta}_1=(1,0,0)^{\mathrm{T}}$，$\boldsymbol{\beta}_2=(0,1,0)^{\mathrm{T}}$，$\boldsymbol{\beta}_3=(0,0,1)^{\mathrm{T}}$ 中的每一个向量，都不能由其余向量线性表出，因此它们线性无关.

若将(3.8)式表为

$$2\boldsymbol{\alpha}_1-\boldsymbol{\alpha}_2+0\boldsymbol{\alpha}_3=\mathbf{0},\tag{3.9}$$

注意到，(3.9)式中 $k_1=2,k_2=-1,k_3=0$，从而可由定义3.9得到与之等价的结论.

命题1 $\mathbf{R}^n$ 中的向量组 $\boldsymbol{\alpha}_1,\boldsymbol{\alpha}_2,\cdots,\boldsymbol{\alpha}_s$，$s\geqslant 2$ 线性相关的充要条件是，存在不全为0的常数 $k_1,k_2,\cdots,k_s$，使得

$$k_1\boldsymbol{\alpha}_1+k_2\boldsymbol{\alpha}_2+\cdots+k_s\boldsymbol{\alpha}_s=\mathbf{0}$$

成立.

证明 必要性：如果向量组 $\boldsymbol{\alpha}_1,\boldsymbol{\alpha}_2,\cdots,\boldsymbol{\alpha}_s$ 线性相关，由定义3.9可知，向量组 $\boldsymbol{\alpha}_1,\boldsymbol{\alpha}_2,\cdots,\boldsymbol{\alpha}_s$ 中至少有一个向量可以由其余向量线性表出，不妨设 $\boldsymbol{\alpha}_1$ 可由 $\boldsymbol{\alpha}_2,\cdots,\boldsymbol{\alpha}_s$ 线性表出，设有

$$\boldsymbol{\alpha}_1=l_2\boldsymbol{\alpha}_2+\cdots+l_s\boldsymbol{\alpha}_s,$$

移项可得

$$-\boldsymbol{\alpha}_1+l_2\boldsymbol{\alpha}_2+\cdots+l_s\boldsymbol{\alpha}_s=\mathbf{0},$$

其中，常数 $-1,l_2,\cdots,l_s$ 不全为0.

充分性：如果存在不全为0的常数 $k_1,k_2,\cdots,k_s$，使得

$$k_1\boldsymbol{\alpha}_1+k_2\boldsymbol{\alpha}_2+\cdots+k_s\boldsymbol{\alpha}_s=\mathbf{0},$$

不妨设 $k_1\neq 0$，由上式可以得到

$$\boldsymbol{\alpha}_1=-\frac{k_2}{k_1}\boldsymbol{\alpha}_2-\cdots-\frac{k_s}{k_1}\boldsymbol{\alpha}_s,$$

即 $\boldsymbol{\alpha}_1$ 可由 $\boldsymbol{\alpha}_2,\cdots,\boldsymbol{\alpha}_s$ 线性表出，从而向量组 $\boldsymbol{\alpha}_1,\boldsymbol{\alpha}_2,\cdots,\boldsymbol{\alpha}_s$ 线性相关.

实际上，若命题1中用到的向量组只含有一个向量，我们有

命题2 一个向量 $\boldsymbol{\alpha}$ 线性相关的充要条件是 $\boldsymbol{\alpha}=\mathbf{0}$.

证明 必要性：如果向量 $\boldsymbol{\alpha}$ 线性相关，由命题1的必要性可知：存在常数 $k\neq 0$，使得 $k\boldsymbol{\alpha}=\mathbf{0}$，由于 $k\neq 0$，故必有 $\boldsymbol{\alpha}=\mathbf{0}$.

充分性：当 $\boldsymbol{\alpha}=\mathbf{0}$ 时，取常数 $k=1$，有 $1\cdot\boldsymbol{\alpha}=1\cdot\mathbf{0}=\mathbf{0}$，满足命题1充分性的条件，从而 $\boldsymbol{\alpha}$ 线性相关.

当然，命题2的逆否命题也同时成立，即

命题3 一个向量 $\boldsymbol{\alpha}$ 线性无关的充要条件是 $\boldsymbol{\alpha}\neq\mathbf{0}$.

这样，我们可以将命题1与命题2合并起来，表示为

定理3.1 $\mathbf{R}^n$ 中的向量组 $\boldsymbol{\alpha}_1,\boldsymbol{\alpha}_2,\cdots,\boldsymbol{\alpha}_s$，$s\geqslant 1$ 线性相关的充要条件是，存在不全为0的常数 $k_1,k_2,\cdots,k_s$，使得

$$k_1\boldsymbol{\alpha}_1+k_2\boldsymbol{\alpha}_2+\cdots+k_s\boldsymbol{\alpha}_s=\mathbf{0}$$

成立.

判断一个向量组是否线性相关，有时使用定理3.1要比定义3.9更为方便.

定理3.1的逆否命题也同时成立,即

定理3.2 $\mathbf{R}^n$ 中的向量组$\boldsymbol{\alpha}_1,\boldsymbol{\alpha}_2,\cdots,\boldsymbol{\alpha}_s,s\geqslant 1$线性无关的充要条件是,当且仅当常数$k_1=k_2=\cdots=k_s=0$时,

$$k_1\boldsymbol{\alpha}_1+k_2\boldsymbol{\alpha}_2+\cdots+k_s\boldsymbol{\alpha}_s=\mathbf{0}$$

才能成立.

对于一般的n维向量组$\boldsymbol{\alpha}_1,\boldsymbol{\alpha}_2,\cdots,\boldsymbol{\alpha}_s$,其中

$$\boldsymbol{\alpha}_1=(a_{11},a_{21},\cdots,a_{n1})^{\mathrm{T}},\quad \boldsymbol{\alpha}_2=(a_{12},a_{22},\cdots,a_{n2})^{\mathrm{T}},\quad \cdots,\quad \boldsymbol{\alpha}_s=(a_{1s},a_{2s},\cdots,a_{ns})^{\mathrm{T}},$$

构造$n\times s$矩阵

$$\boldsymbol{A}=(\boldsymbol{\alpha}_1,\boldsymbol{\alpha}_2,\cdots,\boldsymbol{\alpha}_s)=\begin{pmatrix} a_{11} & a_{12} & \cdots & a_{1s}\\ a_{21} & a_{22} & \cdots & a_{2s}\\ \vdots & \vdots & & \vdots\\ a_{n1} & a_{n2} & \cdots & a_{ns}\end{pmatrix},$$

可以证明以下关于向量组线性相关或线性无关的几个重要结论.

定理3.3 设向量组$\boldsymbol{\alpha}_1,\boldsymbol{\alpha}_2,\cdots,\boldsymbol{\alpha}_s\in\mathbf{R}^n$,则以下结论成立:

(1) $\boldsymbol{\alpha}_1,\boldsymbol{\alpha}_2,\cdots,\boldsymbol{\alpha}_s$线性相关(线性无关)$\Leftrightarrow$ s元齐次线性方程组

$$x_1\boldsymbol{\alpha}_1+x_2\boldsymbol{\alpha}_2+\cdots+x_s\boldsymbol{\alpha}_s=\mathbf{0},$$

即

$$\begin{cases} a_{11}x_1+a_{12}x_2+\cdots+a_{1s}x_s=0,\\ a_{21}x_1+a_{22}x_2+\cdots+a_{2s}x_s=0,\\ \qquad\cdots\cdots\\ a_{n1}x_1+a_{n2}x_2+\cdots+a_{ns}x_s=0\end{cases}$$

有非零解(仅有零解).

(2) $\boldsymbol{\alpha}_1,\boldsymbol{\alpha}_2,\cdots,\boldsymbol{\alpha}_s$线性相关(线性无关)$\Leftrightarrow \mathrm{r}(\boldsymbol{A})<s(\mathrm{r}(\boldsymbol{A})=s)$.

(3) 如果$s=n$,则$\boldsymbol{\alpha}_1,\boldsymbol{\alpha}_2,\cdots,\boldsymbol{\alpha}_n$线性相关(线性无关)$\Leftrightarrow |\boldsymbol{A}|=0(|\boldsymbol{A}|\neq 0)$.

(4) 如果$s>n$(向量的个数大于向量的维数),则$\boldsymbol{\alpha}_1,\boldsymbol{\alpha}_2,\cdots,\boldsymbol{\alpha}_s$线性相关.

例3.3 证明:包含零向量的向量组一定线性相关.

证明 考虑向量组$\mathbf{0},\boldsymbol{\alpha}_2,\cdots,\boldsymbol{\alpha}_s\in\mathbf{R}^n$,由于

$$\mathbf{0}=0\boldsymbol{\alpha}_2+\cdots+0\boldsymbol{\alpha}_s,$$

故由定义3.9知向量组$\mathbf{0},\boldsymbol{\alpha}_2,\cdots,\boldsymbol{\alpha}_s$线性相关.

例3.4 $\mathbf{R}^n$中,设$\boldsymbol{\varepsilon}_1=(1,0,\cdots,0)^{\mathrm{T}},\boldsymbol{\varepsilon}_2=(0,1,0,\cdots,0)^{\mathrm{T}},\cdots,\boldsymbol{\varepsilon}_n=(0,\cdots,0,1)^{\mathrm{T}}$,称$\boldsymbol{\varepsilon}_1,\boldsymbol{\varepsilon}_2,\cdots,\boldsymbol{\varepsilon}_n$为$\mathbf{R}^n$的**标准向量组**.证明:$\boldsymbol{\varepsilon}_1,\boldsymbol{\varepsilon}_2,\cdots,\boldsymbol{\varepsilon}_n$线性无关,并且$\mathbf{R}^n$中的任意向量$\boldsymbol{\alpha}$都可以由$\boldsymbol{\varepsilon}_1,\boldsymbol{\varepsilon}_2,\cdots,\boldsymbol{\varepsilon}_n$线性表出.

证明 由于$\boldsymbol{\varepsilon}_1,\boldsymbol{\varepsilon}_2,\cdots,\boldsymbol{\varepsilon}_n$是$n$个$n$维向量,构造$n$阶矩阵

$$\boldsymbol{A}=(\boldsymbol{\varepsilon}_1,\boldsymbol{\varepsilon}_2,\cdots,\boldsymbol{\varepsilon}_n)=\boldsymbol{E}_n,$$

而

$$|\boldsymbol{A}|=|\boldsymbol{E}_n|=1\neq 0,$$

故由定理3.3结论(3)知,$\boldsymbol{\varepsilon}_1,\boldsymbol{\varepsilon}_2,\cdots,\boldsymbol{\varepsilon}_n$线性无关.

又设$\boldsymbol{\alpha}=(a_1,a_2,\cdots,a_n)^{\mathrm{T}}$为$\mathbf{R}^n$中的任意一个向量,则显然有

$$\boldsymbol{\alpha}=a_1\boldsymbol{\varepsilon}_1+a_2\boldsymbol{\varepsilon}_2+\cdots+a_n\boldsymbol{\varepsilon}_n.$$

例 3.5 判断下列向量组是否线性相关：

(1) $\boldsymbol{\alpha}_1=(1,2,1,1)^{\mathrm{T}},\boldsymbol{\alpha}_2=(1,1,1,2)^{\mathrm{T}},\boldsymbol{\alpha}_3=(-3,-2,1,-3)^{\mathrm{T}}$；

(2) $\boldsymbol{\beta}_1=(1,1,1)^{\mathrm{T}},\boldsymbol{\beta}_2=(1,-1,-2)^{\mathrm{T}},\boldsymbol{\beta}_3=(-1,1,2)^{\mathrm{T}}$.

解 (1) $\boldsymbol{\alpha}_1,\boldsymbol{\alpha}_2,\boldsymbol{\alpha}_3$ 是 3 个 4 维向量，利用下列形式判定：由

$$\boldsymbol{A}=(\boldsymbol{\alpha}_1,\boldsymbol{\alpha}_2,\boldsymbol{\alpha}_3)=\begin{pmatrix}1&1&-3\\2&1&-2\\1&1&1\\1&2&-3\end{pmatrix}\rightarrow\begin{pmatrix}1&1&-3\\0&-1&4\\0&0&4\\0&1&0\end{pmatrix}\rightarrow\begin{pmatrix}1&1&-3\\0&-1&4\\0&0&4\\0&0&4\end{pmatrix}\rightarrow\begin{pmatrix}1&1&-3\\0&-1&4\\0&0&4\\0&0&0\end{pmatrix},$$

故 $\mathrm{r}(\boldsymbol{A})=3$，由定理 3.3 结论(2) 可知 $\boldsymbol{\alpha}_1,\boldsymbol{\alpha}_2,\boldsymbol{\alpha}_3$ 线性无关.

(2) $\boldsymbol{\beta}_1,\boldsymbol{\beta}_2,\boldsymbol{\beta}_3$ 是 3 个 3 维向量，可计算 3 阶行列式 $|\boldsymbol{\beta}_1,\boldsymbol{\beta}_2,\boldsymbol{\beta}_3|$. 由于

$$|\boldsymbol{\beta}_1,\boldsymbol{\beta}_2,\boldsymbol{\beta}_3|=\begin{vmatrix}1&1&-1\\1&-1&1\\1&-2&2\end{vmatrix}=0,$$

故由定理 3.3 结论(3) 可知 $\boldsymbol{\beta}_1,\boldsymbol{\beta}_2,\boldsymbol{\beta}_3$ 线性相关.

例 3.6 设 $\mathbf{R}^3$ 中的向量组 $\boldsymbol{\alpha}_1,\boldsymbol{\alpha}_2,\boldsymbol{\alpha}_3$ 线性无关，如果向量 $\boldsymbol{\beta}_1=\boldsymbol{\alpha}_1+\boldsymbol{\alpha}_2,\boldsymbol{\beta}_2=\boldsymbol{\alpha}_2+\boldsymbol{\alpha}_3,\boldsymbol{\beta}_3=\boldsymbol{\alpha}_3+\boldsymbol{\alpha}_1$. 证明：向量组 $\boldsymbol{\beta}_1,\boldsymbol{\beta}_2,\boldsymbol{\beta}_3$ 也线性无关.

证明 设有

$$x_1\boldsymbol{\beta}_1+x_2\boldsymbol{\beta}_2+x_3\boldsymbol{\beta}_3=\mathbf{0},\tag{3.10}$$

将 $\boldsymbol{\beta}_1=\boldsymbol{\alpha}_1+\boldsymbol{\alpha}_2,\boldsymbol{\beta}_2=\boldsymbol{\alpha}_2+\boldsymbol{\alpha}_3,\boldsymbol{\beta}_3=\boldsymbol{\alpha}_3+\boldsymbol{\alpha}_1$ 代入(3.10) 式，有

$$x_1(\boldsymbol{\alpha}_1+\boldsymbol{\alpha}_2)+x_2(\boldsymbol{\alpha}_2+\boldsymbol{\alpha}_3)+x_3(\boldsymbol{\alpha}_3+\boldsymbol{\alpha}_1)=\mathbf{0},$$

整理为

$$(x_1+x_3)\boldsymbol{\alpha}_1+(x_1+x_2)\boldsymbol{\alpha}_2+(x_2+x_3)\boldsymbol{\alpha}_3=\mathbf{0}.$$

由于向量组 $\boldsymbol{\alpha}_1,\boldsymbol{\alpha}_2,\boldsymbol{\alpha}_3$ 线性无关，故由上式必可推出

$$\begin{cases}x_1+x_3=0,\\x_1+x_2=0,\\x_2+x_3=0.\end{cases}\tag{3.11}$$

齐次线性方程组(3.11) 的系数行列式

$$\begin{vmatrix}1&0&1\\1&1&0\\0&1&1\end{vmatrix}=2\neq0,$$

从而齐次线性方程组(3.11) 仅有零解. 这说明仅当 $x_1=x_2=x_3=0$ 时，(3.10) 式才能成立. 因此向量组 $\boldsymbol{\beta}_1,\boldsymbol{\beta}_2,\boldsymbol{\beta}_3$ 也线性无关.

例 3.6 的几何意义是：由于 $\boldsymbol{\alpha}_1,\boldsymbol{\alpha}_2,\boldsymbol{\alpha}_3$ 线性无关，即它们不共面. 可设想一个平行六面体，如图 3.3 所示，其中三条棱 $OA=\boldsymbol{\alpha}_1,OB=\boldsymbol{\alpha}_2,OC=\boldsymbol{\alpha}_3$. 而 $\boldsymbol{\beta}_1=\boldsymbol{\alpha}_1+\boldsymbol{\alpha}_2,\boldsymbol{\beta}_2=\boldsymbol{\alpha}_2+\boldsymbol{\alpha}_3,\boldsymbol{\beta}_3=\boldsymbol{\alpha}_3+\boldsymbol{\alpha}_1$ 分别为该六面体的 $OADB$ 面，$OBFC$ 面和 $OAGC$ 面上的对角线 OD,OF 与 OG，由此可见 $\boldsymbol{\beta}_1,\boldsymbol{\beta}_2,\boldsymbol{\beta}_3$ 不共面，因此 $\boldsymbol{\beta}_1,\boldsymbol{\beta}_2,\boldsymbol{\beta}_3$ 也线性无关.

比例 3.6 更一般的情况是：若 $\boldsymbol{\alpha}_1,\boldsymbol{\alpha}_2,\cdots,\boldsymbol{\alpha}_s,\boldsymbol{\beta}_1,\boldsymbol{\beta}_2,\cdots,\boldsymbol{\beta}_s\in\mathbf{R}^n,2\leqslant s\leqslant n$，其中 $\boldsymbol{\alpha}_1,\boldsymbol{\alpha}_2,\cdots,\boldsymbol{\alpha}_s$ 线性无关，$\boldsymbol{\beta}_1=\boldsymbol{\alpha}_1+\boldsymbol{\alpha}_2,\boldsymbol{\beta}_2=\boldsymbol{\alpha}_2+\boldsymbol{\alpha}_3,\cdots,\boldsymbol{\beta}_s=\boldsymbol{\alpha}_s+\boldsymbol{\alpha}_1$. 用与例 3.6 相同的方法可以证明：当 s 为偶数时，$\boldsymbol{\beta}_1,\boldsymbol{\beta}_2,\cdots,\boldsymbol{\beta}_s$ 线性相关；当 s 为奇数时，$\boldsymbol{\beta}_1,\boldsymbol{\beta}_2,\cdots,\boldsymbol{\beta}_s$ 线性无关.（见习题 3.2 第 5

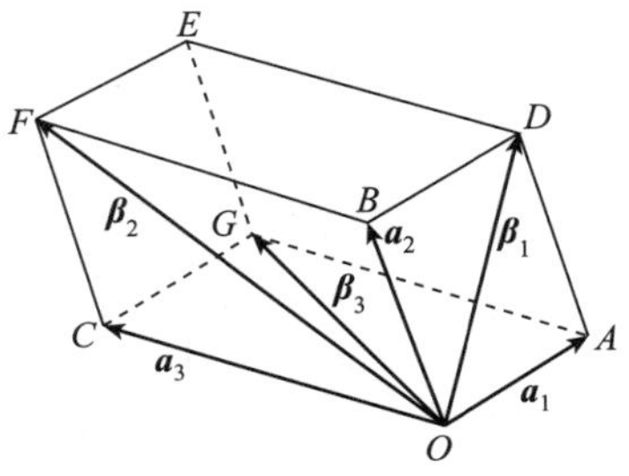

图 3.3

题）

下面再介绍一个非常有用的定理.

定理 3.4 设向量 $\boldsymbol{\alpha}_1,\boldsymbol{\alpha}_2,\cdots,\boldsymbol{\alpha}_s,\boldsymbol{\beta}\in\mathbf{R}^n$，且 $\boldsymbol{\beta}$ 可由 $\boldsymbol{\alpha}_1,\boldsymbol{\alpha}_2,\cdots,\boldsymbol{\alpha}_s$ 线性表出，则表示法唯一的充要条件是 $\boldsymbol{\alpha}_1,\boldsymbol{\alpha}_2,\cdots,\boldsymbol{\alpha}_s$ 线性无关.

证明 必要性：用反证法，假设 $\boldsymbol{\alpha}_1,\boldsymbol{\alpha}_2,\cdots,\boldsymbol{\alpha}_s$ 线性相关，则存在不全为 0 的常数 $k_1,k_2,\cdots,k_s$，使得

$$k_1\boldsymbol{\alpha}_1+k_2\boldsymbol{\alpha}_2+\cdots+k_s\boldsymbol{\alpha}_s=\mathbf{0}.$$

又已知 $\boldsymbol{\beta}$ 可由 $\boldsymbol{\alpha}_1,\boldsymbol{\alpha}_2,\cdots,\boldsymbol{\alpha}_s$ 线性表出，设

$$l_1\boldsymbol{\alpha}_1+l_2\boldsymbol{\alpha}_2+\cdots+l_s\boldsymbol{\alpha}_s=\boldsymbol{\beta}, \tag{3.12}$$

其中 $l_1,l_2,\cdots,l_s$ 不全为 0. 将上面两式两边分别相加，得到

$$(k_1+l_1)\boldsymbol{\alpha}_1+(k_2+l_2)\boldsymbol{\alpha}_2+\cdots+(k_s+l_s)\boldsymbol{\alpha}_s=\boldsymbol{\beta}. \tag{3.13}$$

由于 $k_1,k_2,\cdots,k_s$ 不全为 0，因此 l_1 与 k_1+l_1，l_2 与 k_2+l_2，$\cdots$，l_s 与 k_s+l_s 必不全相同. 这说明 (3.12) 式和 (3.13) 式是 $\boldsymbol{\beta}$ 的两个不同的表示式，与表示法唯一的已知条件矛盾. 故当 $\boldsymbol{\beta}$ 的表示法唯一时，$\boldsymbol{\alpha}_1,\boldsymbol{\alpha}_2,\cdots,\boldsymbol{\alpha}_s$ 必线性无关.

充分性：如果有

$$m_1\boldsymbol{\alpha}_1+m_2\boldsymbol{\alpha}_2+\cdots+m_s\boldsymbol{\alpha}_s=\boldsymbol{\beta},$$

以及

$$l_1\boldsymbol{\alpha}_1+l_2\boldsymbol{\alpha}_2+\cdots+l_s\boldsymbol{\alpha}_s=\boldsymbol{\beta},$$

将上述两式相减，得到

$$(m_1-l_1)\boldsymbol{\alpha}_1+(m_2-l_2)\boldsymbol{\alpha}_2+\cdots+(m_s-l_s)\boldsymbol{\alpha}_s=\mathbf{0}. \tag{3.14}$$

由于 $\boldsymbol{\alpha}_1,\boldsymbol{\alpha}_2,\cdots,\boldsymbol{\alpha}_s$ 线性无关，故由 (3.14) 式可推出

$$m_1-l_1=0,\quad m_2-l_2=0,\quad \cdots,\quad m_s-l_s=0,$$

即

$$m_1=l_1,\quad m_2=l_2,\quad \cdots,\quad m_s=l_s.$$

这就证明了当 $\boldsymbol{\alpha}_1,\boldsymbol{\alpha}_2,\cdots,\boldsymbol{\alpha}_s$ 线性无关时，$\boldsymbol{\beta}$ 的表示法必唯一.

由于零向量可以由任意向量组线性表出，故当 $\boldsymbol{\beta}=\mathbf{0}$ 时，必可由 $\boldsymbol{\alpha}_1,\boldsymbol{\alpha}_2,\cdots,\boldsymbol{\alpha}_s$ 线性表出，从而得到定理 3.3(1)：

齐次线性方程组 $x_1\boldsymbol{\alpha}_1+x_1\boldsymbol{\alpha}_2+\cdots+x_s\boldsymbol{\alpha}_s=\mathbf{0}$ 仅有零解（零向量的表示法唯一）

$\Leftrightarrow \boldsymbol{\alpha}_1,\boldsymbol{\alpha}_2,\cdots,\boldsymbol{\alpha}_s$ 线性无关.

同时其逆否命题也成立：

齐次线性方程组 $x_1\boldsymbol{\alpha}_1+x_1\boldsymbol{\alpha}_2+\cdots+x_s\boldsymbol{\alpha}_s=\mathbf{0}$ 有非零解(零向量的表示法不唯一)

$$\Leftrightarrow \boldsymbol{\alpha}_1,\boldsymbol{\alpha}_2,\cdots,\boldsymbol{\alpha}_s \text{ 线性相关.}$$

进一步,还可以推出定理3.3的其他结论.(证明略)

定理3.5 如果向量组的一个部分组线性相关,则整个向量组也线性相关.(部分相关,则整体相关.)

证明 设向量组 $\boldsymbol{\alpha}_1,\boldsymbol{\alpha}_2,\cdots,\boldsymbol{\alpha}_r,\boldsymbol{\alpha}_{r+1},\cdots,\boldsymbol{\alpha}_s$ 的一个部分组,例如 $\boldsymbol{\alpha}_1,\boldsymbol{\alpha}_2,\cdots,\boldsymbol{\alpha}_r$ 线性相关,则必存在不全为0的常数 $k_1,k_2,\cdots,k_r$,使得

$$k_1\boldsymbol{\alpha}_1+k_2\boldsymbol{\alpha}_2\cdots+k_r\boldsymbol{\alpha}_r=\mathbf{0}.$$

由此得到

$$k_1\boldsymbol{\alpha}_1+\cdots+k_r\boldsymbol{\alpha}_r+0\boldsymbol{\alpha}_{r+1}+\cdots+0\boldsymbol{\alpha}_s=\mathbf{0},$$

其中 $k_1,\cdots,k_r,0,\cdots,0$ 不全为0,因此整个向量组 $\boldsymbol{\alpha}_1,\cdots,\boldsymbol{\alpha}_r,\boldsymbol{\alpha}_{r+1},\cdots,\boldsymbol{\alpha}_s$ 也线性相关.

定理3.5的逆否命题也同时成立.

推论 如果向量组线性无关,则它的任意一个部分组都线性无关.(整体无关,则部分无关.)

例3.7 证明:如果向量组 $\boldsymbol{\alpha}_1,\boldsymbol{\alpha}_2,\cdots,\boldsymbol{\alpha}_s$ 线性无关,而向量组 $\boldsymbol{\alpha}_1,\boldsymbol{\alpha}_2,\cdots,\boldsymbol{\alpha}_s,\boldsymbol{\beta}$ 线性相关,则 $\boldsymbol{\beta}$ 必可由 $\boldsymbol{\alpha}_1,\boldsymbol{\alpha}_2,\cdots,\boldsymbol{\alpha}_s$ 线性表出.

证明 由于向量组 $\boldsymbol{\alpha}_1,\boldsymbol{\alpha}_2,\cdots,\boldsymbol{\alpha}_s,\boldsymbol{\beta}$ 线性相关,因此存在不全为0的常数 $k_1,k_2,\cdots,k_s,k_{s+1}$,使得

$$k_1\boldsymbol{\alpha}_1+k_2\boldsymbol{\alpha}_2+\cdots+k_s\boldsymbol{\alpha}_s+k_{s+1}\boldsymbol{\beta}=\mathbf{0},\tag{3.15}$$

其中 $\boldsymbol{\beta}$ 的系数 k_{s+1} 必不为0. 否则,如果 $k_{s+1}=0$,则上式化为

$$k_1\boldsymbol{\alpha}_1+k_2\boldsymbol{\alpha}_2+\cdots+k_s\boldsymbol{\alpha}_s=\mathbf{0},$$

其中 $k_1,k_2,\cdots,k_s$ 必不全为0,由此推出 $\boldsymbol{\alpha}_1,\boldsymbol{\alpha}_2,\cdots,\boldsymbol{\alpha}_s$ 线性相关,与已知条件矛盾.

当 $k_{s+1}\neq 0$ 时,由(3.15)式可以得到

$$\boldsymbol{\beta}=-\frac{k_1}{k_{s+1}}\boldsymbol{\alpha}_1-\frac{k_2}{k_{s+1}}\boldsymbol{\alpha}_2-\cdots-\frac{k_s}{k_{s+1}}\boldsymbol{\alpha}_s.$$

例3.7的逆否命题同时也成立:如果向量组 $\boldsymbol{\alpha}_1,\boldsymbol{\alpha}_2,\cdots,\boldsymbol{\alpha}_s$ 线性无关,并且向量 $\boldsymbol{\beta}$ 不能由 $\boldsymbol{\alpha}_1,\boldsymbol{\alpha}_2,\cdots,\boldsymbol{\alpha}_s$ 线性表出,则向量组 $\boldsymbol{\alpha}_1,\boldsymbol{\alpha}_2,\cdots,\boldsymbol{\alpha}_s,\boldsymbol{\beta}$ 也线性无关.

例3.7经常用于判断一个向量能否由一个线性无关的向量组线性表出.

例3.8 设向量组 $\boldsymbol{\alpha}_1=(a_{11},a_{21})^{\mathrm{T}},\boldsymbol{\alpha}_2=(a_{12},a_{22})^{\mathrm{T}}$ 线性无关,证明:该向量组加长的向量组 $\boldsymbol{\beta}_1=(a_{11},a_{21},a_{31})^{\mathrm{T}},\boldsymbol{\beta}_2=(a_{12},a_{22},a_{32})^{\mathrm{T}}$ 也线性无关.

证明 构造矩阵

$$\boldsymbol{A}=(\boldsymbol{\alpha}_1,\boldsymbol{\alpha}_2)=\begin{pmatrix}a_{11}&a_{12}\\a_{21}&a_{22}\end{pmatrix}.$$

由于向量组 $\boldsymbol{\alpha}_1,\boldsymbol{\alpha}_2$ 线性无关,由定理3.3结论(2)可知 $\mathrm{r}(\boldsymbol{A})=2$,故

$$|\boldsymbol{A}|=\begin{vmatrix}a_{11}&a_{12}\\a_{21}&a_{22}\end{vmatrix}\neq 0.$$

再构造矩阵

$$\boldsymbol{B}=(\boldsymbol{\beta}_1,\boldsymbol{\beta}_2)=\begin{pmatrix}a_{11}&a_{12}\\a_{21}&a_{22}\\a_{31}&a_{32}\end{pmatrix},$$

显然,$\boldsymbol{B}$ 中存在2阶子式 $\begin{vmatrix} a_{11} & a_{12} \\ a_{21} & a_{22} \end{vmatrix} \neq 0$,并且 $\boldsymbol{B}$ 没有更高阶子式,因此 $\mathrm{r}(\boldsymbol{B})=2$,从而 $\boldsymbol{\beta}_1,\boldsymbol{\beta}_2$ 也线性无关.

将例3.8推广到一般情况,有以下结论.

定理3.6 设向量组 $\boldsymbol{\alpha}_1,\boldsymbol{\alpha}_2,\cdots,\boldsymbol{\alpha}_s$ 线性无关,其中

$$\boldsymbol{\alpha}_1=(a_{11},\cdots,a_{n1})^{\mathrm{T}},\quad \boldsymbol{\alpha}_2=(a_{12},\cdots,a_{n2})^{\mathrm{T}},\quad \cdots,\quad \boldsymbol{\alpha}_s=(a_{1s},\cdots,a_{ns})^{\mathrm{T}},$$

则 $\boldsymbol{\alpha}_1,\boldsymbol{\alpha}_2,\cdots,\boldsymbol{\alpha}_s$ 加长的向量组 $\boldsymbol{\beta}_1,\boldsymbol{\beta}_2,\cdots,\boldsymbol{\beta}_s$ 也线性无关,其中

$$\boldsymbol{\beta}_1=(a_{11},\cdots,a_{n1},a_{n+1,1},\cdots,a_{n+m,1})^{\mathrm{T}},\quad \boldsymbol{\beta}_2=(a_{12},\cdots,a_{n2},a_{n+1,2},\cdots,a_{n+m,2})^{\mathrm{T}},\quad \cdots,$$
$$\boldsymbol{\beta}_s=(a_{1s},\cdots,a_{ns},a_{n+1,s},\cdots,a_{n+m,s})^{\mathrm{T}}.$$

同时也有以下结论成立.

推论 如果向量组 $\boldsymbol{\beta}_1,\boldsymbol{\beta}_2,\cdots,\boldsymbol{\beta}_s$ 线性相关,则 $\boldsymbol{\beta}_1,\boldsymbol{\beta}_2,\cdots,\boldsymbol{\beta}_s$ 缩短的向量组 $\boldsymbol{\alpha}_1,\boldsymbol{\alpha}_2,\cdots,\boldsymbol{\alpha}_s$ 也线性相关.

习题 3.2

1. 利用克拉默法则,将向量 $\boldsymbol{\beta}$ 由向量组 $\boldsymbol{\alpha}_1,\boldsymbol{\alpha}_2,\boldsymbol{\alpha}_3$ 线性表出,其中

$$\boldsymbol{\alpha}_1=(3,-3,2)^{\mathrm{T}},\quad \boldsymbol{\alpha}_2=(-2,1,2)^{\mathrm{T}},\quad \boldsymbol{\alpha}_3=(1,2,-1)^{\mathrm{T}},\quad \boldsymbol{\beta}=(4,5,6)^{\mathrm{T}}.$$

2. 判断下列各向量组线性相关,还是线性无关:

(1) $\boldsymbol{\alpha}_1=(3,2,0)^{\mathrm{T}},\boldsymbol{\alpha}_2=(-1,2,1)^{\mathrm{T}}$;

(2) $\boldsymbol{\beta}_1=(1,1,-1,1)^{\mathrm{T}},\boldsymbol{\beta}_2=(1,-1,2,-1)^{\mathrm{T}},\boldsymbol{\beta}_3=(3,1,0,1)^{\mathrm{T}}$;

(3) $\boldsymbol{\gamma}_1=(2,1,3)^{\mathrm{T}},\boldsymbol{\gamma}_2=(-3,1,1)^{\mathrm{T}},\boldsymbol{\gamma}_3=(1,1,-2)^{\mathrm{T}}$;

(4) $\boldsymbol{\eta}_1=(-1,1,1)^{\mathrm{T}},\boldsymbol{\eta}_2=(1,-1,1)^{\mathrm{T}},\boldsymbol{\eta}_3=(1,1,-1)^{\mathrm{T}},\boldsymbol{\eta}_4=(1,3,5)^{\mathrm{T}}$.

3. 设向量组 $\boldsymbol{\alpha}_1=(k,2,1)^{\mathrm{T}},\boldsymbol{\alpha}_2=(2,k,0)^{\mathrm{T}},\boldsymbol{\alpha}_3=(1,-1,1)^{\mathrm{T}}$,试确定当 k 为何值时,$\boldsymbol{\alpha}_1,\boldsymbol{\alpha}_2,\boldsymbol{\alpha}_3$ 线性相关;当 k 为何值时,$\boldsymbol{\alpha}_1,\boldsymbol{\alpha}_2,\boldsymbol{\alpha}_3$ 线性无关.

4. 设向量组 $\boldsymbol{\alpha}_1,\boldsymbol{\alpha}_2,\boldsymbol{\alpha}_3$ 线性无关,证明下列向量组也线性无关:

(1) $\boldsymbol{\beta}_1=\boldsymbol{\alpha}_1,\boldsymbol{\beta}_2=\boldsymbol{\alpha}_1+\boldsymbol{\alpha}_2,\boldsymbol{\beta}_3=\boldsymbol{\alpha}_1+\boldsymbol{\alpha}_2+\boldsymbol{\alpha}_3$;

(2) $\boldsymbol{\gamma}_1=-\boldsymbol{\alpha}_1+\boldsymbol{\alpha}_2+\boldsymbol{\alpha}_3,\boldsymbol{\gamma}_2=\boldsymbol{\alpha}_1-\boldsymbol{\alpha}_2+\boldsymbol{\alpha}_3,\boldsymbol{\gamma}_3=\boldsymbol{\alpha}_1+\boldsymbol{\alpha}_2-\boldsymbol{\alpha}_3$.

5. 设 $\boldsymbol{\alpha}_1,\boldsymbol{\alpha}_2,\cdots,\boldsymbol{\alpha}_s,\boldsymbol{\beta}_1,\boldsymbol{\beta}_2,\cdots,\boldsymbol{\beta}_s\in\mathbf{R}^n$,$2\leqslant s\leqslant n$,其中 $\boldsymbol{\alpha}_1,\boldsymbol{\alpha}_2,\cdots,\boldsymbol{\alpha}_s$ 线性无关,

$$\boldsymbol{\beta}_1=\boldsymbol{\alpha}_1+\boldsymbol{\alpha}_2,\quad \boldsymbol{\beta}_2=\boldsymbol{\alpha}_2+\boldsymbol{\alpha}_3,\quad \cdots,\quad \boldsymbol{\beta}_s=\boldsymbol{\alpha}_s+\boldsymbol{\alpha}_1.$$

证明:当 s 为偶数时,$\boldsymbol{\beta}_1,\boldsymbol{\beta}_2,\cdots,\boldsymbol{\beta}_s$ 线性相关;当 s 为奇数时,$\boldsymbol{\beta}_1,\boldsymbol{\beta}_2,\cdots,\boldsymbol{\beta}_s$ 线性无关.

6. 设向量组 $\boldsymbol{\alpha}_1,\boldsymbol{\alpha}_2$ 线性无关,$\boldsymbol{\beta}=k_1\boldsymbol{\alpha}_1+k_2\boldsymbol{\alpha}_2$. 证明:如果 $k_1\neq 0$,则向量组 $\boldsymbol{\beta},\boldsymbol{\alpha}_2$ 也线性无关.

3.3 向量组的极大线性无关组

3.3.1 向量组的极大线性无关组

例 3.9 考察 $\mathbf{R}^2$ 中的向量组 $\boldsymbol{\alpha}_1=(1,0)^{\mathrm{T}}$，$\boldsymbol{\alpha}_2=(1,1)^{\mathrm{T}}$，$\boldsymbol{\alpha}_3=(-1,2)^{\mathrm{T}}$，如图 3.4 所示，

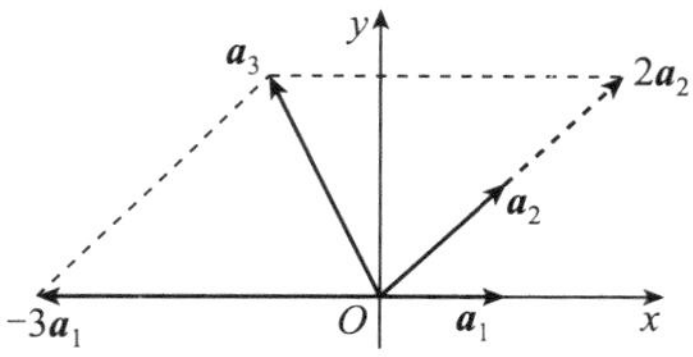

图 3.4

有

$$\boldsymbol{\alpha}_3=-3\boldsymbol{\alpha}_1+2\boldsymbol{\alpha}_2,$$

即 $\boldsymbol{\alpha}_1,\boldsymbol{\alpha}_2,\boldsymbol{\alpha}_3$ 共面，而 $\boldsymbol{\alpha}_1,\boldsymbol{\alpha}_2,\boldsymbol{\alpha}_3$ 中任意两个向量都不共线. 故 $\boldsymbol{\alpha}_1,\boldsymbol{\alpha}_2,\boldsymbol{\alpha}_3$ 线性相关，而其中任意两个向量都线性无关.

观察向量组的部分组：$\boldsymbol{\alpha}_1\neq\mathbf{0}$，故 $\boldsymbol{\alpha}_1$ 线性无关；$\boldsymbol{\alpha}_1,\boldsymbol{\alpha}_2$ 也线性无关. 虽然部分组 $\boldsymbol{\alpha}_1$ 与部分组 $\boldsymbol{\alpha}_1,\boldsymbol{\alpha}_2$ 都线性无关，但它们有明显的区别：对于部分组 $\boldsymbol{\alpha}_1$ 来说，加上 $\boldsymbol{\alpha}_2$ 或 $\boldsymbol{\alpha}_3$ 后，得到的部分组 $\boldsymbol{\alpha}_1,\boldsymbol{\alpha}_2$ 或 $\boldsymbol{\alpha}_1,\boldsymbol{\alpha}_3$ 仍线性无关；而对于部分组 $\boldsymbol{\alpha}_1,\boldsymbol{\alpha}_2$ 来说，加上 $\boldsymbol{\alpha}_3$ 后，得到的 $\boldsymbol{\alpha}_1,\boldsymbol{\alpha}_2,\boldsymbol{\alpha}_3$ 却线性相关. 由此，我们引入以下定义.

定义 3.11 如果一个向量组的部分组 $\boldsymbol{\alpha}_1,\boldsymbol{\alpha}_2,\cdots,\boldsymbol{\alpha}_r$ 同时满足以下两个条件：

(1) $\boldsymbol{\alpha}_1,\boldsymbol{\alpha}_2,\cdots,\boldsymbol{\alpha}_r$ 线性无关，

(2) 将向量组其余向量（如果还有的话）中的任意一个向量添加到 $\boldsymbol{\alpha}_1,\boldsymbol{\alpha}_2,\cdots,\boldsymbol{\alpha}_r$ 中，得到的 $r+1$ 个向量都线性相关（即向量组的其余向量都可以由 $\boldsymbol{\alpha}_1,\boldsymbol{\alpha}_2,\cdots,\boldsymbol{\alpha}_r$ 线性表出），

则称 $\boldsymbol{\alpha}_1,\boldsymbol{\alpha}_2,\cdots,\boldsymbol{\alpha}_r$ 为该向量组的一个**极大线性无关组**，简称为**极大无关组**.

由定义 3.11 可知，例 3.9 中，$\boldsymbol{\alpha}_1,\boldsymbol{\alpha}_2$ 就是向量组 $\boldsymbol{\alpha}_1,\boldsymbol{\alpha}_2,\boldsymbol{\alpha}_3$ 的一个极大无关组. 此外，$\boldsymbol{\alpha}_1,\boldsymbol{\alpha}_3$ 和 $\boldsymbol{\alpha}_2,\boldsymbol{\alpha}_3$ 也是向量组 $\boldsymbol{\alpha}_1,\boldsymbol{\alpha}_2,\boldsymbol{\alpha}_3$ 的极大无关组. 这说明向量组的极大无关组一般不是唯一的.

定义 3.11 中的条件(1)与(2)分别表示出“线性无关”和“极大”两个特点.

由于任意一个非零向量本身线性无关，故包含非零向量的向量组一定存在极大无关组，而仅含零向量的向量组不存在极大无关组. 特别地，如果一个向量组线性无关，则它的极大无关组就是该向量组本身.

为了更深入地研究向量组的极大无关组的性质，我们需要讨论两个向量组之间的关系.

定义 3.12 设有 $\mathbf{R}^n$ 中的两个向量组

$$\text{Ⅰ}:\boldsymbol{\alpha}_1,\boldsymbol{\alpha}_2,\cdots,\boldsymbol{\alpha}_s,$$

$$\text{Ⅱ}:\boldsymbol{\beta}_1,\boldsymbol{\beta}_2,\cdots,\boldsymbol{\beta}_t.$$

如果向量组Ⅰ中的每一个向量都可以由向量组Ⅱ线性表出，则称**向量组Ⅰ可由向量组Ⅱ线性表出**. 如果向量组Ⅰ和向量组Ⅱ可以互相线性表出，则称**向量组Ⅰ和向量组Ⅱ等价**，记作

$$\{\boldsymbol{\alpha}_1,\boldsymbol{\alpha}_2,\cdots,\boldsymbol{\alpha}_s\}\cong\{\boldsymbol{\beta}_1,\boldsymbol{\beta}_2,\cdots,\boldsymbol{\beta}_t\}.$$

可以验证向量组之间的等价关系有以下性质：

(1) 反身性：任一向量组与其自身等价，即$\{\boldsymbol{\alpha}_1,\boldsymbol{\alpha}_2,\cdots,\boldsymbol{\alpha}_s\}\cong\{\boldsymbol{\alpha}_1,\boldsymbol{\alpha}_2,\cdots,\boldsymbol{\alpha}_s\}$；

(2) 对称性：如果$\{\boldsymbol{\alpha}_1,\boldsymbol{\alpha}_2,\cdots,\boldsymbol{\alpha}_s\}\cong\{\boldsymbol{\beta}_1,\boldsymbol{\beta}_2,\cdots,\boldsymbol{\beta}_t\}$，则$\{\boldsymbol{\beta}_1,\boldsymbol{\beta}_2,\cdots,\boldsymbol{\beta}_t\}\cong\{\boldsymbol{\alpha}_1,\boldsymbol{\alpha}_2,\cdots,\boldsymbol{\alpha}_s\}$；

(3) 传递性：如果$\{\boldsymbol{\alpha}_1,\boldsymbol{\alpha}_2,\cdots,\boldsymbol{\alpha}_s\}\cong\{\boldsymbol{\beta}_1,\boldsymbol{\beta}_2,\cdots,\boldsymbol{\beta}_t\}$，并且$\{\boldsymbol{\beta}_1,\boldsymbol{\beta}_2,\cdots,\boldsymbol{\beta}_t\}\cong\{\boldsymbol{\gamma}_1,\boldsymbol{\gamma}_2,\cdots,\boldsymbol{\gamma}_m\}$，则$\{\boldsymbol{\alpha}_1,\boldsymbol{\alpha}_2,\cdots,\boldsymbol{\alpha}_s\}\cong\{\boldsymbol{\gamma}_1,\boldsymbol{\gamma}_2,\cdots,\boldsymbol{\gamma}_m\}$.

由定义 3.11 和定义 3.12 可以得到

定理 3.7　向量组和它的极大无关组等价.

再由等价的传递性可推出

推论　向量组的任意两个极大无关组等价.

定理 3.7 表明，在讨论向量组之间的某些关系时，用极大无关组来代替向量组，将会使问题的讨论更加方便和简单(如后面的例 3.11).

下面我们考察几何空间($\mathbf{R}^2$ 或 $\mathbf{R}^3$)中的两个向量组 $\boldsymbol{\alpha}_1,\boldsymbol{\alpha}_2,\boldsymbol{\alpha}_3$ 和 $\boldsymbol{\beta}_1,\boldsymbol{\beta}_2$. 设 $\boldsymbol{\alpha}_1,\boldsymbol{\alpha}_2,\boldsymbol{\alpha}_3$ 可由 $\boldsymbol{\beta}_1,\boldsymbol{\beta}_2$ 线性表出，我们来观察一下 $\boldsymbol{\alpha}_1,\boldsymbol{\alpha}_2,\boldsymbol{\alpha}_3$ 的线性相关性.

(1) 如果 $\boldsymbol{\beta}_1,\boldsymbol{\beta}_2$ 共线(即线性相关)，则当 $\boldsymbol{\alpha}_1,\boldsymbol{\alpha}_2,\boldsymbol{\alpha}_3$ 可由 $\boldsymbol{\beta}_1,\boldsymbol{\beta}_2$ 线性表出时，$\boldsymbol{\alpha}_1,\boldsymbol{\alpha}_2,\boldsymbol{\alpha}_3$ 也一定共线(都在由 $\boldsymbol{\beta}_1$ 或 $\boldsymbol{\beta}_2$ 所确定的直线上)，从而 $\boldsymbol{\alpha}_1,\boldsymbol{\alpha}_2,\boldsymbol{\alpha}_3$ 线性相关，如图 3.5 所示.

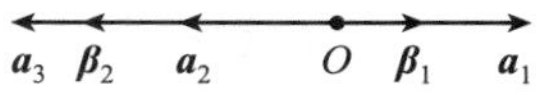

图 3.5

(2) 如果 $\boldsymbol{\beta}_1,\boldsymbol{\beta}_2$ 不共线(即线性无关)，则当 $\boldsymbol{\alpha}_1,\boldsymbol{\alpha}_2,\boldsymbol{\alpha}_3$ 可由 $\boldsymbol{\beta}_1,\boldsymbol{\beta}_2$ 线性表出时，表明 $\boldsymbol{\alpha}_1,\boldsymbol{\alpha}_2,\boldsymbol{\alpha}_3$ 都在由 $\boldsymbol{\beta}_1,\boldsymbol{\beta}_2$ 所确定的平面上，从而 $\boldsymbol{\alpha}_1,\boldsymbol{\alpha}_2,\boldsymbol{\alpha}_3$ 共面，即 $\boldsymbol{\alpha}_1,\boldsymbol{\alpha}_2,\boldsymbol{\alpha}_3$ 线性相关，如图 3.6 所示.

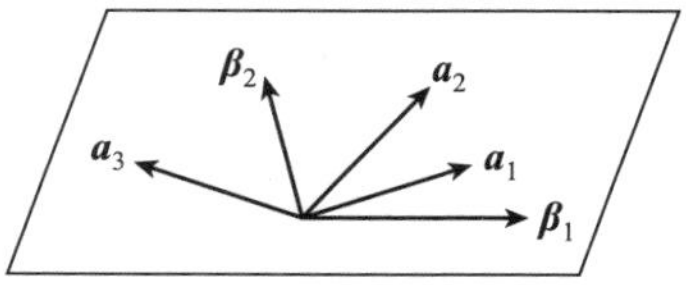

图 3.6

因此可见，当 $\boldsymbol{\alpha}_1,\boldsymbol{\alpha}_2,\boldsymbol{\alpha}_3$ 可由 $\boldsymbol{\beta}_1,\boldsymbol{\beta}_2$ 线性表出时，无论 $\boldsymbol{\beta}_1,\boldsymbol{\beta}_2$ 是否线性相关，$\boldsymbol{\alpha}_1,\boldsymbol{\alpha}_2,\boldsymbol{\alpha}_3$ 都线性相关.

将几何空间中两个向量组间的这种情况，推广到 $\mathbf{R}^n$ 中的两个向量组，有以下重要结论.

定理 3.8　设向量组 $\boldsymbol{\alpha}_1,\boldsymbol{\alpha}_2,\cdots,\boldsymbol{\alpha}_s$ 可由向量组 $\boldsymbol{\beta}_1,\boldsymbol{\beta}_2,\cdots,\boldsymbol{\beta}_t$ 线性表出. 如果 $s>t$，则向量组 $\boldsymbol{\alpha}_1,\boldsymbol{\alpha}_2,\cdots,\boldsymbol{\alpha}_s$ 线性相关.

为简单和便于理解，我们下面对 $s=3,t=2$，且表示法已知的情况给予证明，一般情况的证明思路相同.

设 $\mathbf{R}^n$ 中的向量组 $\boldsymbol{\alpha}_1,\boldsymbol{\alpha}_2,\boldsymbol{\alpha}_3$ 可由 $\boldsymbol{\beta}_1,\boldsymbol{\beta}_2$ 线性表出，如设

$$\boldsymbol{\alpha}_1=\boldsymbol{\beta}_1-2\boldsymbol{\beta}_2,\quad \boldsymbol{\alpha}_2=3\boldsymbol{\beta}_1-4\boldsymbol{\beta}_2,\quad \boldsymbol{\alpha}_3=\boldsymbol{\beta}_1+\boldsymbol{\beta}_2.$$

证明：向量组 $\boldsymbol{\alpha}_1,\boldsymbol{\alpha}_2,\boldsymbol{\alpha}_3$ 线性相关.

证明　要证明 $\boldsymbol{\alpha}_1,\boldsymbol{\alpha}_2,\boldsymbol{\alpha}_3$ 线性相关，只需证明一定存在不全为 0 的常数 k_1,k_2,k_3，使得

$$k_1\boldsymbol{\alpha}_1+k_2\boldsymbol{\alpha}_2+k_3\boldsymbol{\alpha}_3=\mathbf{0}$$

成立. 为此，考虑 $\boldsymbol{\alpha}_1,\boldsymbol{\alpha}_2,\boldsymbol{\alpha}_3$ 的线性组合

$$x_1\boldsymbol{\alpha}_1+x_2\boldsymbol{\alpha}_2+x_3\boldsymbol{\alpha}_3. \tag{3.16}$$

将 $\boldsymbol{\alpha}_1=\boldsymbol{\beta}_1-2\boldsymbol{\beta}_2,\boldsymbol{\alpha}_2=3\boldsymbol{\beta}_1-4\boldsymbol{\beta}_2,\boldsymbol{\alpha}_3=\boldsymbol{\beta}_1+\boldsymbol{\beta}_2$ 代入(3.16) 式，可整理为

$$(x_1+3x_2+x_3)\boldsymbol{\beta}_1+(-2x_1-4x_2+x_3)\boldsymbol{\beta}_2. \tag{3.17}$$

令上式中 $\boldsymbol{\beta}_1,\boldsymbol{\beta}_2$ 的系数都为 0，即

$$\begin{cases} x_1+3x_2+x_3=0, \\ -2x_1-4x_2+x_3=0, \end{cases} \tag{3.18}$$

则 $x_1\boldsymbol{\alpha}_1+x_2\boldsymbol{\alpha}_2+x_3\boldsymbol{\alpha}_3=\mathbf{0}$.而三元齐次线性方程组(3.18) 的方程个数少于未知量个数，必有非零解，例如 $x_1=7,x_2=-3,x_3=2$ 即为方程组(3.18) 的一个解. 从而存在不全为零的 $x_1=7,x_2=-3,x_3=2$，使得(3.16) 式成立，因此向量组 $\boldsymbol{\alpha}_1,\boldsymbol{\alpha}_2,\boldsymbol{\alpha}_3$ 线性相关.

例 3.10 证明：$\mathbf{R}^n$ 中的任意 $n+1$ 个向量都线性相关.

证明 设 $\boldsymbol{\alpha}_1,\boldsymbol{\alpha}_2,\cdots,\boldsymbol{\alpha}_n,\boldsymbol{\alpha}_{n+1}$ 是 $\mathbf{R}^n$ 中的任意 $n+1$ 个向量. 由于任意 n 维向量都可由 $\mathbf{R}^n$ 的标准向量组 $\boldsymbol{\varepsilon}_1,\boldsymbol{\varepsilon}_2,\cdots,\boldsymbol{\varepsilon}_n$ 线性表出(见 3.2 节例 3.5)，故 $\boldsymbol{\alpha}_1,\boldsymbol{\alpha}_2,\cdots,\boldsymbol{\alpha}_n,\boldsymbol{\alpha}_{n+1}$ 可由标准向量组 $\boldsymbol{\varepsilon}_1,\boldsymbol{\varepsilon}_2,\cdots,\boldsymbol{\varepsilon}_n$ 线性表出，而 $n+1>n$，因此由定理 3.8 可知 $\boldsymbol{\alpha}_1,\boldsymbol{\alpha}_2,\cdots,\boldsymbol{\alpha}_n,\boldsymbol{\alpha}_{n+1}$ 线性相关.

例 3.10 告诉我们：任意 3 个 2 维向量线性相关；任意 4 个 3 维向量线性相关…… 更一般地，如果一个向量组所含的向量个数大于向量的维数，则这个向量组一定线性相关(即定理 3.3 结论(4)).

由定理 3.8 可以得到以下推论.

推论 1 设向量组 $\boldsymbol{\alpha}_1,\boldsymbol{\alpha}_2,\cdots,\boldsymbol{\alpha}_s$ 可由向量组 $\boldsymbol{\beta}_1,\boldsymbol{\beta}_2,\cdots,\boldsymbol{\beta}_t$ 线性表出. 如果 $\boldsymbol{\alpha}_1,\boldsymbol{\alpha}_2,\cdots,\boldsymbol{\alpha}_s$ 线性无关，则 $s\leqslant t$.

显然，推论 1 是定理 3.8 的逆否命题. 由推论 1 又可得到

推论 2 两个等价的，并且都线性无关的向量组，所含的向量个数相同.

推论 3 一个向量组的任意两个极大无关组所含的向量个数相同.

证明 设向量组 $\boldsymbol{\alpha}_1,\boldsymbol{\alpha}_2,\cdots,\boldsymbol{\alpha}_s$ 的两个极大无关组分别为

$$\boldsymbol{\alpha}_{i_1},\boldsymbol{\alpha}_{i_2},\cdots,\boldsymbol{\alpha}_{i_r} \quad 和 \quad \boldsymbol{\alpha}_{j_1},\boldsymbol{\alpha}_{j_2},\cdots,\boldsymbol{\alpha}_{j_p},$$

则

$$\{\boldsymbol{\alpha}_{i_1},\boldsymbol{\alpha}_{i_2},\cdots,\boldsymbol{\alpha}_{i_r}\}\cong\{\boldsymbol{\alpha}_1,\boldsymbol{\alpha}_2,\cdots,\boldsymbol{\alpha}_s\},$$

且

$$\{\boldsymbol{\alpha}_1,\boldsymbol{\alpha}_2,\cdots,\boldsymbol{\alpha}_s\}\cong\{\boldsymbol{\alpha}_{j_1},\boldsymbol{\alpha}_{j_2},\cdots,\boldsymbol{\alpha}_{j_p}\}.$$

由等价的传递性可推出

$$\{\boldsymbol{\alpha}_{i_1},\boldsymbol{\alpha}_{i_2},\cdots,\boldsymbol{\alpha}_{i_r}\}\cong\{\boldsymbol{\alpha}_{j_1},\boldsymbol{\alpha}_{j_2},\cdots,\boldsymbol{\alpha}_{j_p}\},$$

而 $\boldsymbol{\alpha}_{i_1},\boldsymbol{\alpha}_{i_2},\cdots,\boldsymbol{\alpha}_{i_r}$ 和 $\boldsymbol{\alpha}_{j_1},\boldsymbol{\alpha}_{j_2},\cdots,\boldsymbol{\alpha}_{j_p}$ 都线性无关，故由推论 2 知 $r=p$.

推论 3 表明，一个向量组的所有极大无关组，所含的向量个数都是相同的，这是向量组的一个重要特征. 因此有必要引入向量组的秩的概念.

3.3.2 向量组的秩

定义 3.13 向量组 $\boldsymbol{\alpha}_1,\boldsymbol{\alpha}_2,\cdots,\boldsymbol{\alpha}_s$ 的极大无关组所含的向量个数，称为该向量组的**秩**，记作 $\mathrm{r}(\boldsymbol{\alpha}_1,\boldsymbol{\alpha}_2,\cdots,\boldsymbol{\alpha}_s)$.

由于仅含零向量的向量组不含有极大无关组,从而由零向量组成的向量组的秩为0.

如果向量组 $\boldsymbol{\alpha}_1,\boldsymbol{\alpha}_2,\cdots,\boldsymbol{\alpha}_s$ 线性无关,则其极大无关组即为向量组本身. 因此,

$$\boldsymbol{\alpha}_1,\boldsymbol{\alpha}_2,\cdots,\boldsymbol{\alpha}_s \text{ 线性无关} \Leftrightarrow \mathrm{r}(\boldsymbol{\alpha}_1,\boldsymbol{\alpha}_2,\cdots,\boldsymbol{\alpha}_s)=s.$$

例如,$\mathbf{R}^n$ 的标准向量组 $\boldsymbol{\varepsilon}_1,\boldsymbol{\varepsilon}_2,\cdots,\boldsymbol{\varepsilon}_n$ 线性无关,从而 $\mathrm{r}(\boldsymbol{\varepsilon}_1,\boldsymbol{\varepsilon}_2,\cdots,\boldsymbol{\varepsilon}_n)=n$.

对于任意含有非零向量的向量组 $\boldsymbol{\alpha}_1,\boldsymbol{\alpha}_2,\cdots,\boldsymbol{\alpha}_s$,有

$$1\leqslant \mathrm{r}(\boldsymbol{\alpha}_1,\boldsymbol{\alpha}_2,\cdots,\boldsymbol{\alpha}_s)\leqslant s.$$

由向量组的秩与其极大无关组的关系,还可以得到下面的重要结论.

例 3.11 证明:

(1) 如果向量组 $\boldsymbol{\alpha}_1,\boldsymbol{\alpha}_2,\cdots,\boldsymbol{\alpha}_s$ 可由向量组 $\boldsymbol{\beta}_1,\boldsymbol{\beta}_2,\cdots,\boldsymbol{\beta}_t$ 线性表出,则

$$\mathrm{r}(\boldsymbol{\alpha}_1,\boldsymbol{\alpha}_2,\cdots,\boldsymbol{\alpha}_s)\leqslant \mathrm{r}(\boldsymbol{\beta}_1,\boldsymbol{\beta}_2,\cdots,\boldsymbol{\beta}_t).$$

(2) 如果向量组 $\boldsymbol{\alpha}_1,\boldsymbol{\alpha}_2,\cdots,\boldsymbol{\alpha}_s$ 与向量组 $\boldsymbol{\beta}_1,\boldsymbol{\beta}_2,\cdots,\boldsymbol{\beta}_t$ 等价,则

$$\mathrm{r}(\boldsymbol{\alpha}_1,\boldsymbol{\alpha}_2,\cdots,\boldsymbol{\alpha}_s)=\mathrm{r}(\boldsymbol{\beta}_1,\boldsymbol{\beta}_2,\cdots,\boldsymbol{\beta}_t).$$

证明 (1) 设 $\mathrm{r}(\boldsymbol{\alpha}_1,\boldsymbol{\alpha}_2,\cdots,\boldsymbol{\alpha}_s)=r_1$,$\mathrm{r}(\boldsymbol{\beta}_1,\boldsymbol{\beta}_2,\cdots,\boldsymbol{\beta}_t)=r_2$,且不妨设 $\boldsymbol{\alpha}_1,\boldsymbol{\alpha}_2,\cdots,\boldsymbol{\alpha}_{r_1}$ 与 $\boldsymbol{\beta}_1,\boldsymbol{\beta}_2,\cdots,\boldsymbol{\beta}_{r_2}$ 分别为向量组 $\boldsymbol{\alpha}_1,\boldsymbol{\alpha}_2,\cdots,\boldsymbol{\alpha}_s$ 和向量组 $\boldsymbol{\beta}_1,\boldsymbol{\beta}_2,\cdots,\boldsymbol{\beta}_t$ 的一个极大无关组. 从而

$$\{\boldsymbol{\alpha}_1,\boldsymbol{\alpha}_2,\cdots,\boldsymbol{\alpha}_{r_1}\}\cong\{\boldsymbol{\alpha}_1,\boldsymbol{\alpha}_2,\cdots,\boldsymbol{\alpha}_s\},$$

且

$$\{\boldsymbol{\beta}_1,\boldsymbol{\beta}_2,\cdots,\boldsymbol{\beta}_t\}\cong\{\boldsymbol{\beta}_1,\boldsymbol{\beta}_2,\cdots,\boldsymbol{\beta}_{r_2}\}.$$

因此,当向量组 $\boldsymbol{\alpha}_1,\boldsymbol{\alpha}_2,\cdots,\boldsymbol{\alpha}_s$ 可由向量组 $\boldsymbol{\beta}_1,\boldsymbol{\beta}_2,\cdots,\boldsymbol{\beta}_t$ 线性表出时,必可推出 $\boldsymbol{\alpha}_1,\boldsymbol{\alpha}_2,\cdots,\boldsymbol{\alpha}_{r_1}$ 可由 $\boldsymbol{\beta}_1,\boldsymbol{\beta}_2,\cdots,\boldsymbol{\beta}_{r_2}$ 线性表出. 又 $\boldsymbol{\alpha}_1,\boldsymbol{\alpha}_2,\cdots,\boldsymbol{\alpha}_{r_1}$ 线性无关,故由定理3.8的推论1可知 $r_1\leqslant r_2$,即 $\mathrm{r}(\boldsymbol{\alpha}_1,\boldsymbol{\alpha}_2,\cdots,\boldsymbol{\alpha}_s)\leqslant \mathrm{r}(\boldsymbol{\beta}_1,\boldsymbol{\beta}_2,\cdots,\boldsymbol{\beta}_t)$.

(2) 如果向量组 $\boldsymbol{\alpha}_1,\boldsymbol{\alpha}_2,\cdots,\boldsymbol{\alpha}_s$ 与向量组 $\boldsymbol{\beta}_1,\boldsymbol{\beta}_2,\cdots,\boldsymbol{\beta}_t$ 等价,由(1) 可知必同时有

$$\mathrm{r}(\boldsymbol{\alpha}_1,\boldsymbol{\alpha}_2,\cdots,\boldsymbol{\alpha}_s)\leqslant \mathrm{r}(\boldsymbol{\beta}_1,\boldsymbol{\beta}_2,\cdots,\boldsymbol{\beta}_t),\quad \mathrm{r}(\boldsymbol{\beta}_1,\boldsymbol{\beta}_2,\cdots,\boldsymbol{\beta}_t)\leqslant \mathrm{r}(\boldsymbol{\alpha}_1,\boldsymbol{\alpha}_2,\cdots,\boldsymbol{\alpha}_s),$$

从而

$$\mathrm{r}(\boldsymbol{\alpha}_1,\boldsymbol{\alpha}_2,\cdots,\boldsymbol{\alpha}_s)=\mathrm{r}(\boldsymbol{\beta}_1,\boldsymbol{\beta}_2,\cdots,\boldsymbol{\beta}_t).$$

注意 例3.11结论(2) 的逆命题不成立. 例如:向量组 $\boldsymbol{\alpha}_1=(1,0,0,0)^{\mathrm{T}}$,$\boldsymbol{\alpha}_2=(0,1,0,0)^{\mathrm{T}}$ 与向量组 $\boldsymbol{\beta}_1=(0,0,1,0)^{\mathrm{T}}$,$\boldsymbol{\beta}_2=(0,0,0,1)^{\mathrm{T}}$ 的秩都是2,但显然 $\boldsymbol{\alpha}_1,\boldsymbol{\alpha}_2$ 与 $\boldsymbol{\beta}_1,\boldsymbol{\beta}_2$ 不等价.

3.3.3 求向量组的极大无关组

对于一个给定的向量组,如何求出它的一个极大无关组呢? 我们先给出一个定理.

定理 3.9 设 $\boldsymbol{A}$ 为 $m\times n$ 矩阵,$\boldsymbol{B}$ 为 $m\times n$ 阶梯形矩阵,且 $\boldsymbol{A}$ 与 $\boldsymbol{B}$ 分别按列分块为

$$\boldsymbol{A}=(\boldsymbol{\alpha}_1,\boldsymbol{\alpha}_2,\cdots,\boldsymbol{\alpha}_n),\quad \boldsymbol{B}=(\boldsymbol{\beta}_1,\boldsymbol{\beta}_2,\cdots,\boldsymbol{\beta}_n),$$

称 $\boldsymbol{\alpha}_1,\boldsymbol{\alpha}_2,\cdots,\boldsymbol{\alpha}_n$ 为 $\boldsymbol{A}$ 的列向量组,$\boldsymbol{\beta}_1,\boldsymbol{\beta}_2,\cdots,\boldsymbol{\beta}_n$ 为 $\boldsymbol{B}$ 的列向量组.若用初等行变换将 $\boldsymbol{A}$ 化为 $\boldsymbol{B}$,则

(1) 向量组 $\boldsymbol{\alpha}_1,\boldsymbol{\alpha}_2,\cdots,\boldsymbol{\alpha}_n$ 与向量组 $\boldsymbol{\beta}_1,\boldsymbol{\beta}_2,\cdots,\boldsymbol{\beta}_n$ 有相同的线性相关性;

(2) 若阶梯形矩阵 $\boldsymbol{B}$ 的主元所在的列为 $j_1,j_2,\cdots,j_r$,则对应的向量 $\boldsymbol{\beta}_{j_1},\boldsymbol{\beta}_{j_2},\cdots,\boldsymbol{\beta}_{j_r}$ 为向量组 $\boldsymbol{\beta}_1,\boldsymbol{\beta}_2,\cdots,\boldsymbol{\beta}_n$ 的一个极大无关组,与之相应的 $\boldsymbol{\alpha}_{j_1},\boldsymbol{\alpha}_{j_2},\cdots,\boldsymbol{\alpha}_{j_r}$ 为向量组 $\boldsymbol{\alpha}_1,\boldsymbol{\alpha}_2,\cdots,\boldsymbol{\alpha}_n$ 的一个极大无关组.

(证明略)

我们用下面的例子给出计算方法的具体说明.

例 3.12 求向量组 $\boldsymbol{\alpha}_1=(2,1,3,-1)^{\mathrm T}$,$\boldsymbol{\alpha}_2=(3,-1,2,0)^{\mathrm T}$,$\boldsymbol{\alpha}_3=(1,3,4,-2)^{\mathrm T}$,$\boldsymbol{\alpha}_4=(4,-3,1,1)^{\mathrm T}$ 的一个极大无关组和向量组的秩.

解 第1步,以 $\boldsymbol{\alpha}_1,\boldsymbol{\alpha}_2,\boldsymbol{\alpha}_3,\boldsymbol{\alpha}_4$ 为列构造矩阵 $\boldsymbol{A}=(\boldsymbol{\alpha}_1,\boldsymbol{\alpha}_2,\boldsymbol{\alpha}_3,\boldsymbol{\alpha}_4)$.

第2步,对矩阵 $\boldsymbol{A}$ 进行初等行变换,将其化为阶梯形矩阵:

$$\boldsymbol{A}=\begin{pmatrix}2&3&1&4\\1&-1&3&-3\\3&2&4&1\\-1&0&-2&1\end{pmatrix}\to\begin{pmatrix}1&-1&3&-3\\2&3&1&4\\3&2&4&1\\-1&0&-2&1\end{pmatrix}$$

$$\to\begin{pmatrix}1&-1&3&-3\\0&5&-5&10\\0&5&-5&10\\0&-1&1&-2\end{pmatrix}\to\begin{pmatrix}1&-1&3&-3\\0&5&-5&10\\0&0&0&0\\0&0&0&0\end{pmatrix}=\boldsymbol{B}.$$

在阶梯形矩阵 $\boldsymbol{B}$ 中,第1行的主元在第1列(为1),第2行的主元在第2列(为5). 由定理3.9知,$\boldsymbol{B}$ 的第1,2列为 $\boldsymbol{B}$ 的列向量组的一个极大无关组,则对应矩阵 $\boldsymbol{A}$ 的第1,2列 $\boldsymbol{\alpha}_1,\boldsymbol{\alpha}_2$ 为 $\boldsymbol{A}$ 的列向量组 $\boldsymbol{\alpha}_1,\boldsymbol{\alpha}_2,\boldsymbol{\alpha}_3,\boldsymbol{\alpha}_4$ 的一个极大无关组,同时得到 $\mathrm r(\boldsymbol{\alpha}_1,\boldsymbol{\alpha}_2,\boldsymbol{\alpha}_3,\boldsymbol{\alpha}_4)=2$.

如果进一步要求将向量组中的其余向量由该极大无关组线性表出,则在此基础上可以进行第3步:对阶梯形矩阵 $\boldsymbol{B}$ 继续进行初等行变换,即可求出向量组 $\boldsymbol{\alpha}_1,\boldsymbol{\alpha}_2,\boldsymbol{\alpha}_3,\boldsymbol{\alpha}_4$ 中的其余向量 $\boldsymbol{\alpha}_3,\boldsymbol{\alpha}_4$ 分别由极大无关组 $\boldsymbol{\alpha}_1,\boldsymbol{\alpha}_2$ 线性表出的表示式. 方法是:先将主元都化为1,再将主元所在的列中的其余非零数都化为0. 有

$$\boldsymbol{B}=\begin{pmatrix}1&-1&3&-3\\0&5&-5&10\\0&0&0&0\\0&0&0&0\end{pmatrix}\to\begin{pmatrix}1&-1&3&-3\\0&1&-1&2\\0&0&0&0\\0&0&0&0\end{pmatrix}\to\begin{pmatrix}1&0&2&-1\\0&1&-1&2\\0&0&0&0\\0&0&0&0\end{pmatrix}=\boldsymbol{C},$$

得到的矩阵 $\boldsymbol{C}$ 我们称之为**简化阶梯形矩阵**. 而该矩阵对应 $\boldsymbol{\alpha}_3,\boldsymbol{\alpha}_4$ 的第3,4列中的非零元素,则分别是 $\boldsymbol{\alpha}_3,\boldsymbol{\alpha}_4$ 由极大无关组 $\boldsymbol{\alpha}_1,\boldsymbol{\alpha}_2$ 线性表出的系数,即得到

$$\boldsymbol{\alpha}_3=2\boldsymbol{\alpha}_1-\boldsymbol{\alpha}_2,\quad \boldsymbol{\alpha}_4=-\boldsymbol{\alpha}_1+2\boldsymbol{\alpha}_2.$$

从而本题的结论是:$\boldsymbol{\alpha}_1,\boldsymbol{\alpha}_2$ 是向量组 $\boldsymbol{\alpha}_1,\boldsymbol{\alpha}_2,\boldsymbol{\alpha}_3,\boldsymbol{\alpha}_4$ 的一个极大无关组,并且

$$\boldsymbol{\alpha}_3=2\boldsymbol{\alpha}_1-\boldsymbol{\alpha}_2,\quad \boldsymbol{\alpha}_4=-\boldsymbol{\alpha}_1+2\boldsymbol{\alpha}_2.$$

注意 如果 $\mathrm r(\boldsymbol{\alpha}_1,\boldsymbol{\alpha}_2,\boldsymbol{\alpha}_3,\boldsymbol{\alpha}_4)=4$,则 $\boldsymbol{\alpha}_1,\boldsymbol{\alpha}_2,\boldsymbol{\alpha}_3,\boldsymbol{\alpha}_4$ 就是自身的极大无关组,当然就没有第3步的计算了.

由例3.12,我们可以归纳出求 $\mathbf R^n$ 中给定向量组 $\boldsymbol{\alpha}_1,\boldsymbol{\alpha}_2,\cdots,\boldsymbol{\alpha}_s$ 的一个极大无关组,并将向量组中的其余向量由该极大无关组线性表出的计算步骤:

(1) 以 $\boldsymbol{\alpha}_1,\boldsymbol{\alpha}_2,\cdots,\boldsymbol{\alpha}_s$ 为列构造 $n\times s$ 矩阵

$$\boldsymbol{A}=(\boldsymbol{\alpha}_1,\boldsymbol{\alpha}_2,\cdots,\boldsymbol{\alpha}_s).$$

(2) 对 $\boldsymbol{A}$ 做初等行变换,将其化为阶梯形矩阵 $\boldsymbol{B}$. 如果 $\mathrm r(\boldsymbol{B})=s$,则 $\boldsymbol{\alpha}_1,\boldsymbol{\alpha}_2,\cdots,\boldsymbol{\alpha}_s$ 的极大无关组即为其自身,计算结束. 如果 $\mathrm r(\boldsymbol{B})=r<s$,进入下一步.

(3) 对矩阵 $\boldsymbol{B}$ 继续做初等行变换,将其化为简化阶梯形矩阵 $\boldsymbol{C}$. 这时,$\boldsymbol{C}$ 的各主元所在的列 $j_1,j_2,\cdots,j_r$ 对应的向量 $\boldsymbol{\alpha}_{j_1},\boldsymbol{\alpha}_{j_2},\cdots,\boldsymbol{\alpha}_{j_r}$,就是向量组 $\boldsymbol{\alpha}_1,\boldsymbol{\alpha}_2,\cdots,\boldsymbol{\alpha}_s$ 的一个极大无关组. 而 $\boldsymbol{C}$ 的非主元对应的第 j 列($j\neq j_1,j_2,\cdots,j_r$)的各个数值,就是向量 $\boldsymbol{\alpha}_j$ 由极大无关组 $\boldsymbol{\alpha}_{j_1},\boldsymbol{\alpha}_{j_2}$,

$\cdots,\boldsymbol{\alpha}_{j_r}$ 线性表出的相应系数.

习 题 3.3

1. 设向量组 $\boldsymbol{\alpha}_1,\boldsymbol{\alpha}_2,\boldsymbol{\alpha}_3$ 可由向量组 $\boldsymbol{\beta}_1,\boldsymbol{\beta}_2$ 线性表出，并且向量组 $\boldsymbol{\beta}_1,\boldsymbol{\beta}_2$ 可由向量组 $\boldsymbol{\gamma}_1,\boldsymbol{\gamma}_2,\boldsymbol{\gamma}_3$ 线性表出. 证明：向量组 $\boldsymbol{\alpha}_1,\boldsymbol{\alpha}_2,\boldsymbol{\alpha}_3$ 可由向量组 $\boldsymbol{\gamma}_1,\boldsymbol{\gamma}_2,\boldsymbol{\gamma}_3$ 线性表出.

2. 判定下列各组中给定的两个向量组是否等价：

(1) $\boldsymbol{\alpha}_1=(1,0)^{\mathrm{T}},\boldsymbol{\alpha}_2=(0,1)^{\mathrm{T}}$ 与 $\boldsymbol{\beta}_1=(1,2)^{\mathrm{T}},\boldsymbol{\beta}_2=(-1,1)^{\mathrm{T}}$；

(2) $\boldsymbol{\alpha}_1=(1,1)^{\mathrm{T}},\boldsymbol{\alpha}_2=(0,-1)^{\mathrm{T}}$ 与 $\boldsymbol{\beta}_1=(2,2)^{\mathrm{T}},\boldsymbol{\beta}_2=(0,0)^{\mathrm{T}}$.

3. 已知向量组 $\boldsymbol{\alpha}_1,\boldsymbol{\alpha}_2,\boldsymbol{\alpha}_3$ 与 $\boldsymbol{\beta}_1,\boldsymbol{\beta}_2,\boldsymbol{\beta}_3$ 满足关系式：

$$\begin{cases}\boldsymbol{\beta}_1=\ \ \boldsymbol{\alpha}_1-\boldsymbol{\alpha}_2+\boldsymbol{\alpha}_3,\\ \boldsymbol{\beta}_2=\ \ \boldsymbol{\alpha}_1+\boldsymbol{\alpha}_2-\boldsymbol{\alpha}_3,\\ \boldsymbol{\beta}_3=-\boldsymbol{\alpha}_1+\boldsymbol{\alpha}_2+\boldsymbol{\alpha}_3.\end{cases}$$

证明：$\{\boldsymbol{\alpha}_1,\boldsymbol{\alpha}_2,\boldsymbol{\alpha}_3\}\cong\{\boldsymbol{\beta}_1,\boldsymbol{\beta}_2,\boldsymbol{\beta}_3\}$.

4. 设 n 维向量组 $\boldsymbol{\alpha}_1=(1,0,\cdots,0)^{\mathrm{T}},\boldsymbol{\alpha}_2=(1,1,0,\cdots,0)^{\mathrm{T}},\cdots,\boldsymbol{\alpha}_n=(1,1,\cdots,1)^{\mathrm{T}}$. 证明：$\boldsymbol{\alpha}_1,\boldsymbol{\alpha}_2,\cdots,\boldsymbol{\alpha}_n$ 与 $\mathbf{R}^n$ 的标准向量组 $\boldsymbol{\varepsilon}_1=(1,0,\cdots,0)^{\mathrm{T}},\boldsymbol{\varepsilon}_2=(0,1,0,\cdots,0)^{\mathrm{T}},\cdots,\boldsymbol{\varepsilon}_n=(0,\cdots,0,1)^{\mathrm{T}}$ 等价.

5. 设 $\boldsymbol{\beta}$ 可由向量组 $\boldsymbol{\alpha}_1,\boldsymbol{\alpha}_2,\boldsymbol{\alpha}_3$ 线性表出，但 $\boldsymbol{\beta}$ 不能由向量组 $\boldsymbol{\alpha}_1,\boldsymbol{\alpha}_2$ 线性表出. 证明：$\boldsymbol{\alpha}_3$ 可由向量组 $\boldsymbol{\alpha}_1,\boldsymbol{\alpha}_2,\boldsymbol{\beta}$ 线性表出.

6. 证明：如果向量组 $\boldsymbol{\alpha}_1,\boldsymbol{\alpha}_2,\cdots,\boldsymbol{\alpha}_s$ 线性无关，并且向量 $\boldsymbol{\beta}$ 不能由 $\boldsymbol{\alpha}_1,\boldsymbol{\alpha}_2,\cdots,\boldsymbol{\alpha}_s$ 线性表出，则向量组 $\boldsymbol{\alpha}_1,\boldsymbol{\alpha}_2,\cdots,\boldsymbol{\alpha}_s,\boldsymbol{\beta}$ 也线性无关.

7. 证明：如果向量组 $\boldsymbol{\alpha}_1,\boldsymbol{\alpha}_2,\cdots,\boldsymbol{\alpha}_s$ 的秩为 $r<s$，则 $\boldsymbol{\alpha}_1,\boldsymbol{\alpha}_2,\cdots,\boldsymbol{\alpha}_s$ 中任意 r 个线性无关的向量，都是向量组 $\boldsymbol{\alpha}_1,\boldsymbol{\alpha}_2,\cdots,\boldsymbol{\alpha}_s$ 的极大无关组.

8. 分别求下列各向量组的一个极大无关组，并将向量组中的其余向量由该极大无关组线性表出：

(1) $\boldsymbol{\alpha}_1=(1,-2,5)^{\mathrm{T}},\boldsymbol{\alpha}_2=(3,2,-1)^{\mathrm{T}},\boldsymbol{\alpha}_3=(3,10,-17)^{\mathrm{T}}$；

(2) $\boldsymbol{\beta}_1=(1,3,-5,1)^{\mathrm{T}},\boldsymbol{\beta}_2=(2,6,1,4)^{\mathrm{T}},\boldsymbol{\beta}_3=(3,9,7,10)^{\mathrm{T}}$；

(3) $\boldsymbol{\gamma}_1=(1,2,3,4)^{\mathrm{T}},\boldsymbol{\gamma}_2=(2,3,4,5)^{\mathrm{T}},\boldsymbol{\gamma}_3=(3,4,5,6)^{\mathrm{T}},\boldsymbol{\gamma}_4=(4,5,6,7)^{\mathrm{T}}$.

9. 设向量组 $\boldsymbol{\alpha}_1,\boldsymbol{\alpha}_2,\cdots,\boldsymbol{\alpha}_s$ 可由向量组 $\boldsymbol{\beta}_1,\boldsymbol{\beta}_2,\cdots,\boldsymbol{\beta}_t$ 线性表出，证明：

(1) $\mathrm{r}(\boldsymbol{\alpha}_1,\boldsymbol{\alpha}_2,\cdots,\boldsymbol{\alpha}_s,\boldsymbol{\beta}_1,\boldsymbol{\beta}_2,\cdots,\boldsymbol{\beta}_t)=\mathrm{r}(\boldsymbol{\beta}_1,\boldsymbol{\beta}_2,\cdots,\boldsymbol{\beta}_t)$；

(2) 如果 $\mathrm{r}(\boldsymbol{\alpha}_1,\boldsymbol{\alpha}_2,\cdots,\boldsymbol{\alpha}_s)=\mathrm{r}(\boldsymbol{\beta}_1,\boldsymbol{\beta}_2,\cdots,\boldsymbol{\beta}_t)$，则 $\boldsymbol{\beta}_1,\boldsymbol{\beta}_2,\cdots,\boldsymbol{\beta}_t$ 也可由 $\boldsymbol{\alpha}_1,\boldsymbol{\alpha}_2,\cdots,\boldsymbol{\alpha}_s$ 线性表出，从而 $\{\boldsymbol{\alpha}_1,\boldsymbol{\alpha}_2,\cdots,\boldsymbol{\alpha}_s\}\cong\{\boldsymbol{\beta}_1,\boldsymbol{\beta}_2,\cdots,\boldsymbol{\beta}_t\}$.

10. 设 $\boldsymbol{\alpha}_1,\boldsymbol{\alpha}_2,\cdots,\boldsymbol{\alpha}_s$ 与 $\boldsymbol{\beta}_1,\boldsymbol{\beta}_2,\cdots,\boldsymbol{\beta}_s\in\mathbf{R}^n$ 且 $\mathrm{r}(\boldsymbol{\alpha}_1,\boldsymbol{\alpha}_2,\cdots,\boldsymbol{\alpha}_s)=m,\mathrm{r}(\boldsymbol{\beta}_1,\boldsymbol{\beta}_2,\cdots,\boldsymbol{\beta}_s)=t$，证明：

(1) $\mathrm{r}(\boldsymbol{\alpha}_1,\boldsymbol{\alpha}_2,\cdots,\boldsymbol{\alpha}_s,\boldsymbol{\beta}_1,\boldsymbol{\beta}_2,\cdots,\boldsymbol{\beta}_s)\leqslant m+t$；

(2) $\mathrm{r}(\boldsymbol{\alpha}_1+\boldsymbol{\beta}_1,\boldsymbol{\alpha}_2+\boldsymbol{\beta}_2,\cdots,\boldsymbol{\alpha}_s+\boldsymbol{\beta}_s)\leqslant m+t$.

3.4 向量组的秩与矩阵的秩

在第 2 章我们曾介绍过矩阵的秩的概念：矩阵 $\boldsymbol{A}$ 的秩，就是 $\boldsymbol{A}$ 的非零子式的最高阶数. 那么，矩阵的秩和向量组的秩之间有什么关系呢？本节就来讨论这个问题.

设 $\boldsymbol{A}$ 是一个 $m\times n$ 矩阵：

$$\boldsymbol{A}=\begin{pmatrix} a_{11} & a_{12} & \cdots & a_{1n} \\ a_{21} & a_{22} & \cdots & a_{2n} \\ \vdots & \vdots & & \vdots \\ a_{m1} & a_{m2} & \cdots & a_{mn} \end{pmatrix}.$$

若将 $\boldsymbol{A}$ 的每一行看成一个 n 维行向量（或将 $\boldsymbol{A}$ 按行分为 m 块，每块是一个 $1\times n$ 的矩阵），并记

$$\boldsymbol{\alpha}_1=(a_{11},a_{12},\cdots,a_{1n}),\quad \boldsymbol{\alpha}_2=(a_{21},a_{22},\cdots,a_{2n}),\quad \cdots,\quad \boldsymbol{\alpha}_m=(a_{m1},a_{m2},\cdots,a_{mn}),$$

则称 $\boldsymbol{\alpha}_1,\boldsymbol{\alpha}_2,\cdots,\boldsymbol{\alpha}_m$ 为矩阵 $\boldsymbol{A}$ 的**行向量组**. 而将 $\boldsymbol{A}$ 的每一列看成一个 m 维列向量（或将 $\boldsymbol{A}$ 按列分为 n 块，每块是一个 $m\times 1$ 的矩阵），并记

$$\boldsymbol{\beta}_1=\begin{pmatrix} a_{11} \\ a_{21} \\ \vdots \\ a_{m1} \end{pmatrix},\quad \boldsymbol{\beta}_2=\begin{pmatrix} a_{12} \\ a_{22} \\ \vdots \\ a_{m2} \end{pmatrix},\quad \cdots,\quad \boldsymbol{\beta}_n=\begin{pmatrix} a_{1n} \\ a_{2n} \\ \vdots \\ a_{mn} \end{pmatrix},$$

则称 $\boldsymbol{\beta}_1,\boldsymbol{\beta}_2,\cdots,\boldsymbol{\beta}_n$ 为矩阵 $\boldsymbol{A}$ 的**列向量组**. 由此可以得到

定义 3.14 矩阵 $\boldsymbol{A}=(a_{ij})_{m\times n}$ 的行向量组 $\boldsymbol{\alpha}_1,\boldsymbol{\alpha}_2,\cdots,\boldsymbol{\alpha}_m$ 的秩，称为矩阵 $\boldsymbol{A}$ 的**行秩**；矩阵 $\boldsymbol{A}$ 的列向量组 $\boldsymbol{\beta}_1,\boldsymbol{\beta}_2,\cdots,\boldsymbol{\beta}_n$ 的秩，称为矩阵 $\boldsymbol{A}$ 的**列秩**.

我们观察结构最简单的矩阵，即等价标准形矩阵. 例如

$$\boldsymbol{A}=\begin{pmatrix} 1 & 0 & 0 & 0 \\ 0 & 1 & 0 & 0 \\ 0 & 0 & 1 & 0 \end{pmatrix},$$

$\boldsymbol{A}$ 的行向量组 $\boldsymbol{\alpha}_1=(1,0,0,0)$，$\boldsymbol{\alpha}_2=(0,1,0,0)$，$\boldsymbol{\alpha}_3=(0,0,1,0)$ 是 4 维向量组，并且显然线性无关，即 $\mathrm{r}(\boldsymbol{\alpha}_1,\boldsymbol{\alpha}_2,\boldsymbol{\alpha}_3)=3$；而 $\boldsymbol{A}$ 的列向量组

$$\boldsymbol{\beta}_1=\begin{pmatrix} 1 \\ 0 \\ 0 \end{pmatrix},\quad \boldsymbol{\beta}_2=\begin{pmatrix} 0 \\ 1 \\ 0 \end{pmatrix},\quad \boldsymbol{\beta}_3=\begin{pmatrix} 0 \\ 0 \\ 1 \end{pmatrix},\quad \boldsymbol{\beta}_4=\begin{pmatrix} 0 \\ 0 \\ 0 \end{pmatrix}$$

是 3 维向量组，并且显然 $\mathrm{r}(\boldsymbol{\beta}_1,\boldsymbol{\beta}_2,\boldsymbol{\beta}_3,\boldsymbol{\beta}_4)=3$.

我们看到，尽管 $\boldsymbol{A}$ 的行向量组和列向量组的维数不同，但它们的秩却相同.同时我们也注意到 $\mathrm{r}(\boldsymbol{A})=3$. 这说明等价标准形矩阵 $\boldsymbol{A}$ 的秩，等于它的行向量组的秩，也等于它的列向量组的秩.

等价标准形矩阵的这个特点，一般的矩阵是否也具有呢？答案是肯定的，下面我们就来说明这个问题.

定理 3.10 *设 $\boldsymbol{A}$ 为 $m\times n$ 矩阵，则 $\mathrm{r}(\boldsymbol{A})=k$ 的充要条件是 $\boldsymbol{A}$ 的行秩和列秩均为 k.*

（证明略）

由定理 3.10 可知，$\mathrm{r}(\boldsymbol{A})=\boldsymbol{A}$ 的行秩 $=\boldsymbol{A}$ 的列秩.

第 2 章的定理 2.7 指出：初等变换不改变矩阵的秩. 故由定理 3.10 的结果可推出：

定理 3.11 *初等变换不改变矩阵的行秩和列秩.*

矩阵的秩是矩阵的一个内在特征，我们不仅可以根据秩的不同，将所有的 $m\times n$ 矩阵按等价进行分类（见 2.6 节）. 同时，矩阵的秩也反映出它的行向量组和列向量组之间的内在联系：

无论一个矩阵的行向量组和列向量组的维数是否相同,它们的秩都相等. 这真是一个很有趣的现象.

既然矩阵的秩与其行秩、列秩都相等,因此自然可以把有关向量组的结论写成矩阵的形式. 例如,习题 3.3 第 10 题:设向量 $\boldsymbol{\alpha}_1,\boldsymbol{\alpha}_2,\cdots,\boldsymbol{\alpha}_s,\boldsymbol{\beta}_1,\boldsymbol{\beta}_2,\cdots,\boldsymbol{\beta}_s\in\mathbf{R}^n$,则

$$\mathrm{r}(\boldsymbol{\alpha}_1+\boldsymbol{\beta}_1,\boldsymbol{\alpha}_2+\boldsymbol{\beta}_2,\cdots,\boldsymbol{\alpha}_s+\boldsymbol{\beta}_s)\leqslant\mathrm{r}(\boldsymbol{\alpha}_1,\boldsymbol{\alpha}_2,\cdots,\boldsymbol{\alpha}_s)+\mathrm{r}(\boldsymbol{\beta}_1,\boldsymbol{\beta}_2,\cdots,\boldsymbol{\beta}_s).$$

当 $\boldsymbol{\alpha}_1,\boldsymbol{\alpha}_2,\cdots,\boldsymbol{\alpha}_s,\boldsymbol{\beta}_1,\boldsymbol{\beta}_2,\cdots,\boldsymbol{\beta}_s$ 为列向量时,分别构造 $n\times s$(分块)矩阵

$$\boldsymbol{A}=(\boldsymbol{\alpha}_1,\boldsymbol{\alpha}_2,\cdots,\boldsymbol{\alpha}_s),\quad \boldsymbol{B}=(\boldsymbol{\beta}_1,\boldsymbol{\beta}_2,\cdots,\boldsymbol{\beta}_s),$$
$$\boldsymbol{A}+\boldsymbol{B}=(\boldsymbol{\alpha}_1+\boldsymbol{\beta}_1,\boldsymbol{\alpha}_2+\boldsymbol{\beta}_2,\cdots,\boldsymbol{\alpha}_s+\boldsymbol{\beta}_s),$$

则习题 3.3 第 10 题的结论可以表为

$$\mathrm{r}(\boldsymbol{A}+\boldsymbol{B})\leqslant\mathrm{r}(\boldsymbol{A})+\mathrm{r}(\boldsymbol{B}).$$

当 $\boldsymbol{\alpha}_1,\boldsymbol{\alpha}_2,\cdots,\boldsymbol{\alpha}_s,\boldsymbol{\beta}_1,\boldsymbol{\beta}_2,\cdots,\boldsymbol{\beta}_s$ 为行向量时,分别构造 $s\times n$(分块)矩阵

$$\boldsymbol{A}=\begin{pmatrix}\boldsymbol{\alpha}_1\\ \boldsymbol{\alpha}_2\\ \vdots\\ \boldsymbol{\alpha}_s\end{pmatrix},\quad \boldsymbol{B}=\begin{pmatrix}\boldsymbol{\beta}_1\\ \boldsymbol{\beta}_2\\ \vdots\\ \boldsymbol{\beta}_s\end{pmatrix},\quad \boldsymbol{A}+\boldsymbol{B}=\begin{pmatrix}\boldsymbol{\alpha}_1+\boldsymbol{\beta}_1\\ \boldsymbol{\alpha}_2+\boldsymbol{\beta}_2\\ \vdots\\ \boldsymbol{\alpha}_s+\boldsymbol{\beta}_s\end{pmatrix},$$

也有

$$\mathrm{r}(\boldsymbol{A}+\boldsymbol{B})\leqslant\mathrm{r}(\boldsymbol{A})+\mathrm{r}(\boldsymbol{B}).$$

用矩阵的行秩或列秩代表矩阵的秩,还可以得到以下结论.

例 3.13 证明:若矩阵 $\boldsymbol{A}=(a_{ij})_{m\times n},\boldsymbol{B}=(b_{ij})_{n\times s}$,则 $\mathrm{r}(\boldsymbol{AB})\leqslant\min(\mathrm{r}(\boldsymbol{A}),\mathrm{r}(\boldsymbol{B}))$.

证明 由 $\boldsymbol{A}=(a_{ij})_{m\times n},\boldsymbol{B}=(b_{ij})_{n\times s}$,可设 $\boldsymbol{AB}=\boldsymbol{C}=(c_{ij})_{m\times s}$.

注意到 $\boldsymbol{A}$ 的列向量组和 $\boldsymbol{C}$ 的列向量组都是 m 维的向量组,设 $\boldsymbol{A}$ 的列向量组为 $\boldsymbol{\alpha}_1,\boldsymbol{\alpha}_2,\cdots,\boldsymbol{\alpha}_n$,$\boldsymbol{C}$ 的列向量组为 $\boldsymbol{\gamma}_1,\boldsymbol{\gamma}_2,\cdots,\boldsymbol{\gamma}_s$,即

$$\boldsymbol{A}=(\boldsymbol{\alpha}_1,\boldsymbol{\alpha}_2,\cdots,\boldsymbol{\alpha}_n),\quad \boldsymbol{C}=(\boldsymbol{\gamma}_1,\boldsymbol{\gamma}_2,\cdots,\boldsymbol{\gamma}_s),$$

则由分块矩阵乘法,$\boldsymbol{AB}=\boldsymbol{C}$ 可以表为

$$(\boldsymbol{\alpha}_1,\boldsymbol{\alpha}_2,\cdots,\boldsymbol{\alpha}_n)\begin{pmatrix}b_{11}&b_{12}&\cdots&b_{1s}\\ b_{21}&b_{22}&\cdots&b_{2s}\\ \vdots&\vdots&&\vdots\\ b_{n1}&b_{n2}&\cdots&b_{ns}\end{pmatrix}=(\boldsymbol{\gamma}_1,\boldsymbol{\gamma}_2,\cdots,\boldsymbol{\gamma}_s),$$

其中

$$\boldsymbol{\gamma}_j=b_{1j}\boldsymbol{\alpha}_1+b_{2j}\boldsymbol{\alpha}_2+\cdots+b_{nj}\boldsymbol{\alpha}_n,\quad j=1,2,\cdots,s.$$

即 $\boldsymbol{AB}$ 的列向量组 $\boldsymbol{\gamma}_1,\boldsymbol{\gamma}_2,\cdots,\boldsymbol{\gamma}_s$ 可由 $\boldsymbol{A}$ 的列向量组 $\boldsymbol{\alpha}_1,\boldsymbol{\alpha}_2,\cdots,\boldsymbol{\alpha}_n$ 线性表出,从而

$$\mathrm{r}(\boldsymbol{\gamma}_1,\boldsymbol{\gamma}_2,\cdots,\boldsymbol{\gamma}_s)\leqslant\mathrm{r}(\boldsymbol{\alpha}_1,\boldsymbol{\alpha}_2,\cdots,\boldsymbol{\alpha}_n),$$

即

$$\mathrm{r}(\boldsymbol{AB})\leqslant\mathrm{r}(\boldsymbol{A}).\tag{3.19}$$

又 $\boldsymbol{B}$ 的行向量组与 $\boldsymbol{C}$ 的行向量组都是 s 维向量组,设 $\boldsymbol{B}$ 的行向量组为 $\boldsymbol{\beta}_1,\boldsymbol{\beta}_2,\cdots,\boldsymbol{\beta}_n$,$\boldsymbol{C}$ 的行向量组为 $\boldsymbol{\eta}_1,\boldsymbol{\eta}_2,\cdots,\boldsymbol{\eta}_m$,即

$$\boldsymbol{B}=\begin{pmatrix}\boldsymbol{\beta}_1\\ \boldsymbol{\beta}_2\\ \vdots\\ \boldsymbol{\beta}_n\end{pmatrix},\quad \boldsymbol{C}=\begin{pmatrix}\boldsymbol{\eta}_1\\ \boldsymbol{\eta}_2\\ \vdots\\ \boldsymbol{\eta}_m\end{pmatrix}.$$

由分块矩阵乘法，$\boldsymbol{AB}=\boldsymbol{C}$ 可以表为

$$\begin{pmatrix} a_{11} & a_{12} & \cdots & a_{1n} \\ a_{21} & a_{22} & \cdots & a_{2n} \\ \vdots & \vdots & & \vdots \\ a_{m1} & a_{m2} & \cdots & a_{mn} \end{pmatrix} \begin{pmatrix} \boldsymbol{\beta}_1 \\ \boldsymbol{\beta}_2 \\ \vdots \\ \boldsymbol{\beta}_n \end{pmatrix} = \begin{pmatrix} \boldsymbol{\eta}_1 \\ \boldsymbol{\eta}_2 \\ \vdots \\ \boldsymbol{\eta}_m \end{pmatrix},$$

其中

$$\boldsymbol{\eta}_i = a_{i1}\boldsymbol{\beta}_1 + a_{i2}\boldsymbol{\beta}_2 + \cdots + a_{in}\boldsymbol{\beta}_n, \quad i=1,2,\cdots,m.$$

即 $\boldsymbol{AB}$ 的行向量组 $\boldsymbol{\eta}_1,\boldsymbol{\eta}_2,\cdots,\boldsymbol{\eta}_m$ 可由 $\boldsymbol{B}$ 的行向量组 $\boldsymbol{\beta}_1,\boldsymbol{\beta}_2,\cdots,\boldsymbol{\beta}_n$ 线性表出，从而

$$\mathrm{r}(\boldsymbol{\eta}_1,\boldsymbol{\eta}_2,\cdots,\boldsymbol{\eta}_m) \leqslant \mathrm{r}(\boldsymbol{\beta}_1,\boldsymbol{\beta}_2,\cdots,\boldsymbol{\beta}_n),$$

即

$$\mathrm{r}(\boldsymbol{AB}) \leqslant \mathrm{r}(\boldsymbol{B}). \tag{3.20}$$

由(3.19)式和(3.20)式得到

$$\mathrm{r}(\boldsymbol{AB}) \leqslant \min(\mathrm{r}(\boldsymbol{A}),\mathrm{r}(\boldsymbol{B})).$$

利用例3.13的结论可证明：若 $\boldsymbol{A}$ 为 $m\times n$ 矩阵，$\boldsymbol{B}$ 为 $n\times m$ 矩阵，则当 $m>n$ 时，$|\boldsymbol{AB}|=0$.（习题三第4题(8)）

习　题　3.4

1. 设 $\boldsymbol{A},\boldsymbol{B}$ 均为 $m\times n$ 矩阵，令 $\boldsymbol{A}=(\boldsymbol{\alpha}_1,\boldsymbol{\alpha}_2,\cdots,\boldsymbol{\alpha}_n)$，$\boldsymbol{B}=(\boldsymbol{\beta}_1,\boldsymbol{\beta}_2,\cdots,\boldsymbol{\beta}_n)$，证明：

$$\mathrm{r}(\boldsymbol{A}-\boldsymbol{B}) \leqslant \mathrm{r}(\boldsymbol{A})+\mathrm{r}(\boldsymbol{B}).$$

2. 设列向量 $\boldsymbol{\alpha}_1,\boldsymbol{\alpha}_2,\cdots,\boldsymbol{\alpha}_s,\boldsymbol{\beta}_1,\boldsymbol{\beta}_2,\cdots,\boldsymbol{\beta}_t \in \mathbf{R}^n$，构造矩阵

$$\boldsymbol{A}=(\boldsymbol{\alpha}_1,\boldsymbol{\alpha}_2,\cdots,\boldsymbol{\alpha}_s),\quad \boldsymbol{B}=(\boldsymbol{\beta}_1,\boldsymbol{\beta}_2,\cdots,\boldsymbol{\beta}_t),\quad \boldsymbol{C}=(\boldsymbol{\alpha}_1,\boldsymbol{\alpha}_2,\cdots,\boldsymbol{\alpha}_s,\boldsymbol{\beta}_1,\boldsymbol{\beta}_2,\cdots,\boldsymbol{\beta}_t).$$

证明：如果 $\mathrm{r}(\boldsymbol{A})=r_1$，$\mathrm{r}(\boldsymbol{B})=r_2$，$\mathrm{r}(\boldsymbol{C})=r_3$，则 $\max(r_1,r_2)\leqslant r_3\leqslant r_1+r_2$.

3.5　$\mathbf{R}^n$ 的标准正交基

在这一节，我们将把几何空间 $\mathbf{R}^2$（或 $\mathbf{R}^3$）中向量的一些几何概念和性质，例如，两个向量的内积、两个向量相互垂直、向量的长度，以及平面（或空间）直角坐标系等，推广到 $\mathbf{R}^n$ 中.

在解析几何中我们知道，对于平面 $\mathbf{R}^2$ 上的两个向量，例如 $\boldsymbol{\alpha}=(2,1)^{\mathrm{T}}$，$\boldsymbol{\beta}=(1,-1)^{\mathrm{T}}$，我们定义 $\boldsymbol{\alpha}$ 与 $\boldsymbol{\beta}$ 的内积为：$\boldsymbol{\alpha}\cdot\boldsymbol{\beta}=2\times1+1\times(-1)=1$，即 $\boldsymbol{\alpha}$ 与 $\boldsymbol{\beta}$ 的内积为它们对应分量的乘积之和. 将平面 $\mathbf{R}^2$ 上内积的概念推广到 $\mathbf{R}^n$，有

定义3.15　设 $\boldsymbol{\alpha}=(a_1,a_2,\cdots,a_n)^{\mathrm{T}}$，$\boldsymbol{\beta}=(b_1,b_2,\cdots,b_n)^{\mathrm{T}}\in\mathbf{R}^n$，则称它们对应分量的乘积之和

$$a_1b_1+a_2b_2+\cdots+a_nb_n=\sum_{i=1}^{n}a_ib_i$$

为向量 $\boldsymbol{\alpha}$ 与 $\boldsymbol{\beta}$ 的**内积**，记作 $(\boldsymbol{\alpha},\boldsymbol{\beta})$.

由矩阵乘法可知，当 $\boldsymbol{\alpha}$ 与 $\boldsymbol{\beta}$ 均为列向量时，

$$(\boldsymbol{\alpha},\boldsymbol{\beta})=\boldsymbol{\alpha}^{\mathrm{T}}\boldsymbol{\beta}=(a_1,a_2,\cdots,a_n)\begin{pmatrix}b_1\\b_2\\\vdots\\b_n\end{pmatrix}=a_1b_1+a_2b_2+\cdots+a_nb_n=\sum_{i=1}^{n}a_ib_i.$$

当 $\boldsymbol{\alpha}$ 与 $\boldsymbol{\beta}$ 均为行向量时，

$$(\boldsymbol{\alpha},\boldsymbol{\beta})=\boldsymbol{\alpha}\boldsymbol{\beta}^{\mathrm{T}}=(a_1,a_2,\cdots,a_n)\begin{pmatrix}b_1\\b_2\\\vdots\\b_n\end{pmatrix}=a_1b_1+a_2b_2+\cdots+a_nb_n=\sum_{i=1}^{n}a_ib_i.$$

例 3.14 设 $\boldsymbol{\alpha}=(1,1,1,1)^{\mathrm{T}},\boldsymbol{\beta}=(1,-2,0,-1)^{\mathrm{T}},\boldsymbol{\gamma}=(3,0,-1,-2)^{\mathrm{T}}$，分别求$(\boldsymbol{\alpha},\boldsymbol{\beta})$，$(\boldsymbol{\alpha},\boldsymbol{\gamma})$ 和$(\boldsymbol{\alpha},\boldsymbol{\alpha})$.

解

$$(\boldsymbol{\alpha},\boldsymbol{\beta})=\boldsymbol{\alpha}^{\mathrm{T}}\boldsymbol{\beta}=(1,1,1,1)\begin{pmatrix}1\\-2\\0\\-1\end{pmatrix}=-2,$$

$$(\boldsymbol{\alpha},\boldsymbol{\gamma})=\boldsymbol{\alpha}^{\mathrm{T}}\boldsymbol{\gamma}=(1,1,1,1)\begin{pmatrix}3\\0\\-1\\-2\end{pmatrix}=0,$$

$$(\boldsymbol{\alpha},\boldsymbol{\alpha})=\boldsymbol{\alpha}^{\mathrm{T}}\boldsymbol{\alpha}=(1,1,1,1)\begin{pmatrix}1\\1\\1\\1\end{pmatrix}=4.$$

显然，当 $\boldsymbol{\alpha}=(a_1,a_2,\cdots,a_n)^{\mathrm{T}}\neq\mathbf{0}$ 时，$(\boldsymbol{\alpha},\boldsymbol{\alpha})=a_1^2+a_2^2+\cdots+a_n^2>0$.

利用矩阵的运算法则，可推出向量的内积有以下性质：

(1) $(\boldsymbol{\alpha},\boldsymbol{\beta})=(\boldsymbol{\beta},\boldsymbol{\alpha})$，

(2) $(k\boldsymbol{\alpha},\boldsymbol{\beta})=k(\boldsymbol{\alpha},\boldsymbol{\beta})$，

(3) $(\boldsymbol{\alpha}+\boldsymbol{\beta},\boldsymbol{\gamma})=(\boldsymbol{\alpha},\boldsymbol{\gamma})+(\boldsymbol{\beta},\boldsymbol{\gamma})$，

(4) $(\boldsymbol{\alpha},\boldsymbol{\alpha})\geqslant 0$，且$(\boldsymbol{\alpha},\boldsymbol{\alpha})=0\Leftrightarrow\boldsymbol{\alpha}=\mathbf{0}$，

其中，$\boldsymbol{\alpha},\boldsymbol{\beta},\boldsymbol{\gamma}\in\mathbf{R}^n$，$k\in\mathbf{R}$.

由性质(2)和(3)可以推出

$$(k_1\boldsymbol{\alpha}_1+k_2\boldsymbol{\alpha}_2,\boldsymbol{\beta})=k_1(\boldsymbol{\alpha}_1,\boldsymbol{\beta})+k_2(\boldsymbol{\alpha}_2,\boldsymbol{\beta}),$$

其中 $\boldsymbol{\alpha}_1,\boldsymbol{\alpha}_2,\boldsymbol{\beta}\in\mathbf{R}^n$，$k_1,k_2\in\mathbf{R}$.

对于 $\mathbf{R}^2$ 中的向量，例如 $\boldsymbol{\alpha}=(2,1)^{\mathrm{T}}$，$\boldsymbol{\alpha}$ 的长度可由勾股定理求出，即

$$\boldsymbol{\alpha}\text{ 的长度}=\sqrt{2^2+1^2}=\sqrt{5},$$

如图 3.7 所示.

将平面 $\mathbf{R}^2$ 上向量长度的概念推广到 $\mathbf{R}^n$ 上，有

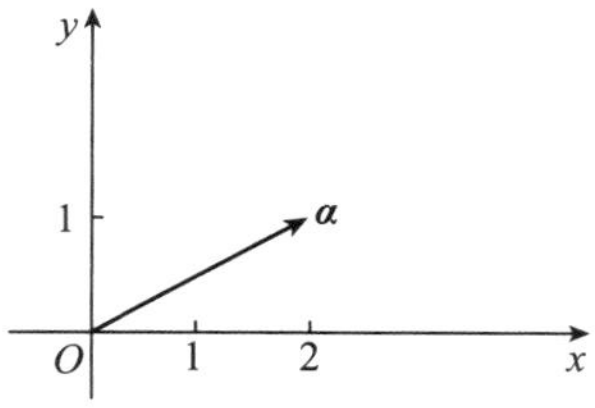

图 3.7

定义 3.16 设 $\boldsymbol{\alpha}=(a_1,a_2,\cdots,a_n)^{\mathrm{T}}\in\mathbf{R}^n$，称 $\sqrt{(\boldsymbol{\alpha},\boldsymbol{\alpha})}$ 为向量的**长度**（或**模**），记作 $\|\boldsymbol{\alpha}\|$，即

$$\|\boldsymbol{\alpha}\|=\sqrt{(\boldsymbol{\alpha},\boldsymbol{\alpha})}=\sqrt{a_1^2+a_2^2+\cdots+a_n^2}=\sqrt{\sum_{i=1}^{n}a_i^2}.$$

如例 3.14 中，$\|\boldsymbol{\alpha}\|=\sqrt{4}=2$，$\|\boldsymbol{\beta}\|=\sqrt{6}$，$\|\boldsymbol{\gamma}\|=\sqrt{14}$. 显然，零向量的长度为 0.

特别地，如果 $\|\boldsymbol{\alpha}\|=1$，则称 $\boldsymbol{\alpha}$ 为**单位向量**. 例如 $\boldsymbol{\alpha}=(1,0)^{\mathrm{T}}$ 与 $\boldsymbol{\beta}=\left(\frac{\sqrt{2}}{2},-\frac{\sqrt{2}}{2}\right)^{\mathrm{T}}$ 都是 $\mathbf{R}^2$ 中的单位向量.

向量的长度有以下性质：

(1) $\|\boldsymbol{\alpha}\|\geqslant 0$，且 $\|\boldsymbol{\alpha}\|=0\Leftrightarrow\boldsymbol{\alpha}=\mathbf{0}$，

(2) $\|k\boldsymbol{\alpha}\|=|k|\cdot\|\boldsymbol{\alpha}\|$，

(3) $\|\boldsymbol{\alpha}+\boldsymbol{\beta}\|\leqslant\|\boldsymbol{\alpha}\|+\|\boldsymbol{\beta}\|$，

其中，$\boldsymbol{\alpha},\boldsymbol{\beta}\in\mathbf{R}^n$，$k\in\mathbf{R}$.

性质(1) 可由内积的性质(4) 直接得到，我们只证明性质(2)，将性质(3) 的证明略去.

证明 性质(2) 左边 $=\|k\boldsymbol{\alpha}\|=\sqrt{(k\boldsymbol{\alpha},k\boldsymbol{\alpha})}=\sqrt{k^2(\boldsymbol{\alpha},\boldsymbol{\alpha})}=|k|\cdot\|\boldsymbol{\alpha}\|=$ 右边.

性质 (2) 的几何意义很明显：由于 $k\boldsymbol{\alpha}$ 是 $\boldsymbol{\alpha}$ 的 k 倍，故 $k\boldsymbol{\alpha}$ 的长度是 $\boldsymbol{\alpha}$ 长度的 $|k|$ 倍（$k>0$ 时，$\|k\boldsymbol{\alpha}\|=k\|\boldsymbol{\alpha}\|$；$k<0$ 时，$\|k\boldsymbol{\alpha}\|=(-k)\|\boldsymbol{\alpha}\|$）.

性质 (3) 也称为**三角不等式**，其几何意义是：三角形的两边长度之和大于第三边长度，如图 3.8 所示. 只有当 $\boldsymbol{\alpha}$ 与 $\boldsymbol{\beta}$ 共线（即 $\boldsymbol{\beta}=k\boldsymbol{\alpha}$）时，才有等式 $\|\boldsymbol{\alpha}+\boldsymbol{\beta}\|=\|\boldsymbol{\alpha}\|+\|\boldsymbol{\beta}\|$ 成立.

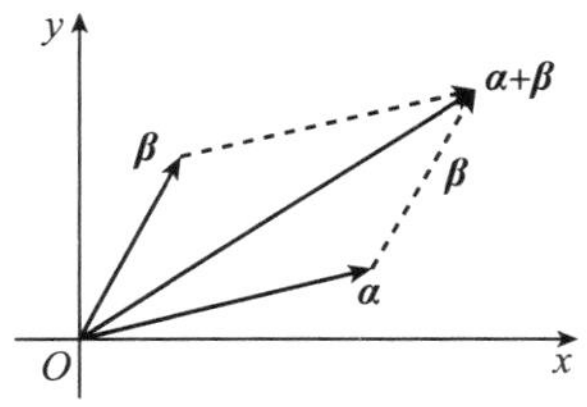

图 3.8

利用向量长度的性质(2)，可以得到将非零向量化为单位向量的方法，称之为**向量的单位化或标准化**. 即如果 $\boldsymbol{\alpha}\neq\mathbf{0}$，则 $\|\boldsymbol{\alpha}\|>0$，从而 $\frac{1}{\|\boldsymbol{\alpha}\|}\boldsymbol{\alpha}$ 为单位向量（或标准化向量）.

实际上，由性质(2)，有

$$\left\|\frac{1}{\|\boldsymbol{\alpha}\|}\boldsymbol{\alpha}\right\|=\left|\frac{1}{\|\boldsymbol{\alpha}\|}\right|\cdot\|\boldsymbol{\alpha}\|=\frac{1}{\|\boldsymbol{\alpha}\|}\cdot\|\boldsymbol{\alpha}\|=1.$$

如例3.14中的向量 $\boldsymbol{\alpha}=(1,1,1,1)^{\mathrm{T}}$ 的长度 $\|\boldsymbol{\alpha}\|=2$，则将 $\boldsymbol{\alpha}$ 单位化，得到单位向量

$$\frac{1}{\|\boldsymbol{\alpha}\|}\boldsymbol{\alpha}=\frac{1}{2}(1,1,1,1)^{\mathrm{T}}=\left(\frac{1}{2},\frac{1}{2},\frac{1}{2},\frac{1}{2}\right)^{\mathrm{T}}.$$

类似地，将 $\boldsymbol{\beta}=(1,-2,0,-1)^{\mathrm{T}}$ 单位化，得到单位向量

$$\frac{1}{\|\boldsymbol{\beta}\|}\boldsymbol{\beta}=\frac{1}{\sqrt{6}}(1,-2,0,-1)^{\mathrm{T}}=\left(\frac{1}{\sqrt{6}},-\frac{2}{\sqrt{6}},0,-\frac{1}{\sqrt{6}}\right)^{\mathrm{T}}.$$

在解析几何中我们知道，几何空间 $\mathbf{R}^2$ 中的向量 $\boldsymbol{\alpha}$ 与 $\boldsymbol{\beta}$ 的内积，可以表为

$$\boldsymbol{\alpha}\cdot\boldsymbol{\beta}=(\boldsymbol{\alpha},\boldsymbol{\beta})=\|\boldsymbol{\alpha}\|\cdot\|\boldsymbol{\beta}\|\cdot\cos\theta,$$

其中，θ 为 $\boldsymbol{\alpha}$ 与 $\boldsymbol{\beta}$ 的夹角，$0\leqslant\theta\leqslant\pi$. 由此可知，当 $\boldsymbol{\alpha}$ 与 $\boldsymbol{\beta}$ 均为非零向量时，

$$\boldsymbol{\alpha}\cdot\boldsymbol{\beta}=(\boldsymbol{\alpha},\boldsymbol{\beta})=0\Leftrightarrow\cos\theta=0\Leftrightarrow\theta=\frac{\pi}{2},$$

表明 $\boldsymbol{\alpha}$ 与 $\boldsymbol{\beta}$ 相互垂直，我们也称 $\boldsymbol{\alpha}$ 与 $\boldsymbol{\beta}$ 正交. 将几何空间 $\mathbf{R}^2$ 中两个向量相互垂直（或正交）的概念推广到 $\mathbf{R}^n$ 上，有

定义3.17 设 $\boldsymbol{\alpha},\boldsymbol{\beta}\in\mathbf{R}^n$，如果 $(\boldsymbol{\alpha},\boldsymbol{\beta})=0$，则称向量 $\boldsymbol{\alpha}$ 与 $\boldsymbol{\beta}$ **正交**，记作 $\boldsymbol{\alpha}\perp\boldsymbol{\beta}$.

如例3.14中，$\boldsymbol{\alpha}=(1,1,1,1)^{\mathrm{T}}$，$\boldsymbol{\gamma}=(3,0,-1,-2)^{\mathrm{T}}$，有 $(\boldsymbol{\alpha},\boldsymbol{\gamma})=0$，故向量 $\boldsymbol{\alpha}$ 与 $\boldsymbol{\gamma}$ 正交.

由定义3.17可知，零向量与任意向量都正交.

又由内积的性质（4）知：$(\boldsymbol{\alpha},\boldsymbol{\alpha})=0\Leftrightarrow\boldsymbol{\alpha}=\mathbf{0}$，即与自身正交的向量只能是零向量.

定义3.18 如果向量组 $\boldsymbol{\alpha}_1,\boldsymbol{\alpha}_2,\cdots,\boldsymbol{\alpha}_s$（$s\geqslant2$，$\boldsymbol{\alpha}_1,\boldsymbol{\alpha}_2,\cdots,\boldsymbol{\alpha}_s$ 均为非零向量）中的向量两两正交，则称 $\boldsymbol{\alpha}_1,\boldsymbol{\alpha}_2,\cdots,\boldsymbol{\alpha}_s$ 为一个**正交向量组**.

进一步，如果正交向量组 $\boldsymbol{\alpha}_1,\boldsymbol{\alpha}_2,\cdots,\boldsymbol{\alpha}_s$ 中的向量都是单位向量，则称 $\boldsymbol{\alpha}_1,\boldsymbol{\alpha}_2,\cdots,\boldsymbol{\alpha}_s$ 为一个**正交单位向量组**.

正交向量组有以下性质：

定理3.12 *若 $\boldsymbol{\alpha}_1,\boldsymbol{\alpha}_2,\cdots,\boldsymbol{\alpha}_s$ 为一个正交向量组，则 $\boldsymbol{\alpha}_1,\boldsymbol{\alpha}_2,\cdots,\boldsymbol{\alpha}_s$ 线性无关.*

例如，$\mathbf{R}^2$ 中的向量 $\boldsymbol{\alpha}=(1,1)^{\mathrm{T}}$ 与 $\boldsymbol{\beta}=(1,-1)^{\mathrm{T}}$ 正交，显然 $\boldsymbol{\alpha}$ 与 $\boldsymbol{\beta}$ 线性无关；又如 $\mathbf{R}^3$ 中的向量组 $\boldsymbol{\varepsilon}_1=(1,0,0)^{\mathrm{T}}$，$\boldsymbol{\varepsilon}_2=(0,1,0)^{\mathrm{T}}$，$\boldsymbol{\varepsilon}_3=(0,0,1)^{\mathrm{T}}$ 两两正交，并且它们也线性无关.

下面我们就一般情况证明定理3.12.

证明 设 $\boldsymbol{\alpha}_1,\boldsymbol{\alpha}_2,\cdots,\boldsymbol{\alpha}_s$ 为一个正交向量组，即当 $i\neq j\ (i,j=1,2,\cdots,s)$ 时，

$$(\boldsymbol{\alpha}_i,\boldsymbol{\alpha}_j)=0.$$

若存在常数 $k_1,k_2,\cdots,k_s$，使得

$$k_1\boldsymbol{\alpha}_1+k_2\boldsymbol{\alpha}_2+\cdots+k_s\boldsymbol{\alpha}_s=\mathbf{0}, \tag{3.21}$$

下面证明只有当 $k_1=k_2=\cdots=k_s=0$ 时，(3.21) 式才能成立.

先用 $\boldsymbol{\alpha}_1$ 与(3.21)式两边的向量分别做内积，有

$$\begin{aligned}
\text{左边}&=(\boldsymbol{\alpha}_1,k_1\boldsymbol{\alpha}_1+k_2\boldsymbol{\alpha}_2+\cdots+k_s\boldsymbol{\alpha}_s)\\
&=k_1(\boldsymbol{\alpha}_1,\boldsymbol{\alpha}_1)+k_2(\boldsymbol{\alpha}_1,\boldsymbol{\alpha}_2)+\cdots+k_s(\boldsymbol{\alpha}_1,\boldsymbol{\alpha}_s)=k_1(\boldsymbol{\alpha}_1,\boldsymbol{\alpha}_1),\\
\text{右边}&=(\boldsymbol{\alpha}_1,\mathbf{0})=0.
\end{aligned}$$

由此得到 $k_1(\boldsymbol{\alpha}_1,\boldsymbol{\alpha}_1)=0$. 由于 $\boldsymbol{\alpha}_1\neq\mathbf{0}$，故 $(\boldsymbol{\alpha}_1,\boldsymbol{\alpha}_1)>0$，推出 $k_1=0$.

类似地，再用 $\boldsymbol{\alpha}_2$ 与(3.21)式两边的向量分别做内积，可推出 $k_2=0$…… 最后用 $\boldsymbol{\alpha}_s$ 与(3.21)式两边的向量分别做内积，可推出 $k_s=0$.

即仅当 $k_1=k_2=\cdots=k_s=0$ 时，(3.21)式才能成立，因此 $\boldsymbol{\alpha}_1,\boldsymbol{\alpha}_2,\cdots,\boldsymbol{\alpha}_s$ 线性无关.

在3.4节我们知道，向量组的极大无关组与向量组等价. 因此，只要找到向量组的一个极大无关组，就掌握了这个向量组. 另一方面，如果已知一个向量组的秩为 r，则其任意 r 个线性无关的向量，都是该向量组的一个极大无关组（见习题3.3第7题）. 在此基础上，我们有

定义 3.19 在 $\mathbf{R}^n$ 中，称任意 n 个线性无关的向量 $\boldsymbol{\alpha}_1,\boldsymbol{\alpha}_2,\cdots,\boldsymbol{\alpha}_n$ 为 $\mathbf{R}^n$ 的一组**基**.

在3.3节例3.10中，我们证明了任意 $n+1$ 个 n 维向量都线性相关，即任意一个 n 维向量组中，线性无关的向量个数都不会超过向量的维数 n. 因此，$\mathbf{R}^n$ 中的这 n 个线性无关的向量是 $\mathbf{R}^n$ 的一个极大无关组. 由此可见，$\mathbf{R}^n$ 的基的概念是将由有限个向量组成的向量组的极大无关组的概念，推广到由所有 n 维向量（无穷多个）组成的向量组 $\mathbf{R}^n$ 上.

$\mathbf{R}^n$ 的基所含的向量个数，称为 $\mathbf{R}^n$ 的**维数**，记作 $\dim\mathbf{R}^n=n$.

如果 $\boldsymbol{\alpha}_1,\boldsymbol{\alpha}_2,\cdots,\boldsymbol{\alpha}_n$ 为 $\mathbf{R}^n$ 的正交的向量组，则称 $\boldsymbol{\alpha}_1,\boldsymbol{\alpha}_2,\cdots,\boldsymbol{\alpha}_n$ 为 $\mathbf{R}^n$ 的一个**正交基**. 进一步，如果 $\boldsymbol{\alpha}_1,\boldsymbol{\alpha}_2,\cdots,\boldsymbol{\alpha}_n$ 为 $\mathbf{R}^n$ 的正交单位向量组，则称 $\boldsymbol{\alpha}_1,\boldsymbol{\alpha}_2,\cdots,\boldsymbol{\alpha}_n$ 为 $\mathbf{R}^n$ 的一个**标准正交基**.

显然，$\mathbf{R}^n$ 的标准向量组

$$\boldsymbol{\varepsilon}_1=(1,0,\cdots,0)^{\mathrm{T}},\quad \boldsymbol{\varepsilon}_2=(0,1,0,\cdots,0)^{\mathrm{T}},\quad \cdots,\quad \boldsymbol{\varepsilon}_n=(0,\cdots,0,1)^{\mathrm{T}}$$

是 $\mathbf{R}^n$ 的一组标准正交基. 一般也称 $\boldsymbol{\varepsilon}_1,\boldsymbol{\varepsilon}_2,\cdots,\boldsymbol{\varepsilon}_n$ 为 $\mathbf{R}^n$ 的**标准基**或**自然基**.

定义 3.20 $\boldsymbol{\alpha}_1,\boldsymbol{\alpha}_2,\cdots,\boldsymbol{\alpha}_n$ 为 $\mathbf{R}^n$ 的一个**标准正交基**，如果

$$(\boldsymbol{\alpha}_i,\boldsymbol{\alpha}_j)=\begin{cases}0, & \text{当 } i\neq j \text{ 时},\\ 1, & \text{当 } i=j \text{ 时},\end{cases}\quad i,j=1,2,\cdots,n.$$

在 $\mathbf{R}^3$ 中，标准基 $\boldsymbol{\varepsilon}_1=(1,0,0)^{\mathrm{T}},\boldsymbol{\varepsilon}_2=(0,1,0)^{\mathrm{T}},\boldsymbol{\varepsilon}_3=(0,0,1)^{\mathrm{T}}$ 正是空间直角坐标系中 x 轴、y 轴和 z 轴上的3个单位向量，可以用它们表示几何空间 $\mathbf{R}^3$ 上的直角坐标系，对于 $\mathbf{R}^3$ 中的任意一个向量 $\boldsymbol{\alpha}=(a_1,a_2,a_3)^{\mathrm{T}}$，都有

$$\boldsymbol{\alpha}=a_1\boldsymbol{\varepsilon}_1+a_2\boldsymbol{\varepsilon}_2+a_3\boldsymbol{\varepsilon}_3.$$

因此 $\mathbf{R}^n$ 的标准向量组 $\boldsymbol{\varepsilon}_1,\boldsymbol{\varepsilon}_2,\cdots,\boldsymbol{\varepsilon}_n$ 可以看作 n 维向量空间的一个直角坐标系.

定义3.19告诉我们，不仅标准向量组是 $\mathbf{R}^n$ 的一组基，而且 $\mathbf{R}^n$ 中任意 n 个线性无关的向量 $\boldsymbol{\alpha}_1,\boldsymbol{\alpha}_2,\cdots,\boldsymbol{\alpha}_n$ 都是 $\mathbf{R}^n$ 的一组基.

在几何空间 $\mathbf{R}^2$（或 $\mathbf{R}^3$）中，向量可以通过坐标唯一地确定其在 $\mathbf{R}^2$（或 $\mathbf{R}^3$）中的位置，并由此研究向量的性质和向量间的关系. 将几何空间中的坐标概念推广到 $\mathbf{R}^n$，有

定义 3.21 设 $\boldsymbol{\alpha}_1,\boldsymbol{\alpha}_2,\cdots,\boldsymbol{\alpha}_n$ 为 $\mathbf{R}^n$ 的一组基，则对任意 $\boldsymbol{\alpha}\in\mathbf{R}^n$，$\boldsymbol{\alpha}$ 可由 $\boldsymbol{\alpha}_1,\boldsymbol{\alpha}_2,\cdots,\boldsymbol{\alpha}_n$ 线性表出，并且表示法唯一. 即存在唯一一组常数 $k_1,k_2,\cdots,k_n\in\mathbf{R}$，使得

$$\boldsymbol{\alpha}=k_1\boldsymbol{\alpha}_1+k_2\boldsymbol{\alpha}_2+\cdots+k_n\boldsymbol{\alpha}_n,$$

称常数 $k_1,k_2,\cdots,k_n$ 为向量 $\boldsymbol{\alpha}$ 在基 $\boldsymbol{\alpha}_1,\boldsymbol{\alpha}_2,\cdots,\boldsymbol{\alpha}_n$ 下的**坐标**，记作 $(k_1,k_2,\cdots,k_n)$.

对于 $\mathbf{R}^n$ 中的任一向量 $\boldsymbol{\alpha}=(a_1,a_2,\cdots,a_n)^{\mathrm{T}}$，在标准基 $\boldsymbol{\varepsilon}_1,\boldsymbol{\varepsilon}_2,\cdots,\boldsymbol{\varepsilon}_n$ 下，有

$$\boldsymbol{\alpha}=a_1\boldsymbol{\varepsilon}_1+a_2\boldsymbol{\varepsilon}_2+\cdots+a_n\boldsymbol{\varepsilon}_n.$$

可见，$\boldsymbol{\alpha}$ 在标准基下的坐标，就是它的各个分量，即 $(a_1,a_2,\cdots,a_n)$.

例 3.15 求 $\mathbf{R}^3$ 中向量 $\boldsymbol{\alpha}=(a_1,a_2,a_3)^{\mathrm{T}}$ 在基 $\boldsymbol{\alpha}_1=(1,0,0)^{\mathrm{T}},\boldsymbol{\alpha}_2=(1,1,0)^{\mathrm{T}},\boldsymbol{\alpha}_3=(1,1,1)^{\mathrm{T}}$ 下的坐标.

解 设有

$$x_1\boldsymbol{\alpha}_1+x_2\boldsymbol{\alpha}_2+x_3\boldsymbol{\alpha}_3=\boldsymbol{\alpha},$$

即

$$\begin{cases} x_1+x_2+x_3=a_1, \\ \quad\ \ x_2+x_3=a_2, \\ \qquad\quad\ x_3=a_3. \end{cases}$$

由于方程组的系数行列式

$$\begin{vmatrix} 1 & 1 & 1 \\ 0 & 1 & 1 \\ 0 & 0 & 1 \end{vmatrix}=1\neq 0,$$

故可利用克拉默法则求解. 由

$$|\boldsymbol{B}_1|=\begin{vmatrix} a_1 & 1 & 1 \\ a_2 & 1 & 1 \\ a_3 & 0 & 1 \end{vmatrix}=a_1-a_2,\quad |\boldsymbol{B}_2|=\begin{vmatrix} 1 & a_1 & 1 \\ 0 & a_2 & 1 \\ 0 & a_3 & 1 \end{vmatrix}=a_2-a_3,\quad |\boldsymbol{B}_3|=\begin{vmatrix} 1 & 1 & a_1 \\ 0 & 1 & a_2 \\ 0 & 0 & a_3 \end{vmatrix}=a_3$$

得到方程组的解为 $x_1=a_1-a_2, x_2=a_2-a_3, x_3=a_3$.即向量 $\boldsymbol{\alpha}$ 在基 $\boldsymbol{\alpha}_1,\boldsymbol{\alpha}_2,\boldsymbol{\alpha}_3$ 下的坐标为 (a_1-a_2, a_2-a_3, a_3).

注 也可以求解矩阵等式 $\boldsymbol{Ax}=\boldsymbol{\beta}$,其中

$$\boldsymbol{A}=\begin{pmatrix} 1 & 1 & 1 \\ 0 & 1 & 1 \\ 0 & 0 & 1 \end{pmatrix},\quad \boldsymbol{x}=\begin{pmatrix} x_1 \\ x_2 \\ x_3 \end{pmatrix},\quad \boldsymbol{\beta}=\begin{pmatrix} a_1 \\ a_2 \\ a_3 \end{pmatrix},$$

得到 $\boldsymbol{\alpha}$ 在基 $\boldsymbol{\alpha}_1,\boldsymbol{\alpha}_2,\boldsymbol{\alpha}_3$ 下的坐标.

一般地,若已知 $\mathbf{R}^n$ 的一组基

$$\boldsymbol{\alpha}_1=(a_{11},a_{21},\cdots,a_{n1})^{\mathrm{T}},\quad \boldsymbol{\alpha}_2=(a_{12},a_{22},\cdots,a_{n2})^{\mathrm{T}},\quad \cdots,\quad \boldsymbol{\alpha}_n=(a_{1n},a_{2n},\cdots,a_{nn})^{\mathrm{T}},$$

则任意向量 $\boldsymbol{\beta}=(b_1,b_2,\cdots,b_n)^{\mathrm{T}}\in\mathbf{R}^n$,在基 $\boldsymbol{\alpha}_1,\boldsymbol{\alpha}_2,\cdots,\boldsymbol{\alpha}_n$ 下的坐标,可利用克拉默法则求解下列 n 元线性方程组:

$$x_1\boldsymbol{\alpha}_1+x_2\boldsymbol{\alpha}_2+\cdots+x_n\boldsymbol{\alpha}_n=\boldsymbol{\beta},$$

即

$$\begin{cases} a_{11}x_1+a_{12}x_2+\cdots+a_{1n}x_n=b_1, \\ a_{21}x_1+a_{22}x_2+\cdots+a_{2n}x_n=b_2, \\ \qquad\qquad\cdots\cdots \\ a_{n1}x_1+a_{n2}x_2+\cdots+a_{nn}x_n=b_n \end{cases}$$

得到.

或求解矩阵等式

$$\boldsymbol{Ax}=\boldsymbol{\beta},$$

其中 $\boldsymbol{A}=(\boldsymbol{\alpha}_1,\boldsymbol{\alpha}_2,\cdots,\boldsymbol{\alpha}_n)=(a_{ij})_{n\times n}$ 可逆,$\boldsymbol{x}=(x_1,x_2,\cdots,x_n)^{\mathrm{T}}$,$\boldsymbol{\beta}=(b_1,b_2,\cdots,b_n)^{\mathrm{T}}$,得到 $\boldsymbol{\beta}$ 在基 $\boldsymbol{\alpha}_1,\boldsymbol{\alpha}_2,\cdots,\boldsymbol{\alpha}_n$ 下的坐标.

定理 3.12 告诉我们,一个向量组线性无关是其成为正交向量组的必要条件. 那么,一个线性无关的向量组,能否通过一种方法,将其化为一个正交向量组呢? 答案是肯定的,下面介绍的**施密特(Schmidt)正交化方法**将回答这个问题. 为了解这种方法的思路,我们先观察用这种方法将 3 个线性无关的向量化为正交向量组的情况.

设 $\boldsymbol{\alpha}_1,\boldsymbol{\alpha}_2,\boldsymbol{\alpha}_3$ 是 $\mathbf{R}^n$ 中 3 个线性无关的向量.

第 1 步,令 $\boldsymbol{\beta}_1=\boldsymbol{\alpha}_1$.

第 2 步，构造 $\boldsymbol{\beta}_2=\boldsymbol{\alpha}_2+k\boldsymbol{\beta}_1$. 求出 k 的值，使 $(\boldsymbol{\beta}_2,\boldsymbol{\beta}_1)=0$，有

$$(\boldsymbol{\beta}_2,\boldsymbol{\beta}_1)=(\boldsymbol{\alpha}_2+k\boldsymbol{\beta}_1,\boldsymbol{\beta}_1)=(\boldsymbol{\alpha}_2,\boldsymbol{\beta}_1)+k(\boldsymbol{\beta}_1,\boldsymbol{\beta}_1)=0,$$

其中 $\boldsymbol{\beta}_1=\boldsymbol{\alpha}_1\neq\mathbf{0}$，故 $(\boldsymbol{\beta}_1,\boldsymbol{\beta}_1)>0$，由上式得到

$$k=-\frac{(\boldsymbol{\alpha}_2,\boldsymbol{\beta}_1)}{(\boldsymbol{\beta}_1,\boldsymbol{\beta}_1)}.$$

即只要取 $\boldsymbol{\beta}_2=\boldsymbol{\alpha}_2-\dfrac{(\boldsymbol{\alpha}_2,\boldsymbol{\beta}_1)}{(\boldsymbol{\beta}_1,\boldsymbol{\beta}_1)}\boldsymbol{\beta}_1$，就可以使 $\boldsymbol{\beta}_2$ 与 $\boldsymbol{\beta}_1$ 正交.

第 3 步，再构造 $\boldsymbol{\beta}_3=\boldsymbol{\alpha}_3+k_1\boldsymbol{\beta}_1+k_2\boldsymbol{\beta}_2$. 求出 k_1,k_2 的值，使得同时有 $(\boldsymbol{\beta}_3,\boldsymbol{\beta}_1)=0$ 和 $(\boldsymbol{\beta}_3,\boldsymbol{\beta}_2)=0$. 由

$$\begin{aligned}(\boldsymbol{\beta}_3,\boldsymbol{\beta}_1)&=(\boldsymbol{\alpha}_3+k_1\boldsymbol{\beta}_1+k_2\boldsymbol{\beta}_2,\boldsymbol{\beta}_1)\\&=(\boldsymbol{\alpha}_3,\boldsymbol{\beta}_1)+k_1(\boldsymbol{\beta}_1,\boldsymbol{\beta}_1)+k_2(\boldsymbol{\beta}_2,\boldsymbol{\beta}_1)\\&=(\boldsymbol{\alpha}_3,\boldsymbol{\beta}_1)+k_1(\boldsymbol{\beta}_1,\boldsymbol{\beta}_1)=0,\end{aligned}$$

得到 $k_1=-\dfrac{(\boldsymbol{\alpha}_3,\boldsymbol{\beta}_1)}{(\boldsymbol{\beta}_1,\boldsymbol{\beta}_1)}$.由

$$\begin{aligned}(\boldsymbol{\beta}_3,\boldsymbol{\beta}_2)&=(\boldsymbol{\alpha}_3+k_1\boldsymbol{\beta}_1+k_2\boldsymbol{\beta}_2,\boldsymbol{\beta}_2)\\&=(\boldsymbol{\alpha}_3,\boldsymbol{\beta}_2)+k_1(\boldsymbol{\beta}_1,\boldsymbol{\beta}_2)+k_2(\boldsymbol{\beta}_2,\boldsymbol{\beta}_2)\\&=(\boldsymbol{\alpha}_3,\boldsymbol{\beta}_2)+k_2(\boldsymbol{\beta}_2,\boldsymbol{\beta}_2)=0,\end{aligned}$$

得到 $k_2=-\dfrac{(\boldsymbol{\alpha}_3,\boldsymbol{\beta}_2)}{(\boldsymbol{\beta}_2,\boldsymbol{\beta}_2)}$. 即只要取

$$\boldsymbol{\beta}_3=\boldsymbol{\alpha}_3-\frac{(\boldsymbol{\alpha}_3,\boldsymbol{\beta}_1)}{(\boldsymbol{\beta}_1,\boldsymbol{\beta}_1)}\boldsymbol{\beta}_1-\frac{(\boldsymbol{\alpha}_3,\boldsymbol{\beta}_2)}{(\boldsymbol{\beta}_2,\boldsymbol{\beta}_2)}\boldsymbol{\beta}_2,$$

就可以同时使 $\boldsymbol{\beta}_3$ 与 $\boldsymbol{\beta}_1,\boldsymbol{\beta}_2$ 都正交，由此得到正交向量组 $\boldsymbol{\beta}_1,\boldsymbol{\beta}_2,\boldsymbol{\beta}_3$.

在构造 $\boldsymbol{\beta}_1,\boldsymbol{\beta}_2,\boldsymbol{\beta}_3$ 的过程中，可以看出 $\{\boldsymbol{\alpha}_1,\boldsymbol{\alpha}_2,\boldsymbol{\alpha}_3\}\cong\{\boldsymbol{\beta}_1,\boldsymbol{\beta}_2,\boldsymbol{\beta}_3\}$.

在此基础上，我们可以给出一般的结论了（可用数学归纳法证明，证明略）.

定理 3.13（施密特正交化方法） 设 $\boldsymbol{\alpha}_1,\boldsymbol{\alpha}_2,\cdots,\boldsymbol{\alpha}_s(s\geqslant 2)$ 是 $\mathbf{R}^n$ 中的一个线性无关的向量组，令

$$\begin{aligned}&\boldsymbol{\beta}_1=\boldsymbol{\alpha}_1,\\&\boldsymbol{\beta}_2=\boldsymbol{\alpha}_2-\frac{(\boldsymbol{\alpha}_2,\boldsymbol{\beta}_1)}{(\boldsymbol{\beta}_1,\boldsymbol{\beta}_1)}\boldsymbol{\beta}_1,\\&\boldsymbol{\beta}_3=\boldsymbol{\alpha}_3-\frac{(\boldsymbol{\alpha}_3,\boldsymbol{\beta}_1)}{(\boldsymbol{\beta}_1,\boldsymbol{\beta}_1)}\boldsymbol{\beta}_1-\frac{(\boldsymbol{\alpha}_3,\boldsymbol{\beta}_2)}{(\boldsymbol{\beta}_2,\boldsymbol{\beta}_2)}\boldsymbol{\beta}_2,\\&\cdots\cdots\end{aligned}$$

$$\boldsymbol{\beta}_s=\boldsymbol{\alpha}_s-\frac{(\boldsymbol{\alpha}_s,\boldsymbol{\beta}_1)}{(\boldsymbol{\beta}_1,\boldsymbol{\beta}_1)}\boldsymbol{\beta}_1-\frac{(\boldsymbol{\alpha}_s,\boldsymbol{\beta}_2)}{(\boldsymbol{\beta}_2,\boldsymbol{\beta}_2)}\boldsymbol{\beta}_2-\cdots-\frac{(\boldsymbol{\alpha}_s,\boldsymbol{\beta}_{s-1})}{(\boldsymbol{\beta}_{s-1},\boldsymbol{\beta}_{s-1})}\boldsymbol{\beta}_{s-1},$$

则 $\boldsymbol{\beta}_1,\boldsymbol{\beta}_2,\cdots,\boldsymbol{\beta}_s$ 是一个正交向量组，且满足 $\{\boldsymbol{\beta}_1,\boldsymbol{\beta}_2,\cdots,\boldsymbol{\beta}_s\}\cong\{\boldsymbol{\alpha}_1,\boldsymbol{\alpha}_2,\cdots,\boldsymbol{\alpha}_s\}$.

如果 $s=n$，则 $\boldsymbol{\beta}_1,\boldsymbol{\beta}_2,\cdots,\boldsymbol{\beta}_n$ 是 $\mathbf{R}^n$ 的一组正交基. 进一步，将 $\boldsymbol{\beta}_1,\boldsymbol{\beta}_2,\cdots,\boldsymbol{\beta}_n$ 都标准化（或单位化），即令

$$\boldsymbol{\gamma}_j=\frac{1}{\|\boldsymbol{\beta}_j\|}\boldsymbol{\beta}_j,\quad j=1,2,\cdots,n,$$

就得到 $\mathbf{R}^n$ 的一组标准正交基 $\boldsymbol{\gamma}_1,\boldsymbol{\gamma}_2,\cdots,\boldsymbol{\gamma}_n$.

例 3.16 设 $\boldsymbol{\alpha}_1=(2,0)^{\mathrm{T}},\boldsymbol{\alpha}_2=(1,1)^{\mathrm{T}}\in\mathbf{R}^2$，利用施密特正交化方法，将 $\boldsymbol{\alpha}_1,\boldsymbol{\alpha}_2$ 化为一个正交向量组.

解 令

$$\boldsymbol{\beta}_1=\boldsymbol{\alpha}_1=(2,0)^{\mathrm{T}},$$

$$\boldsymbol{\beta}_2=\boldsymbol{\alpha}_2-\frac{(\boldsymbol{\alpha}_2,\boldsymbol{\beta}_1)}{(\boldsymbol{\beta}_1,\boldsymbol{\beta}_1)}\boldsymbol{\beta}_1=\boldsymbol{\alpha}_2-\frac{2}{4}\boldsymbol{\beta}_1=(1,1)^{\mathrm{T}}-\frac{1}{2}(2,0)^{\mathrm{T}}=(0,1)^{\mathrm{T}},$$

从而 $\boldsymbol{\beta}_1=(2,0)^{\mathrm{T}},\boldsymbol{\beta}_2=(0,1)^{\mathrm{T}}$ 即为所求的正交向量组.

例 3.16 的几何意义是：施密特正交化方法将两个不共线同时也不垂直的向量，化为两个相互垂直的向量，如图 3.9 所示.

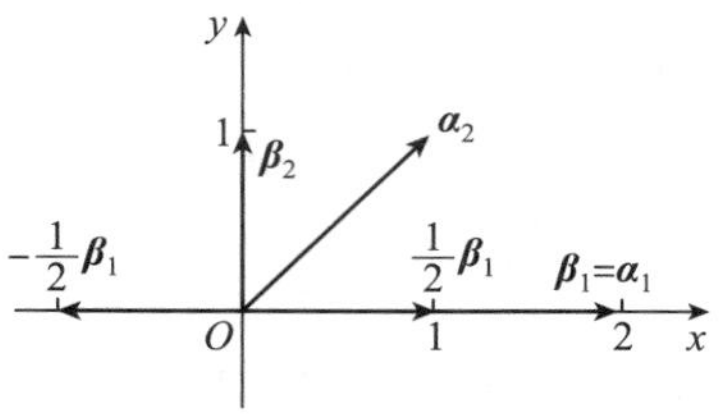

图 3.9

例 3.17 已知 $\boldsymbol{\alpha}_1=(1,1,1)^{\mathrm{T}},\boldsymbol{\alpha}_2=(1,1,-1)^{\mathrm{T}},\boldsymbol{\alpha}_3=(2,1,0)^{\mathrm{T}}$ 为 $\mathbf{R}^3$ 的一组基，利用施密特正交化方法，将其化为 $\mathbf{R}^3$ 的一组标准正交基.

解 令

$$\boldsymbol{\beta}_1=\boldsymbol{\alpha}_1=(1,1,1)^{\mathrm{T}},$$

$$\begin{aligned}\boldsymbol{\beta}_2&=\boldsymbol{\alpha}_2-\frac{(\boldsymbol{\alpha}_2,\boldsymbol{\beta}_1)}{(\boldsymbol{\beta}_1,\boldsymbol{\beta}_1)}\boldsymbol{\beta}_1\\&=(1,1,-1)^{\mathrm{T}}-\frac{1}{3}(1,1,1)^{\mathrm{T}}\\&=\left(\frac{2}{3},\frac{2}{3},-\frac{4}{3}\right)^{\mathrm{T}},\end{aligned}$$

$$\begin{aligned}\boldsymbol{\beta}_3&=\boldsymbol{\alpha}_3-\frac{(\boldsymbol{\alpha}_3,\boldsymbol{\beta}_1)}{(\boldsymbol{\beta}_1,\boldsymbol{\beta}_1)}\boldsymbol{\beta}_1-\frac{(\boldsymbol{\alpha}_3,\boldsymbol{\beta}_2)}{(\boldsymbol{\beta}_2,\boldsymbol{\beta}_2)}\boldsymbol{\beta}_2\\&=(2,1,0)^{\mathrm{T}}-\frac{3}{3}(1,1,1)^{\mathrm{T}}-\frac{2}{8/3}\left(\frac{2}{3},\frac{2}{3},-\frac{4}{3}\right)^{\mathrm{T}}\\&=(2,1,0)^{\mathrm{T}}-(1,1,1)^{\mathrm{T}}-\left(\frac{1}{2},\frac{1}{2},-1\right)^{\mathrm{T}}\\&=\left(\frac{1}{2},-\frac{1}{2},0\right)^{\mathrm{T}}.\end{aligned}$$

再将 $\boldsymbol{\beta}_1,\boldsymbol{\beta}_2,\boldsymbol{\beta}_3$ 单位化，令

$$\boldsymbol{\gamma}_1=\frac{1}{\|\boldsymbol{\beta}_1\|}\boldsymbol{\beta}_1=\frac{1}{\sqrt{3}}(1,1,1)^{\mathrm{T}}=\left(\frac{1}{\sqrt{3}},\frac{1}{\sqrt{3}},\frac{1}{\sqrt{3}}\right)^{\mathrm{T}},$$

$$\boldsymbol{\gamma}_2=\frac{1}{\|\boldsymbol{\beta}_2\|}\boldsymbol{\beta}_2=\frac{3}{2\sqrt{6}}\left(\frac{2}{3},\frac{2}{3},-\frac{4}{3}\right)^{\mathrm{T}}=\left(\frac{1}{\sqrt{6}},\frac{1}{\sqrt{6}},-\frac{2}{\sqrt{6}}\right)^{\mathrm{T}},$$

$$\boldsymbol{\gamma}_3=\frac{1}{\|\boldsymbol{\beta}_3\|}\boldsymbol{\beta}_3=\sqrt{2}\left(\frac{1}{2},-\frac{1}{2},0\right)^{\mathrm{T}}=\left(\frac{\sqrt{2}}{2},-\frac{\sqrt{2}}{2},0\right)^{\mathrm{T}},$$

则 $\boldsymbol{\gamma}_1,\boldsymbol{\gamma}_2,\boldsymbol{\gamma}_3$ 就是所求的标准正交基.

在本节最后,我们观察以上述标准正交基 $\boldsymbol{\gamma}_1,\boldsymbol{\gamma}_2,\boldsymbol{\gamma}_3$ 为列构造的矩阵,令

$$\boldsymbol{A}=(\boldsymbol{\gamma}_1,\boldsymbol{\gamma}_2,\boldsymbol{\gamma}_3)=\begin{pmatrix}\frac{1}{\sqrt{3}} & \frac{1}{\sqrt{6}} & \frac{\sqrt{2}}{2}\\ \frac{1}{\sqrt{3}} & \frac{1}{\sqrt{6}} & -\frac{\sqrt{2}}{2}\\ \frac{1}{\sqrt{3}} & -\frac{2}{\sqrt{6}} & 0\end{pmatrix},$$

计算

$$\boldsymbol{A}^{\mathrm{T}}\boldsymbol{A}=\begin{pmatrix}\frac{1}{\sqrt{3}} & \frac{1}{\sqrt{3}} & \frac{1}{\sqrt{3}}\\ \frac{1}{\sqrt{6}} & \frac{1}{\sqrt{6}} & -\frac{2}{\sqrt{6}}\\ \frac{\sqrt{2}}{2} & -\frac{\sqrt{2}}{2} & 0\end{pmatrix}\begin{pmatrix}\frac{1}{\sqrt{3}} & \frac{1}{\sqrt{6}} & \frac{\sqrt{2}}{2}\\ \frac{1}{\sqrt{3}} & \frac{1}{\sqrt{6}} & -\frac{\sqrt{2}}{2}\\ \frac{1}{\sqrt{3}} & -\frac{2}{\sqrt{6}} & 0\end{pmatrix}=\begin{pmatrix}1&0&0\\0&1&0\\0&0&1\end{pmatrix},$$

即 $\boldsymbol{A}^{\mathrm{T}}\boldsymbol{A}=\boldsymbol{E}$,我们称 $\boldsymbol{A}$ 为**正交矩阵**.

可以验证,下列 2 阶矩阵都是正交矩阵:

$$\begin{pmatrix}0&1\\1&0\end{pmatrix},\quad\begin{pmatrix}\frac{1}{\sqrt{2}} & -\frac{1}{\sqrt{2}}\\ \frac{1}{\sqrt{2}} & \frac{1}{\sqrt{2}}\end{pmatrix},\quad\begin{pmatrix}\cos\theta & -\sin\theta\\ \sin\theta & \cos\theta\end{pmatrix}.$$

一般的正交矩阵定义如下.

定义 3.22　设 $\boldsymbol{A}$ 为一个 n 阶实矩阵,如果 $\boldsymbol{A}$ 满足

$$\boldsymbol{A}^{\mathrm{T}}\boldsymbol{A}=\boldsymbol{E},$$

则称 $\boldsymbol{A}$ 为一个 n 阶**正交矩阵**.

由定义 3.22 可知,正交矩阵 $\boldsymbol{A}$ 可逆,并且 $\boldsymbol{A}^{-1}=\boldsymbol{A}^{\mathrm{T}}$;反之,如果 $\boldsymbol{A}^{-1}=\boldsymbol{A}^{\mathrm{T}}$,则 $\boldsymbol{A}^{\mathrm{T}}\boldsymbol{A}=\boldsymbol{A}^{-1}\boldsymbol{A}=\boldsymbol{E}$,即 $\boldsymbol{A}$ 为正交矩阵. 这就证明了下面的定理.

定理 3.14　实矩阵 $\boldsymbol{A}$ 为正交矩阵的充要条件是 $\boldsymbol{A}$ 可逆,并且 $\boldsymbol{A}^{-1}=\boldsymbol{A}^{\mathrm{T}}$.

由此得到

推论　实矩阵 $\boldsymbol{A}$ 为正交矩阵的充要条件是 $\boldsymbol{A}\boldsymbol{A}^{\mathrm{T}}=\boldsymbol{E}$.

利用分块矩阵乘法可以证明:

(1) $\boldsymbol{A}^{\mathrm{T}}\boldsymbol{A}=\boldsymbol{E}\Leftrightarrow\boldsymbol{A}$ 的列向量组为 $\mathbf{R}^n$ 的标准正交基;

(2) $\boldsymbol{A}\boldsymbol{A}^{\mathrm{T}}=\boldsymbol{E}\Leftrightarrow\boldsymbol{A}$ 的行向量组为 $\mathbf{R}^n$ 的标准正交基.

正交矩阵是一种非常重要并且非常有用的矩阵,在本书的第 5 章和第 6 章都将用到.

习 题 3.5

1. 计算向量 $\boldsymbol{\alpha}$ 与 $\boldsymbol{\beta}$ 的内积，并判断它们是否正交：

(1) $\boldsymbol{\alpha}=(-1,0,3,5)^{\mathrm{T}},\boldsymbol{\beta}=(4,-2,0,-1)^{\mathrm{T}}$；

(2) $\boldsymbol{\alpha}=\left(\frac{\sqrt{3}}{2},-\frac{1}{3},\frac{\sqrt{3}}{4},-1\right)^{\mathrm{T}},\boldsymbol{\beta}=\left(\frac{\sqrt{3}}{2},-2,\sqrt{3},\frac{2}{3}\right)^{\mathrm{T}}$.

2. 将下列向量标准化(或单位化)：

(1) $\boldsymbol{\alpha}=(1,-1,-1,1)^{\mathrm{T}}$；

(2) $\boldsymbol{\beta}=\left(\frac{1}{2},-2,0,1\right)^{\mathrm{T}}$.

3. 证明：如果向量 $\boldsymbol{\beta}$ 与向量组 $\boldsymbol{\alpha}_1,\boldsymbol{\alpha}_2,\cdots,\boldsymbol{\alpha}_s$ 中的每个向量都正交，则 $\boldsymbol{\beta}$ 与 $\boldsymbol{\alpha}_1,\boldsymbol{\alpha}_2,\cdots,\boldsymbol{\alpha}_s$ 的任意线性组合 $k_1\boldsymbol{\alpha}_1+k_2\boldsymbol{\alpha}_2+\cdots+k_s\boldsymbol{\alpha}_s$ 也正交.

4. 设 $\boldsymbol{\alpha}\in\mathbf{R}^n$，证明：如果 $\boldsymbol{\alpha}$ 与 $\mathbf{R}^n$ 中的任意向量都正交，则 $\boldsymbol{\alpha}$ 必为零向量.

5. 求 $\mathbf{R}^3$ 中向量 $\boldsymbol{\alpha}=(2,0,0)^{\mathrm{T}}$ 在基 $\boldsymbol{\alpha}_1=(1,1,0)^{\mathrm{T}},\boldsymbol{\alpha}_2=(1,0,1)^{\mathrm{T}},\boldsymbol{\alpha}_3=(0,1,1)^{\mathrm{T}}$ 下的坐标.

6. 利用施密特正交化方法，分别将下列各向量组化为正交的单位向量组：

(1) $\boldsymbol{\alpha}_1=(0,1,1)^{\mathrm{T}},\boldsymbol{\alpha}_2=(1,1,0)^{\mathrm{T}},\boldsymbol{\alpha}_3=(1,0,1)^{\mathrm{T}}$；

(2) $\boldsymbol{\alpha}_1=(1,-2,2)^{\mathrm{T}},\boldsymbol{\alpha}_2=(-1,0,-1)^{\mathrm{T}},\boldsymbol{\alpha}_3=(5,-3,-7)^{\mathrm{T}}$；

(3) $\boldsymbol{\alpha}_1=(1,1,1,1)^{\mathrm{T}},\boldsymbol{\alpha}_2=(3,3,-1,-1)^{\mathrm{T}},\boldsymbol{\alpha}_3=(-2,0,6,8)^{\mathrm{T}}$.

7. 设 $\boldsymbol{A}$ 为正交矩阵，证明：$|\boldsymbol{A}|=1$ 或 $|\boldsymbol{A}|=-1$.

8. 证明：如果 $\boldsymbol{A}$ 为正交矩阵，则 $\boldsymbol{A}^{-1}$ 和 $\boldsymbol{A}^*$ 也是正交矩阵.

9. 证明：如果 $\boldsymbol{A}$ 与 $\boldsymbol{B}$ 均为 n 阶正交矩阵，则 $\boldsymbol{AB}$ 也是正交矩阵.

10. 设 $\boldsymbol{\alpha}_1,\boldsymbol{\alpha}_2,\boldsymbol{\alpha}_3$ 是 $\mathbf{R}^3$ 的一组标准正交基，如果

$$\boldsymbol{\beta}_1=\frac{2}{3}\boldsymbol{\alpha}_1+\frac{2}{3}\boldsymbol{\alpha}_2-\frac{1}{3}\boldsymbol{\alpha}_3,\quad \boldsymbol{\beta}_2=\frac{2}{3}\boldsymbol{\alpha}_1-\frac{1}{3}\boldsymbol{\alpha}_2+\frac{2}{3}\boldsymbol{\alpha}_3,\quad \boldsymbol{\beta}_3=\frac{1}{3}\boldsymbol{\alpha}_1-\frac{2}{3}\boldsymbol{\alpha}_2-\frac{2}{3}\boldsymbol{\alpha}_3,$$

证明：$\boldsymbol{\beta}_1,\boldsymbol{\beta}_2,\boldsymbol{\beta}_3$ 也是 $\mathbf{R}^3$ 的一组标准正交基.

11. 设 $\boldsymbol{A}$ 为 n 阶正交矩阵，$\boldsymbol{\alpha}\in\mathbf{R}^n$，证明：$\|\boldsymbol{A\alpha}\|=\|\boldsymbol{\alpha}\|$.

12. 设 $\boldsymbol{A}$ 为 n 阶正交矩阵，$\boldsymbol{\alpha}_1,\boldsymbol{\alpha}_2,\cdots,\boldsymbol{\alpha}_n$ 为 $\mathbf{R}^n$ 的一组标准正交基，证明：$\boldsymbol{A\alpha}_1,\boldsymbol{A\alpha}_2,\cdots,\boldsymbol{A\alpha}_n$ 也是 $\mathbf{R}^n$ 的一组标准正交基.

习 题 三

1. 单项选择题

(1) 设向量组 $\boldsymbol{\alpha}_1,\boldsymbol{\alpha}_2,\cdots,\boldsymbol{\alpha}_s$ 线性相关，则必可推出________.

A. $\boldsymbol{\alpha}_1,\boldsymbol{\alpha}_2,\cdots,\boldsymbol{\alpha}_s$ 中至少有一个向量为零向量

B. $\boldsymbol{\alpha}_1,\boldsymbol{\alpha}_2,\cdots,\boldsymbol{\alpha}_s$ 中至少有两个向量成比例

C. $\boldsymbol{\alpha}_1,\boldsymbol{\alpha}_2,\cdots,\boldsymbol{\alpha}_s$ 中至少有一个向量可由其余向量线性表出

D. $\boldsymbol{\alpha}_1,\boldsymbol{\alpha}_2,\cdots,\boldsymbol{\alpha}_s$ 中每一个向量都可由其余向量线性表出

(2) 向量组 $\boldsymbol{\alpha}_1,\boldsymbol{\alpha}_2,\cdots,\boldsymbol{\alpha}_s$ 线性无关的充分条件是________.

A. $\boldsymbol{\alpha}_1,\boldsymbol{\alpha}_2,\cdots,\boldsymbol{\alpha}_s$ 都不是零向量

B. $\boldsymbol{\alpha}_1,\boldsymbol{\alpha}_2,\cdots,\boldsymbol{\alpha}_s$ 中任意两个向量都不成比例

C. $\boldsymbol{\alpha}_1,\boldsymbol{\alpha}_2,\cdots,\boldsymbol{\alpha}_s$ 中任意一个向量都不能由其余向量线性表出

D. $\boldsymbol{\alpha}_1,\boldsymbol{\alpha}_2,\cdots,\boldsymbol{\alpha}_s$ 中任意 $s-1$ 个向量都线性无关

(3) 设向量组 $\boldsymbol{\alpha}_1,\boldsymbol{\alpha}_2,\cdots,\boldsymbol{\alpha}_s(s\geqslant 2)$ 线性无关，则________.

A. 组中增加任意一个向量后仍线性无关

B. 组中减少任意一个向量后仍线性无关

C. 存在不全为零的数 $k_1,k_2,\cdots,k_s$，使得 $\sum\limits_{i=1}^{s}k_i\boldsymbol{\alpha}_i=\mathbf{0}$

D. 组中至少有一个向量可以由其余向量线性表出

(4) 设线性无关的向量组 $\boldsymbol{\alpha}_1,\boldsymbol{\alpha}_2,\boldsymbol{\alpha}_3,\boldsymbol{\alpha}_4$ 可由向量组 $\boldsymbol{\beta}_1,\boldsymbol{\beta}_2,\cdots,\boldsymbol{\beta}_t$ 线性表出，则必有________.

A. $\boldsymbol{\beta}_1,\boldsymbol{\beta}_2,\cdots,\boldsymbol{\beta}_t$ 线性相关　　B. $t\geqslant 4$

C. $\boldsymbol{\beta}_1,\boldsymbol{\beta}_2,\cdots,\boldsymbol{\beta}_t$ 线性无关　　D. $t<4$

(5) 设向量组 $\boldsymbol{\alpha}_1,\boldsymbol{\alpha}_2,\boldsymbol{\alpha}_3$ 线性无关，则下列向量组中线性无关的是________.

A. $\boldsymbol{\alpha}_1,\boldsymbol{\alpha}_2,\boldsymbol{\alpha}_1+\boldsymbol{\alpha}_2$　　B. $\boldsymbol{\alpha}_1,\boldsymbol{\alpha}_2,\boldsymbol{\alpha}_1-\boldsymbol{\alpha}_2$

C. $\boldsymbol{\alpha}_1-\boldsymbol{\alpha}_2,\boldsymbol{\alpha}_2-\boldsymbol{\alpha}_3,\boldsymbol{\alpha}_3-\boldsymbol{\alpha}_1$　　D. $\boldsymbol{\alpha}_1+\boldsymbol{\alpha}_2,\boldsymbol{\alpha}_2+\boldsymbol{\alpha}_3,\boldsymbol{\alpha}_3+\boldsymbol{\alpha}_1$

(6) 若向量组 $\boldsymbol{\alpha}_1,\boldsymbol{\alpha}_2,\cdots,\boldsymbol{\alpha}_s$ 的秩为 $r(r<s)$，则 $\boldsymbol{\alpha}_1,\boldsymbol{\alpha}_2,\cdots,\boldsymbol{\alpha}_s$ 中________.

A. 多于 r 个向量的部分组必线性相关

B. 多于 r 个向量的部分组必线性无关

C. 少于 r 个向量的部分组必线性相关

D. 少于 r 个向量的部分组必线性无关

(7) 设 $\boldsymbol{A}$ 是 n 阶矩阵$(n\geqslant 2)$，$|\boldsymbol{A}|=0$，则下列结论中错误的是________.

A. $\mathrm{r}(\boldsymbol{A})<n$

B. $\boldsymbol{A}$ 必有两行元素成比例

C. $\boldsymbol{A}$ 的 n 个列向量线性相关

D. $\boldsymbol{A}$ 有一个行向量可由其余 $n-1$ 个行向量线性表出

(8) 设向量 $\boldsymbol{\alpha}_1,\boldsymbol{\alpha}_2,\boldsymbol{\alpha}_3,\boldsymbol{\alpha}_4\in\mathbf{R}^3$，已知 $\boldsymbol{\alpha}_1,\boldsymbol{\alpha}_2,\boldsymbol{\alpha}_3$ 线性无关，而 $\boldsymbol{\alpha}_2,\boldsymbol{\alpha}_3,\boldsymbol{\alpha}_4$ 线性相关，则________.

A. $\boldsymbol{\alpha}_1$ 必可由 $\boldsymbol{\alpha}_2,\boldsymbol{\alpha}_3,\boldsymbol{\alpha}_4$ 线性表出

B. $\boldsymbol{\alpha}_2$ 必可由 $\boldsymbol{\alpha}_1,\boldsymbol{\alpha}_3,\boldsymbol{\alpha}_4$ 线性表出

C. $\boldsymbol{\alpha}_3$ 必可由 $\boldsymbol{\alpha}_1,\boldsymbol{\alpha}_2,\boldsymbol{\alpha}_4$ 线性表出

D. $\boldsymbol{\alpha}_4$ 必可由 $\boldsymbol{\alpha}_1,\boldsymbol{\alpha}_2,\boldsymbol{\alpha}_3$ 线性表出

(9) 在 $\mathbf{R}^3$ 中，与向量 $\boldsymbol{\alpha}_1=(1,1,1)^{\mathrm{T}},\boldsymbol{\alpha}_2=(1,2,1)^{\mathrm{T}}$ 都正交的单位向量是________.

A. $(-1,0,1)^{\mathrm{T}}$　　B. $\frac{1}{\sqrt{2}}(-1,0,1)^{\mathrm{T}}$

C. $(1,0,-1)^{\mathrm{T}}$　　D. $\frac{1}{\sqrt{2}}(1,0,1)^{\mathrm{T}}$

(10) 设向量组 $\boldsymbol{\alpha}_1=(1,0,0)^{\mathrm{T}}$，$\boldsymbol{\alpha}_2=(0,0,1)^{\mathrm{T}}$，下列向量中可以由 $\boldsymbol{\alpha}_1,\boldsymbol{\alpha}_2$ 线性表出的是________.

A. $(2,0,0)^{\mathrm{T}}$　　B. $(-3,2,4)^{\mathrm{T}}$

C. $(1,1,0)^{\mathrm{T}}$　　D. $(0,-1,0)^{\mathrm{T}}$

2. 填空题

(1) 设向量组 $\boldsymbol{\alpha}_1,\boldsymbol{\alpha}_2,\cdots,\boldsymbol{\alpha}_s$ 线性无关，并且可由向量组 $\boldsymbol{\beta}_1,\boldsymbol{\beta}_2,\cdots,\boldsymbol{\beta}_t$ 线性表出，则 s 与 t 的大小关系为________.

(2) 向量组 $\boldsymbol{\alpha}_1=(1,2,-1,1)$，$\boldsymbol{\alpha}_2=(2,0,3,0)$，$\boldsymbol{\alpha}_3=(-1,2,-4,1)$ 的秩为________.

(3) 若矩阵 $\boldsymbol{A}=\begin{pmatrix}1 & 2 & -2\\ 4 & t & 3\\ 3 & -1 & 1\end{pmatrix}$ 的列向量组线性相关，则 $t=$________.

(4) 设向量组 $\boldsymbol{\alpha}_1=(3,1,k)$，$\boldsymbol{\alpha}_2=(4,k,0)$，$\boldsymbol{\alpha}_3=(1,0,k)$ 线性无关，则 k 的取值应满足________.

(5) 向量空间 $\boldsymbol{V}=\{\boldsymbol{x}=(x_1,x_2,0)^{\mathrm{T}}\mid x_1,x_2\in\mathbf{R}\}$ 的维数为________.

(6) 设向量 $\boldsymbol{\alpha}=(1,2,3)^{\mathrm{T}}$，$\boldsymbol{\beta}=(3,2,1)^{\mathrm{T}}$，则 $\boldsymbol{\alpha}$ 与 $\boldsymbol{\beta}$ 的内积 $(\boldsymbol{\alpha},\boldsymbol{\beta})=$________.

(7) 设 $\boldsymbol{\alpha}=(1,-1,-1)^{\mathrm{T}}$，$\boldsymbol{\beta}=(0,1,1)^{\mathrm{T}}$，则 $\boldsymbol{\beta}-\dfrac{(\boldsymbol{\alpha},\boldsymbol{\beta})}{(\boldsymbol{\alpha},\boldsymbol{\alpha})}\boldsymbol{\alpha}=$________.

(8) 设向量 $\boldsymbol{\alpha}=(1,1,1)^{\mathrm{T}}$，则它的单位化向量为________.

(9) 设向量 $\boldsymbol{\alpha}_1=(1,1,1)^{\mathrm{T}}$，$\boldsymbol{\alpha}_2=(1,1,0)^{\mathrm{T}}$，$\boldsymbol{\alpha}_3=(1,0,0)^{\mathrm{T}}$，$\boldsymbol{\beta}=(0,1,1)^{\mathrm{T}}$，则 $\boldsymbol{\beta}$ 由 $\boldsymbol{\alpha}_1,\boldsymbol{\alpha}_2,\boldsymbol{\alpha}_3$ 线性表出的表示式为________.

3. 计算题

(1) 设 t_1,t_2,t_3 为互不相等的常数，讨论向量组 $\boldsymbol{\alpha}_1=(1,t_1,t_1^2)^{\mathrm{T}}$，$\boldsymbol{\alpha}_2=(1,t_2,t_2^2)^{\mathrm{T}}$，$\boldsymbol{\alpha}_3=(1,t_3,t_3^2)^{\mathrm{T}}$ 的线性相关性.

(2) 求下列向量组的秩和一个极大无关组：

$$\boldsymbol{\alpha}_1=\begin{pmatrix}1\\2\\3\\0\end{pmatrix},\quad \boldsymbol{\alpha}_2=\begin{pmatrix}-1\\-2\\0\\3\end{pmatrix},\quad \boldsymbol{\alpha}_3=\begin{pmatrix}2\\4\\6\\0\end{pmatrix},\quad \boldsymbol{\alpha}_4=\begin{pmatrix}1\\-2\\-1\\0\end{pmatrix},\quad \boldsymbol{\alpha}_5=\begin{pmatrix}0\\0\\1\\1\end{pmatrix}.$$

(3) 设向量组

$$\boldsymbol{\alpha}_1=(1,-1,2,1)^{\mathrm{T}},\quad \boldsymbol{\alpha}_2=(2,-2,4,2)^{\mathrm{T}},$$
$$\boldsymbol{\alpha}_3=(3,0,6,-1)^{\mathrm{T}},\quad \boldsymbol{\alpha}_4=(0,3,0,-4)^{\mathrm{T}}.$$

① 求向量组的一个极大无关组.

② 将向量组中的其余向量由该极大无关组线性表出.

(4) 求下列向量组的一个极大无关组，并将向量组中的其余向量由该极大无关组线性表出：

$$\boldsymbol{\alpha}_1=\begin{pmatrix}1\\2\\3\\4\end{pmatrix},\quad \boldsymbol{\alpha}_2=\begin{pmatrix}2\\3\\4\\5\end{pmatrix},\quad \boldsymbol{\alpha}_3=\begin{pmatrix}3\\4\\5\\6\end{pmatrix},\quad \boldsymbol{\alpha}_4=\begin{pmatrix}4\\5\\6\\7\end{pmatrix}.$$

(5) 设向量 $\boldsymbol{\alpha}=(1,2,3,4)$，$\boldsymbol{\beta}=(1,-1,2,0)$，求：

① 矩阵 $\boldsymbol{\alpha}^{\mathrm{T}}\boldsymbol{\beta}$；

② 向量 $\boldsymbol{\alpha}$ 与 $\boldsymbol{\beta}$ 的内积 $(\boldsymbol{\alpha},\boldsymbol{\beta})$.

4. 证明题

(1) 证明：如果向量组 $\boldsymbol{\alpha}_1,\boldsymbol{\alpha}_2,\boldsymbol{\alpha}_3$ 可由向量组 $\boldsymbol{\beta}_1,\boldsymbol{\beta}_2$ 线性表出，则 $\boldsymbol{\alpha}_1,\boldsymbol{\alpha}_2,\boldsymbol{\alpha}_3$ 线性相关.

(2) 已知向量组 $\boldsymbol{\alpha}_1,\boldsymbol{\alpha}_2,\boldsymbol{\alpha}_3$ 线性无关，证明：向量组 $\boldsymbol{\alpha}_1+2\boldsymbol{\alpha}_2,2\boldsymbol{\alpha}_2+3\boldsymbol{\alpha}_3,3\boldsymbol{\alpha}_3+\boldsymbol{\alpha}_1$ 线性无关.

(3) 证明：若向量组 $\boldsymbol{\alpha}_1=(a_{11},a_{21})^{\mathrm{T}},\boldsymbol{\alpha}_2=(a_{12},a_{22})^{\mathrm{T}}$ 线性无关，则任一向量 $\boldsymbol{\beta}=(b_1,b_2)^{\mathrm{T}}$ 必可由 $\boldsymbol{\alpha}_1,\boldsymbol{\alpha}_2$ 线性表出.

(4) 设向量组 $\boldsymbol{\alpha}_1,\boldsymbol{\alpha}_2,\boldsymbol{\alpha}_3$ 线性无关，而向量组 $\boldsymbol{\alpha}_2,\boldsymbol{\alpha}_3,\boldsymbol{\alpha}_4$ 线性相关. 证明：$\boldsymbol{\alpha}_4$ 必可由 $\boldsymbol{\alpha}_1,\boldsymbol{\alpha}_2,\boldsymbol{\alpha}_3$ 线性表出.

(5) 设 $\boldsymbol{A}$ 为 n 阶矩阵，$\boldsymbol{\alpha}$ 为 n 维列向量 $(n\geqslant 2)$，且已知 $\boldsymbol{A\alpha}\neq\boldsymbol{0},\boldsymbol{A}^2\boldsymbol{\alpha}=\boldsymbol{0}$. 证明：向量组 $\boldsymbol{\alpha}$，$\boldsymbol{A\alpha}$ 线性无关.

(6) 设向量组 $\boldsymbol{\alpha}_1,\boldsymbol{\alpha}_2,\boldsymbol{\alpha}_3$ 可由 $\boldsymbol{\beta}_1,\boldsymbol{\beta}_2,\boldsymbol{\beta}_3$ 线性表出：

$$\begin{aligned}\boldsymbol{\alpha}_1&=-2\boldsymbol{\beta}_1+\boldsymbol{\beta}_2+\boldsymbol{\beta}_3,\\\boldsymbol{\alpha}_2&=\boldsymbol{\beta}_1-2\boldsymbol{\beta}_2+\boldsymbol{\beta}_3,\\\boldsymbol{\alpha}_3&=\boldsymbol{\beta}_1+\boldsymbol{\beta}_2-2\boldsymbol{\beta}_3.\end{aligned}$$

证明：$\boldsymbol{\alpha}_1,\boldsymbol{\alpha}_2,\boldsymbol{\alpha}_3$ 线性相关.

(7) 设向量 $\boldsymbol{\beta}$ 可由向量组 $\boldsymbol{\alpha}_1,\boldsymbol{\alpha}_2$ 线性表出：$\boldsymbol{\beta}=k_1\boldsymbol{\alpha}_1+k_2\boldsymbol{\alpha}_2$. 证明：如果 $k_2\neq 0$，则向量组 $\boldsymbol{\alpha}_1,\boldsymbol{\beta}$ 也线性无关.

(8) 设 $\boldsymbol{A}$ 为 $m\times n$ 矩阵，$\boldsymbol{B}$ 为 $n\times m$ 矩阵. 证明：如果 $m>n$，则 $|\boldsymbol{AB}|=0$.

第 4 章　线性方程组

本章用向量空间的理论讨论线性方程组，主要讲述线性方程组的解法与解的结构.给出了齐次线性方程组有非零解的充要条件及通解的求法，非齐次线性方程组有解的充要条件及通解的求法.

4.1　高斯消元法

中学已经学过用消元法求解二元或三元线性方程组，我们通过具体的例子分析高斯消元法与矩阵的初等变换的关系.

例 4.1　用高斯消元法求解线性方程组

$$\begin{cases} x_1+x_2+x_3=0, & ① \\ x_1+3x_2-x_3=6, & ② \\ 2x_1+4x_2+3x_3=3, & ③ \\ x_1+x_2+2x_3=-1. & ④ \end{cases}$$

解　方程组的增广矩阵为

$$(\boldsymbol{A},\boldsymbol{\beta})=\begin{pmatrix} 1 & 1 & 1 & 0 \\ 1 & 3 & -1 & 6 \\ 2 & 4 & 3 & 3 \\ 1 & 1 & 2 & -1 \end{pmatrix}.$$

下面分析高斯消元法与增广矩阵初等行变换之间的关系，左侧栏进行的是高斯消元法，对应的右侧栏是对增广矩阵做初等行变换.

首先将方程 ① 的(−1) 倍、(−2) 倍、(−1) 倍依次加到方程 ②,③,④ 上得

$$\begin{cases} x_1+x_2+x_3=0, & ⑤ \\ 2x_2-2x_3=6, & ⑥ \\ 2x_2+x_3=3, & ⑦ \\ x_3=-1. & ⑧ \end{cases}$$

其次将方程 ⑥ 的(−1) 倍加到方程 ⑦ 上得

$$\begin{cases} x_1+x_2+x_3=0, & ⑨ \\ 2x_2-2x_3=6, & ⑩ \\ 3x_3=-3, & ⑪ \\ x_3=-1. & ⑫ \end{cases}$$

将矩阵$(\boldsymbol{A},\boldsymbol{\beta})$ 第 1 行的(−1) 倍、(−2) 倍、(−1) 倍依次加到矩阵第 2,3,4 行上得

$$\begin{pmatrix} 1 & 1 & 1 & 0 \\ 0 & 2 & -2 & 6 \\ 0 & 2 & 1 & 3 \\ 0 & 0 & 1 & -1 \end{pmatrix}.$$

将矩阵第 2 行的(−1) 倍加到第 3 行上得

$$\begin{pmatrix} 1 & 1 & 1 & 0 \\ 0 & 2 & -2 & 6 \\ 0 & 0 & 3 & -3 \\ 0 & 0 & 1 & -1 \end{pmatrix}.$$

再将方程 ⑫ 的(−1)倍、2倍、(−3)倍依次加到方程 ⑨,⑩,⑪ 上得

$$\begin{cases} x_1+x_2=1, & ⑬\\ 2x_2=4, & ⑭\\ 0=0, & ⑮\\ x_3=-1. & ⑯\end{cases}$$

将矩阵第4行的(−1)倍、2倍、(−3)倍依次加到1,2,3行上得到

$$\begin{pmatrix}1&1&0&1\\0&2&0&4\\0&0&0&0\\0&0&1&-1\end{pmatrix}.$$

将方程 ⑭ 的$\left(-\frac{1}{2}\right)$倍加到方程 ⑬ 上，方程 ⑭ 乘$\frac{1}{2}$，将方程 ⑮ 与方程 ⑯ 互换得

$$\begin{cases} x_1=-1,\\ x_2=2,\\ x_3=-1,\\ 0=0.\end{cases}$$

将矩阵第2行的$\left(-\frac{1}{2}\right)$倍加到第1行，第2行乘以$\frac{1}{2}$，第3行与第4行互换得

$$\begin{pmatrix}1&0&0&-1\\0&1&0&2\\0&0&1&-1\\0&0&0&0\end{pmatrix}.$$

于是得到方程组的解为

$$x_1=-1,\quad x_2=2,\quad x_3=-1.$$

线性方程组与增广矩阵是1—1对应的，从上述例子我们看到对方程组用高斯消元法求解，只是对未知量的系数与常数项进行运算，未知量本身并没有参加运算，就相当于对增广矩阵进行相对应的初等行变换.

下面讨论一般的情况，n 个未知量 m 个方程的线性方程组

$$\begin{cases} a_{11}x_1+a_{12}x_2+\cdots+a_{1n}x_n=b_1,\\ a_{21}x_1+a_{22}x_2+\cdots+a_{2n}x_n=b_2,\\ \cdots\cdots\\ a_{m1}x_1+a_{m2}x_2+\cdots+a_{mn}x_n=b_m\end{cases} \tag{4.1}$$

的矩阵形式为

$$\boldsymbol{Ax}=\boldsymbol{\beta}, \tag{4.2}$$

其中

$$\boldsymbol{A}=\begin{pmatrix}a_{11}&a_{12}&\cdots&a_{1n}\\a_{21}&a_{22}&\cdots&a_{2n}\\\vdots&\vdots&&\vdots\\a_{m1}&a_{m2}&\cdots&a_{mn}\end{pmatrix},\quad \boldsymbol{x}=\begin{pmatrix}x_1\\x_2\\\vdots\\x_n\end{pmatrix},\quad \boldsymbol{\beta}=\begin{pmatrix}b_1\\b_2\\\vdots\\b_m\end{pmatrix}.$$

设 $\boldsymbol{\eta}=\begin{pmatrix}c_1\\c_2\\\vdots\\c_n\end{pmatrix}$，若有 $\boldsymbol{A\eta}=\boldsymbol{\beta}$，则称 $\boldsymbol{\eta}$ 是方程组 $\boldsymbol{Ax}=\boldsymbol{\beta}$ 的解.

方程组(4.1)的向量形式为

$$x_1\boldsymbol{\alpha}_1+x_2\boldsymbol{\alpha}_2+\cdots+x_n\boldsymbol{\alpha}_n=\boldsymbol{\beta}, \tag{4.3}$$

其中

$$\boldsymbol{\alpha}_1=\begin{pmatrix}a_{11}\\a_{21}\\\vdots\\a_{m1}\end{pmatrix},\quad \boldsymbol{\alpha}_2=\begin{pmatrix}a_{12}\\a_{22}\\\vdots\\a_{m2}\end{pmatrix},\quad \cdots,\quad \boldsymbol{\alpha}_n=\begin{pmatrix}a_{1n}\\a_{2n}\\\vdots\\a_{mn}\end{pmatrix},\quad \boldsymbol{\beta}=\begin{pmatrix}b_1\\b_2\\\vdots\\b_m\end{pmatrix}.$$

例 4.2 设 $\boldsymbol{A},\boldsymbol{B}$ 均为 $m\times n$ 矩阵，$\boldsymbol{P}$ 为 m 阶可逆矩阵，且 $\boldsymbol{PA}=\boldsymbol{B},\boldsymbol{P\beta}=\boldsymbol{\gamma}$，则线性方程组 $\boldsymbol{Ax}=\boldsymbol{\beta}$ 与 $\boldsymbol{Bx}=\boldsymbol{\gamma}$ 同解.

证明 若 $\boldsymbol{\eta}$ 是 $\boldsymbol{Ax}=\boldsymbol{\beta}$ 的解，则 $\boldsymbol{A\eta}=\boldsymbol{\beta}$，在等式两端左乘矩阵 $\boldsymbol{P}$，得 $\boldsymbol{P}(\boldsymbol{A\eta})=\boldsymbol{P\beta}$，于是 $\boldsymbol{B\eta}=\boldsymbol{\gamma}$，所以 $\boldsymbol{\eta}$ 是方程组 $\boldsymbol{Bx}=\boldsymbol{\gamma}$ 的解.

另一方面，若 $\boldsymbol{\eta}$ 是方程组 $\boldsymbol{Bx}=\boldsymbol{\gamma}$ 的解，则 $\boldsymbol{B\eta}=\boldsymbol{\gamma}$，于是 $(\boldsymbol{PA})\boldsymbol{\eta}=\boldsymbol{P\beta}$，在等式两端左乘 $\boldsymbol{P}^{-1}$ 得 $\boldsymbol{A\eta}=\boldsymbol{\beta}$，即 $\boldsymbol{\eta}$ 是方程组 $\boldsymbol{Ax}=\boldsymbol{\beta}$ 的解.所以方程组 $\boldsymbol{Ax}=\boldsymbol{\beta}$ 与 $\boldsymbol{Bx}=\boldsymbol{\gamma}$ 同解.

如果对矩阵 $(\boldsymbol{A},\boldsymbol{\beta})$ 进行初等行变换后得到矩阵 $(\boldsymbol{B},\boldsymbol{\gamma})$，由定理 2.3 知存在可逆矩阵 $\boldsymbol{P}$，使得 $(\boldsymbol{B},\boldsymbol{\gamma})=\boldsymbol{P}(\boldsymbol{A},\boldsymbol{\beta})$，即 $(\boldsymbol{B},\boldsymbol{\gamma})=(\boldsymbol{PA},\boldsymbol{P\beta})$，根据例 4.2 知方程组 $\boldsymbol{Ax}=\boldsymbol{\beta}$ 与 $\boldsymbol{Bx}=\boldsymbol{\gamma}$ 同解.于是对增广矩阵进行初等行变换后，所对应的方程组与原方程组同解.

例 4.3 求解线性方程组

$$\begin{cases}x_1+x_2+2x_3=7,\\3x_1+5x_2+5x_3=20,\\2x_1+4x_2+4x_3=16,\\x_1+x_2=1.\end{cases}$$

解 方程组的增广矩阵为

$$(\boldsymbol{A},\boldsymbol{\beta})=\left(\begin{array}{ccc|c}1&1&2&7\\3&5&5&20\\2&4&4&16\\1&1&0&1\end{array}\right),$$

对增广矩阵做初等行变换得

$$(\boldsymbol{A},\boldsymbol{\beta})=\left(\begin{array}{ccc|c}1&1&2&7\\3&5&5&20\\2&4&4&16\\1&1&0&1\end{array}\right)\to\left(\begin{array}{ccc|c}1&1&2&7\\0&2&-1&-1\\0&2&0&2\\0&0&-2&-6\end{array}\right)\to\left(\begin{array}{ccc|c}1&1&2&7\\0&2&-1&-1\\0&0&1&3\\0&0&-2&-6\end{array}\right)\to\left(\begin{array}{ccc|c}1&0&0&0\\0&1&0&1\\0&0&1&3\\0&0&0&0\end{array}\right),$$

因此方程组的解为 $x_1=0,x_2=1,x_3=3$.

例 4.4 求解线性方程组

$$\begin{cases}x_1+x_2+5x_3=2,\\2x_1-3x_2-5x_3=-1,\\-3x_1+6x_2+12x_3=3,\\x_1+3x_2+11x_3=4.\end{cases}$$

解 方程组的增广矩阵为

$$(\boldsymbol{A},\boldsymbol{\beta})=\left(\begin{array}{ccc|c}1&1&5&2\\2&-3&-5&-1\\-3&6&12&3\\1&3&11&4\end{array}\right),$$

对增广矩阵做初等行变换得

$$(\boldsymbol{A},\boldsymbol{\beta})=\left(\begin{array}{ccc:c}1&1&5&2\\2&-3&-5&-1\\-3&6&12&3\\1&3&11&4\end{array}\right)\to\left(\begin{array}{ccc:c}1&1&5&2\\0&-5&-15&-5\\0&9&27&9\\0&2&6&2\end{array}\right)$$

$$\to\left(\begin{array}{ccc:c}1&1&5&2\\0&1&3&1\\0&1&3&1\\0&1&3&1\end{array}\right)\to\left(\begin{array}{ccc:c}1&0&2&1\\0&1&3&1\\0&0&0&0\\0&0&0&0\end{array}\right),$$

原方程组的同解方程组为

$$\begin{cases}x_1+2x_3=1,\\x_2+3x_3=1,\end{cases}\quad 即\quad\begin{cases}x_1=-2x_3+1,\\x_2=-3x_3+1.\end{cases}$$

取 x_3 为自由未知量,方程组的全部解为 $x_1=-2c+1,x_2=-3c+1,x_3=c$,其中 c 为任意常数.

注 1 例 4.3 中的方程组有解,但没有自由未知量,所以方程组有唯一解;例 4.4 中的方程组有解,有一个自由未知量,所以方程组有无穷多解.

注 2 自由未知量的选取是相对的,在例 4.4 中也可以选取 x_2 为自由未知量,得到

$$\begin{cases}x_1=\dfrac{2}{3}x_2+\dfrac{1}{3},\\x_3=-\dfrac{1}{3}x_2+\dfrac{1}{3}.\end{cases}$$

类似地,也可以选取 x_1 为自由未知量,将 x_2,x_3 用 x_1 表示出来.

习 题 4.1

1. 求解下列方程组:

(1) $\begin{cases}3x_1+4x_2-6x_3=4,\\x_1-x_2+4x_3=1,\\-x_1+3x_2-10x_3=1;\end{cases}$ (2) $\begin{cases}x_1-2x_2+x_3=1,\\2x_1-x_2+5x_3=0,\\3x_2+x_3=2;\end{cases}$

(3) $\begin{cases}2x_1+x_2+3x_3+3x_4=1,\\x_1+x_2+x_3+2x_4=0,\\x_1-2x_2+4x_3+x_4=4.\end{cases}$

2. 判断下列方程组是否有解:

$$\begin{cases}x_1-x_2+x_3=1,\\3x_1+4x_3=5,\\x_1+2x_2+2x_3=0.\end{cases}$$

4.2 齐次线性方程组

本节讨论齐次线性方程组解的结构与求解.常数项为零的线性方程组,即

$$\begin{cases} a_{11}x_1+a_{12}x_2+\cdots+a_{1n}x_n=0, \\ a_{21}x_1+a_{22}x_2+\cdots+a_{2n}x_n=0, \\ \cdots\cdots \\ a_{m1}x_1+a_{m2}x_2+\cdots+a_{mn}x_n=0, \end{cases} \tag{4.4}$$

称为齐次线性方程组,其矩阵形式为

$$\boldsymbol{A}\boldsymbol{x}=\boldsymbol{0}, \tag{4.5}$$

向量形式为

$$x_1\boldsymbol{\alpha}_1+x_2\boldsymbol{\alpha}_2+\cdots+x_n\boldsymbol{\alpha}_n=\boldsymbol{0}. \tag{4.6}$$

齐次线性方程组 $\boldsymbol{Ax}=\boldsymbol{0}$ 总有零解,在很多情况下还有非零解,我们关心的是何时有非零解,如何求出其全部非零解.

定理 4.1 设 $\boldsymbol{A}$ 为 $m\times n$ 矩阵,则齐次线性方程组 $\boldsymbol{Ax}=\boldsymbol{0}$ 有非零解的充要条件是系数矩阵 $\boldsymbol{A}$ 的秩 $\mathrm{r}(\boldsymbol{A})<n$.

证明 设 $\boldsymbol{A}=(\boldsymbol{\alpha}_1,\boldsymbol{\alpha}_2,\cdots,\boldsymbol{\alpha}_n)$,其中 $\boldsymbol{\alpha}_i$,$i=1,2,\cdots,n$ 为 m 维列向量,根据定理 3.3,

$$\begin{aligned} \text{方程组 } \boldsymbol{Ax}=\boldsymbol{0} \text{ 有非零解} &\Leftrightarrow \text{向量组 } \boldsymbol{\alpha}_1,\boldsymbol{\alpha}_2,\cdots,\boldsymbol{\alpha}_n \text{ 线性相关} \\ &\Leftrightarrow \text{向量组 } \boldsymbol{\alpha}_1,\boldsymbol{\alpha}_2,\cdots,\boldsymbol{\alpha}_n \text{ 的秩} <n \\ &\Leftrightarrow \mathrm{r}(\boldsymbol{A})<n. \end{aligned}$$

推论 设 $\boldsymbol{A}$ 为 n 阶方阵,则齐次线性方程组 $\boldsymbol{Ax}=\boldsymbol{0}$ 有非零解的充要条件是 $|\boldsymbol{A}|=0$.

事实上,对于 n 阶方阵 $\boldsymbol{A}$,$\mathrm{r}(\boldsymbol{A})<n$ 的充要条件是 $|\boldsymbol{A}|=0$.

定理 4.2 设 $\boldsymbol{\xi}_1,\boldsymbol{\xi}_2$ 均为齐次线性方程组 $\boldsymbol{Ax}=\boldsymbol{0}$ 的解,则 $\boldsymbol{\xi}_1+\boldsymbol{\xi}_2$ 也是齐次线性方程组 $\boldsymbol{Ax}=\boldsymbol{0}$ 的解.

证明 由于 $\boldsymbol{A\xi}_1=\boldsymbol{0}$,$\boldsymbol{A\xi}_2=\boldsymbol{0}$,所以 $\boldsymbol{A}(\boldsymbol{\xi}_1+\boldsymbol{\xi}_2)=\boldsymbol{A\xi}_1+\boldsymbol{A\xi}_2=\boldsymbol{0}$,故 $\boldsymbol{\xi}_1+\boldsymbol{\xi}_2$ 也是齐次线性方程组 $\boldsymbol{Ax}=\boldsymbol{0}$ 的解.

定理 4.3 设 $\boldsymbol{\xi}$ 为齐次线性方程组 $\boldsymbol{Ax}=\boldsymbol{0}$ 的解,k 为任意常数,则 $k\boldsymbol{\xi}$ 也是齐次线性方程组 $\boldsymbol{Ax}=\boldsymbol{0}$ 的解.

证明 由于 $\boldsymbol{A\xi}=\boldsymbol{0}$,所以 $\boldsymbol{A}(k\boldsymbol{\xi})=k(\boldsymbol{A\xi})=\boldsymbol{0}$,故 $k\boldsymbol{\xi}$ 也是方程组 $\boldsymbol{Ax}=\boldsymbol{0}$ 的解.

推论 若 $\boldsymbol{\xi}_1,\boldsymbol{\xi}_2,\cdots,\boldsymbol{\xi}_t$ 均为齐次线性方程组 $\boldsymbol{Ax}=\boldsymbol{0}$ 的解,则 $k_1\boldsymbol{\xi}_1+k_2\boldsymbol{\xi}_2+\cdots+k_t\boldsymbol{\xi}_t$ 也是齐次线性方程组 $\boldsymbol{Ax}=\boldsymbol{0}$ 的解,其中 $k_1,k_2,\cdots,k_t$ 为任意常数.

根据以上定理及定义 3.7 知,齐次线性方程组 $\boldsymbol{Ax}=\boldsymbol{0}$ 的全体解向量构成 $\mathbf{R}^n$ 的子空间,这个子空间通常称为方程组 $\boldsymbol{Ax}=\boldsymbol{0}$ 的**解空间**.

定义 4.1 设 $\boldsymbol{\xi}_1,\boldsymbol{\xi}_2,\cdots,\boldsymbol{\xi}_t$ 是齐次线性方程组 $\boldsymbol{Ax}=\boldsymbol{0}$ 的一组解,如果满足

(1) $\boldsymbol{\xi}_1,\boldsymbol{\xi}_2,\cdots,\boldsymbol{\xi}_t$ 线性无关,

(2) $\boldsymbol{Ax}=\boldsymbol{0}$ 的任意解 $\boldsymbol{\xi}$ 均可由 $\boldsymbol{\xi}_1,\boldsymbol{\xi}_2,\cdots,\boldsymbol{\xi}_t$ 线性表示,

则称 $\boldsymbol{\xi}_1,\boldsymbol{\xi}_2,\cdots,\boldsymbol{\xi}_t$ 为齐次线性方程组 $\boldsymbol{Ax}=\boldsymbol{0}$ 的一个**基础解系**.

事实上,方程组 $\boldsymbol{Ax}=\boldsymbol{0}$ 的基础解系就是解空间的基,从而方程组的全部解为

$$c_1\boldsymbol{\xi}_1+c_2\boldsymbol{\xi}_2+\cdots+c_t\boldsymbol{\xi}_t,\quad c_1,c_2,\cdots,c_t \text{ 为任意常数}, \tag{4.7}$$

我们称(4.7)式为方程组 $\boldsymbol{Ax}=\boldsymbol{0}$ 的**通解**.

由于向量空间的基不唯一,所以方程组的基础解系不唯一,但基础解系中所含的解向量个数,即解空间的维数是唯一的.若方程组 $\boldsymbol{Ax}=\boldsymbol{0}$ 只有零解,则不存在基础解系;若方程组 $\boldsymbol{Ax}=\boldsymbol{0}$ 有非零解,则基础解系中至少有一个解向量.

定理 4.4 设 $\boldsymbol{A}=(a_{ij})$ 是 $m\times n$ 矩阵，且 $\mathrm{r}(\boldsymbol{A})=r<n$，则齐次线性方程组 $\boldsymbol{Ax}=\boldsymbol{0}$ 的基础解系由 $n-r$ 个解向量构成.

证明 由于 $\mathrm{r}(\boldsymbol{A})=r$，所以 $\boldsymbol{A}$ 中有 r 阶子式非零，不妨设 $\boldsymbol{A}$ 左上角的 r 阶子式非零，则矩阵 $\boldsymbol{A}$ 经初等行变换可化为

$$\boldsymbol{A}\rightarrow\begin{pmatrix}1&0&\cdots&0&c_{1,r+1}&\cdots&c_{1n}\\0&1&\cdots&0&c_{2,r+1}&\cdots&c_{2n}\\\vdots&\vdots&&\vdots&\vdots&&\vdots\\0&0&\cdots&1&c_{r,r+1}&\cdots&c_{rn}\\0&0&\cdots&0&0&\cdots&0\\\vdots&\vdots&&\vdots&0&\cdots&0\\0&0&\cdots&0&0&\cdots&0\end{pmatrix}.$$

于是原方程组的同解方程组为

$$\begin{cases}x_1+c_{1,r+1}x_{r+1}+\cdots+c_{1n}x_n=0,\\x_2+c_{2,r+1}x_{r+1}+\cdots+c_{2n}x_n=0,\\\qquad\qquad\cdots\cdots\\x_r+c_{r,r+1}x_{r+1}+\cdots+c_{rn}x_n=0,\end{cases}$$

即

$$\begin{cases}x_1=-c_{1,r+1}x_{r+1}-\cdots-c_{1n}x_n,\\x_2=-c_{2,r+1}x_{r+1}-\cdots-c_{2n}x_n,\\\qquad\qquad\cdots\cdots\\x_r=-c_{r,r+1}x_{r+1}-\cdots-c_{rn}x_n,\end{cases}\tag{4.8}$$

其中 $x_{r+1},\cdots,x_n$ 为 $n-r$ 个自由未知量.对自由未知量 $x_{r+1},\cdots,x_n$ 任意取一组值，由方程组(4.8)可以唯一确定 $x_1,x_2,\cdots,x_r$ 的一组值，从而得到原方程组 $\boldsymbol{Ax}=\boldsymbol{0}$ 的一个解.现设自由未知量分别取值

$$\begin{pmatrix}x_{r+1}\\x_{r+2}\\\vdots\\x_n\end{pmatrix}=\begin{pmatrix}1\\0\\\vdots\\0\end{pmatrix},\quad\begin{pmatrix}0\\1\\\vdots\\0\end{pmatrix},\quad\cdots,\quad\begin{pmatrix}0\\0\\\vdots\\1\end{pmatrix},$$

由(4.8)得原方程组 $\boldsymbol{Ax}=\boldsymbol{0}$ 的一组解

$$\boldsymbol{\xi}_1=\begin{pmatrix}-c_{1,r+1}\\-c_{2,r+1}\\\vdots\\-c_{r,r+1}\\1\\0\\\vdots\\0\end{pmatrix},\quad\boldsymbol{\xi}_2=\begin{pmatrix}-c_{1,r+2}\\-c_{2,r+2}\\\vdots\\-c_{r,r+2}\\0\\1\\\vdots\\0\end{pmatrix},\quad\cdots,\quad\boldsymbol{\xi}_{n-r}=\begin{pmatrix}-c_{1n}\\-c_{2n}\\\vdots\\-c_{rn}\\0\\0\\\vdots\\1\end{pmatrix}.$$

根据定理 3.6 知这组解向量线性无关.

下面证明方程组 $\boldsymbol{Ax}=\boldsymbol{0}$ 的任一解均可由 $\boldsymbol{\xi}_1,\boldsymbol{\xi}_2,\cdots,\boldsymbol{\xi}_{n-r}$ 线性表示,设

$$\boldsymbol{\xi}=\begin{pmatrix} k_1 \\ k_2 \\ \vdots \\ k_r \\ k_{r+1} \\ \vdots \\ k_n \end{pmatrix}$$

是方程组 $\boldsymbol{Ax}=\boldsymbol{0}$ 的任一解,令 $\boldsymbol{\zeta}=k_{r+1}\boldsymbol{\xi}_1+k_{r+2}\boldsymbol{\xi}_2+\cdots+k_n\boldsymbol{\xi}_{n-r}$,由定理4.3的推论知 $\boldsymbol{\zeta}$ 也是方程组 $\boldsymbol{Ax}=\boldsymbol{0}$ 的解,由于 $\boldsymbol{\xi},\boldsymbol{\zeta}$ 均满足方程组(4.8),且它们后 $n-r$ 个分量相同,所以

$$\boldsymbol{\xi}=\boldsymbol{\zeta}=k_{r+1}\boldsymbol{\xi}_1+k_{r+2}\boldsymbol{\xi}_2+\cdots+k_n\boldsymbol{\xi}_{n-r},$$

即方程组的任一解 $\boldsymbol{\xi}$ 均可由 $\boldsymbol{\xi}_1,\boldsymbol{\xi}_2,\cdots,\boldsymbol{\xi}_{n-r}$ 线性表示,所以 $\boldsymbol{\xi}_1,\boldsymbol{\xi}_2,\cdots,\boldsymbol{\xi}_{n-r}$ 是方程组 $\boldsymbol{Ax}=\boldsymbol{0}$ 的一个基础解系. 这时方程组的通解为

$$c_1\boldsymbol{\xi}_1+c_2\boldsymbol{\xi}_2+\cdots+c_{n-r}\boldsymbol{\xi}_{n-r},\quad c_1,c_2,\cdots,c_{n-r}\text{ 为任意常数.}$$

推论 *若 $m\times n$ 矩阵 $\boldsymbol{A}$ 的秩为 r,则方程组 $\boldsymbol{Ax}=\boldsymbol{0}$ 的任意 $n-r$ 个线性无关的解,均为方程组 $\boldsymbol{Ax}=\boldsymbol{0}$ 的一个基础解系.*

证明 设 $\boldsymbol{\alpha}_1,\boldsymbol{\alpha}_2,\cdots,\boldsymbol{\alpha}_{n-r}$ 为方程组 $\boldsymbol{Ax}=\boldsymbol{0}$ 的 $n-r$ 个线性无关的解,只需证明方程组的任一解 $\boldsymbol{\xi}$ 均可由 $\boldsymbol{\alpha}_1,\boldsymbol{\alpha}_2,\cdots,\boldsymbol{\alpha}_{n-r}$ 线性表示.

由于矩阵 $\boldsymbol{A}$ 的秩为 r,故方程组 $\boldsymbol{Ax}=\boldsymbol{0}$ 的基础解系由 $n-r$ 个解向量构成.设 $\boldsymbol{\xi}_1,\boldsymbol{\xi}_2,\cdots,\boldsymbol{\xi}_{n-r}$ 是方程组 $\boldsymbol{Ax}=\boldsymbol{0}$ 的一个基础解系,则向量组 $\boldsymbol{\xi},\boldsymbol{\alpha}_1,\boldsymbol{\alpha}_2,\cdots,\boldsymbol{\alpha}_{n-r}$ 可由向量组 $\boldsymbol{\xi}_1,\boldsymbol{\xi}_2,\cdots,\boldsymbol{\xi}_{n-r}$ 线性表示,由定理3.8知 $\boldsymbol{\xi},\boldsymbol{\alpha}_1,\boldsymbol{\alpha}_2,\cdots,\boldsymbol{\alpha}_{n-r}$ 线性相关,而向量组 $\boldsymbol{\alpha}_1,\boldsymbol{\alpha}_2,\cdots,\boldsymbol{\alpha}_{n-r}$ 线性无关,根据例3.7知 $\boldsymbol{\xi}$ 均可由 $\boldsymbol{\alpha}_1,\boldsymbol{\alpha}_2,\cdots,\boldsymbol{\alpha}_{n-r}$ 线性表示.

定理4.4的证明给出了求齐次线性方程组的基础解系与通解的方法.

例4.5 求下列齐次线性方程组的一个基础解系与通解

$$\begin{cases} 2x_1+3x_2+4x_3-3x_4-4x_5=0, \\ x_1+2x_2+x_3-x_4-3x_5=0, \\ 3x_1+7x_2+x_3-2x_4-11x_5=0, \\ 2x_1+4x_2+2x_3-2x_4-6x_5=0. \end{cases}$$

解 对系数矩阵 $\boldsymbol{A}$ 施以初等行变换

$$\boldsymbol{A}=\begin{pmatrix} 2 & 3 & 4 & -3 & -4 \\ 1 & 2 & 1 & -1 & -3 \\ 3 & 7 & 1 & -2 & -11 \\ 2 & 4 & 2 & -2 & -6 \end{pmatrix}\to\begin{pmatrix} 1 & 2 & 1 & -1 & -3 \\ 2 & 3 & 4 & -3 & -4 \\ 3 & 7 & 1 & -2 & -11 \\ 2 & 4 & 2 & -2 & -6 \end{pmatrix}\to\begin{pmatrix} 1 & 2 & 1 & -1 & -3 \\ 0 & -1 & 2 & -1 & 2 \\ 0 & 1 & -2 & 1 & -2 \\ 0 & 0 & 0 & 0 & 0 \end{pmatrix}$$

$$\to\begin{pmatrix} 1 & 2 & 1 & -1 & -3 \\ 0 & -1 & 2 & -1 & 2 \\ 0 & 0 & 0 & 0 & 0 \\ 0 & 0 & 0 & 0 & 0 \end{pmatrix}\to\begin{pmatrix} 1 & 0 & 5 & -3 & 1 \\ 0 & -1 & 2 & -1 & 2 \\ 0 & 0 & 0 & 0 & 0 \\ 0 & 0 & 0 & 0 & 0 \end{pmatrix}\to\begin{pmatrix} 1 & 0 & 5 & -3 & 1 \\ 0 & 1 & -2 & 1 & -2 \\ 0 & 0 & 0 & 0 & 0 \\ 0 & 0 & 0 & 0 & 0 \end{pmatrix},$$

由于系数矩阵的秩 $\mathrm{r}(\boldsymbol{A})=r=2$,未知量的个数 $n=5$,所以基础解系由 $n-r=3$ 个向量构成,取 x_3,x_4,x_5 为自由未知量,得同解方程组

$$\begin{cases} x_1 = -5x_3 + 3x_4 - x_5, \\ x_2 = 2x_3 - x_4 + 2x_5. \end{cases}$$

令自由未知量分别取值

$$\begin{pmatrix} x_3 \\ x_4 \\ x_5 \end{pmatrix} = \begin{pmatrix} 1 \\ 0 \\ 0 \end{pmatrix}, \quad \begin{pmatrix} 0 \\ 1 \\ 0 \end{pmatrix}, \quad \begin{pmatrix} 0 \\ 0 \\ 1 \end{pmatrix},$$

得原方程组的一个基础解系

$$\boldsymbol{\xi}_1 = \begin{pmatrix} -5 \\ 2 \\ 1 \\ 0 \\ 0 \end{pmatrix}, \quad \boldsymbol{\xi}_2 = \begin{pmatrix} 3 \\ -1 \\ 0 \\ 1 \\ 0 \end{pmatrix}, \quad \boldsymbol{\xi}_3 = \begin{pmatrix} -1 \\ 2 \\ 0 \\ 0 \\ 1 \end{pmatrix}.$$

于是方程组的通解为

$$c_1\boldsymbol{\xi}_1 + c_2\boldsymbol{\xi}_2 + c_3\boldsymbol{\xi}_3, \quad c_1, c_2, c_3 \text{ 为任意常数}.$$

例 4.6 求下列齐次线性方程组的一个基础解系与通解：

$$\begin{cases} 3x_1 + 6x_2 + 2x_3 + 12x_4 - x_5 = 0, \\ -2x_1 - 4x_2 - x_3 - 5x_4 + x_5 = 0, \\ 2x_1 + 4x_2 + 2x_3 + 19x_4 + x_5 = 0, \\ 6x_1 + 12x_2 + 6x_3 + 47x_4 + x_5 = 0. \end{cases}$$

解 对系数矩阵 $\boldsymbol{A}$ 施以初等行变换

$$\boldsymbol{A} = \begin{pmatrix} 3 & 6 & 2 & 12 & -1 \\ -2 & -4 & -1 & -5 & 1 \\ 2 & 4 & 2 & 19 & 1 \\ 6 & 12 & 6 & 47 & 1 \end{pmatrix} \to \begin{pmatrix} 1 & 2 & 1 & 7 & 0 \\ -2 & -4 & -1 & -5 & 1 \\ 2 & 4 & 2 & 19 & 1 \\ 6 & 12 & 6 & 47 & 1 \end{pmatrix}$$

$$\to \begin{pmatrix} 1 & 2 & 1 & 7 & 0 \\ 0 & 0 & 1 & 9 & 1 \\ 0 & 0 & 0 & 5 & 1 \\ 0 & 0 & 0 & 5 & 1 \end{pmatrix} \to \begin{pmatrix} 1 & 2 & 1 & 7 & 0 \\ 0 & 0 & 1 & 9 & 1 \\ 0 & 0 & 0 & 5 & 1 \\ 0 & 0 & 0 & 0 & 0 \end{pmatrix}$$

$$\to \begin{pmatrix} 1 & 2 & 1 & 7 & 0 \\ 0 & 0 & 1 & 4 & 0 \\ 0 & 0 & 0 & 5 & 1 \\ 0 & 0 & 0 & 0 & 0 \end{pmatrix} \to \begin{pmatrix} 1 & 2 & 0 & 3 & 0 \\ 0 & 0 & 1 & 4 & 0 \\ 0 & 0 & 0 & 5 & 1 \\ 0 & 0 & 0 & 0 & 0 \end{pmatrix},$$

由于系数矩阵的秩 $\mathrm{r}(\boldsymbol{A}) = r = 3$，未知量的个数 $n = 5$，所以基础解系由 $n - r = 2$ 个解向量构成，取 x_2, x_4 为自由未知量，得同解方程组为

$$\begin{cases} x_1 = -2x_2 - 3x_4, \\ x_3 = -4x_4, \\ x_5 = -5x_4. \end{cases}$$

令 $x_2 = 1, x_4 = 0$，得 $x_1 = -2, x_3 = 0, x_5 = 0$；令 $x_2 = 0, x_4 = 1$，得 $x_1 = -3, x_3 = -4, x_5 = -5$，所以方程组的一个基础解系为

$$\boldsymbol{\xi}_1=\begin{pmatrix}-2\\1\\0\\0\\0\end{pmatrix},\quad \boldsymbol{\xi}_2=\begin{pmatrix}-3\\0\\-4\\1\\-5\end{pmatrix}.$$

通解为 $c_1\boldsymbol{\xi}_1+c_2\boldsymbol{\xi}_2$，$c_1,c_2$ 为任意常数.

注 哪些未知量保留在等式的左边？哪些可以作为自由未知量移到等式的右边？保留在左边的未知量要保证系数构成的 r 阶子式非零.通常的做法是：将系数矩阵化成阶梯形矩阵后，把各非零行左边第一个非零元所对应的变量保留在等式左边，其余的作为自由未知量移到等式的右边.在上例中，也可把 x_1,x_3,x_4 保留在左边，取 x_2,x_5 为自由未知量.实际上，由于本题阶梯形矩阵的具体情况，为简化计算，我们将 x_1,x_3,x_5 保留在等式的左边，取 x_2,x_4 为自由未知量，移到等式的右边.

例 4.7 设线性方程组

$$\begin{cases}x_1+x_2+x_3=0,\\-x_1+ax_2+x_3=0,\\x_1-x_2+2x_3=0,\end{cases}$$

当 a 为何值时，方程组有非零解？此时求出通解.

解 对系数矩阵 $\boldsymbol{A}$ 施以初等行变换

$$\boldsymbol{A}=\begin{pmatrix}1&1&1\\-1&a&1\\1&-1&2\end{pmatrix}\to\begin{pmatrix}1&1&1\\0&a+1&2\\0&-2&1\end{pmatrix}\to\begin{pmatrix}1&1&1\\0&1&-\dfrac{1}{2}\\0&0&\dfrac{1}{2}(a+5)\end{pmatrix},$$

所以当 $a=-5$ 时，$\mathrm{r}(\boldsymbol{A})=2<3=n$，方程组有非零解，此时

$$\boldsymbol{A}\to\begin{pmatrix}1&1&1\\0&1&-\dfrac{1}{2}\\0&0&0\end{pmatrix}\to\begin{pmatrix}1&0&\dfrac{3}{2}\\0&1&-\dfrac{1}{2}\\0&0&0\end{pmatrix},$$

于是通解为 $c\begin{pmatrix}-3\\1\\2\end{pmatrix}$，$c$ 为任意常数.

例 4.8 设线性方程组

$$\begin{cases}x_1+2x_2-2x_3=0,\\2x_1-x_2+ax_3=0,\\3x_1+x_2-x_3=0\end{cases}$$

的系数矩阵为 $\boldsymbol{A}$，且有 3 阶非零矩阵 $\boldsymbol{B}$ 使得 $\boldsymbol{AB}=\boldsymbol{O}$，求 a 的值.

解 设 $\boldsymbol{B}=(\boldsymbol{\beta}_1,\boldsymbol{\beta}_2,\boldsymbol{\beta}_3)$，其中 $\boldsymbol{\beta}_i$ 为 3 维列向量，$i=1,2,3$.由于 $\boldsymbol{AB}=\boldsymbol{O}$，则

$$\boldsymbol{AB}=\boldsymbol{A}(\boldsymbol{\beta}_1,\boldsymbol{\beta}_2,\boldsymbol{\beta}_3)=(\boldsymbol{A\beta}_1,\boldsymbol{A\beta}_2,\boldsymbol{A\beta}_3)=(\boldsymbol{0},\boldsymbol{0},\boldsymbol{0}),$$

即矩阵 $\boldsymbol{B}$ 的每一列均为方程组 $\boldsymbol{Ax}=\boldsymbol{0}$ 的解，又 $\boldsymbol{B}$ 为非零矩阵，故方程组 $\boldsymbol{Ax}=\boldsymbol{0}$ 有非零解，从而 $|\boldsymbol{A}|=5(a-1)=0$，于是 $a=1$.

例 4.9 设 $\boldsymbol{A}$ 为 $m\times n$ 矩阵，证明：$\mathrm{r}(\boldsymbol{A}^{\mathrm{T}}\boldsymbol{A})=\mathrm{r}(\boldsymbol{A})$.

证明 由于$(\boldsymbol{A}^{\mathrm{T}}\boldsymbol{A})\boldsymbol{x}=\boldsymbol{0}$ 与 $\boldsymbol{Ax}=\boldsymbol{0}$ 均为 n 个未知量的齐次线性方程组，如果能证明这两个方程组同解，则基础解系中解向量的个数相同，于是系数矩阵 $\boldsymbol{A}^{\mathrm{T}}\boldsymbol{A}$ 与 $\boldsymbol{A}$ 的秩相等.

若 $\boldsymbol{\alpha}$ 是 $\boldsymbol{Ax}=\boldsymbol{0}$ 的解，则 $\boldsymbol{A\alpha}=\boldsymbol{0}$，于是$(\boldsymbol{A}^{\mathrm{T}}\boldsymbol{A})\boldsymbol{\alpha}=\boldsymbol{A}^{\mathrm{T}}(\boldsymbol{A\alpha})=\boldsymbol{0}$，故 $\boldsymbol{\alpha}$ 是$(\boldsymbol{A}^{\mathrm{T}}\boldsymbol{A})\boldsymbol{x}=\boldsymbol{0}$ 的解.另一方面，若 $\boldsymbol{\alpha}$ 是$(\boldsymbol{A}^{\mathrm{T}}\boldsymbol{A})\boldsymbol{x}=\boldsymbol{0}$ 的解，则$(\boldsymbol{A}^{\mathrm{T}}\boldsymbol{A})\boldsymbol{\alpha}=\boldsymbol{0}$，左乘 $\boldsymbol{\alpha}^{\mathrm{T}}$ 得 $\boldsymbol{\alpha}^{\mathrm{T}}(\boldsymbol{A}^{\mathrm{T}}\boldsymbol{A})\boldsymbol{\alpha}=\boldsymbol{0}$，即$(\boldsymbol{A\alpha})^{\mathrm{T}}\boldsymbol{A\alpha}=\boldsymbol{0}$，所以 $\boldsymbol{A\alpha}=\boldsymbol{0}$，故 $\boldsymbol{\alpha}$ 是 $\boldsymbol{Ax}=\boldsymbol{0}$ 的解.从而方程组$(\boldsymbol{A}^{\mathrm{T}}\boldsymbol{A})\boldsymbol{x}=\boldsymbol{0}$ 与 $\boldsymbol{Ax}=\boldsymbol{0}$ 同解，因此，$\mathrm{r}(\boldsymbol{A}^{\mathrm{T}}\boldsymbol{A})=\mathrm{r}(\boldsymbol{A})$.

求齐次线性方程组 $\boldsymbol{Ax}=\boldsymbol{0}$ 基础解系的一般步骤：

(1) 用初等行变换将系数矩阵 $\boldsymbol{A}$ 化为阶梯形矩阵，阶梯形矩阵中非零行的行数 r 为矩阵 $\boldsymbol{A}$ 的秩.

(2) 当 $r=n$ 时，方程组只有零解；当 $r<n$ 时，进一步用初等行变换将阶梯形矩阵化为行简化阶梯形矩阵.

(3) 将各非零行左边第一个非零元素“1”所对应的 r 个未知量保留在等式左边，其余的 $n-r$ 个未知量移到等式右边作为自由未知量，写出类似(4.8)的同解方程组.

(4) 对 $n-r$ 个自由未知量分别取值

$$\begin{pmatrix}1\\0\\\vdots\\0\end{pmatrix},\quad\begin{pmatrix}0\\1\\\vdots\\0\end{pmatrix},\quad\cdots,\quad\begin{pmatrix}0\\0\\\vdots\\1\end{pmatrix},$$

由同解方程组求得基础解系.

习　题　4.2

1. 求下列齐次线性方程组的基础解系与通解：

(1) $\begin{cases}x_1+2x_2+x_3+x_4=0,\\2x_1+2x_2-x_4=0,\\5x_1+6x_2+x_3-x_4=0;\end{cases}$　(2) $\begin{cases}-x_1+2x_2+5x_3+x_4=0,\\2x_1-2x_2-6x_3=0,\\3x_1-2x_2-7x_3+x_4=0;\end{cases}$

(3) $x_1+x_2+x_3+x_4=0$;

(4) $\begin{cases}x_1-2x_2+x_3+x_4+x_5=0,\\x_1-2x_2+2x_3-x_4-x_5=0,\\-x_1+2x_2-x_3-2x_4-3x_5=0,\\2x_1-4x_2+3x_3+x_4+2x_5=0.\end{cases}$

2. 已知齐次线性方程组：

(1) $\begin{cases}x_1+2x_2+3x_3-x_4=0,\\2x_1+3x_2+x_3+x_4=0;\end{cases}$　(2) $\begin{cases}3x_1+2x_2+x_3-x_4=0,\\5x_1+5x_2+2x_3=0,\end{cases}$

求方程组(1)与(2)的全部非零公共解.

3. 设线性方程组

$$\begin{cases}x_1+x_2+x_3=0,\\x_1+ax_2+2x_3=0,\\x_1+a^2x_2+4x_3=0,\end{cases}$$

当 a 为何值时,方程组有非零解?并求出通解.

4. 设 $\boldsymbol{A}$ 为 n 阶矩阵,$\boldsymbol{A}$ 的各行元素之和均为零,且 $\mathrm{r}(\boldsymbol{A})=n-1$,求 $\boldsymbol{Ax}=\boldsymbol{0}$ 的通解.

5. 设 $\boldsymbol{A}$ 为 $m\times n$ 矩阵,$\boldsymbol{B}$ 为 $n\times s$ 矩阵,若 $\boldsymbol{AB}=\boldsymbol{O}$,则 $\mathrm{r}(\boldsymbol{A})+\mathrm{r}(\boldsymbol{B})\leqslant n$.

4.3 非齐次线性方程组

方程组 $\boldsymbol{Ax}=\boldsymbol{\beta}$,当 $\boldsymbol{\beta}\neq\boldsymbol{0}$ 时,称为非齐次线性方程组.由于非齐次线性方程组 $\boldsymbol{Ax}=\boldsymbol{\beta}$ 可能无解,我们关心的第一个问题是非齐次线性方程组有解的充要条件,第二个问题是在方程组有解时如何求出其全部解.

矩阵 $\boldsymbol{A}$ 称为方程组 $\boldsymbol{Ax}=\boldsymbol{\beta}$ 的**系数矩阵**,矩阵 $(\boldsymbol{A},\boldsymbol{\beta})$ 称为方程组 $\boldsymbol{Ax}=\boldsymbol{\beta}$ 的**增广矩阵**.对应的齐次线性方程组 $\boldsymbol{Ax}=\boldsymbol{0}$ 称为非齐次线性方程组 $\boldsymbol{Ax}=\boldsymbol{\beta}$ 的**导出组**或**相应的齐次线性方程组**.

引理 向量组(Ⅰ):$\boldsymbol{\alpha}_1,\boldsymbol{\alpha}_2,\cdots,\boldsymbol{\alpha}_n$ 与向量组(Ⅱ):$\boldsymbol{\alpha}_1,\boldsymbol{\alpha}_2,\cdots,\boldsymbol{\alpha}_n,\boldsymbol{\beta}$ 等价的充要条件是向量组(Ⅰ)与(Ⅱ)的秩相等,即 $\mathrm{r}(\boldsymbol{\alpha}_1,\boldsymbol{\alpha}_2,\cdots,\boldsymbol{\alpha}_n)=\mathrm{r}(\boldsymbol{\alpha}_1,\boldsymbol{\alpha}_2,\cdots,\boldsymbol{\alpha}_n,\boldsymbol{\beta})$.

证明 由例3.11知等价的向量组有相同的秩,下面证明充分性.

设 $\mathrm{r}(\boldsymbol{\alpha}_1,\boldsymbol{\alpha}_2,\cdots,\boldsymbol{\alpha}_n)=\mathrm{r}(\boldsymbol{\alpha}_1,\boldsymbol{\alpha}_2,\cdots,\boldsymbol{\alpha}_n,\boldsymbol{\beta})=r$,并设 $\boldsymbol{\alpha}_{i_1},\boldsymbol{\alpha}_{i_2},\cdots,\boldsymbol{\alpha}_{i_r}$ 是向量组(Ⅰ)的极大线性无关组.

显然向量组(Ⅰ)可由向量组(Ⅱ)线性表示.若向量组 $\boldsymbol{\alpha}_{i_1},\boldsymbol{\alpha}_{i_2},\cdots,\boldsymbol{\alpha}_{i_r},\boldsymbol{\beta}$ 线性无关,则 $\mathrm{r}(\boldsymbol{\alpha}_1,\boldsymbol{\alpha}_2,\cdots,\boldsymbol{\alpha}_n,\boldsymbol{\beta})\geqslant r+1$,这与 $\mathrm{r}(\boldsymbol{\alpha}_1,\boldsymbol{\alpha}_2,\cdots,\boldsymbol{\alpha}_n,\boldsymbol{\beta})=r$ 相矛盾,所以向量组 $\boldsymbol{\alpha}_{i_1},\boldsymbol{\alpha}_{i_2},\cdots,\boldsymbol{\alpha}_{i_r},\boldsymbol{\beta}$ 线性相关,而 $\boldsymbol{\alpha}_{i_1},\boldsymbol{\alpha}_{i_2},\cdots,\boldsymbol{\alpha}_{i_r}$ 线性无关,于是 $\boldsymbol{\beta}$ 可由 $\boldsymbol{\alpha}_{i_1},\boldsymbol{\alpha}_{i_2},\cdots,\boldsymbol{\alpha}_{i_r}$ 线性表示,从而向量组(Ⅱ)可由向量组(Ⅰ)线性表示,因此向量组(Ⅰ)与(Ⅱ)等价.

定理4.5 非齐次线性方程组 $\boldsymbol{Ax}=\boldsymbol{\beta}$ 有解的充要条件是系数矩阵的秩等于增广矩阵的秩,即 $\mathrm{r}(\boldsymbol{A})=\mathrm{r}(\boldsymbol{A},\boldsymbol{\beta})$.

证明 设 $\boldsymbol{A}=(\boldsymbol{\alpha}_1,\boldsymbol{\alpha}_2,\cdots,\boldsymbol{\alpha}_n)$,则

$\boldsymbol{Ax}=\boldsymbol{\beta}$ 有解 $\Leftrightarrow$ $\boldsymbol{\beta}$ 可由向量组 $\boldsymbol{\alpha}_1,\boldsymbol{\alpha}_2,\cdots,\boldsymbol{\alpha}_n$ 线性表示

$\Leftrightarrow$ 向量组 $\boldsymbol{\alpha}_1,\boldsymbol{\alpha}_2,\cdots,\boldsymbol{\alpha}_n$ 与向量组 $\boldsymbol{\alpha}_1,\boldsymbol{\alpha}_2,\cdots,\boldsymbol{\alpha}_n,\boldsymbol{\beta}$ 等价

$\Leftrightarrow$ 向量组 $\boldsymbol{\alpha}_1,\boldsymbol{\alpha}_2,\cdots,\boldsymbol{\alpha}_n$ 的秩等于向量组 $\boldsymbol{\alpha}_1,\boldsymbol{\alpha}_2,\cdots,\boldsymbol{\alpha}_n,\boldsymbol{\beta}$ 的秩,

即 $\mathrm{r}(\boldsymbol{A})=\mathrm{r}(\boldsymbol{A},\boldsymbol{\beta})$.

定理4.6 若 $\boldsymbol{\eta}_1,\boldsymbol{\eta}_2$ 是方程组 $\boldsymbol{Ax}=\boldsymbol{\beta}$ 的解,则 $\boldsymbol{\eta}_1-\boldsymbol{\eta}_2$ 是导出组 $\boldsymbol{Ax}=\boldsymbol{0}$ 的解.

证明 由假设 $\boldsymbol{A\eta}_1=\boldsymbol{\beta},\boldsymbol{A\eta}_2=\boldsymbol{\beta}$,所以 $\boldsymbol{A}(\boldsymbol{\eta}_1-\boldsymbol{\eta}_2)=\boldsymbol{A\eta}_1-\boldsymbol{A\eta}_2=\boldsymbol{\beta}-\boldsymbol{\beta}=\boldsymbol{0}$,即 $\boldsymbol{\eta}_1-\boldsymbol{\eta}_2$ 是导出组 $\boldsymbol{Ax}=\boldsymbol{0}$ 的解.

推论 设 $\boldsymbol{A}$ 为 $m\times n$ 矩阵,且 $\mathrm{r}(\boldsymbol{A},\boldsymbol{\beta})=\mathrm{r}(\boldsymbol{A})=n$,则非齐次线性方程组 $\boldsymbol{Ax}=\boldsymbol{\beta}$ 有唯一解.

证明 由于 $\mathrm{r}(\boldsymbol{A},\boldsymbol{\beta})=\mathrm{r}(\boldsymbol{A})$,从而方程组 $\boldsymbol{Ax}=\boldsymbol{\beta}$ 有解.若 $\boldsymbol{\eta}_1,\boldsymbol{\eta}_2$ 是方程组 $\boldsymbol{Ax}=\boldsymbol{\beta}$ 的任意两个解,则 $\boldsymbol{\eta}_1-\boldsymbol{\eta}_2$ 是导出组 $\boldsymbol{Ax}=\boldsymbol{0}$ 的解.而 $\mathrm{r}(\boldsymbol{A})=n$,故 $\boldsymbol{Ax}=\boldsymbol{0}$ 只有零解,从而有 $\boldsymbol{\eta}_1-\boldsymbol{\eta}_2=\boldsymbol{0}$,即 $\boldsymbol{\eta}_1=\boldsymbol{\eta}_2$,所以方程组 $\boldsymbol{Ax}=\boldsymbol{\beta}$ 有唯一解.

定理4.7 若 $\boldsymbol{\eta}$ 是方程组 $\boldsymbol{Ax}=\boldsymbol{\beta}$ 的解,$\boldsymbol{\xi}$ 是导出组 $\boldsymbol{Ax}=\boldsymbol{0}$ 的解,则 $\boldsymbol{\eta}+\boldsymbol{\xi}$ 是方程组 $\boldsymbol{Ax}=\boldsymbol{\beta}$

的解.

证明 由条件知 $\boldsymbol{A\eta}=\boldsymbol{\beta}$，$\boldsymbol{A\xi}=\boldsymbol{0}$，则 $\boldsymbol{A}(\boldsymbol{\eta}+\boldsymbol{\xi})=\boldsymbol{A\eta}+\boldsymbol{A\xi}=\boldsymbol{\beta}+\boldsymbol{0}=\boldsymbol{\beta}$，所以 $\boldsymbol{\eta}+\boldsymbol{\xi}$ 是方程组 $\boldsymbol{Ax}=\boldsymbol{\beta}$ 的解.

定理 4.8 设 $\boldsymbol{A}$ 为 $m\times n$ 矩阵，$\boldsymbol{A}$ 的秩 $\mathrm{r}(\boldsymbol{A})=r$，若 $\boldsymbol{\eta}^*$ 是非齐次线性方程组 $\boldsymbol{Ax}=\boldsymbol{\beta}$ 的一个特解，$\boldsymbol{\xi}_1,\boldsymbol{\xi}_2,\cdots,\boldsymbol{\xi}_{n-r}$ 是导出组 $\boldsymbol{Ax}=\boldsymbol{0}$ 的一个基础解系，则

$$\boldsymbol{\eta}^*+c_1\boldsymbol{\xi}_1+c_2\boldsymbol{\xi}_2+\cdots+c_{n-r}\boldsymbol{\xi}_{n-r},\quad c_1,c_2,\cdots,c_{n-r}\text{ 为任意常数}$$

是方程组 $\boldsymbol{Ax}=\boldsymbol{\beta}$ 的全部解.

证明 由于 $\boldsymbol{\eta}^*$ 是方程组 $\boldsymbol{Ax}=\boldsymbol{\beta}$ 的解，$c_1\boldsymbol{\xi}_1+c_2\boldsymbol{\xi}_2+\cdots+c_{n-r}\boldsymbol{\xi}_{n-r}$ 是导出组 $\boldsymbol{Ax}=\boldsymbol{0}$ 的解，根据定理4.7，$\boldsymbol{\eta}^*+(c_1\boldsymbol{\xi}_1+c_2\boldsymbol{\xi}_2+\cdots+c_{n-r}\boldsymbol{\xi}_{n-r})$ 是方程组 $\boldsymbol{Ax}=\boldsymbol{\beta}$ 的解.另一方面，对于方程组 $\boldsymbol{Ax}=\boldsymbol{\beta}$ 的任一解 $\boldsymbol{\eta}$，由于 $\boldsymbol{\eta}-\boldsymbol{\eta}^*$ 是 $\boldsymbol{Ax}=\boldsymbol{0}$ 的解，可由其基础解系 $\boldsymbol{\xi}_1,\boldsymbol{\xi}_2,\cdots,\boldsymbol{\xi}_{n-r}$ 线性表示，故存在常数 $c_1,c_2,\cdots,c_{n-r}$，使得 $\boldsymbol{\eta}-\boldsymbol{\eta}^*=c_1\boldsymbol{\xi}_1+c_2\boldsymbol{\xi}_2+\cdots+c_{n-r}\boldsymbol{\xi}_{n-r}$，即有

$$\boldsymbol{\eta}=\boldsymbol{\eta}^*+c_1\boldsymbol{\xi}_1+c_2\boldsymbol{\xi}_2+\cdots+c_{n-r}\boldsymbol{\xi}_{n-r}.$$

所以方程组 $\boldsymbol{Ax}=\boldsymbol{\beta}$ 的全部解为

$$\boldsymbol{\eta}^*+c_1\boldsymbol{\xi}_1+c_2\boldsymbol{\xi}_2+\cdots+c_{n-r}\boldsymbol{\xi}_{n-r},\quad c_1,c_2,\cdots,c_{n-r}\text{ 为任意常数}. \tag{4.9}$$

我们称(4.9)式为方程组 $\boldsymbol{Ax}=\boldsymbol{\beta}$ 的**通解**.若 $\boldsymbol{A}$ 为 $m\times n$ 矩阵，根据定理4.6的推论及定理4.8知，当 $\mathrm{r}(\boldsymbol{A})=\mathrm{r}(\boldsymbol{A},\boldsymbol{\beta})=n$ 时，方程组 $\boldsymbol{Ax}=\boldsymbol{\beta}$ 有唯一解，当 $\mathrm{r}(\boldsymbol{A})=\mathrm{r}(\boldsymbol{A},\boldsymbol{\beta})<n$ 时，方程组 $\boldsymbol{Ax}=\boldsymbol{\beta}$ 有无穷多解.

当 $\boldsymbol{A}$ 为方阵时，若 $|\boldsymbol{A}|\neq 0$，则 $\mathrm{r}(\boldsymbol{A})=\mathrm{r}(\boldsymbol{A},\boldsymbol{\beta})=n$，于是方程组 $\boldsymbol{Ax}=\boldsymbol{\beta}$ 有唯一解；若 $|\boldsymbol{A}|=0$，则 $\mathrm{r}(\boldsymbol{A})<n$，此时方程组 $\boldsymbol{Ax}=\boldsymbol{\beta}$ 可能有无穷多解，也可能无解.

例 4.10 求下列方程组的通解：

$$\begin{cases} x_1-2x_2+2x_3+5x_4=-3, \\ -x_1+2x_2-x_3-x_4=1, \\ 2x_1-4x_2+2x_3+2x_4=-2. \end{cases}$$

解 对增广矩阵施以初等行变换

$$(\boldsymbol{A},\boldsymbol{\beta})=\left(\begin{array}{cccc:c} 1 & -2 & 2 & 5 & -3 \\ -1 & 2 & -1 & -1 & 1 \\ 2 & -4 & 2 & 2 & -2 \end{array}\right)\to\left(\begin{array}{cccc:c} 1 & -2 & 2 & 5 & -3 \\ 0 & 0 & 1 & 4 & -2 \\ 0 & 0 & -2 & -8 & 4 \end{array}\right)$$

$$\to\left(\begin{array}{cccc:c} 1 & -2 & 2 & 5 & -3 \\ 0 & 0 & 1 & 4 & -2 \\ 0 & 0 & 0 & 0 & 0 \end{array}\right)\to\left(\begin{array}{cccc:c} 1 & -2 & 0 & -3 & 1 \\ 0 & 0 & 1 & 4 & -2 \\ 0 & 0 & 0 & 0 & 0 \end{array}\right),$$

由于系数矩阵的秩与增广矩阵的秩均为2，所以方程组有解，同解方程组为

$$\begin{cases} x_1-2x_2-3x_4=1, \\ x_3+4x_4=-2, \end{cases}$$

即

$$\begin{cases} x_1=2x_2+3x_4+1, \\ x_3=-4x_4-2. \end{cases} \tag{4.10}$$

令自由未知量 $x_2=0,x_4=0$，可得 $x_1=1,x_3=-2$，从而得到方程组的一个特解

$$\boldsymbol{\eta}^* = \begin{pmatrix} 1 \\ 0 \\ -2 \\ 0 \end{pmatrix}.$$

再求导出组的基础解系，由(4.10)式可得导出组的同解方程组为

$$\begin{cases} x_1 = 2x_2 + 3x_4, \\ x_3 = -4x_4, \end{cases}$$

设自由未知量分别取值

$$\begin{pmatrix} x_2 \\ x_4 \end{pmatrix} = \begin{pmatrix} 1 \\ 0 \end{pmatrix}, \quad \begin{pmatrix} 0 \\ 1 \end{pmatrix},$$

得导出组的基础解系为

$$\boldsymbol{\xi}_1 = \begin{pmatrix} 2 \\ 1 \\ 0 \\ 0 \end{pmatrix}, \quad \boldsymbol{\xi}_2 = \begin{pmatrix} 3 \\ 0 \\ -4 \\ 1 \end{pmatrix}.$$

所以原方程的通解为

$$\boldsymbol{\eta}^* + c_1\boldsymbol{\xi}_1 + c_2\boldsymbol{\xi}_2, \quad c_1, c_2 \text{ 为任意常数.}$$

注 也可以用下面的形式求通解：将同解方程组(4.10)改写为

$$\begin{cases} x_1 = 2x_2 + 3x_4 + 1, \\ x_2 = x_2, \\ x_3 = -4x_4 - 2, \\ x_4 = x_4. \end{cases}$$

取 x_2, x_4 为自由未知量，得到方程组的通解

$$\begin{pmatrix} x_1 \\ x_2 \\ x_3 \\ x_4 \end{pmatrix} = c_1 \begin{pmatrix} 2 \\ 1 \\ 0 \\ 0 \end{pmatrix} + c_2 \begin{pmatrix} 3 \\ 0 \\ -4 \\ 1 \end{pmatrix} + \begin{pmatrix} 1 \\ 0 \\ -2 \\ 0 \end{pmatrix}, \quad c_1, c_2 \text{ 为任意常数.}$$

例 4.11 求解方程组

$$\begin{cases} x_1 - 2x_2 + 2x_3 + 5x_4 = -3, \\ -x_1 + 2x_2 - x_3 - x_4 = 1, \\ 2x_1 - 4x_2 + 2x_3 + 2x_4 = 2. \end{cases}$$

解 对增广矩阵施以初等行变换

$$(\boldsymbol{A}, \boldsymbol{\beta}) = \left(\begin{array}{cccc:c} 1 & -2 & 2 & 5 & -3 \\ -1 & 2 & -1 & -1 & 1 \\ 2 & -4 & 2 & 2 & 2 \end{array}\right) \to \left(\begin{array}{cccc:c} 1 & -2 & 2 & 5 & -3 \\ 0 & 0 & 1 & 4 & -2 \\ 0 & 0 & -2 & -8 & 8 \end{array}\right)$$

$$\to \left(\begin{array}{cccc:c} 1 & -2 & 2 & 5 & -3 \\ 0 & 0 & 1 & 4 & -2 \\ 0 & 0 & 0 & 0 & 4 \end{array}\right).$$

由于 $r(\boldsymbol{A})=2, r(\boldsymbol{A},\boldsymbol{\beta})=3$，所以方程组无解.

例 4.12 设向量 $\boldsymbol{\alpha}_1=\begin{pmatrix}1\\1\\1\end{pmatrix},\boldsymbol{\alpha}_2=\begin{pmatrix}3\\4\\2\end{pmatrix},\boldsymbol{\alpha}_3=\begin{pmatrix}1\\-1\\3\end{pmatrix},\boldsymbol{\beta}=\begin{pmatrix}3\\-2\\a\end{pmatrix}$，当 a 为何值时，$\boldsymbol{\beta}$ 可由向量组 $\boldsymbol{\alpha}_1,\boldsymbol{\alpha}_2,\boldsymbol{\alpha}_3$ 线性表示？此时写出表示式.

解 $\boldsymbol{\beta}$ 可由 $\boldsymbol{\alpha}_1,\boldsymbol{\alpha}_2,\boldsymbol{\alpha}_3$ 线性表示的充要条件是线性方程组

$$x_1\boldsymbol{\alpha}_1+x_2\boldsymbol{\alpha}_2+x_3\boldsymbol{\alpha}_3=\boldsymbol{\beta}$$

有解.对方程组的增广矩阵施以初等行变换

$$(\boldsymbol{A},\boldsymbol{\beta})=\left(\begin{array}{ccc|c}1&3&1&3\\1&4&-1&-2\\1&2&3&a\end{array}\right)\to\left(\begin{array}{ccc|c}1&3&1&3\\0&1&-2&-5\\0&-1&2&a-3\end{array}\right)\to\left(\begin{array}{ccc|c}1&3&1&3\\0&1&-2&-5\\0&0&0&a-8\end{array}\right),$$

所以当 $a=8$ 时方程组有解，此时

$$(\boldsymbol{A},\boldsymbol{\beta})\to\left(\begin{array}{ccc|c}1&3&1&3\\0&1&-2&-5\\0&0&0&0\end{array}\right)\to\left(\begin{array}{ccc|c}1&0&7&18\\0&1&-2&-5\\0&0&0&0\end{array}\right),$$

同解方程组为

$$\begin{cases}x_1=-7x_3+18,\\x_2=2x_3-5,\\x_3=x_3,\end{cases}$$

方程组的通解为

$$\begin{pmatrix}x_1\\x_2\\x_3\end{pmatrix}=c\begin{pmatrix}-7\\2\\1\end{pmatrix}+\begin{pmatrix}18\\-5\\0\end{pmatrix},\quad c\text{ 为任意常数.}$$

于是当 $a=8$ 时，$\boldsymbol{\beta}$ 可由向量组 $\boldsymbol{\alpha}_1,\boldsymbol{\alpha}_2,\boldsymbol{\alpha}_3$ 线性表示，且

$$\boldsymbol{\beta}=(-7c+18)\boldsymbol{\alpha}_1+(2c-5)\boldsymbol{\alpha}_2+c\boldsymbol{\alpha}_3,\quad c\text{ 为任意常数.}$$

例 4.13 设线性方程组

$$\begin{cases}x_1-2x_2+3x_3-5x_4=-1,\\2x_1-3x_2+3x_3-6x_4=5,\\\quad\ -x_2+3x_3-3x_4=-3,\\x_1-x_2\qquad\quad+ax_4=8,\end{cases}$$

当 a 为何值时，方程组有解？并在有解时求出方程组的通解.

解 对增广矩阵施以初等行变换

$$(\boldsymbol{A},\boldsymbol{\beta})=\left(\begin{array}{cccc|c}1&-2&3&-5&-1\\2&-3&3&-6&5\\0&-1&3&-3&-3\\1&-1&0&a&8\end{array}\right)\to\left(\begin{array}{cccc|c}1&-2&3&-5&-1\\0&1&-3&4&7\\0&-1&3&-3&-3\\0&1&-3&a+5&9\end{array}\right)$$

$$\to\left(\begin{array}{cccc|c}1&-2&3&-5&-1\\0&1&-3&4&7\\0&0&0&1&4\\0&0&0&a+1&2\end{array}\right)\to\left(\begin{array}{cccc|c}1&-2&3&-5&-1\\0&1&-3&4&7\\0&0&0&1&4\\0&0&0&0&-4a-2\end{array}\right).$$

于是，

(1) 当 $a \neq -\frac{1}{2}$ 时，$r(\boldsymbol{A})=3$，$r(\boldsymbol{A},\boldsymbol{\beta})=4$，方程组无解.

(2) 当 $a=-\frac{1}{2}$ 时，$r(\boldsymbol{A})=r(\boldsymbol{A},\boldsymbol{\beta})=3<4$，方程组有无穷多解，这时

$$(\boldsymbol{A},\boldsymbol{\beta}) \to \left(\begin{array}{cccc:c} 1 & -2 & 3 & -5 & -1 \\ 0 & 1 & -3 & 4 & 7 \\ 0 & 0 & 0 & 1 & 4 \\ 0 & 0 & 0 & 0 & 0 \end{array}\right) \to \left(\begin{array}{cccc:c} 1 & -2 & 3 & 0 & 19 \\ 0 & 1 & -3 & 0 & -9 \\ 0 & 0 & 0 & 1 & 4 \\ 0 & 0 & 0 & 0 & 0 \end{array}\right) \to \left(\begin{array}{cccc:c} 1 & 0 & -3 & 0 & 1 \\ 0 & 1 & -3 & 0 & -9 \\ 0 & 0 & 0 & 1 & 4 \\ 0 & 0 & 0 & 0 & 0 \end{array}\right),$$

同解方程组为

$$\begin{cases} x_1-3x_3=1, \\ x_2-3x_3=-9, \\ x_4=4, \end{cases}$$

或

$$\begin{cases} x_1=3x_3+1, \\ x_2=3x_3-9, \\ x_3=x_3, \\ x_4=4. \end{cases}$$

取 x_3 为自由未知量，通解为

$$\begin{pmatrix} x_1 \\ x_2 \\ x_3 \\ x_4 \end{pmatrix}=c\begin{pmatrix} 3 \\ 3 \\ 1 \\ 0 \end{pmatrix}+\begin{pmatrix} 1 \\ -9 \\ 0 \\ 4 \end{pmatrix}, \quad c \text{ 为任意常数.}$$

例 4.14 已知方程组 $\begin{pmatrix} a & 1 & 1 \\ 1 & a & 1 \\ 1 & 1 & a \end{pmatrix}\begin{pmatrix} x_1 \\ x_2 \\ x_3 \end{pmatrix}=\begin{pmatrix} 1 \\ 1 \\ -2 \end{pmatrix}$ 无解，求常数 a 的值.

解 由于非齐次线性方程组无解，系数矩阵 $\boldsymbol{A}$ 为3阶方阵，所以其行列式

$$|\boldsymbol{A}|=\begin{vmatrix} a & 1 & 1 \\ 1 & a & 1 \\ 1 & 1 & a \end{vmatrix}=(a+2)(a-1)^2=0,$$

于是 $a=-2$ 或 $a=1$.

(1) 当 $a=-2$ 时，$r(\boldsymbol{A})=2$，$r(\boldsymbol{A},\boldsymbol{\beta})=2$，方程组有无穷多解.

(2) 当 $a=1$ 时，$r(\boldsymbol{A})=1$，$r(\boldsymbol{A},\boldsymbol{\beta})=2$，方程组无解.

因此 $a=1$.

习 题 4.3

1. 求解下列方程组：

(1) $\begin{cases}-2x_1+x_2+x_3=-2,\\ x_1-2x_2+x_3=1,\\ x_1+x_2-2x_3=1;\end{cases}$　　(2) $\begin{cases}x_1+x_2+x_3+2x_4=0,\\ 2x_1+x_2+3x_3+3x_4=1,\\ x_1-2x_2+4x_3+x_4=4;\end{cases}$

(3) $\begin{cases}x_1-2x_2+2x_3+5x_4=-3,\\ -x_1+2x_2-x_3-x_4=1,\\ 2x_1-4x_2+2x_3+2x_4=-2,\\ 3x_1-6x_2+6x_3+15x_4=-9;\end{cases}$　　(4) $\begin{cases}x_1+x_2+x_3+x_4+x_5=2,\\ 2x_1+3x_2+x_3+x_4-3x_5=0,\\ x_1+2x_3+2x_4+6x_5=6,\\ 4x_1+5x_2+3x_3+3x_4-x_5=4.\end{cases}$

2. 设线性方程组

$$\begin{cases}x_1+x_2-2x_3+3x_4=0,\\ 3x_1+2x_2-8x_3+7x_4=1,\\ x_1-x_2-6x_3-x_4=2a,\end{cases}$$

当 a 为何值时，方程组有解？并在有解时，求出通解.

3. 设 $\boldsymbol{\alpha}_1=(1,0,2)^{\mathrm{T}}$，$\boldsymbol{\alpha}_2=(1,1,3)^{\mathrm{T}}$，$\boldsymbol{\alpha}_3=(1,-1,1)^{\mathrm{T}}$，$\boldsymbol{\beta}=(1,2,a+3)^{\mathrm{T}}$，当 a 为何值时，向量 $\boldsymbol{\beta}$ 可由向量组 $\boldsymbol{\alpha}_1,\boldsymbol{\alpha}_2,\boldsymbol{\alpha}_3$ 线性表示？并写出表示式.

4. 若方程组 $\begin{pmatrix}1&2&1\\2&3&a+2\\1&a&-2\end{pmatrix}\begin{pmatrix}x_1\\x_2\\x_3\end{pmatrix}=\begin{pmatrix}1\\3\\0\end{pmatrix}$ 有无穷多解，求常数 a.

5. 设 $\boldsymbol{\eta}_1,\boldsymbol{\eta}_2,\cdots,\boldsymbol{\eta}_s$ 是非齐次线性方程组 $\boldsymbol{A}\boldsymbol{x}=\boldsymbol{\beta}$ 的解，$\lambda_1,\lambda_2,\cdots,\lambda_s$ 是一组数，满足 $\lambda_1+\lambda_2+\cdots+\lambda_s=1$，证明：$\lambda_1\boldsymbol{\eta}_1+\lambda_2\boldsymbol{\eta}_2+\cdots+\lambda_s\boldsymbol{\eta}_s$ 是非齐次线性方程组 $\boldsymbol{A}\boldsymbol{x}=\boldsymbol{\beta}$ 的解.

习 题 四

1. 单项选择题

(1) 设 $\boldsymbol{A}$ 为 n 阶矩阵，且 $\mathrm{r}(\boldsymbol{A})=n-1$，若 $\boldsymbol{\alpha}_1,\boldsymbol{\alpha}_2$ 是齐次线性方程组 $\boldsymbol{A}\boldsymbol{x}=\boldsymbol{0}$ 两个不同的解，k 为任意常数，则 $\boldsymbol{A}\boldsymbol{x}=\boldsymbol{0}$ 的通解是________.

A. $k\boldsymbol{\alpha}_1$　　B. $k\boldsymbol{\alpha}_2$　　C. $k\dfrac{\boldsymbol{\alpha}_1+\boldsymbol{\alpha}_2}{2}$　　D. $k\dfrac{\boldsymbol{\alpha}_1-\boldsymbol{\alpha}_2}{2}$

(2) 若 $\boldsymbol{A}$ 为 6 阶矩阵，齐次线性方程组 $\boldsymbol{A}\boldsymbol{x}=\boldsymbol{0}$ 的基础解系中解向量的个数为 2，则矩阵 $\boldsymbol{A}$ 的秩为________.

A. 5　　B. 4　　C. 3　　D. 2

(3) 设 $\boldsymbol{\beta}_1,\boldsymbol{\beta}_2$ 是非齐次线性方程组 $\boldsymbol{A}\boldsymbol{x}=\boldsymbol{\beta}$ 的两个解，则下列向量中仍为方程组 $\boldsymbol{A}\boldsymbol{x}=\boldsymbol{\beta}$ 解的是________.

A. $\boldsymbol{\beta}_1+\boldsymbol{\beta}_2$　　B. $\boldsymbol{\beta}_1-\boldsymbol{\beta}_2$　　C. $\dfrac{2\boldsymbol{\beta}_1+\boldsymbol{\beta}_2}{3}$　　D. $\dfrac{3\boldsymbol{\beta}_1-2\boldsymbol{\beta}_2}{3}$

(4) 设 $\boldsymbol{\eta}_1,\boldsymbol{\eta}_2$ 是非齐次线性方程组 $\boldsymbol{Ax}=\boldsymbol{\beta}$ 的两个不同的解，$\boldsymbol{\xi}_1,\boldsymbol{\xi}_2$ 是导出组 $\boldsymbol{Ax}=\boldsymbol{0}$ 的基础解系，k_1,k_2 为任意常数，则 $\boldsymbol{Ax}=\boldsymbol{\beta}$ 的通解为________.

A. $\dfrac{\boldsymbol{\eta}_1-\boldsymbol{\eta}_2}{2}+k_1\boldsymbol{\xi}_1+k_2\boldsymbol{\xi}_2$　　B. $\boldsymbol{\xi}_1+k_1\boldsymbol{\eta}_1+k_2\boldsymbol{\eta}_2$

C. $\dfrac{\boldsymbol{\eta}_1+\boldsymbol{\eta}_2}{2}+k_1\boldsymbol{\xi}_1+k_2\boldsymbol{\xi}_2$　　D. $\boldsymbol{\eta}_1+k_1\boldsymbol{\xi}_1+k_2(\boldsymbol{\eta}_2-\boldsymbol{\eta}_1)$

(5) 设 $\boldsymbol{\alpha}=(1,0,2)^{\mathrm{T}}$，$\boldsymbol{\beta}=(1,-1,3)^{\mathrm{T}}$ 是三元非齐次线性方程组 $\boldsymbol{Ax}=\boldsymbol{b}$ 的两个解，系数矩阵 $\boldsymbol{A}$ 的秩为 2，k_1,k_2 为任意常数，则方程组 $\boldsymbol{Ax}=\boldsymbol{b}$ 的通解为________.

A. $k_1(1,0,2)^{\mathrm{T}}+k_2(1,-1,3)^{\mathrm{T}}$　　B. $(1,0,2)^{\mathrm{T}}+k_1(1,-1,3)^{\mathrm{T}}$

C. $(1,0,2)^{\mathrm{T}}+k_1(2,-1,5)^{\mathrm{T}}$　　D. $(1,0,2)^{\mathrm{T}}+k_1(0,1,-1)^{\mathrm{T}}$

2. 填空题

(1) 齐次线性方程组 $\begin{cases}x_1+x_2+2x_3+x_4=0,\\ x_2+x_3+2x_4=0\end{cases}$ 的基础解系中解向量的个数为________.

(2) 若齐次线性方程组 $\begin{cases}2x_1+4x_2+x_3=0,\\ 3x_1+2x_2+5x_3=0,\\ 5x_1+6x_2+ax_3=0\end{cases}$ 有非零解，则 $a=$________.

(3) 设 $\boldsymbol{A},\boldsymbol{B}$ 为 n 阶方阵，且线性方程组 $\boldsymbol{Bx}=\boldsymbol{0}$ 只有零解. 若 $\mathrm{r}(\boldsymbol{A})=3$，则 $\mathrm{r}(\boldsymbol{AB})=$________.

(4) 设 $\boldsymbol{A}=\boldsymbol{\alpha\alpha}^{\mathrm{T}}$，其中 $\boldsymbol{\alpha}=\begin{pmatrix}1\\2\\3\end{pmatrix}$，则方程组 $\boldsymbol{Ax}=\boldsymbol{0}$ 的基础解系中解向量的个数为________.

(5) 已知 3 阶矩阵 $\boldsymbol{A}$ 的秩为 2，若 $\boldsymbol{\alpha}_1,\boldsymbol{\alpha}_2,\boldsymbol{\alpha}_3$ 为非齐次线性方程组 $\boldsymbol{Ax}=\boldsymbol{b}$ 的 3 个解，且 $\boldsymbol{\alpha}_1=\begin{pmatrix}1\\2\\3\end{pmatrix}$，$\boldsymbol{\alpha}_2+\boldsymbol{\alpha}_3=\begin{pmatrix}3\\5\\7\end{pmatrix}$，则该线性方程组的通解是________.

3. 计算题

(1) 求齐次线性方程组 $\begin{cases}x_1-x_2-x_3+x_4=0,\\ x_1-x_2+x_3-3x_4=0,\\ x_1-x_2-2x_3+3x_4=0\end{cases}$ 的通解.

(2) 设齐次线性方程组 $\begin{cases}x_1+x_2+x_3=0,\\ x_1+2x_2+x_3=0,\\ ax_1+x_2+x_3=0,\end{cases}$ 当 a 为何值时，方程组有非零解？此时求通解.

(3) 求解线性方程组

$$\begin{cases}2x_1-x_2+3x_3+2x_4=0,\\ 9x_1-x_2+14x_3+2x_4=1,\\ 3x_1+2x_2+5x_3-4x_4=1,\\ 4x_1+5x_2+7x_3-10x_4=2.\end{cases}$$

（4）求解线性方程组

$$\begin{cases} x_1-2x_2+3x_3+2x_4=2, \\ 3x_1-x_2+5x_3-x_4=6, \\ 2x_1+x_2+2x_3-3x_4=8. \end{cases}$$

（5）设非齐次线性方程组

$$\begin{cases} ax_1+x_2+x_3=1, \\ x_1+ax_2+x_3=a, \\ x_1+x_2+ax_3=a^2, \end{cases}$$

当 a 取何值时？方程组有唯一解？无解？有无穷多解？并在有无穷多解时求通解.

（6）设非齐次线性方程组

$$\begin{cases} x_1+x_2+x_3+x_4+x_5=1, \\ 3x_1+2x_2+x_3+x_4-3x_5=0, \\ x_2+2x_3+2x_4+6x_5=3, \\ 5x_1+4x_2+3x_3+3x_4-x_5=a, \end{cases}$$

当 a 为何值时，方程组无解？有解？并在有解时求其通解.

（7）设非齐次线性方程组

$$\begin{cases} x_1-2x_2+x_3+x_4+x_5=a, \\ x_1-2x_2+2x_3-x_4-x_5=1, \\ -x_1+2x_2-x_3-2x_4-3x_5=1, \\ 2x_1-4x_2+3x_3+x_4+2x_5=a, \end{cases}$$

当 a 为何值时，方程组无解？有解？并在有解时求其通解.

4. 证明题

（1）若 $\boldsymbol{\xi}_1,\boldsymbol{\xi}_2,\boldsymbol{\xi}_3$ 是齐次线性方程组 $\boldsymbol{Ax}=\boldsymbol{0}$ 的基础解系，证明：$\boldsymbol{\xi}_1,\boldsymbol{\xi}_1+\boldsymbol{\xi}_2,\boldsymbol{\xi}_1+\boldsymbol{\xi}_2+\boldsymbol{\xi}_3$ 也是方程组 $\boldsymbol{Ax}=\boldsymbol{0}$ 的基础解系.

（2）已知矩阵 $\boldsymbol{A}=\begin{pmatrix} a_{11} & a_{12} & a_{13} \\ a_{21} & a_{22} & a_{23} \\ a_{31} & a_{32} & a_{33} \end{pmatrix}$ 可逆，证明：线性方程组 $\begin{cases} a_{11}x_1+a_{12}x_2=a_{13}, \\ a_{21}x_1+a_{22}x_2=a_{23}, \\ a_{31}x_1+a_{32}x_2=a_{33} \end{cases}$ 无解.

（3）设 $\boldsymbol{A}$ 为 n 阶矩阵，若任意 n 维向量均为 $\boldsymbol{Ax}=\boldsymbol{0}$ 的解向量，证明：$\boldsymbol{A}=\boldsymbol{O}$.

第 5 章　矩阵的相似对角化

本章首先介绍方阵的特征值与特征向量的概念与性质，方阵的特征值和特征向量不仅在矩阵的研究中占有重要地位，而且在许多应用领域也有重要作用.本章主要讨论方阵与对角矩阵相似的问题，即方阵的对角化问题.

5.1　特征值与特征向量

5.1.1　特征值与特征向量的概念及求法

设 $\boldsymbol{A}$ 为 2 阶矩阵，则 $\boldsymbol{A}$ 将任意 2 维非零列向量 $\boldsymbol{x}$，变为另一个 2 维列向量 $\boldsymbol{Ax}$. 一般来说 $\boldsymbol{Ax}$ 与 $\boldsymbol{x}$ 不一定平行，如果对某一向量 $\boldsymbol{\alpha} \neq \boldsymbol{0}$，有 $\boldsymbol{A\alpha}$ 与 $\boldsymbol{\alpha}$ 平行，则存在数 λ 使得 $\boldsymbol{A\alpha} = \lambda\boldsymbol{\alpha}$.

例如，若 $\boldsymbol{A} = \begin{pmatrix} 0 & 1 \\ 1 & 0 \end{pmatrix}$，对于 2 维向量 $\boldsymbol{\alpha} = \begin{pmatrix} a \\ b \end{pmatrix}$，则有 $\boldsymbol{A\alpha} = \begin{pmatrix} 0 & 1 \\ 1 & 0 \end{pmatrix}\begin{pmatrix} a \\ b \end{pmatrix} = \begin{pmatrix} b \\ a \end{pmatrix}$，向量 $\boldsymbol{A\alpha}$ 与 $\boldsymbol{\alpha}$ 关于第 Ⅰ 与第 Ⅲ 象限角平分线对称，一般不平行(见图 5.1).特别对于 $\boldsymbol{\alpha}_1 = \begin{pmatrix} 1 \\ 1 \end{pmatrix}$，$\boldsymbol{\alpha}_2 = \begin{pmatrix} 1 \\ -1 \end{pmatrix}$，有

$$\boldsymbol{A\alpha}_1 = \begin{pmatrix} 0 & 1 \\ 1 & 0 \end{pmatrix}\begin{pmatrix} 1 \\ 1 \end{pmatrix} = \begin{pmatrix} 1 \\ 1 \end{pmatrix} = \boldsymbol{\alpha}_1, \quad \boldsymbol{A\alpha}_2 = \begin{pmatrix} 0 & 1 \\ 1 & 0 \end{pmatrix}\begin{pmatrix} 1 \\ -1 \end{pmatrix} = \begin{pmatrix} -1 \\ 1 \end{pmatrix} = -\boldsymbol{\alpha}_2.$$

于是 $\boldsymbol{A\alpha}_1$ 与 $\boldsymbol{\alpha}_1$ 平行，$\boldsymbol{A\alpha}_2$ 与 $\boldsymbol{\alpha}_2$ 平行，称这种特殊的向量 $\boldsymbol{\alpha}_1$，$\boldsymbol{\alpha}_2$ 为矩阵 $\boldsymbol{A}$ 的特征向量.

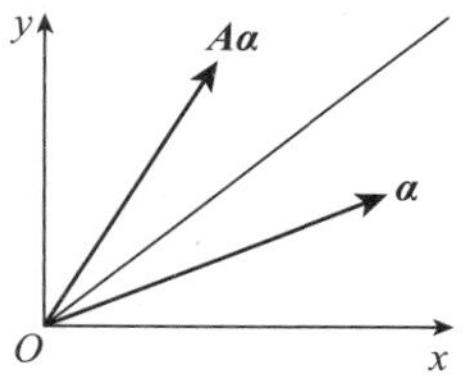

图 5.1

定义 5.1　设 $\boldsymbol{A}$ 是 n 阶矩阵，如果存在数 λ_0 和 n 维非零列向量 $\boldsymbol{\alpha}$，使得等式

$$\boldsymbol{A\alpha} = \lambda_0\boldsymbol{\alpha} \tag{5.1}$$

成立，则称 λ_0 为矩阵 $\boldsymbol{A}$ 的一个**特征值**，$\boldsymbol{\alpha}$ 为矩阵 $\boldsymbol{A}$ 属于特征值 λ_0 的**特征向量**.

例 5.1　若 $\boldsymbol{A} = \begin{pmatrix} 1 & 4 \\ 2 & 3 \end{pmatrix}$，取 $\lambda_1 = 5$，$\boldsymbol{\alpha}_1 = \begin{pmatrix} 1 \\ 1 \end{pmatrix}$，则

$$A\boldsymbol{\alpha}_1=\begin{pmatrix}1&4\\2&3\end{pmatrix}\begin{pmatrix}1\\1\end{pmatrix}=\begin{pmatrix}5\\5\end{pmatrix}=5\begin{pmatrix}1\\1\end{pmatrix}=5\boldsymbol{\alpha}_1.$$

因此，$\lambda_1=5$ 是矩阵 $\boldsymbol{A}$ 的特征值，$\boldsymbol{\alpha}_1=\begin{pmatrix}1\\1\end{pmatrix}$ 是矩阵 $\boldsymbol{A}$ 属于特征值 $\lambda_1=5$ 的特征向量.

如果取 $\lambda_2=-1$，$\boldsymbol{\alpha}_2=\begin{pmatrix}2\\-1\end{pmatrix}$，则有

$$A\boldsymbol{\alpha}_2=\begin{pmatrix}1&4\\2&3\end{pmatrix}\begin{pmatrix}2\\-1\end{pmatrix}=\begin{pmatrix}-2\\1\end{pmatrix}=-\begin{pmatrix}2\\-1\end{pmatrix}=-\boldsymbol{\alpha}_2.$$

因此，$\lambda_2=-1$ 也是矩阵 $\boldsymbol{A}$ 的特征值，$\boldsymbol{\alpha}_2=\begin{pmatrix}2\\-1\end{pmatrix}$ 是矩阵 $\boldsymbol{A}$ 属于特征值 $\lambda_2=-1$ 的特征向量.

注 特征向量是非零向量，如果 $\boldsymbol{\alpha}$ 为矩阵 $\boldsymbol{A}$ 属于特征值 λ_0 的特征向量，则对任意非零常数 k，$k\boldsymbol{\alpha}\neq\boldsymbol{0}$，且有 $\boldsymbol{A}(k\boldsymbol{\alpha})=k(\boldsymbol{A}\boldsymbol{\alpha})=k(\lambda_0\boldsymbol{\alpha})=\lambda_0(k\boldsymbol{\alpha})$，所以 $k\boldsymbol{\alpha}$ 也是矩阵 $\boldsymbol{A}$ 属于特征值 λ_0 的特征向量.

例 5.2 如果 $\boldsymbol{\alpha}_1,\boldsymbol{\alpha}_2$ 均为矩阵 $\boldsymbol{A}$ 属于特征值 λ_0 的特征向量，对任意常数 k_1,k_2，若 $k_1\boldsymbol{\alpha}_1+k_2\boldsymbol{\alpha}_2\neq\boldsymbol{0}$，则 $k_1\boldsymbol{\alpha}_1+k_2\boldsymbol{\alpha}_2$ 也是矩阵 $\boldsymbol{A}$ 属于特征值 λ_0 的特征向量.

证明 由于向量 $\boldsymbol{\alpha}_1,\boldsymbol{\alpha}_2$ 均为矩阵 $\boldsymbol{A}$ 属于特征值 λ_0 的特征向量，所以 $\boldsymbol{A}\boldsymbol{\alpha}_1=\lambda_0\boldsymbol{\alpha}_1$，$\boldsymbol{A}\boldsymbol{\alpha}_2=\lambda_0\boldsymbol{\alpha}_2$，于是

$$\boldsymbol{A}(k_1\boldsymbol{\alpha}_1+k_2\boldsymbol{\alpha}_2)=k_1(\boldsymbol{A}\boldsymbol{\alpha}_1)+k_2(\boldsymbol{A}\boldsymbol{\alpha}_2)=k_1(\lambda_0\boldsymbol{\alpha}_1)+k_2(\lambda_0\boldsymbol{\alpha}_2)=\lambda_0(k_1\boldsymbol{\alpha}_1+k_2\boldsymbol{\alpha}_2),$$

又 $k_1\boldsymbol{\alpha}_1+k_2\boldsymbol{\alpha}_2\neq\boldsymbol{0}$，由定义 5.1 知，$k_1\boldsymbol{\alpha}_1+k_2\boldsymbol{\alpha}_2$ 是矩阵 $\boldsymbol{A}$ 属于特征值 λ_0 的特征向量.

下面讨论如何求矩阵的特征值与特征向量.对于 n 阶矩阵 $\boldsymbol{A}$，要求出它的特征值与特征向量，就是要找到一个数 λ_0 和一个非零向量 $\boldsymbol{\alpha}$，使得(5.1)式成立，即

$$\boldsymbol{A}\boldsymbol{\alpha}=\lambda_0\boldsymbol{\alpha}.$$

注意到 $\boldsymbol{\alpha}=\boldsymbol{E}\boldsymbol{\alpha}$，其中 $\boldsymbol{E}$ 是 n 阶单位矩阵，则有

$$\boldsymbol{A}\boldsymbol{\alpha}=\lambda_0\boldsymbol{E}\boldsymbol{\alpha},$$

即

$$(\lambda_0\boldsymbol{E}-\boldsymbol{A})\boldsymbol{\alpha}=\boldsymbol{0}.$$

这说明 $\boldsymbol{\alpha}$ 是 n 元齐次线性方程组

$$(\lambda_0\boldsymbol{E}-\boldsymbol{A})\boldsymbol{x}=\boldsymbol{0} \tag{5.2}$$

的一个非零解.要解决所提出的问题，就是要找到数 λ_0，使得齐次线性方程组(5.2)有非零解.而方程组(5.2)有非零解的充要条件是它的系数行列式 $|\lambda_0\boldsymbol{E}-\boldsymbol{A}|=0$.

若记 $\boldsymbol{A}=(a_{ij})_{n\times n}$，则

$$|\lambda\boldsymbol{E}-\boldsymbol{A}|=\begin{vmatrix}\lambda-a_{11}&-a_{12}&\cdots&-a_{1n}\\-a_{21}&\lambda-a_{22}&\cdots&-a_{2n}\\\vdots&\vdots&&\vdots\\-a_{n1}&-a_{n2}&\cdots&\lambda-a_{nn}\end{vmatrix}. \tag{5.3}$$

由行列式的定义知，(5.3)式是一个关于变量 λ 的 n 次多项式，于是给出如下定义.

定义 5.2 设 $\boldsymbol{A}$ 为 n 阶矩阵，关于变量 λ 的 n 次多项式 $|\lambda\boldsymbol{E}-\boldsymbol{A}|$ 称为矩阵 $\boldsymbol{A}$ 的**特征多项式**，记作 $f(\lambda)$，方程 $|\lambda\boldsymbol{E}-\boldsymbol{A}|=0$ 称为矩阵 $\boldsymbol{A}$ 的**特征方程**.

由上述分析与定义知，n 阶矩阵 $\boldsymbol{A}$ 的特征值恰是特征方程 $|\lambda\boldsymbol{E}-\boldsymbol{A}|=0$ 的根，由于一元 n

次方程(在复数范围内)恰好有 n 个根,所以任意一个 n 阶矩阵恰好有 n 个特征值(可能有重复).如果 λ_0 是矩阵 $\boldsymbol{A}$ 的特征值,那么齐次线性方程组 $(\lambda_0\boldsymbol{E}-\boldsymbol{A})\boldsymbol{x}=\boldsymbol{0}$ 的全部非零解就是矩阵 $\boldsymbol{A}$ 属于特征值 λ_0 的全部特征向量.

由上述讨论可以得到求矩阵 $\boldsymbol{A}$ 的特征值和特征向量的计算步骤:

(1) 计算矩阵 $\boldsymbol{A}$ 的特征多项式 $f(\lambda)=|\lambda\boldsymbol{E}-\boldsymbol{A}|$.

(2) 求出特征方程 $|\lambda\boldsymbol{E}-\boldsymbol{A}|=0$ 的全部根,它们就是矩阵 $\boldsymbol{A}$ 的全部特征值.

(3) 对每一个特征值 λ_0,求出齐次线性方程组 $(\lambda_0\boldsymbol{E}-\boldsymbol{A})\boldsymbol{x}=\boldsymbol{0}$ 的基础解系

$$\boldsymbol{\alpha}_1,\boldsymbol{\alpha}_2,\cdots,\boldsymbol{\alpha}_t,$$

则矩阵 $\boldsymbol{A}$ 属于特征值 λ_0 的全部特征向量为

$$k_1\boldsymbol{\alpha}_1+k_2\boldsymbol{\alpha}_2+\cdots+k_t\boldsymbol{\alpha}_t,$$

其中,$k_1,k_2,\cdots,k_t$ 是任意一组不全为零的常数.

例 5.3 求矩阵 $\boldsymbol{A}=\begin{pmatrix}-3&1\\1&-3\end{pmatrix}$ 的全部特征值和特征向量.

解 矩阵 $\boldsymbol{A}$ 的特征多项式为

$$f(\lambda)=|\lambda\boldsymbol{E}-\boldsymbol{A}|=\begin{vmatrix}\lambda+3&-1\\-1&\lambda+3\end{vmatrix}=(\lambda+2)(\lambda+4),$$

所以矩阵 $\boldsymbol{A}$ 有两个特征值 $\lambda_1=-2,\lambda_2=-4$.

对于特征值 $\lambda_1=-2$,解齐次线性方程组 $(-2\boldsymbol{E}-\boldsymbol{A})\boldsymbol{x}=\boldsymbol{0}$,即

$$\begin{pmatrix}1&-1\\-1&1\end{pmatrix}\begin{pmatrix}x_1\\x_2\end{pmatrix}=\boldsymbol{0},$$

求得基础解系 $\boldsymbol{\alpha}_1=(1,1)^{\mathrm{T}}$,所以矩阵 $\boldsymbol{A}$ 属于特征值 $\lambda_1=-2$ 的全部特征向量是

$$k_1\boldsymbol{\alpha}_1=\begin{pmatrix}k_1\\k_1\end{pmatrix},\quad k_1\text{ 是不为零的任意常数}.$$

对于特征值 $\lambda_2=-4$,解齐次线性方程组 $(-4\boldsymbol{E}-\boldsymbol{A})\boldsymbol{x}=\boldsymbol{0}$,即

$$\begin{pmatrix}-1&-1\\-1&-1\end{pmatrix}\begin{pmatrix}x_1\\x_2\end{pmatrix}=\boldsymbol{0},$$

求得基础解系 $\boldsymbol{\alpha}_2=(1,-1)^{\mathrm{T}}$,所以矩阵 $\boldsymbol{A}$ 属于特征值 $\lambda_2=-4$ 的全部特征向量是

$$k_2\boldsymbol{\alpha}_2=\begin{pmatrix}k_2\\-k_2\end{pmatrix},\quad k_2\text{ 是不为零的任意常数}.$$

例 5.4 求矩阵 $\boldsymbol{A}=\begin{pmatrix}1&-1&1\\1&3&-1\\1&1&1\end{pmatrix}$ 的全部特征值和特征向量.

解 矩阵 $\boldsymbol{A}$ 的特征多项式为

$$f(\lambda)=|\lambda\boldsymbol{E}-\boldsymbol{A}|=\begin{vmatrix}\lambda-1&1&-1\\-1&\lambda-3&1\\-1&-1&\lambda-1\end{vmatrix}=\begin{vmatrix}\lambda-2&\lambda-2&0\\-1&\lambda-3&1\\-1&-1&\lambda-1\end{vmatrix}$$

$$=(\lambda-2)\begin{vmatrix}1&1&0\\-1&\lambda-3&1\\-1&-1&\lambda-1\end{vmatrix}=(\lambda-2)\begin{vmatrix}1&0&0\\-1&\lambda-2&1\\-1&0&\lambda-1\end{vmatrix}$$

$$=(\lambda-1)(\lambda-2)^2,$$

所以 $\boldsymbol{A}$ 的特征值为 $\lambda_1=1,\lambda_2=\lambda_3=2$.

对于特征值 $\lambda_1=1$，解齐次线性方程组 $(\boldsymbol{E}-\boldsymbol{A})\boldsymbol{x}=\boldsymbol{0}$，对系数矩阵施以初等行变换

$$(\boldsymbol{E}-\boldsymbol{A})=\begin{pmatrix}0&1&-1\\-1&-2&1\\-1&-1&0\end{pmatrix}\to\begin{pmatrix}-1&-1&0\\-1&-2&1\\0&1&-1\end{pmatrix}\to\begin{pmatrix}-1&-1&0\\0&-1&1\\0&1&-1\end{pmatrix}\to\begin{pmatrix}1&0&1\\0&1&-1\\0&0&0\end{pmatrix},$$

求得基础解系 $\boldsymbol{\alpha}_1=(-1,1,1)^{\mathrm{T}}$，所以矩阵 $\boldsymbol{A}$ 的属于特征值 $\lambda_1=1$ 的全部特征向量为

$$k_1\boldsymbol{\alpha}_1,\quad k_1\text{ 是不为零的任意常数.}$$

对于特征值 $\lambda_2=\lambda_3=2$，解齐次线性方程组 $(2\boldsymbol{E}-\boldsymbol{A})\boldsymbol{x}=\boldsymbol{0}$，对系数矩阵施以初等行变换

$$(2\boldsymbol{E}-\boldsymbol{A})=\begin{pmatrix}1&1&-1\\-1&-1&1\\-1&-1&1\end{pmatrix}\to\begin{pmatrix}1&1&-1\\0&0&0\\0&0&0\end{pmatrix},$$

求得基础解系 $\boldsymbol{\alpha}_2=(1,0,1)^{\mathrm{T}},\boldsymbol{\alpha}_3=(0,1,1)^{\mathrm{T}}$，所以矩阵 $\boldsymbol{A}$ 的属于特征值 $\lambda_2=\lambda_3=2$ 的全部特征向量为

$$k_2\boldsymbol{\alpha}_2+k_3\boldsymbol{\alpha}_3,\quad k_2,k_3\text{ 是不全为零的任意常数.}$$

例 5.5 求矩阵 $\boldsymbol{A}=\begin{pmatrix}1&-1&0\\-1&2&-1\\0&-1&1\end{pmatrix}$ 的全部特征值和特征向量.

解 矩阵 $\boldsymbol{A}$ 的特征多项式为

$$f(\lambda)=|\lambda\boldsymbol{E}-\boldsymbol{A}|=\begin{vmatrix}\lambda-1&1&0\\1&\lambda-2&1\\0&1&\lambda-1\end{vmatrix}=\begin{vmatrix}\lambda&\lambda&\lambda\\1&\lambda-2&1\\0&1&\lambda-1\end{vmatrix}$$

$$=\lambda\begin{vmatrix}1&1&1\\1&\lambda-2&1\\0&1&\lambda-1\end{vmatrix}=\lambda\begin{vmatrix}1&1&1\\0&\lambda-3&0\\0&1&\lambda-1\end{vmatrix}$$

$$=\lambda(\lambda-1)(\lambda-3),$$

所以矩阵 $\boldsymbol{A}$ 有 3 个不同的特征值 $\lambda_1=0,\lambda_2=1,\lambda_3=3$.

对于特征值 $\lambda_1=0$，解齐次线性方程组 $(0\boldsymbol{E}-\boldsymbol{A})\boldsymbol{x}=\boldsymbol{0}$，对系数矩阵施以初等行变换

$$\begin{pmatrix}-1&1&0\\1&-2&1\\0&1&-1\end{pmatrix}\to\begin{pmatrix}-1&1&0\\0&-1&1\\0&1&-1\end{pmatrix}\to\begin{pmatrix}1&-1&0\\0&1&-1\\0&0&0\end{pmatrix}\to\begin{pmatrix}1&0&-1\\0&1&-1\\0&0&0\end{pmatrix},$$

求得基础解系 $\boldsymbol{\alpha}_1=(1,1,1)^{\mathrm{T}}$. 所以矩阵 $\boldsymbol{A}$ 属于特征值 $\lambda_1=0$ 的全部特征向量为

$$k_1\boldsymbol{\alpha}_1,\quad k_1\text{ 是不为零的任意常数.}$$

对于特征值 $\lambda_2=1$，解齐次线性方程组 $(\boldsymbol{E}-\boldsymbol{A})\boldsymbol{x}=\boldsymbol{0}$，对系数矩阵施以初等行变换

$$\begin{pmatrix}0&1&0\\1&-1&1\\0&1&0\end{pmatrix}\to\begin{pmatrix}1&-1&1\\0&1&0\\0&1&0\end{pmatrix}\to\begin{pmatrix}1&0&1\\0&1&0\\0&0&0\end{pmatrix},$$

求得基础解系 $\boldsymbol{\alpha}_2=(1,0,-1)^{\mathrm{T}}$. 所以矩阵 $\boldsymbol{A}$ 属于特征值 $\lambda_2=1$ 的全部特征向量为

$$k_2\boldsymbol{\alpha}_2,\quad k_2\text{ 是不为零的任意常数.}$$

对于特征值 $\lambda_3=3$,解齐次线性方程组 $(3\boldsymbol{E}-\boldsymbol{A})\boldsymbol{x}=\boldsymbol{0}$,对系数矩阵施以行初等变换

$$\begin{pmatrix}2&1&0\\1&1&1\\0&1&2\end{pmatrix}\to\begin{pmatrix}1&1&1\\2&1&0\\0&1&2\end{pmatrix}\to\begin{pmatrix}1&1&1\\0&1&2\\0&0&0\end{pmatrix}\to\begin{pmatrix}1&0&-1\\0&1&2\\0&0&0\end{pmatrix},$$

求得基础解系 $\boldsymbol{\alpha}_3=(1,-2,1)^{\mathrm{T}}$.所以矩阵 $\boldsymbol{A}$ 属于特征值 $\lambda_3=3$ 的全部特征向量为

$$k_3\boldsymbol{\alpha}_3,\quad k_3 \text{ 是不为零的任意常数}.$$

5.1.2 特征值与特征向量的性质

例 5.6 若 λ_0 是 n 阶矩阵 $\boldsymbol{A}$ 的一个特征值,则 λ_0^2 是 $\boldsymbol{A}^2$ 的一个特征值.

证明 若 λ_0 是 $\boldsymbol{A}$ 的一个特征值,则存在非零向量 $\boldsymbol{\alpha}$,使得 $\boldsymbol{A\alpha}=\lambda_0\boldsymbol{\alpha}$,于是

$$\boldsymbol{A}^2\boldsymbol{\alpha}=\boldsymbol{A}(\boldsymbol{A\alpha})=\boldsymbol{A}(\lambda_0\boldsymbol{\alpha})=\lambda_0(\boldsymbol{A\alpha})=\lambda_0^2\boldsymbol{\alpha}.$$

所以 λ_0^2 是 $\boldsymbol{A}^2$ 的一个特征值.

用数学归纳法还可以证明,若 λ_0 是 n 阶矩阵 $\boldsymbol{A}$ 的一个特征值,则 λ_0^k 是 $\boldsymbol{A}^k$ 的一个特征值,这里 k 是任意自然数.

例 5.7 若 λ_0 是 n 阶矩阵 $\boldsymbol{A}$ 的一个特征值,则 λ_0+k 是矩阵 $\boldsymbol{A}+k\boldsymbol{E}$ 的一个特征值.

证明 若 λ_0 是 $\boldsymbol{A}$ 的特征值,则存在非零向量 $\boldsymbol{\alpha}$,使得 $\boldsymbol{A\alpha}=\lambda_0\boldsymbol{\alpha}$,于是

$$(\boldsymbol{A}+k\boldsymbol{E})\boldsymbol{\alpha}=\boldsymbol{A\alpha}+k\boldsymbol{E\alpha}=\lambda_0\boldsymbol{\alpha}+k\boldsymbol{\alpha}=(\lambda_0+k)\boldsymbol{\alpha}.$$

所以 λ_0+k 是 $\boldsymbol{A}+k\boldsymbol{E}$ 的一个特征值.

一般地,有如下结论.

定理 5.1 若 λ_0 是矩阵 $\boldsymbol{A}$ 的一个特征值,$\varphi(x)$ 是一个一元 m 次多项式,则 $\varphi(\lambda_0)$ 就是矩阵 $\varphi(\boldsymbol{A})$ 的一个特征值.

(证明略).

例 5.8 设矩阵 $\boldsymbol{A}=\begin{pmatrix}a_{11}&a_{12}\\a_{21}&a_{22}\end{pmatrix}$ 的特征值为 λ_1,λ_2,则 $\lambda_1+\lambda_2=a_{11}+a_{12},\lambda_1\lambda_2=|\boldsymbol{A}|$.

证明 由定义知

$$|\lambda\boldsymbol{E}-\boldsymbol{A}|=\begin{vmatrix}\lambda-a_{11}&-a_{12}\\-a_{21}&\lambda-a_{22}\end{vmatrix}=(\lambda-a_{11})(\lambda-a_{22})-a_{12}a_{21}$$
$$=\lambda^2-(a_{11}+a_{22})\lambda+(a_{11}a_{22}-a_{12}a_{21}),$$

又矩阵 $\boldsymbol{A}$ 的特征值为 λ_1,λ_2,所以

$$|\lambda\boldsymbol{E}-\boldsymbol{A}|=(\lambda-\lambda_1)(\lambda-\lambda_2)=\lambda^2-(\lambda_1+\lambda_2)\lambda+\lambda_1\lambda_2,$$

从而 $\lambda_1+\lambda_2=a_{11}+a_{22},\lambda_1\lambda_2=a_{11}a_{22}-a_{12}a_{21}=|\boldsymbol{A}|$.

对于一般的 n 阶矩阵,也有相应的结论成立.

定理 5.2 设 n 阶矩阵 $\boldsymbol{A}=(a_{ij})_{n\times n}$ 的全部特征值是 $\lambda_1,\lambda_2,\cdots,\lambda_n$,则

$$\lambda_1+\lambda_2+\cdots+\lambda_n=a_{11}+a_{22}+\cdots+a_{nn}=\mathrm{tr}(\boldsymbol{A}),$$
$$\lambda_1\lambda_2\cdots\lambda_n=|\boldsymbol{A}|,$$

这里记号 $\mathrm{tr}(\boldsymbol{A})$ 表示矩阵 $\boldsymbol{A}$ 的**迹**,其定义为矩阵 $\boldsymbol{A}$ 的主对角线上的所有元素的和.

(证明略)

例 5.9 设 λ_1,λ_2 是矩阵 $\boldsymbol{A}$ 的特征值,且 $\lambda_1\neq\lambda_2$,$\boldsymbol{\alpha}_1,\boldsymbol{\alpha}_2$ 是矩阵 $\boldsymbol{A}$ 分别属于 λ_1,λ_2 的特征向量,则 $\boldsymbol{\alpha}_1,\boldsymbol{\alpha}_2$ 线性无关.

证明 设数 k_1,k_2 使得

$$k_1\boldsymbol{\alpha}_1+k_2\boldsymbol{\alpha}_2=\mathbf{0}, \qquad ①$$

用矩阵 $\boldsymbol{A}$ 左乘等式 ① 的两边得

$$\boldsymbol{A}(k_1\boldsymbol{\alpha}_1+k_2\boldsymbol{\alpha}_2)=k_1\boldsymbol{A}\boldsymbol{\alpha}_1+k_2\boldsymbol{A}\boldsymbol{\alpha}_2=\mathbf{0}.$$

由题设知 $\boldsymbol{A}\boldsymbol{\alpha}_1=\lambda_1\boldsymbol{\alpha}_1,\boldsymbol{A}\boldsymbol{\alpha}_2=\lambda_2\boldsymbol{\alpha}_2$，于是

$$k_1\lambda_1\boldsymbol{\alpha}_1+k_2\lambda_2\boldsymbol{\alpha}_2=\mathbf{0}. \qquad ②$$

由 ② $-\lambda_2\times$①，消去向量 $\boldsymbol{\alpha}_2$，得到 $k_1(\lambda_1-\lambda_2)\boldsymbol{\alpha}_1=\mathbf{0}$.由于 $\lambda_1\neq\lambda_2,\boldsymbol{\alpha}_1\neq\mathbf{0}$,则有 $k_1=0$.将 $k_1=0$ 代入 ① 式，得到 $k_2\boldsymbol{\alpha}_2=\mathbf{0}$，又 $\boldsymbol{\alpha}_2\neq\mathbf{0}$，于是 $k_2=0$.由线性无关的定义知向量组 $\boldsymbol{\alpha}_1,\boldsymbol{\alpha}_2$ 线性无关.

一般地，矩阵 $\boldsymbol{A}$ 属于不同特征值的特征向量线性无关，我们有如下定理.

定理 5.3 设 $\lambda_1,\lambda_2,\cdots,\lambda_m$ 是矩阵 $\boldsymbol{A}$ 互不相同的特征值，向量 $\boldsymbol{\alpha}_1,\boldsymbol{\alpha}_2,\cdots,\boldsymbol{\alpha}_m$ 是矩阵 $\boldsymbol{A}$ 依次属于 $\lambda_1,\lambda_2,\cdots,\lambda_m$ 的特征向量，则向量组 $\boldsymbol{\alpha}_1,\boldsymbol{\alpha}_2,\cdots,\boldsymbol{\alpha}_m$ 线性无关.

（证明略）

例 5.10 设 $\boldsymbol{A}$ 是 2 阶矩阵，且 $|2\boldsymbol{E}-\boldsymbol{A}|=0$，$|3\boldsymbol{E}+\boldsymbol{A}|=0$，求矩阵 $\boldsymbol{A}$ 的行列式.

解 由于 $\boldsymbol{A}$ 是 2 阶矩阵，所以 $\boldsymbol{A}$ 恰有两个特征值.由题设 $|2\boldsymbol{E}-\boldsymbol{A}|=0$ 及特征值的定义知 $\lambda_1=2$ 是矩阵 $\boldsymbol{A}$ 的特征值.又 $|3\boldsymbol{E}+\boldsymbol{A}|=0$，于是

$$|-3\boldsymbol{E}-\boldsymbol{A}|=(-1)^2|3\boldsymbol{E}+\boldsymbol{A}|=0.$$

所以 $\lambda_2=-3$ 也是 $\boldsymbol{A}$ 的特征值，因此 $|\boldsymbol{A}|=\lambda_1\lambda_2=-6$.

例 5.11 设 λ_0 是可逆矩阵 $\boldsymbol{A}$ 的一个特征值，则 $\lambda_0\neq0$，且 $\dfrac{1}{\lambda_0}$ 是矩阵 $\boldsymbol{A}^{-1}$ 的一个特征值.

证明 由于矩阵 $\boldsymbol{A}$ 可逆，所以 $|\boldsymbol{A}|\neq0$.根据定理 5.2 知，矩阵 $\boldsymbol{A}$ 的行列式等于其所有特征值的乘积，故 $\boldsymbol{A}$ 的特征值均不为零，于是 $\lambda_0\neq0$.设 $\boldsymbol{\alpha}$ 是矩阵 $\boldsymbol{A}$ 属于特征值 λ_0 的特征向量，即 $\boldsymbol{A}\boldsymbol{\alpha}=\lambda_0\boldsymbol{\alpha}$，在等式两边左乘 $\boldsymbol{A}^{-1}$ 得

$$\boldsymbol{\alpha}=\lambda_0\boldsymbol{A}^{-1}\boldsymbol{\alpha},$$

于是

$$\boldsymbol{A}^{-1}\boldsymbol{\alpha}=\frac{1}{\lambda_0}\boldsymbol{\alpha},$$

故 $\dfrac{1}{\lambda_0}$ 是矩阵 $\boldsymbol{A}^{-1}$ 的特征值.

习 题 5.1

1. 求出下列矩阵的特征值与特征向量：

(1) $\begin{pmatrix}0&1\\1&0\end{pmatrix}$；　(2) $\begin{pmatrix}-2&1\\5&2\end{pmatrix}$；

(3) $\begin{pmatrix}3&6&6\\0&2&0\\-3&-12&-6\end{pmatrix}$；　(4) $\begin{pmatrix}3&-2&0\\-1&3&-1\\-5&7&-1\end{pmatrix}$；

(5) $\begin{pmatrix}1&1&1\\1&1&1\\1&1&1\end{pmatrix}$.

2. 设 $\boldsymbol{A}$ 是 3 阶矩阵，已知矩阵 $\boldsymbol{E}-\boldsymbol{A},\boldsymbol{E}+\boldsymbol{A},2\boldsymbol{E}-\boldsymbol{A}$ 均不可逆，求矩阵 $\boldsymbol{A}$ 的特征值与行列式 $|\boldsymbol{A}|$.

3. 设 3 阶矩阵 $\boldsymbol{A}$ 的特征值为 1,2,3，求矩阵 $\boldsymbol{A}^2+2\boldsymbol{A}-3\boldsymbol{E}$ 的特征值.

4. 证明：矩阵 $\boldsymbol{A}$ 不可逆的充要条件是 $\lambda=0$ 为 $\boldsymbol{A}$ 的特征值.

5. 设 n 阶矩阵 $\boldsymbol{A}$ 的各行元素之和均为 a，证明：向量 $\boldsymbol{x}=(1,1,\cdots,1)^{\mathrm{T}}$ 为 $\boldsymbol{A}$ 的一个特征向量，并求相应的特征值.

6. 设 λ_0 是可逆矩阵 $\boldsymbol{A}$ 的一个特征值，则 $\dfrac{|\boldsymbol{A}|}{\lambda_0}$ 为伴随矩阵 $\boldsymbol{A}^*$ 的一个特征值.

5.2 相似矩阵与矩阵的对角化

5.2.1 相似矩阵

设矩阵 $\boldsymbol{A}=\begin{pmatrix}1&4\\2&3\end{pmatrix}$，很容易计算 $\boldsymbol{A}^3$ 或 $\boldsymbol{A}^5$，但要直接计算 $\boldsymbol{A}^{100}$ 或一般的 $\boldsymbol{A}^n$ 就不太容易了. 对于对角矩阵 $\boldsymbol{\Lambda}=\begin{pmatrix}5&0\\0&-1\end{pmatrix}$，不仅可以容易计算出 $\boldsymbol{\Lambda}^3=\begin{pmatrix}5^3&0\\0&(-1)^3\end{pmatrix}$，同样也容易得出 $\boldsymbol{\Lambda}^n=\begin{pmatrix}5^n&0\\0&(-1)^n\end{pmatrix}$. 根据例 5.1 知 $\boldsymbol{\alpha}_1=\begin{pmatrix}1\\1\end{pmatrix}$，$\boldsymbol{\alpha}_2=\begin{pmatrix}2\\-1\end{pmatrix}$ 是矩阵 $\boldsymbol{A}$ 依次属于特征值 $\lambda_1=5,\lambda_2=-1$ 的特征向量，即

$$\boldsymbol{A}\boldsymbol{\alpha}_1=5\boldsymbol{\alpha}_1,\quad \boldsymbol{A}\boldsymbol{\alpha}_2=-\boldsymbol{\alpha}_2,$$

所以

$$\boldsymbol{A}(\boldsymbol{\alpha}_1,\boldsymbol{\alpha}_2)=(\boldsymbol{A}\boldsymbol{\alpha}_1,\boldsymbol{A}\boldsymbol{\alpha}_2)=(5\boldsymbol{\alpha}_1,-\boldsymbol{\alpha}_2)=(\boldsymbol{\alpha}_1,\boldsymbol{\alpha}_2)\begin{pmatrix}5&0\\0&-1\end{pmatrix}=(\boldsymbol{\alpha}_1,\boldsymbol{\alpha}_2)\boldsymbol{\Lambda}.$$

令 $\boldsymbol{P}=(\boldsymbol{\alpha}_1,\boldsymbol{\alpha}_2)$，则 $\boldsymbol{P}$ 是可逆矩阵，且 $\boldsymbol{AP}=\boldsymbol{P\Lambda}$，于是 $\boldsymbol{A}=\boldsymbol{P\Lambda P}^{-1}$，故

$$\boldsymbol{A}^2=\boldsymbol{P\Lambda P}^{-1}\boldsymbol{P\Lambda P}^{-1}=\boldsymbol{P\Lambda}^2\boldsymbol{P}^{-1},$$

$$\boldsymbol{A}^n=\boldsymbol{P\Lambda}^n\boldsymbol{P}^{-1}=\boldsymbol{P}\begin{pmatrix}5^n&0\\0&(-1)^n\end{pmatrix}\boldsymbol{P}^{-1}=\frac{1}{3}\begin{pmatrix}5^n+2\cdot(-1)^n&2\cdot 5^n+2\cdot(-1)^{n+1}\\5^n+(-1)^{n+1}&2\cdot 5^n+(-1)^n\end{pmatrix}.$$

由前述讨论得知计算 $\boldsymbol{A}^n$ 的关键是 $\boldsymbol{A}=\boldsymbol{P\Lambda P}^{-1}$，即 $\boldsymbol{P}^{-1}\boldsymbol{AP}=\boldsymbol{\Lambda}$，矩阵 $\boldsymbol{A}$ 与对角矩阵 $\boldsymbol{\Lambda}$ 的这种关系非常重要，称为相似关系，我们给出如下定义.

定义 5.3 设 $\boldsymbol{A},\boldsymbol{B}$ 都是 n 阶矩阵，如果存在 n 阶可逆矩阵 $\boldsymbol{P}$，使得 $\boldsymbol{P}^{-1}\boldsymbol{AP}=\boldsymbol{B}$，则称矩阵 $\boldsymbol{A}$ 与 $\boldsymbol{B}$ **相似**，记作 $\boldsymbol{A}\sim\boldsymbol{B}$.

由定义知矩阵 $\boldsymbol{A}=\begin{pmatrix}1&4\\2&3\end{pmatrix}$ 与对角矩阵 $\boldsymbol{\Lambda}=\begin{pmatrix}5&0\\0&-1\end{pmatrix}$ 相似.

矩阵的相似关系具有如下 3 个性质：

(1) 反身性：$\boldsymbol{A}\sim\boldsymbol{A}$；

(2) 对称性：如果 $\boldsymbol{A}\sim\boldsymbol{B}$，则 $\boldsymbol{B}\sim\boldsymbol{A}$；

（3）传递性：如果 $A \sim B$，$B \sim C$，则 $A \sim C$.

证明 （1）对于单位矩阵 E，有 $E^{-1}AE=A$，所以 $A \sim A$.

（2）由于 $A \sim B$，所以存在可逆矩阵 P，使得 $P^{-1}AP=B$，于是 $(P^{-1})^{-1}BP^{-1}=A$，又 P^{-1} 也为可逆矩阵，由定义知 $B \sim A$.

（3）由于 $A \sim B$，$B \sim C$，所以存在可逆矩阵 P_1 与 P_2，使得 $P_1^{-1}AP_1=B$，$P_2^{-1}BP_2=C$，于是 $(P_1P_2)^{-1}A(P_1P_2)=P_2^{-1}(P_1^{-1}AP_1)P_2=P_2^{-1}BP_2=C$，又 P_1P_2 为可逆矩阵，所以 $A \sim C$.

定理 5.4 相似的矩阵有相同的特征多项式.

证明 若矩阵 A 与 B 相似，那么一定存在可逆矩阵 P，使得 $P^{-1}AP=B$. 于是

$$
\begin{aligned}
|\lambda E-B| &= |P^{-1}(\lambda E)P-P^{-1}AP|=|P^{-1}(\lambda E-A)P| \\
&= |P^{-1}|\cdot|(\lambda E-A)|\cdot|P|=|P^{-1}|\cdot|P|\cdot|(\lambda E-A)|=|\lambda E-A|.
\end{aligned}
$$

推论 相似矩阵有相同的特征值.

例 5.12 设 $A=\begin{pmatrix}1&0\\0&1\end{pmatrix}$，$B=\begin{pmatrix}1&1\\0&1\end{pmatrix}$，求矩阵 A 与 B 的特征值，问 A 与 B 是否相似？

解 由于 $|\lambda E-A|=\begin{vmatrix}\lambda-1&0\\0&\lambda-1\end{vmatrix}=(\lambda-1)^2$，$|\lambda E-B|=\begin{vmatrix}\lambda-1&-1\\0&\lambda-1\end{vmatrix}=(\lambda-1)^2$，所以矩阵 A 与 B 的特征值相同，均为 $\lambda_1=\lambda_2=1$.

又对任意可逆矩阵 P，均有 $P^{-1}AP=P^{-1}EP=E\neq B$，所以矩阵 A 与 B 不相似.

上述定理与例题表明相似的矩阵具有相同的特征值，但具有相同特征值的矩阵不一定相似.此外相似的矩阵还有相同的秩、相同的迹、相同的行列式(证明作为课后练习).

5.2.2 矩阵的相似对角化

定义 5.4 设 A 为 n 阶矩阵，如果存在可逆矩阵 P，使得 $P^{-1}AP$ 为对角矩阵，称矩阵 A 可以**对角化**，否则称矩阵 A 不能对角化.

需要注意的是，并不是每个矩阵都可以对角化，例 5.12 中的矩阵 $B=\begin{pmatrix}1&1\\0&1\end{pmatrix}$ 就不能对角化.事实上，若 B 能对角化，则存在可逆矩阵 P 使 $P^{-1}BP=\Lambda=\begin{pmatrix}a_1&0\\0&a_2\end{pmatrix}$，由于相似矩阵有相同的特征值，所以矩阵 Λ 与 B 有相同的特征值，故 $a_1=a_2=1$，于是 B 相似于 $\begin{pmatrix}1&0\\0&1\end{pmatrix}$，这与例 5.12 的结论相矛盾，从而矩阵 B 不能对角化.

下面分析矩阵可以对角化的条件.如果 n 阶矩阵 A 是可以对角化的，根据定义 5.4 可知，一定存在 n 阶可逆矩阵 P，使得

$$
P^{-1}AP=\begin{pmatrix}\lambda_1&&&\\&\lambda_2&&\\&&\ddots&\\&&&\lambda_n\end{pmatrix}.
$$

在等式两端左乘矩阵 P，得到

$$AP=P\begin{pmatrix}\lambda_1 & & & \\ & \lambda_2 & & \\ & & \ddots & \\ & & & \lambda_n\end{pmatrix}.$$

把 P 按列分块为 $P=(\boldsymbol{\alpha}_1,\boldsymbol{\alpha}_2,\cdots,\boldsymbol{\alpha}_n)$，则由 P 可逆知向量组 $\boldsymbol{\alpha}_1,\boldsymbol{\alpha}_2,\cdots,\boldsymbol{\alpha}_n$ 线性无关，且

$$A(\boldsymbol{\alpha}_1,\boldsymbol{\alpha}_2,\cdots,\boldsymbol{\alpha}_n)=(\boldsymbol{\alpha}_1,\boldsymbol{\alpha}_2,\cdots,\boldsymbol{\alpha}_n)\begin{pmatrix}\lambda_1 & & & \\ & \lambda_2 & & \\ & & \ddots & \\ & & & \lambda_n\end{pmatrix}.$$

于是$(A\boldsymbol{\alpha}_1,A\boldsymbol{\alpha}_2,\cdots,A\boldsymbol{\alpha}_n)=(\lambda_1\boldsymbol{\alpha}_1,\lambda_2\boldsymbol{\alpha}_2,\cdots,\lambda_n\boldsymbol{\alpha}_n)$，故 $A\boldsymbol{\alpha}_i=\lambda_i\boldsymbol{\alpha}_i,i=1,2,\cdots,n$.由定义 5.1 可以知道，$\lambda_i$ 是A 的特征值，$\boldsymbol{\alpha}_i$ 是矩阵A 属于特征值λ_i 的一个特征向量，$i=1,2,\cdots,n$.因此，矩阵 A 有 n 个线性无关的特征向量，而与 A 相似的对角矩阵恰是由 A 的全部特征值为主对角线元素的矩阵.

反之，如果 n 阶矩阵A 有 n 个线性无关的特征向量 $\boldsymbol{\alpha}_1,\boldsymbol{\alpha}_2,\cdots,\boldsymbol{\alpha}_n$，它们相应的特征值依次为 $\lambda_1,\lambda_2,\cdots,\lambda_n$，则有 $A\boldsymbol{\alpha}_i=\lambda_i\boldsymbol{\alpha}_i,i=1,2,\cdots,n$，于是

$$(A\boldsymbol{\alpha}_1,A\boldsymbol{\alpha}_2,\cdots,A\boldsymbol{\alpha}_n)=(\lambda_1\boldsymbol{\alpha}_1,\lambda_2\boldsymbol{\alpha}_2,\cdots,\lambda_n\boldsymbol{\alpha}_n),$$

所以

$$A(\boldsymbol{\alpha}_1,\boldsymbol{\alpha}_2,\cdots,\boldsymbol{\alpha}_n)=(\boldsymbol{\alpha}_1,\boldsymbol{\alpha}_2,\cdots,\boldsymbol{\alpha}_n)\begin{pmatrix}\lambda_1 & & & \\ & \lambda_2 & & \\ & & \ddots & \\ & & & \lambda_n\end{pmatrix}.$$

记 $P=(\boldsymbol{\alpha}_1,\boldsymbol{\alpha}_2,\cdots,\boldsymbol{\alpha}_n)$，由于 $\boldsymbol{\alpha}_1,\boldsymbol{\alpha}_2,\cdots,\boldsymbol{\alpha}_n$ 线性无关，则 P 可逆，且有

$$AP=P\begin{pmatrix}\lambda_1 & & & \\ & \lambda_2 & & \\ & & \ddots & \\ & & & \lambda_n\end{pmatrix},$$

即

$$P^{-1}AP=\begin{pmatrix}\lambda_1 & & & \\ & \lambda_2 & & \\ & & \ddots & \\ & & & \lambda_n\end{pmatrix}.$$

从而矩阵 A 相似于对角矩阵.

根据上述讨论可以得到如下的定理.

定理 5.5 n 阶矩阵A 可以对角化的充要条件是A 有n 个线性无关的特征向量.

推论 如果 n 阶矩阵A 有 n 个互不相同的特征值，则 A 一定可以对角化.

事实上，n 阶矩阵A 属于不同特征值的特征向量线性无关，所以此时矩阵 A 有 n 个线性无关的特征向量，从而可以对角化.

例 5.13 设 $A=\begin{pmatrix}3 & 1\\ 2 & 2\end{pmatrix}$，求可逆矩阵 P，使得 $P^{-1}AP$ 为对角矩阵.

解 矩阵 $\boldsymbol{A}$ 的特征多项式为

$$f(\lambda)=|\lambda\boldsymbol{E}-\boldsymbol{A}|=\begin{vmatrix}\lambda-3 & -1\\ -2 & \lambda-2\end{vmatrix}=(\lambda-1)(\lambda-4),$$

于是 $\boldsymbol{A}$ 的特征值为 $\lambda_1=1,\lambda_2=4$.

对于特征值 $\lambda_1=1$，由方程组 $(\boldsymbol{E}-\boldsymbol{A})\boldsymbol{x}=\boldsymbol{0}$ 求得属于 $\lambda_1=1$ 的一个特征向量

$$\boldsymbol{\alpha}_1=\begin{pmatrix}-1\\2\end{pmatrix}.$$

对于特征值 $\lambda_2=4$，由方程组 $(4\boldsymbol{E}-\boldsymbol{A})\boldsymbol{x}=\boldsymbol{0}$ 求得属于 $\lambda_2=4$ 的一个特征向量

$$\boldsymbol{\alpha}_2=\begin{pmatrix}1\\1\end{pmatrix}.$$

于是

$$\boldsymbol{A}(\boldsymbol{\alpha}_1,\boldsymbol{\alpha}_2)=(\boldsymbol{A}\boldsymbol{\alpha}_1,\boldsymbol{A}\boldsymbol{\alpha}_2)=(\lambda_1\boldsymbol{\alpha}_1,\lambda_2\boldsymbol{\alpha}_2)=(\boldsymbol{\alpha}_1,\boldsymbol{\alpha}_2)\begin{pmatrix}\lambda_1 & 0\\0 & \lambda_2\end{pmatrix}.$$

令 $\boldsymbol{P}=(\boldsymbol{\alpha}_1,\boldsymbol{\alpha}_2)=\begin{pmatrix}-1 & 1\\2 & 1\end{pmatrix}$，则 $\boldsymbol{P}$ 可逆，且有

$$\boldsymbol{P}^{-1}\boldsymbol{A}\boldsymbol{P}=\begin{pmatrix}\lambda_1 & 0\\0 & \lambda_2\end{pmatrix}=\begin{pmatrix}1 & 0\\0 & 4\end{pmatrix}.$$

例 5.14 设 $\boldsymbol{A}=\begin{pmatrix}1 & 2 & 1\\2 & 1 & 1\\1 & 1 & 2\end{pmatrix}$，求可逆矩阵 $\boldsymbol{P}$，使得 $\boldsymbol{P}^{-1}\boldsymbol{A}\boldsymbol{P}$ 为对角矩阵.

解 矩阵 $\boldsymbol{A}$ 的特征多项式为

$$f(\lambda)=|\lambda\boldsymbol{E}-\boldsymbol{A}|=(\lambda+1)(\lambda-1)(\lambda-4),$$

于是 $\boldsymbol{A}$ 的特征值为 $\lambda_1=-1,\lambda_2=1,\lambda_3=4$.

对于特征值 $\lambda_1=-1$，由方程组 $(-\boldsymbol{E}-\boldsymbol{A})\boldsymbol{x}=\boldsymbol{0}$ 求得属于 $\lambda_1=-1$ 的一个特征向量

$$\boldsymbol{\alpha}_1=\begin{pmatrix}-1\\1\\0\end{pmatrix}.$$

对于特征值 $\lambda_2=1$，由方程组 $(\boldsymbol{E}-\boldsymbol{A})\boldsymbol{x}=\boldsymbol{0}$ 求得属于 $\lambda_2=1$ 的一个特征向量

$$\boldsymbol{\alpha}_2=\begin{pmatrix}1\\1\\-2\end{pmatrix}.$$

对于特征值 $\lambda_3=4$，由方程组 $(4\boldsymbol{E}-\boldsymbol{A})\boldsymbol{x}=\boldsymbol{0}$ 求得属于 $\lambda_3=4$ 的一个特征向量

$$\boldsymbol{\alpha}_3=\begin{pmatrix}1\\1\\1\end{pmatrix}.$$

令 $\boldsymbol{P}=(\boldsymbol{\alpha}_1,\boldsymbol{\alpha}_2,\boldsymbol{\alpha}_3)=\begin{pmatrix}-1 & 1 & 1\\1 & 1 & 1\\0 & -2 & 1\end{pmatrix}$，则有 $\boldsymbol{P}^{-1}\boldsymbol{A}\boldsymbol{P}=\begin{pmatrix}-1 & & \\ & 1 & \\ & & 4\end{pmatrix}$.

现在讨论特征方程 $|\lambda\boldsymbol{E}-\boldsymbol{A}|=0$ 有重根的情况. 设 $\boldsymbol{A}$ 为 n 阶矩阵，$\lambda_1,\lambda_2,\cdots,\lambda_s$ 是特征方程

$|\lambda E - A| = 0$ 的全部不同的根，它们的重数依次为 $n_1, n_2, \cdots, n_s$，这里 $n_1 + n_2 + \cdots + n_s = n$，这时有如下结论.

定理5.6 n 阶矩阵 A 可以对角化的充要条件是对特征值 $\lambda_i, 1 \leqslant i \leqslant s$，$A$ 有 n_i 个属于特征值 λ_i 的线性无关的特征向量.

（证明略）

推论 若对某个 $i, 1 \leqslant i \leqslant s$，矩阵 A 属于特征值 λ_i 的线性无关特征向量少于 n_i 个，则矩阵 A 不能对角化.

例5.15 设 $A = \begin{pmatrix} 1 & -1 & 1 \\ 1 & 3 & -1 \\ 1 & 1 & 1 \end{pmatrix}$，求可逆矩阵 P，使得 $P^{-1}AP$ 为对角矩阵.

解 矩阵 A 的特征多项式为

$$f(\lambda) = |\lambda E - A| = (\lambda - 1)(\lambda - 2)^2,$$

于是 A 的特征值为 $\lambda_1 = 1, \lambda_2 = \lambda_3 = 2$.

对于特征值 $\lambda_1 = 1$，由方程组 $(E - A)x = 0$ 求得属于 $\lambda_1 = 1$ 的一个特征向量

$$\alpha_1 = \begin{pmatrix} -1 \\ 1 \\ 1 \end{pmatrix}.$$

对于特征值 $\lambda_2 = \lambda_3 = 2$，由方程组 $(2E - A)x = 0$ 求得属于特征值2的两个线性无关的特征向量

$$\alpha_2 = \begin{pmatrix} 1 \\ 0 \\ 1 \end{pmatrix}, \quad \alpha_3 = \begin{pmatrix} 0 \\ 1 \\ 1 \end{pmatrix}.$$

令 $P = \begin{pmatrix} -1 & 1 & 0 \\ 1 & 0 & 1 \\ 1 & 1 & 1 \end{pmatrix}$，则有 $P^{-1}AP = \begin{pmatrix} 1 & & \\ & 2 & \\ & & 2 \end{pmatrix}$.

注意 可逆矩阵 P 中特征向量的次序与对角矩阵中特征值的次序相对应，上述例题中如果令可逆矩阵 $P_1 = (\alpha_2, \alpha_3, \alpha_1)$，则有 $P_1^{-1}AP_1 = \begin{pmatrix} 2 & & \\ & 2 & \\ & & 1 \end{pmatrix}$.

例5.16 设 $A = \begin{pmatrix} 2 & 1 & 0 \\ 0 & 2 & 1 \\ 0 & 0 & 2 \end{pmatrix}$，证明：矩阵 A 不能对角化.

证明 由于 $f(\lambda) = |\lambda E - A| = (\lambda - 2)^3$，所以 $\lambda = 2$ 是矩阵 A 的一个3重特征值.线性方程组 $(2E - A)x = 0$ 的系数矩阵为

$$2E - A = \begin{pmatrix} 0 & -1 & 0 \\ 0 & 0 & -1 \\ 0 & 0 & 0 \end{pmatrix},$$

于是 $\mathrm{r}(2E - A) = 2$，故方程组 $(2E - A)x = 0$ 的基础解系由一个向量构成，即矩阵 A 属于3重特征值 $\lambda = 2$ 的线性无关的特征向量只有一个，根据定理5.6的推论知 A 不能对角化.

判断矩阵 $\boldsymbol{A}$ 能否对角化，在能对角化时将 $\boldsymbol{A}$ 对角化的计算步骤如下：

(1) 写出矩阵 $\boldsymbol{A}$ 的特征多项式 $f(\lambda)=|\lambda\boldsymbol{E}-\boldsymbol{A}|$，由特征方程 $|\lambda\boldsymbol{E}-\boldsymbol{A}|=0$ 求出 $\boldsymbol{A}$ 的全部特征值.

(2) 若对某个特征值 λ_0，方程组 $(\lambda_0\boldsymbol{E}-\boldsymbol{A})\boldsymbol{x}=\boldsymbol{0}$ 的基础解系中解向量的个数小于 λ_0 的重数，则矩阵不能对角化.

(3) 若对每个特征值 λ_i，方程组 $(\lambda_i\boldsymbol{E}-\boldsymbol{A})\boldsymbol{x}=\boldsymbol{0}$ 的基础解系中解向量的个数等于 λ_i 的重数 n_i，则矩阵可以对角化.这时属于特征值 λ_i 的线性无关的特征向量的个数为 n_i，且 $n_1+n_2+\cdots+n_s=n$.将这些特征向量构成矩阵 $\boldsymbol{P}$，则 $\boldsymbol{P}$ 可逆，且有 $\boldsymbol{P}^{-1}\boldsymbol{AP}$ 为对角矩阵 $\boldsymbol{\Lambda}$，其主对角线上的元素为矩阵 $\boldsymbol{A}$ 的特征值，特征值的排序与 $\boldsymbol{P}$ 中特征向量的排序一致.

例 5.17 矩阵 $\boldsymbol{A}=\begin{pmatrix}-1&-6&-2\\1&4&1\\1&2&2\end{pmatrix}$ 能否对角化？

解 矩阵 $\boldsymbol{A}$ 的特征多项式为

$$f(\lambda)=|\lambda\boldsymbol{E}-\boldsymbol{A}|=(\lambda-1)(\lambda-2)^2,$$

于是 $\boldsymbol{A}$ 的特征值为 $\lambda_1=1,\lambda_2=\lambda_3=2$.

对于 2 重特征值 $\lambda_2=\lambda_3=2$，由于矩阵 $(2\boldsymbol{E}-\boldsymbol{A})$ 的秩为 2，所以三元线性方程组 $(2\boldsymbol{E}-\boldsymbol{A})\boldsymbol{x}=\boldsymbol{0}$ 的基础解系由一个向量构成，即属于 2 重特征值 $\lambda_2=\lambda_3=2$ 的线性无关的特征向量只有一个，所以矩阵 $\boldsymbol{A}$ 不能对角化.

例 5.18 设 $\boldsymbol{A}=\begin{pmatrix}5&-6&-6\\-1&4&2\\3&-6&-4\end{pmatrix}$，计算 $\boldsymbol{A}^n$.

解 直接计算 $\boldsymbol{A}^n$ 很困难，而对角矩阵的 n 次幂容易计算，所以先把矩阵 $\boldsymbol{A}$ 对角化，即求可逆矩阵 $\boldsymbol{P}$ 使得 $\boldsymbol{P}^{-1}\boldsymbol{AP}=\boldsymbol{\Lambda}$，于是 $\boldsymbol{A}=\boldsymbol{P\Lambda P}^{-1}$，$\boldsymbol{A}^n=(\boldsymbol{P\Lambda P}^{-1})^n=\boldsymbol{P\Lambda}^n\boldsymbol{P}^{-1}$.

由于 $\boldsymbol{A}$ 的特征多项式

$$f(\lambda)=|\lambda\boldsymbol{E}-\boldsymbol{A}|=\begin{vmatrix}\lambda-5&6&6\\1&\lambda-4&-2\\-3&6&\lambda+4\end{vmatrix}=(\lambda-1)(\lambda-2)^2.$$

所以 $\boldsymbol{A}$ 的 3 个特征值为 $\lambda_1=\lambda_2=2,\lambda_3=1$.

由方程组 $(2\boldsymbol{E}-\boldsymbol{A})\boldsymbol{x}=\boldsymbol{0}$ 得到 $\boldsymbol{A}$ 属于特征值 $\lambda_1=\lambda_2=2$ 的两个线性无关的特征向量

$$\boldsymbol{\alpha}_1=\begin{pmatrix}2\\0\\1\end{pmatrix},\quad \boldsymbol{\alpha}_2=\begin{pmatrix}2\\1\\0\end{pmatrix}.$$

由方程组 $(\boldsymbol{E}-\boldsymbol{A})\boldsymbol{x}=\boldsymbol{0}$ 得到矩阵 $\boldsymbol{A}$ 属于特征值 $\lambda_3=1$ 的一个特征向量

$$\boldsymbol{\alpha}_3=\begin{pmatrix}-3\\1\\-3\end{pmatrix}.$$

令 $\boldsymbol{P}=\begin{pmatrix}2&2&-3\\0&1&1\\1&0&-3\end{pmatrix}$，于是有 $\boldsymbol{P}^{-1}\boldsymbol{AP}=\begin{pmatrix}2&&\\&2&\\&&1\end{pmatrix}$，即 $\boldsymbol{A}=\boldsymbol{P}\begin{pmatrix}2&&\\&2&\\&&1\end{pmatrix}\boldsymbol{P}^{-1}$，从而

$$\boldsymbol{A}^n=\left(\boldsymbol{P}\begin{pmatrix}2&&\\&2&\\&&1\end{pmatrix}\boldsymbol{P}^{-1}\right)^n=\boldsymbol{P}\begin{pmatrix}2&&\\&2&\\&&1\end{pmatrix}^n\boldsymbol{P}^{-1}$$

$$=\begin{pmatrix}2&2&-3\\0&1&1\\1&0&-3\end{pmatrix}\begin{pmatrix}2^n&&\\&2^n&\\&&1\end{pmatrix}\begin{pmatrix}3&-6&-5\\-1&3&2\\1&-2&-2\end{pmatrix}$$

$$=\begin{pmatrix}2^n-3&-3\times2^{n+1}+6&-6\times2^n+6\\-2^n+1&3\times2^n-2&2^{n+1}-2\\3\times2^n-3&-3\times2^{n+1}+6&-5\times2^n+6\end{pmatrix}.$$

例 5.19 设3阶矩阵 $\boldsymbol{A}$ 的特征值为1,2,3，属于特征值1,2,3的特征向量依次为 $\boldsymbol{\alpha}_1=(2,1,-1)^{\mathrm{T}}$，$\boldsymbol{\alpha}_2=(2,-1,2)^{\mathrm{T}}$，$\boldsymbol{\alpha}_3=(3,0,1)^{\mathrm{T}}$，求矩阵 $\boldsymbol{A}$.

解 由题设得 $\boldsymbol{A\alpha}_1=\boldsymbol{\alpha}_1$，$\boldsymbol{A\alpha}_2=2\boldsymbol{\alpha}_2$，$\boldsymbol{A\alpha}_3=3\boldsymbol{\alpha}_3$，故

$$\boldsymbol{A}(\boldsymbol{\alpha}_1,\boldsymbol{\alpha}_2,\boldsymbol{\alpha}_3)=(\boldsymbol{A\alpha}_1,\boldsymbol{A\alpha}_2,\boldsymbol{A\alpha}_3)=(\boldsymbol{\alpha}_1,2\boldsymbol{\alpha}_2,3\boldsymbol{\alpha}_3)=(\boldsymbol{\alpha}_1,\boldsymbol{\alpha}_2,\boldsymbol{\alpha}_3)\begin{pmatrix}1&&\\&2&\\&&3\end{pmatrix}.$$

由于 $\boldsymbol{\alpha}_1,\boldsymbol{\alpha}_2,\boldsymbol{\alpha}_3$ 是属于不同特征值的特征向量，所以线性无关，于是矩阵 $\boldsymbol{P}=(\boldsymbol{\alpha}_1,\boldsymbol{\alpha}_2,\boldsymbol{\alpha}_3)$ 可逆，且

$$\boldsymbol{A}=\boldsymbol{P}\begin{pmatrix}1&&\\&2&\\&&3\end{pmatrix}\boldsymbol{P}^{-1},$$

又

$$\boldsymbol{P}=\begin{pmatrix}2&2&3\\1&-1&0\\-1&2&1\end{pmatrix},\quad \boldsymbol{P}^{-1}=\begin{pmatrix}1&-4&-3\\1&-5&-3\\-1&6&4\end{pmatrix},$$

所以

$$\boldsymbol{A}=\begin{pmatrix}-3&26&18\\-1&6&3\\0&2&3\end{pmatrix}.$$

习　题　5.2

1. 下列矩阵是否可以对角化，对于可以对角化的矩阵 $\boldsymbol{A}$，求出可逆矩阵 $\boldsymbol{P}$，使得 $\boldsymbol{P}^{-1}\boldsymbol{AP}$ 为对角矩阵：

（1）$\begin{pmatrix}1&0\\-1&1\end{pmatrix}$；　　（2）$\begin{pmatrix}-7&-10\\3&4\end{pmatrix}$；

（3）$\begin{pmatrix}2&1&-1\\1&2&-1\\1&1&0\end{pmatrix}$；　　（4）$\begin{pmatrix}1&0&0\\2&1&0\\0&3&6\end{pmatrix}$.

2. 设 $\boldsymbol{A}=\begin{pmatrix} 5 & 2 \\ -12 & -5 \end{pmatrix}$，计算 $\boldsymbol{A}^n$.

3. 设 $\boldsymbol{A}=\begin{pmatrix} 1 & -1 & 1 \\ 2 & 4 & -2 \\ -3 & -3 & a \end{pmatrix}$，$\boldsymbol{B}=\begin{pmatrix} 2 & & \\ & 2 & \\ & & b \end{pmatrix}$，若矩阵 $\boldsymbol{A}$ 与 $\boldsymbol{B}$ 相似，求 a,b 的值.

4. 设 3 阶矩阵 $\boldsymbol{A}$ 的特征值为 $1,0,-1$，属于特征值 $1,0,-1$ 的特征向量依次为 $\boldsymbol{\alpha}_1=(1,2,2)^{\mathrm{T}}$，$\boldsymbol{\alpha}_2=(2,-2,1)^{\mathrm{T}}$，$\boldsymbol{\alpha}_3=(-2,-1,2)^{\mathrm{T}}$，求矩阵 $\boldsymbol{A}$.

5. 证明：相似的矩阵具有相同的秩、相同的迹、相同的行列式.

6. 证明：下三角形矩阵 $\begin{pmatrix} 1 & 0 & 0 & \cdots & 0 \\ 1 & 2 & 0 & \cdots & 0 \\ 1 & 2 & 3 & \cdots & 0 \\ \vdots & \vdots & \vdots & \ddots & \vdots \\ 1 & 2 & 3 & \cdots & n \end{pmatrix}$ 一定可以对角化，并求出相似对角矩阵.

7. 证明：下三角形矩阵 $\begin{pmatrix} 1 & 0 & 0 & 0 \\ 1 & 1 & 0 & 0 \\ 1 & 1 & 1 & 0 \\ 1 & 1 & 1 & 1 \end{pmatrix}$ 不能对角化.

5.3　实对称矩阵的对角化

当 n 阶矩阵 $\boldsymbol{A}$ 为实矩阵时，其特征多项式 $f(\lambda)=|\lambda\boldsymbol{E}-\boldsymbol{A}|$ 为实系数多项式，但特征方程 $|\lambda\boldsymbol{E}-\boldsymbol{A}|=0$ 的根，即矩阵 $\boldsymbol{A}$ 的特征值不一定是实数. 例如 $\boldsymbol{A}=\begin{pmatrix} 0 & 1 \\ -1 & 0 \end{pmatrix}$，$\boldsymbol{A}$ 的特征多项式 $f(\lambda)=\lambda^2+1$，其特征值为复数 $\pm\mathrm{i}$. 下面我们讨论特殊的实矩阵——实对称矩阵，将得出结论：实对称矩阵的特征值一定是实数，并且一定可以对角化.

当特征值 λ_0 为复数时，从 $(\lambda_0\boldsymbol{E}-\boldsymbol{A})\boldsymbol{x}=\boldsymbol{0}$ 求出的特征向量 $\boldsymbol{\alpha}$ 一般是复向量，设 $\boldsymbol{\alpha}=(a_1, a_2,\cdots,a_n)^{\mathrm{T}}$，则 $\overline{\boldsymbol{\alpha}}^{\mathrm{T}}\boldsymbol{\alpha}=(\overline{a}_1,\overline{a}_2,\cdots,\overline{a}_n)\begin{pmatrix} a_1 \\ a_2 \\ \vdots \\ a_n \end{pmatrix}=\overline{a}_1a_1+\overline{a}_2a_2+\cdots+\overline{a}_na_n$ 为非负实数.

定理 5.7　实对称矩阵的特征值都是实数.

证明　设数 λ_0 是实对称矩阵 $\boldsymbol{A}$ 的特征值，则存在非零向量 $\boldsymbol{\alpha}$ 使得 $\boldsymbol{A\alpha}=\lambda_0\boldsymbol{\alpha}$，由假设知 $\boldsymbol{A}^{\mathrm{T}}=\boldsymbol{A}$ 与 $\overline{\boldsymbol{A}}=\boldsymbol{A}$，所以

$$\begin{aligned}\lambda_0(\overline{\boldsymbol{\alpha}}^{\mathrm{T}}\boldsymbol{\alpha})&=\overline{\boldsymbol{\alpha}}^{\mathrm{T}}(\lambda_0\boldsymbol{\alpha})=\overline{\boldsymbol{\alpha}}^{\mathrm{T}}(\boldsymbol{A\alpha})=\overline{\boldsymbol{\alpha}}^{\mathrm{T}}(\boldsymbol{A}^{\mathrm{T}}\boldsymbol{\alpha})=(\overline{\boldsymbol{\alpha}}^{\mathrm{T}}\boldsymbol{A}^{\mathrm{T}})\boldsymbol{\alpha}=(\boldsymbol{A}\overline{\boldsymbol{\alpha}})^{\mathrm{T}}\boldsymbol{\alpha}\\&=(\overline{\boldsymbol{A}}\overline{\boldsymbol{\alpha}})^{\mathrm{T}}\boldsymbol{\alpha}=(\overline{\boldsymbol{A\alpha}})^{\mathrm{T}}\boldsymbol{\alpha}=(\overline{\lambda_0\boldsymbol{\alpha}})^{\mathrm{T}}\boldsymbol{\alpha}=(\overline{\lambda}_0\overline{\boldsymbol{\alpha}})^{\mathrm{T}}\boldsymbol{\alpha}=\overline{\lambda}_0(\overline{\boldsymbol{\alpha}}^{\mathrm{T}}\boldsymbol{\alpha}).\end{aligned}$$

于是 $(\lambda_0-\overline{\lambda}_0)(\overline{\boldsymbol{\alpha}}^{\mathrm{T}}\boldsymbol{\alpha})=0$，又 $\boldsymbol{\alpha}$ 为非零向量，$\overline{\boldsymbol{\alpha}}^{\mathrm{T}}\boldsymbol{\alpha}\neq 0$，所以 $\lambda_0=\overline{\lambda}_0$，即 λ_0 为实数.

定理 5.8　实对称矩阵属于不同特征值的特征向量一定是正交的.

证明 设 λ_1,λ_2 是实对称矩阵 $\boldsymbol{A}$ 的两个不同的特征值,$\boldsymbol{\alpha}_1,\boldsymbol{\alpha}_2$ 是 $\boldsymbol{A}$ 的分别属于这两个特征值的特征向量,则有 $\boldsymbol{A}\boldsymbol{\alpha}_1=\lambda_1\boldsymbol{\alpha}_1$ 与 $\boldsymbol{A}\boldsymbol{\alpha}_2=\lambda_2\boldsymbol{\alpha}_2$.由于

$$\boldsymbol{\alpha}_1^{\mathrm{T}}\boldsymbol{A}^{\mathrm{T}}\boldsymbol{\alpha}_2=(\boldsymbol{A}\boldsymbol{\alpha}_1)^{\mathrm{T}}\boldsymbol{\alpha}_2=(\lambda_1\boldsymbol{\alpha}_1)^{\mathrm{T}}\boldsymbol{\alpha}_2=\lambda_1(\boldsymbol{\alpha}_1^{\mathrm{T}}\boldsymbol{\alpha}_2),$$
$$\boldsymbol{\alpha}_1^{\mathrm{T}}\boldsymbol{A}^{\mathrm{T}}\boldsymbol{\alpha}_2=\boldsymbol{\alpha}_1^{\mathrm{T}}(\boldsymbol{A}\boldsymbol{\alpha}_2)=\boldsymbol{\alpha}_1^{\mathrm{T}}(\lambda_2\boldsymbol{\alpha}_2)=\lambda_2(\boldsymbol{\alpha}_1^{\mathrm{T}}\boldsymbol{\alpha}_2).$$

所以 $\lambda_1(\boldsymbol{\alpha}_1^{\mathrm{T}}\boldsymbol{\alpha}_2)=\lambda_2(\boldsymbol{\alpha}_1^{\mathrm{T}}\boldsymbol{\alpha}_2)$,又 $\lambda_1\neq\lambda_2$,所以 $\boldsymbol{\alpha}_1^{\mathrm{T}}\boldsymbol{\alpha}_2=0$,即 $\boldsymbol{\alpha}_1$ 与 $\boldsymbol{\alpha}_2$ 正交.

定理 5.9 对任意的 n 阶实对称矩阵 $\boldsymbol{A}$,存在 n 阶正交矩阵 $\boldsymbol{Q}$,使得

$$\boldsymbol{Q}^{-1}\boldsymbol{A}\boldsymbol{Q}=\begin{pmatrix}\lambda_1 & & & \\ & \lambda_2 & & \\ & & \ddots & \\ & & & \lambda_n\end{pmatrix},$$

这里 $\lambda_1,\lambda_2,\cdots,\lambda_n$ 是 $\boldsymbol{A}$ 的全部特征值.

(证明略)

例 5.20 设 $\boldsymbol{A}=\begin{pmatrix}3 & 2\\ 2 & 0\end{pmatrix}$,求正交矩阵 $\boldsymbol{Q}$,使得 $\boldsymbol{Q}^{-1}\boldsymbol{A}\boldsymbol{Q}$ 为对角矩阵.

解 矩阵 $\boldsymbol{A}$ 的特征多项式为

$$f(\lambda)=|\lambda\boldsymbol{E}-\boldsymbol{A}|=\begin{vmatrix}\lambda-3 & -2\\ -2 & \lambda\end{vmatrix}=(\lambda-4)(\lambda+1),$$

所以 $\boldsymbol{A}$ 的特征值为 $\lambda_1=4,\lambda_2=-1$.

对于特征值 $\lambda_1=4$,求解方程组 $(4\boldsymbol{E}-\boldsymbol{A})\boldsymbol{x}=\boldsymbol{0}$,得一个特征向量

$$\boldsymbol{\alpha}_1=\begin{pmatrix}2\\ 1\end{pmatrix},\quad \text{单位化得 } \boldsymbol{p}_1=\begin{pmatrix}\dfrac{2}{\sqrt{5}}\\ \dfrac{1}{\sqrt{5}}\end{pmatrix}.$$

对于特征值 $\lambda_2=-1$,求解方程组 $(-\boldsymbol{E}-\boldsymbol{A})\boldsymbol{x}=\boldsymbol{0}$,得一个特征向量

$$\boldsymbol{\alpha}_2=\begin{pmatrix}1\\ -2\end{pmatrix},\quad \text{单位化得 } \boldsymbol{p}_2=\begin{pmatrix}\dfrac{1}{\sqrt{5}}\\ -\dfrac{2}{\sqrt{5}}\end{pmatrix}.$$

令矩阵 $\boldsymbol{Q}=(\boldsymbol{p}_1,\boldsymbol{p}_2)=\begin{pmatrix}\dfrac{2}{\sqrt{5}} & \dfrac{1}{\sqrt{5}}\\ \dfrac{1}{\sqrt{5}} & -\dfrac{2}{\sqrt{5}}\end{pmatrix}$,则 $\boldsymbol{Q}$ 为正交矩阵,且 $\boldsymbol{Q}^{-1}\boldsymbol{A}\boldsymbol{Q}=\begin{pmatrix}4 & \\ & -1\end{pmatrix}$.

例 5.21 设 $\boldsymbol{A}=\begin{pmatrix}1 & 0 & 1\\ 0 & -2 & 0\\ 1 & 0 & 1\end{pmatrix}$,求正交矩阵 $\boldsymbol{Q}$,使得 $\boldsymbol{Q}^{-1}\boldsymbol{A}\boldsymbol{Q}$ 是对角矩阵.

解 矩阵 $\boldsymbol{A}$ 的特征多项式为

$$f(\lambda)=|\lambda\boldsymbol{E}-\boldsymbol{A}|=\begin{vmatrix}\lambda-1 & 0 & -1\\ 0 & \lambda+2 & 0\\ -1 & 0 & \lambda-1\end{vmatrix}=(\lambda+2)\begin{vmatrix}\lambda-1 & -1\\ -1 & \lambda-1\end{vmatrix}.$$

$$=\lambda(\lambda+2)(\lambda-2).$$

所以，$\boldsymbol{A}$ 的特征值为 $\lambda_1=-2,\lambda_2=0,\lambda_3=2$.

对于特征值 $\lambda_1=-2$，求解方程组 $(-2\boldsymbol{E}-\boldsymbol{A})\boldsymbol{x}=\boldsymbol{0}$，得到一个特征向量

$$\boldsymbol{\alpha}_1=\begin{pmatrix}0\\1\\0\end{pmatrix}.$$

对于特征值 $\lambda_2=0$，求解方程组 $(0\boldsymbol{E}-\boldsymbol{A})\boldsymbol{x}=\boldsymbol{0}$，得到一个特征向量

$$\boldsymbol{\alpha}_2=\begin{pmatrix}-1\\0\\1\end{pmatrix},\quad \text{单位化得 } \boldsymbol{p}_2=\begin{pmatrix}-\frac{1}{\sqrt{2}}\\0\\\frac{1}{\sqrt{2}}\end{pmatrix}.$$

对于特征值 $\lambda_3=2$，求解方程组 $(2\boldsymbol{E}-\boldsymbol{A})\boldsymbol{x}=\boldsymbol{0}$，得到一个特征向量

$$\boldsymbol{\alpha}_3=\begin{pmatrix}1\\0\\1\end{pmatrix},\quad \text{单位化得 } \boldsymbol{p}_3=\begin{pmatrix}\frac{1}{\sqrt{2}}\\0\\\frac{1}{\sqrt{2}}\end{pmatrix}.$$

令 $\boldsymbol{Q}=(\boldsymbol{\alpha}_1,\boldsymbol{p}_2,\boldsymbol{p}_3)=\begin{pmatrix}0&-\frac{1}{\sqrt{2}}&\frac{1}{\sqrt{2}}\\1&0&0\\0&\frac{1}{\sqrt{2}}&\frac{1}{\sqrt{2}}\end{pmatrix}$，则 $\boldsymbol{Q}$ 为正交矩阵，且有

$$\boldsymbol{Q}^{-1}\boldsymbol{A}\boldsymbol{Q}=\begin{pmatrix}-2&&\\&0&\\&&2\end{pmatrix}.$$

例 5.22 设 $\boldsymbol{A}=\begin{pmatrix}-1&-2&-2\\-2&-1&-2\\-2&-2&-1\end{pmatrix}$，求正交矩阵 $\boldsymbol{Q}$，使得 $\boldsymbol{Q}^{-1}\boldsymbol{A}\boldsymbol{Q}$ 为对角矩阵.

解 矩阵 $\boldsymbol{A}$ 的特征多项式为

$$f(\lambda)=|\lambda\boldsymbol{E}-\boldsymbol{A}|=\begin{vmatrix}\lambda+1&2&2\\2&\lambda+1&2\\2&2&\lambda+1\end{vmatrix}=(\lambda-1)^2(\lambda+5),$$

所以 $\boldsymbol{A}$ 的特征值为 $\lambda_1=\lambda_2=1,\lambda_3=-5$.

对于特征值 $\lambda_1=\lambda_2=1$，求解方程组 $(\boldsymbol{E}-\boldsymbol{A})\boldsymbol{x}=\boldsymbol{0}$，得到两个线性无关的特征向量

$$\boldsymbol{\alpha}_1=\begin{pmatrix}-1\\1\\0\end{pmatrix},\quad \boldsymbol{\alpha}_2=\begin{pmatrix}-1\\0\\1\end{pmatrix},$$

将这两个向量正交化

$$\boldsymbol{\beta}_1=\boldsymbol{\alpha}_1=\begin{pmatrix}-1\\1\\0\end{pmatrix},\quad \boldsymbol{\beta}_2=\boldsymbol{\alpha}_2-\frac{(\boldsymbol{\alpha}_2,\boldsymbol{\beta}_1)}{(\boldsymbol{\beta}_1,\boldsymbol{\beta}_1)}\boldsymbol{\beta}_1=\frac{1}{2}\begin{pmatrix}-1\\-1\\2\end{pmatrix},$$

再将 $\boldsymbol{\beta}_1,\boldsymbol{\beta}_2$ 单位化

$$\boldsymbol{p}_1=\frac{\boldsymbol{\beta}_1}{|\boldsymbol{\beta}_1|}=\begin{pmatrix}-\frac{1}{\sqrt{2}}\\\frac{1}{\sqrt{2}}\\0\end{pmatrix},\quad \boldsymbol{p}_2=\frac{\boldsymbol{\beta}_2}{|\boldsymbol{\beta}_2|}=\begin{pmatrix}-\frac{1}{\sqrt{6}}\\-\frac{1}{\sqrt{6}}\\\frac{2}{\sqrt{6}}\end{pmatrix}.$$

对于特征值 $\lambda_3=-5$，求解方程组 $(-5\boldsymbol{E}-\boldsymbol{A})\boldsymbol{x}=\boldsymbol{0}$，得到一个特征向量

$$\boldsymbol{\alpha}_3=\begin{pmatrix}1\\1\\1\end{pmatrix},\quad 单位化得\ \boldsymbol{p}_3=\begin{pmatrix}\frac{1}{\sqrt{3}}\\\frac{1}{\sqrt{3}}\\\frac{1}{\sqrt{3}}\end{pmatrix}.$$

令矩阵 $\boldsymbol{Q}=(\boldsymbol{p}_1,\boldsymbol{p}_2,\boldsymbol{p}_3)$，则 $\boldsymbol{Q}$ 为正交矩阵，且 $\boldsymbol{Q}^{-1}\boldsymbol{AQ}=\begin{pmatrix}1&&\\&1&\\&&-5\end{pmatrix}$.

用正交矩阵将实对称矩阵对角化的步骤如下：

(1) 求出实对称矩阵 $\boldsymbol{A}$ 的全部不同的特征值 $\lambda_1,\lambda_2,\cdots,\lambda_s$.

(2) 对每一个 $\lambda_i,i=1,2,\cdots,s$，求出 $(\lambda_i\boldsymbol{E}-\boldsymbol{A})\boldsymbol{x}=\boldsymbol{0}$ 的基础解系

$$\boldsymbol{\alpha}_{i1},\boldsymbol{\alpha}_{i2},\cdots,\boldsymbol{\alpha}_{in_i},$$

正交单位化之后（单根只需单位化），得到一个正交向量组

$$\boldsymbol{p}_{i1},\boldsymbol{p}_{i2},\cdots,\boldsymbol{p}_{in_i}.$$

(3) 令 $\boldsymbol{Q}=(\boldsymbol{p}_{11},\cdots,\boldsymbol{p}_{1n_1},\boldsymbol{p}_{21},\cdots,\boldsymbol{p}_{2n_2},\cdots,\boldsymbol{p}_{s1},\cdots,\boldsymbol{p}_{sn_s})$，则 $\boldsymbol{Q}$ 为正交矩阵，且 $\boldsymbol{Q}^{-1}\boldsymbol{AQ}$ 为对角矩阵，对角线上的元素为 $\boldsymbol{A}$ 的全部特征值，且特征值的排序与特征向量的排序相对应.

例 5.23 已知二阶实对称矩阵 $\boldsymbol{A}$ 的特征值为 $\lambda_1=1,\lambda_2=-2$，向量 $\boldsymbol{\alpha}_1=(1,-2)^{\mathrm{T}}$ 是矩阵 $\boldsymbol{A}$ 的属于特征值 $\lambda_1=1$ 的特征向量.

(1) 求 $\boldsymbol{A}$ 的属于特征值 $\lambda_2=-2$ 的特征向量.

(2) 求矩阵 $\boldsymbol{A}$.

解 (1) 设 $\boldsymbol{A}$ 属于特征值 $\lambda_2=-2$ 的特征向量是 $\boldsymbol{\alpha}_2=(x_1,x_2)^{\mathrm{T}}$，则由定理 5.8 知，$\boldsymbol{\alpha}_2$ 和 $\boldsymbol{\alpha}_1$ 正交，即 $x_1-2x_2=0$，解得 $\begin{pmatrix}x_1\\x_2\end{pmatrix}=k\begin{pmatrix}2\\1\end{pmatrix}$，所以矩阵 $\boldsymbol{A}$ 属于特征值 $\lambda_2=-2$ 的全部特征向量为 $k\begin{pmatrix}2\\1\end{pmatrix},k\neq 0$.

(2) 令 $\boldsymbol{P}=\begin{pmatrix}1&2\\-2&1\end{pmatrix}$，则 $\boldsymbol{P}^{-1}\boldsymbol{AP}=\begin{pmatrix}1&\\&-2\end{pmatrix}$，于是

$$A=P\begin{pmatrix}1&\\&-2\end{pmatrix}P^{-1}=\begin{pmatrix}1&2\\-2&1\end{pmatrix}\begin{pmatrix}1&\\&-2\end{pmatrix}\cdot\frac{1}{5}\begin{pmatrix}1&-2\\2&1\end{pmatrix}=\frac{1}{5}\begin{pmatrix}-7&-6\\-6&2\end{pmatrix}.$$

习　题　5.3

1. 下列矩阵为 A，求正交矩阵 Q，使 $Q^{-1}AQ$ 为对角矩阵.

(1) $\begin{pmatrix}1&-2\\-2&1\end{pmatrix}$；　　(2) $\begin{pmatrix}1&0&-1\\0&1&0\\-1&0&1\end{pmatrix}$；

(3) $\begin{pmatrix}2&-2&-2\\-2&5&4\\-2&4&5\end{pmatrix}$；　　(4) $\begin{pmatrix}8&4&-1\\4&-7&4\\-1&4&8\end{pmatrix}$.

2. 设 3 阶实对称矩阵 A 的 3 个特征值为 $\lambda_1=\lambda_2=1,\lambda_3=-1$，向量 $\boldsymbol{\alpha}_1=(1,1,1)^T,\boldsymbol{\alpha}_2=(2,2,1)^T$ 是矩阵 A 的属于特征值 $\lambda_1=\lambda_2=1$ 的特征向量，求 A 的属于特征值 $\lambda_3=-1$ 的特征向量.

3. 设 3 阶实对称矩阵 A 的特征值为 $\lambda_1=1,\lambda_2=\lambda_2=2$，向量 $\boldsymbol{\alpha}_1=(1,-2,1)^T$ 是矩阵 A 的属于特征值 $\lambda_1=1$ 的特征向量. 求 A 的属于特征值 $\lambda_2=2$ 的特征向量，并求矩阵 A.

习　题　五

1. 单项选择题

(1) 设 $\lambda=3$ 是可逆矩阵 A 的一个特征值，则矩阵 $\left(\frac{1}{4}A\right)^{-1}$ 有一个特征值为________.

A. $-\frac{4}{3}$　　B. $-\frac{3}{4}$　　C. $\frac{3}{4}$　　D. $\frac{4}{3}$

(2) 设矩阵 $A=\begin{pmatrix}1&1&0\\1&0&1\\0&1&1\end{pmatrix}$，则 A 的特征值为________.

A. 1,0,1　　B. 1,1,2　　C. −1,1,2　　D. −1,1,1

(3) 设 A 为可逆矩阵，则与 A 有相同特征值的矩阵为________.

A. A^T　　B. A^2　　C. A^{-1}　　D. A^*

(4) 下列矩阵不能对角化的是________.

A. $\begin{pmatrix}1&2\\2&0\end{pmatrix}$　　B. $\begin{pmatrix}2&1\\0&2\end{pmatrix}$　　C. $\begin{pmatrix}2&2\\0&1\end{pmatrix}$　　D. $\begin{pmatrix}2&2\\1&0\end{pmatrix}$

(5) 设 3 阶矩阵 A 的 3 个特征值是 1,0,−2，相应的特征向量依次为 $\begin{pmatrix}1\\1\\1\end{pmatrix},\begin{pmatrix}1\\0\\1\end{pmatrix},\begin{pmatrix}1\\1\\0\end{pmatrix}$，令 $P=\begin{pmatrix}1&1&1\\1&0&1\\0&1&1\end{pmatrix}$，则 $P^{-1}AP$ 为________.

A. $\begin{pmatrix}1&&\\&-2&\\&&0\end{pmatrix}$　　B. $\begin{pmatrix}-2&&\\&0&\\&&1\end{pmatrix}$　　C. $\begin{pmatrix}-2&&\\&1&\\&&0\end{pmatrix}$　　D. $\begin{pmatrix}1&&\\&0&\\&&-2\end{pmatrix}$

2. 填空题

(1) 若 $\lambda=3$ 是可逆矩阵 $\boldsymbol{A}$ 的一个特征值，则 $\boldsymbol{A}^{-1}$ 必有一个特征值为________.

(2) 设 3 阶矩阵 $\boldsymbol{A}$ 的特征值为 $-1,1,2$，且 $\boldsymbol{B}=\boldsymbol{A}^2+2\boldsymbol{E}$，则 $\boldsymbol{B}$ 的特征值为________.

(3) 设 3 阶矩阵 $\boldsymbol{A}$ 与 $\boldsymbol{B}$ 相似，若 $\boldsymbol{A}$ 的特征值为 $1,2,3$，则行列式 $|\boldsymbol{B}^{-1}|=$________.

(4) 设 3 阶矩阵 $\boldsymbol{A}$ 的秩是 2，则 $\boldsymbol{A}$ 的全部特征值的乘积为________.

(5) 设矩阵 $\boldsymbol{A}=\begin{pmatrix}1&-2&0\\-2&-2&0\\0&0&5\end{pmatrix}$ 与 $\boldsymbol{B}=\begin{pmatrix}2&0&0\\0&t&0\\0&0&5\end{pmatrix}$ 相似，则 $t=$________.

3. 计算题

(1) 设矩阵 $\boldsymbol{A}=\begin{pmatrix}2&1&1\\1&2&1\\1&1&2\end{pmatrix}$，向量 $\boldsymbol{\alpha}=\begin{pmatrix}1\\k\\1\end{pmatrix}$ 为矩阵 $\boldsymbol{A}$ 的一个特征向量，求 k 的值.

(2) 设矩阵 $\boldsymbol{A}=\boldsymbol{\alpha}\boldsymbol{\beta}^{\mathrm{T}}$，其中 $\boldsymbol{\alpha}=\begin{pmatrix}1\\2\\3\end{pmatrix}$，$\boldsymbol{\beta}=\begin{pmatrix}1\\2\\-1\end{pmatrix}$，求矩阵 $\boldsymbol{A}$ 的特征值与特征向量.

(3) 设矩阵 $\boldsymbol{A}=\begin{pmatrix}1&1&-1\\1&-2&-1\\-3&1&3\end{pmatrix}$，求可逆矩阵 $\boldsymbol{P}$，使得 $\boldsymbol{P}^{-1}\boldsymbol{A}\boldsymbol{P}$ 为对角矩阵.

(4) 设矩阵 $\boldsymbol{A}=\begin{pmatrix}5&-1&3\\-1&5&-3\\3&-3&3\end{pmatrix}$，求正交矩阵 $\boldsymbol{Q}$，使得 $\boldsymbol{Q}^{-1}\boldsymbol{A}\boldsymbol{Q}$ 为对角矩阵.

(5) 设 $\boldsymbol{A}=\begin{pmatrix}1&2\\4&3\end{pmatrix}$，求 $\boldsymbol{A}^n$.

4. 证明题

(1) 设 $\boldsymbol{A},\boldsymbol{B}$ 都是 n 阶矩阵，且 $|\boldsymbol{A}|\neq 0$，证明：$\boldsymbol{AB}$ 与 $\boldsymbol{BA}$ 相似.

(2) 设 n 阶矩阵 $\boldsymbol{A}$ 满足 $\boldsymbol{A}^2=\boldsymbol{A}$，证明：$\boldsymbol{A}$ 的特征值为 1 或 0.

(3) 设 λ 是反对称矩阵 $\boldsymbol{A}$ 的特征值，证明：$-\lambda$ 也是矩阵 $\boldsymbol{A}$ 的特征值.

(4) 设 3 和 1 是矩阵 $\boldsymbol{A}$ 的两个特征值，$\boldsymbol{\alpha}_1,\boldsymbol{\alpha}_2$ 是 $\boldsymbol{A}$ 的属于特征值 3 的两个线性无关的特征向量，$\boldsymbol{\alpha}_3$ 是 $\boldsymbol{A}$ 的属于特征值 1 的特征向量，证明：$\boldsymbol{\alpha}_1,\boldsymbol{\alpha}_2,\boldsymbol{\alpha}_3$ 是线性无关的.

第 6 章 实 二 次 型

在解析几何中,为判别二次方程

$$ax^2+2bxy+cy^2=d$$

表示的是什么曲线,需要选择适当的坐标变换,将其化为标准形式方程

$$a'x'^2+c'y'^2=d'.$$

本章讨论这个问题的一般形式,选择适当的线性变换,将多元二次齐次多项式化为只含平方项的标准形问题.

6.1 二次型的定义及其矩阵表示

定义 6.1 n 个变量 $x_1,x_2,\cdots,x_n$ 的二次齐次多项式

$$\begin{aligned}f(x_1,x_2,\cdots,x_n)=a_{11}x_1^2&+2a_{12}x_1x_2+\cdots+2a_{1n}x_1x_n\\&+a_{22}x_2^2+\cdots+2a_{2n}x_2x_n\\&\cdots\cdots\\&+a_{nn}x_n^2\end{aligned}\tag{6.1}$$

称为 n **元二次型**,简称**二次型**.

本书仅讨论系数 $a_{ij},i,j=1,2,\cdots,n$ 均为实数的 n 元二次型,简称**实二次型**.

例 6.1 利用矩阵乘法表示二元二次型 $f(x,y)=ax^2+2bxy+cy^2$.

解
$$\begin{aligned}f(x,y)&=ax^2+2bxy+cy^2=(ax^2+bxy)+(bxy+cy^2)\\&=x(ax+by)+y(bx+cy)=(x,y)\begin{pmatrix}ax+by\\bx+cy\end{pmatrix}\\&=(x,y)\begin{pmatrix}a&b\\b&c\end{pmatrix}\begin{pmatrix}x\\y\end{pmatrix}.\end{aligned}$$

若记 $\boldsymbol{x}=\begin{pmatrix}x\\y\end{pmatrix}$,$\boldsymbol{A}=\begin{pmatrix}a&b\\b&c\end{pmatrix}$,则 $f(x,y)=\boldsymbol{x}^{\mathrm{T}}\boldsymbol{A}\boldsymbol{x}$.

下面研究一般二次型的矩阵表示,为方便一般约定,当 $i\neq j$ 时,$a_{ij}=a_{ji}$,这样 $2a_{ij}x_ix_j=a_{ij}x_ix_j+a_{ji}x_jx_i$,于是二次型 (6.1) 式可以表示为

$$\begin{aligned}f(x_1,x_2,\cdots,x_n)&=a_{11}x_1^2+a_{12}x_1x_2+\cdots+a_{1n}x_1x_n\\&\quad+a_{21}x_2x_1+a_{22}x_2^2+\cdots+a_{2n}x_2x_n\\&\quad+\cdots\cdots\\&\quad+a_{n1}x_nx_1+a_{n2}x_nx_2+\cdots+a_{nn}x_n^2\\&=x_1(a_{11}x_1+a_{12}x_2+\cdots+a_{1n}x_n)\\&\quad+x_2(a_{21}x_1+a_{22}x_2+\cdots+a_{2n}x_n)\end{aligned}$$

$$
\begin{aligned}
&+\cdots\cdots \\
&+x_n(a_{n1}x_1+a_{n2}x_2+\cdots+a_{nn}x_n) \\
&=(x_1,x_2,\cdots,x_n)\begin{pmatrix} a_{11}x_1+a_{12}x_2+\cdots+a_{1n}x_n \\ a_{21}x_1+a_{22}x_2+\cdots+a_{2n}x_n \\ \cdots\cdots \\ a_{n1}x_1+a_{n2}x_2+\cdots+a_{nn}x_n \end{pmatrix} \\
&=(x_1,x_2,\cdots,x_n)\begin{pmatrix} a_{11} & a_{12} & \cdots & a_{1n} \\ a_{21} & a_{22} & \cdots & a_{2n} \\ \vdots & \vdots & & \vdots \\ a_{n1} & a_{n2} & \cdots & a_{nn} \end{pmatrix}\begin{pmatrix} x_1 \\ x_2 \\ \vdots \\ x_n \end{pmatrix}.
\end{aligned}
$$

如果我们记 $\boldsymbol{x}=\begin{pmatrix} x_1 \\ x_2 \\ \vdots \\ x_n \end{pmatrix}$，$\boldsymbol{A}=(a_{ij})_{n\times n}=\begin{pmatrix} a_{11} & a_{12} & \cdots & a_{1n} \\ a_{21} & a_{22} & \cdots & a_{2n} \\ \vdots & \vdots & & \vdots \\ a_{n1} & a_{n2} & \cdots & a_{nn} \end{pmatrix}$，则上述二次型可以写为

$$
f(x_1,x_2,\cdots,x_n)=\sum_{i=1}^{n}\sum_{j=1}^{n}a_{ij}x_ix_j=\boldsymbol{x}^{\mathrm{T}}\boldsymbol{A}\boldsymbol{x}, \tag{6.2}
$$

其中矩阵 $\boldsymbol{A}$ 是一个 n 阶实对称矩阵，称为**二次型** $f(x_1,x_2,\cdots,x_n)$ **的矩阵**.

由上述分析可知，由二次型(6.1)式可唯一确定 n 阶实对称矩阵 $\boldsymbol{A}$；反之，给定 n 阶实对称矩阵 $\boldsymbol{A}$，可唯一确定 n 元二次型 $f(x_1,x_2,\cdots,x_n)=\boldsymbol{x}^{\mathrm{T}}\boldsymbol{A}\boldsymbol{x}$，即 n 元二次型与和 n 阶实对称矩阵之间有1—1对应关系.矩阵 $\boldsymbol{A}$ 的秩称为**二次型** $f(x_1,x_2,\cdots,x_n)$ **的秩**.

二次型 $f(x_1,x_2,\cdots,x_n)$ 的矩阵 $\boldsymbol{A}$，其主对角线上的元素为二次型平方项的系数，其他位置上的元素为交叉项系数的一半，即 (i,i) 位置为 x_i^2 的系数 a_{ii}，当 $i\neq j$ 时，(i,j) 位置为 x_ix_j 的系数 $2a_{ij}$ 的一半 a_{ij}.

例 6.2 求下列二次型的矩阵与秩：

(1) $f(x_1,x_2,x_3)=x_1^2+x_2^2+2x_3^2-4x_1x_2+x_1x_3-6x_2x_3$；

(2) $g(x_1,x_2,x_3)=\dfrac{1}{2}x_1^2+\dfrac{1}{2}x_3^2+x_1x_2+x_1x_3+x_2x_3$.

解 (1) 二次型 $f(x_1,x_2,x_3)$ 的矩阵为

$$
\boldsymbol{A}=\begin{pmatrix} 1 & -2 & \frac{1}{2} \\ -2 & 1 & -3 \\ \frac{1}{2} & -3 & 2 \end{pmatrix}.
$$

由于 $|\boldsymbol{A}|=-9\dfrac{1}{4}\neq 0$，所以矩阵 $\boldsymbol{A}$ 的秩为3，于是二次型 f 的秩为3.

(2) 二次型 $g(x_1,x_2,x_3)$ 的矩阵为

$$B=\begin{pmatrix}\frac{1}{2} & \frac{1}{2} & \frac{1}{2}\\ \frac{1}{2} & 0 & \frac{1}{2}\\ \frac{1}{2} & \frac{1}{2} & \frac{1}{2}\end{pmatrix}.$$

容易求得矩阵 $\boldsymbol{B}$ 的秩为 2，于是二次型 g 的秩为 2.

例 6.3 求二次型 $f(x_1,x_2,x_3)=d_1x_1^2+d_2x_2^2+d_3x_3^2$ 的矩阵.

解 所求矩阵为

$$A=\begin{pmatrix}d_1 & & \\ & d_2 & \\ & & d_3\end{pmatrix}.$$

只含平方项的二次型的矩阵为对角矩阵.

例 6.4 求下列实对称矩阵的二次型：

(1) $A=\begin{pmatrix}1 & \frac{5}{2}\\ \frac{5}{2} & 4\end{pmatrix}$；　　(2) $B=\begin{pmatrix}1 & 1 & -2\\ 1 & 2 & 5\\ -2 & 5 & 3\end{pmatrix}$.

解 (1) 矩阵 $\boldsymbol{A}$ 所对应的二次型为

$$f(x_1,x_2)=\boldsymbol{x}^{\mathrm{T}}\boldsymbol{A}\boldsymbol{x}=x_1^2+4x_2^2+5x_1x_2.$$

(2) 矩阵 $\boldsymbol{B}$ 所对应的二次型为

$$g(x_1,x_2,x_3)=\boldsymbol{x}^{\mathrm{T}}\boldsymbol{B}\boldsymbol{x}=x_1^2+2x_2^2+3x_3^2+2x_1x_2-4x_1x_3+10x_2x_3.$$

思考题 设 $A=\begin{pmatrix}1 & 2\\ 3 & 4\end{pmatrix}$，则

$$f(x_1,x_2)=\boldsymbol{x}^{\mathrm{T}}\boldsymbol{A}\boldsymbol{x}=(x_1,x_2)\begin{pmatrix}1 & 2\\ 3 & 4\end{pmatrix}\begin{pmatrix}x_1\\ x_2\end{pmatrix}=x_1^2+5x_1x_2+4x_2^2$$

是 x_1,x_2 的二次型，问二次型 $f(x_1,x_2)$ 的矩阵是 $\boldsymbol{A}$ 吗？

习　题　6.1

1. 写出下列二次型的矩阵，并指出它们的秩：

(1) $2x^2-4xy+5y^2$；

(2) $x_1^2-2x_2^2+3x_3^2-4x_1x_2+6x_2x_3-8x_1x_3$；

(3) $x_1^2+4x_2^2+2x_3^2+4x_1x_2+6x_1x_3+12x_2x_3$；

(4) $x_1x_2+x_2x_3+x_1x_3$.

2. 写出下列实对称矩阵的二次型：

(1) $\begin{pmatrix}5 & -2\\ -2 & 3\end{pmatrix}$；　　(2) $\begin{pmatrix}0 & 1 & 2\\ 1 & 0 & 3\\ 2 & 3 & 0\end{pmatrix}$；

(3) $\begin{pmatrix} -1 & 0 & 0 \\ 0 & 2 & 0 \\ 0 & 0 & -3 \end{pmatrix}$；　　(4) $\begin{pmatrix} -6 & 1 & 3 \\ 1 & 3 & \frac{1}{2} \\ 3 & \frac{1}{2} & 1 \end{pmatrix}$.

6.2 实二次型的标准形

6.2.1 线性变换与矩阵的合同

从变量 $y_1,y_2,\cdots,y_n$ 到变量 $x_1,x_2,\cdots,x_n$ 的线性变换为

$$\begin{cases} x_1 = c_{11}y_1 + c_{12}y_2 + \cdots + c_{1n}y_n, \\ x_2 = c_{21}y_1 + c_{22}y_2 + \cdots + c_{2n}y_n, \\ \cdots\cdots \\ x_n = c_{n1}y_1 + c_{n2}y_2 + \cdots + c_{nn}y_n, \end{cases} \tag{6.3}$$

简记为

$$\boldsymbol{x} = \boldsymbol{C}\boldsymbol{y}, \tag{6.4}$$

其中

$$\boldsymbol{x} = \begin{pmatrix} x_1 \\ x_2 \\ \vdots \\ x_n \end{pmatrix}, \quad \boldsymbol{y} = \begin{pmatrix} y_1 \\ y_2 \\ \vdots \\ y_n \end{pmatrix}, \quad \boldsymbol{C} = \begin{pmatrix} c_{11} & c_{12} & \cdots & c_{1n} \\ c_{21} & c_{22} & \cdots & c_{2n} \\ \vdots & \vdots & & \vdots \\ c_{n1} & c_{n2} & \cdots & c_{nn} \end{pmatrix}.$$

当 $\boldsymbol{C}=(c_{ij})_{n\times n}$ 为可逆矩阵时，上述变换称为**可逆线性变换**；当 $\boldsymbol{C}=(c_{ij})_{n\times n}$ 为正交矩阵时，称为**正交变换**.

对于二次型 $f(x_1,x_2,\cdots,x_n)=\sum\limits_{i=1}^{n}\sum\limits_{j=1}^{n}a_{ij}x_ix_j$，要寻求可逆线性变换 $\boldsymbol{x}=\boldsymbol{C}\boldsymbol{y}$ 使得二次型 $f(x_1,x_2,\cdots,x_n)$ 只含平方项，即将(6.3)式代入使得

$$f = k_1y_1^2 + k_2y_2^2 + \cdots + k_ny_n^2. \tag{6.5}$$

这种只含平方项的二次型，称为**二次型的标准形**. 标准形的矩阵为对角矩阵

$$\boldsymbol{B} = \begin{pmatrix} k_1 & & & \\ & k_2 & & \\ & & \ddots & \\ & & & k_n \end{pmatrix}.$$

将可逆线性变换 $\boldsymbol{x}=\boldsymbol{C}\boldsymbol{y}$ 代入二次型 $f=\boldsymbol{x}^{\mathrm{T}}\boldsymbol{A}\boldsymbol{x}$ 中，有

$$f = \boldsymbol{x}^{\mathrm{T}}\boldsymbol{A}\boldsymbol{x} = (\boldsymbol{C}\boldsymbol{y})^{\mathrm{T}}\boldsymbol{A}(\boldsymbol{C}\boldsymbol{y}) = \boldsymbol{y}^{\mathrm{T}}(\boldsymbol{C}^{\mathrm{T}}\boldsymbol{A}\boldsymbol{C})\boldsymbol{y}.$$

由于 $(\boldsymbol{C}^{\mathrm{T}}\boldsymbol{A}\boldsymbol{C})^{\mathrm{T}}=\boldsymbol{C}^{\mathrm{T}}\boldsymbol{A}^{\mathrm{T}}\boldsymbol{C}=\boldsymbol{C}^{\mathrm{T}}\boldsymbol{A}\boldsymbol{C}$，矩阵 $\boldsymbol{C}^{\mathrm{T}}\boldsymbol{A}\boldsymbol{C}$ 仍然是一个对称矩阵，且 $\mathrm{r}(\boldsymbol{C}^{\mathrm{T}}\boldsymbol{A}\boldsymbol{C})=\mathrm{r}(\boldsymbol{A})$（请考虑为什么）.因此二次型 f 经可逆线性变换 $\boldsymbol{x}=\boldsymbol{C}\boldsymbol{y}$ 后，变为 $y_1,y_2,\cdots,y_n$ 的二次型，其矩阵由 $\boldsymbol{A}$ 变为 $\boldsymbol{C}^{\mathrm{T}}\boldsymbol{A}\boldsymbol{C}$，且二次型的秩不变.

定义 6.2 设 $\boldsymbol{A},\boldsymbol{B}$ 都是 n 阶矩阵，如果存在 n 阶可逆矩阵 $\boldsymbol{C}$ 使得 $\boldsymbol{B}=\boldsymbol{C}^{\mathrm{T}}\boldsymbol{A}\boldsymbol{C}$，则称矩阵 $\boldsymbol{A}$ 与

$\boldsymbol{B}$ 是合同的，记为 $\boldsymbol{A} \simeq \boldsymbol{B}$.

矩阵的合同关系具有如下性质：

(1) 反身性：$\boldsymbol{A} \simeq \boldsymbol{A}$；

(2) 对称性：若 $\boldsymbol{A} \simeq \boldsymbol{B}$，则 $\boldsymbol{B} \simeq \boldsymbol{A}$；

(3) 传递性：若 $\boldsymbol{A} \simeq \boldsymbol{B}$，$\boldsymbol{B} \simeq \boldsymbol{C}$，则 $\boldsymbol{A} \simeq \boldsymbol{C}$.

证明 (1) 由于存在可逆矩阵 $\boldsymbol{E}$，使得 $\boldsymbol{A}=\boldsymbol{E}^{\mathrm{T}}\boldsymbol{A}\boldsymbol{E}$，所以 $\boldsymbol{A} \simeq \boldsymbol{A}$.

(2) 由于 $\boldsymbol{A} \simeq \boldsymbol{B}$，故存在可逆矩阵 $\boldsymbol{C}$ 使得 $\boldsymbol{B}=\boldsymbol{C}^{\mathrm{T}}\boldsymbol{A}\boldsymbol{C}$，于是 $\boldsymbol{A}=(\boldsymbol{C}^{-1})^{\mathrm{T}}\boldsymbol{B}\boldsymbol{C}^{-1}$，所以 $\boldsymbol{B} \simeq \boldsymbol{A}$.

(3) 由于 $\boldsymbol{A} \simeq \boldsymbol{B}$，$\boldsymbol{B} \simeq \boldsymbol{C}$，故存在可逆矩阵 $\boldsymbol{P}_1$，$\boldsymbol{P}_2$，使得 $\boldsymbol{B}=\boldsymbol{P}_1^{\mathrm{T}}\boldsymbol{A}\boldsymbol{P}_1$，$\boldsymbol{C}=\boldsymbol{P}_2^{\mathrm{T}}\boldsymbol{B}\boldsymbol{P}_2$，于是 $\boldsymbol{C}=\boldsymbol{P}_2^{\mathrm{T}}\boldsymbol{P}_1^{\mathrm{T}}\boldsymbol{A}\boldsymbol{P}_1\boldsymbol{P}_2=(\boldsymbol{P}_1\boldsymbol{P}_2)^{\mathrm{T}}\boldsymbol{A}(\boldsymbol{P}_1\boldsymbol{P}_2)$，又 $\boldsymbol{P}_1\boldsymbol{P}_2$ 也为可逆矩阵，所以 $\boldsymbol{A} \simeq \boldsymbol{C}$.

6.2.2 用正交变换化二次型为标准形

要使二次型 $f=\boldsymbol{x}^{\mathrm{T}}\boldsymbol{A}\boldsymbol{x}$ 经可逆线性变换 $\boldsymbol{x}=\boldsymbol{C}\boldsymbol{y}$ 化为标准形，就是要使

$$
\begin{aligned}
f&=\boldsymbol{x}^{\mathrm{T}}\boldsymbol{A}\boldsymbol{x}=(\boldsymbol{C}\boldsymbol{y})^{\mathrm{T}}\boldsymbol{A}(\boldsymbol{C}\boldsymbol{y})=\boldsymbol{y}^{\mathrm{T}}(\boldsymbol{C}^{\mathrm{T}}\boldsymbol{A}\boldsymbol{C})\boldsymbol{y}\\
&=k_1y_1^2+k_2y_2^2+\cdots+k_ny_n^2\\
&=(y_1,y_2,\cdots,y_n)\begin{pmatrix}k_1&&&\\&k_2&&\\&&\ddots&\\&&&k_n\end{pmatrix}\begin{pmatrix}y_1\\y_2\\\vdots\\y_n\end{pmatrix},
\end{aligned}
$$

也就是要使 $\boldsymbol{B}=\boldsymbol{C}^{\mathrm{T}}\boldsymbol{A}\boldsymbol{C}$ 为对角矩阵.问题转化为对实对称矩阵 $\boldsymbol{A}$，寻求可逆矩阵 $\boldsymbol{C}$，使 $\boldsymbol{C}^{\mathrm{T}}\boldsymbol{A}\boldsymbol{C}$ 为对角矩阵.

由上一章可知，若 $\boldsymbol{A}$ 为实对称矩阵，则存在正交矩阵 $\boldsymbol{Q}$，使得

$$
\boldsymbol{Q}^{-1}\boldsymbol{A}\boldsymbol{Q}=\begin{pmatrix}\lambda_1&&&\\&\lambda_2&&\\&&\ddots&\\&&&\lambda_n\end{pmatrix},
$$

其中，$\lambda_1,\lambda_2,\cdots,\lambda_n$ 为矩阵 $\boldsymbol{A}$ 的特征值.由于 $\boldsymbol{Q}^{-1}=\boldsymbol{Q}^{\mathrm{T}}$，我们得到实对称矩阵在合同关系下的如下结论.

定理 6.1 若 n 阶实对称矩阵 $\boldsymbol{A}$ 的特征值是 $\lambda_1,\lambda_2,\cdots,\lambda_n$，则存在正交矩阵 $\boldsymbol{Q}$，使得

$$
\boldsymbol{Q}^{\mathrm{T}}\boldsymbol{A}\boldsymbol{Q}=\begin{pmatrix}\lambda_1&&&\\&\lambda_2&&\\&&\ddots&\\&&&\lambda_n\end{pmatrix}.
$$

定理 6.1 说明任何实对称矩阵都与一个对角矩阵合同，此结论用于二次型，则有：

定理 6.2 对任意 n 元实二次型 $f(\boldsymbol{x})=\boldsymbol{x}^{\mathrm{T}}\boldsymbol{A}\boldsymbol{x}$，都存在正交变换 $\boldsymbol{x}=\boldsymbol{Q}\boldsymbol{y}$，将 f 化成标准形

$$
f=\lambda_1y_1^2+\lambda_2y_2^2+\cdots+\lambda_ny_n^2,
$$

其中，$\lambda_1,\lambda_2,\cdots,\lambda_n$ 是 $\boldsymbol{A}$ 的全部特征值.

例 6.5 设二次型 $f(x_1,x_2)=x_1^2+x_2^2+4x_1x_2$，求一个正交变换 $\boldsymbol{x}=\boldsymbol{Q}\boldsymbol{y}$，将二次型化为标准形.

解 二次型的矩阵是

$$A=\begin{pmatrix}1&2\\2&1\end{pmatrix}.$$

矩阵 A 的特征多项式为

$$f(\lambda)=|\lambda E-A|=\begin{vmatrix}\lambda-1&-2\\-2&\lambda-1\end{vmatrix}=(\lambda+1)(\lambda-3).$$

于是得到 A 的特征值为 $\lambda_1=-1,\lambda_2=3$.

对于特征值 $\lambda_1=-1$，由方程组 $(-E-A)x=0$，得到属于 $\lambda_1=-1$ 的一个特征向量

$$\alpha_1=\begin{pmatrix}-1\\1\end{pmatrix},\quad 单位化得\ p_1=\begin{pmatrix}-\frac{1}{\sqrt{2}}\\\frac{1}{\sqrt{2}}\end{pmatrix}.$$

对于特征值 $\lambda_2=3$，由方程组 $(3E-A)x=0$，得到属于 $\lambda_2=3$ 的一个特征向量

$$\alpha_2=\begin{pmatrix}1\\1\end{pmatrix},\quad 单位化得\ p_2=\begin{pmatrix}\frac{1}{\sqrt{2}}\\\frac{1}{\sqrt{2}}\end{pmatrix}.$$

令

$$Q=(p_1,p_2)=\begin{pmatrix}-\frac{1}{\sqrt{2}}&\frac{1}{\sqrt{2}}\\\frac{1}{\sqrt{2}}&\frac{1}{\sqrt{2}}\end{pmatrix},$$

则 Q 为正交矩阵，且 $Q^{T}AQ=\begin{pmatrix}-1&\\&3\end{pmatrix}$. 于是做正交变换 $x=Qy$，则有 $f=-y_1^2+3y_2^2$.

例 6.6　设二次型 $f(x_1,x_2,x_3)=-x_1^2+3x_2^2+3x_3^2+4x_2x_3$，求一个正交变换 $x=Qy$，将二次型化为标准形.

解　二次型的矩阵是

$$A=\begin{pmatrix}-1&0&0\\0&3&2\\0&2&3\end{pmatrix}.$$

矩阵 A 的特征多项式为

$$f(\lambda)=|\lambda E-A|=\begin{vmatrix}\lambda+1&0&0\\0&\lambda-3&-2\\0&-2&\lambda-3\end{vmatrix}$$
$$=(\lambda+1)(\lambda-1)(\lambda-5),$$

于是得到 A 的特征值为 $\lambda_1=-1,\lambda_2=1,\lambda_3=5$.

对于特征值 $\lambda_1=-1$，由方程组 $(-E-A)x=0$，得到属于 $\lambda_1=-1$ 的一个特征向量

$$\alpha_1=\begin{pmatrix}1\\0\\0\end{pmatrix}.$$

对于特征值 $\lambda_2=1$，由方程组 $(\boldsymbol{E}-\boldsymbol{A})\boldsymbol{x}=\boldsymbol{0}$，得到属于 $\lambda_2=1$ 的一个特征向量

$$\boldsymbol{\alpha}_2=\begin{pmatrix}0\\ \frac{1}{2}\\ -\frac{1}{2}\end{pmatrix},\quad \text{单位化得 } \boldsymbol{p}_2=\begin{pmatrix}0\\ \frac{\sqrt{2}}{2}\\ -\frac{\sqrt{2}}{2}\end{pmatrix}.$$

对于特征值 $\lambda_3=5$，由方程组 $(5\boldsymbol{E}-\boldsymbol{A})\boldsymbol{x}=\boldsymbol{0}$，得到属于 $\lambda_3=5$ 的一个特征向量

$$\boldsymbol{\alpha}_3=\begin{pmatrix}0\\ \frac{1}{2}\\ \frac{1}{2}\end{pmatrix},\quad \text{单位化得 } \boldsymbol{p}_3=\begin{pmatrix}0\\ \frac{\sqrt{2}}{2}\\ \frac{\sqrt{2}}{2}\end{pmatrix}.$$

令

$$\boldsymbol{Q}=(\boldsymbol{\alpha}_1,\boldsymbol{p}_2,\boldsymbol{p}_3)=\begin{pmatrix}1&0&0\\ 0&\frac{\sqrt{2}}{2}&\frac{\sqrt{2}}{2}\\ 0&-\frac{\sqrt{2}}{2}&\frac{\sqrt{2}}{2}\end{pmatrix},$$

则 $\boldsymbol{Q}$ 为正交矩阵，且 $\boldsymbol{Q}^{\mathrm{T}}\boldsymbol{A}\boldsymbol{Q}=\begin{pmatrix}-1&&\\&1&\\&&5\end{pmatrix}$. 于是做正交变换 $\boldsymbol{x}=\boldsymbol{Q}\boldsymbol{y}$，则有

$$f=-y_1^2+y_2^2+5y_3^2.$$

例 6.7 设二次型 $f(x_1,x_2,x_3)=3x_1^2+6x_2^2+3x_3^2-4x_1x_2-8x_1x_3-4x_2x_3$，求一个正交变换 $\boldsymbol{x}=\boldsymbol{Q}\boldsymbol{y}$，将二次型化为标准形.

解 二次型的矩阵是

$$\boldsymbol{A}=\begin{pmatrix}3&-2&-4\\ -2&6&-2\\ -4&-2&3\end{pmatrix}.$$

矩阵 $\boldsymbol{A}$ 的特征多项式为

$$f(\lambda)=|\lambda\boldsymbol{E}-\boldsymbol{A}|=\begin{vmatrix}\lambda-3&2&4\\ 2&\lambda-6&2\\ 4&2&\lambda-3\end{vmatrix}=\begin{vmatrix}\lambda-7&-2\lambda+14&0\\ 2&\lambda-6&2\\ 4&2&\lambda-3\end{vmatrix}$$

$$=(\lambda-7)\begin{vmatrix}1&-2&0\\ 2&\lambda-6&2\\ 4&2&\lambda-3\end{vmatrix}=(\lambda+2)(\lambda-7)^2,$$

于是得到 $\boldsymbol{A}$ 的特征值为 $\lambda_1=-2,\lambda_2=\lambda_3=7$.

对于特征值 $\lambda_1=-2$，由方程组 $(-2\boldsymbol{E}-\boldsymbol{A})\boldsymbol{x}=\boldsymbol{0}$，得到属于 $\lambda_1=-2$ 的一个特征向量

$$\boldsymbol{\alpha}_1=\begin{pmatrix}2\\1\\2\end{pmatrix},\quad 单位化得\ \boldsymbol{p}_1=\begin{pmatrix}\frac{2}{3}\\\frac{1}{3}\\\frac{2}{3}\end{pmatrix}.$$

对于特征值$\lambda_2=\lambda_3=7$,由方程组$(7\boldsymbol{E}-\boldsymbol{A})\boldsymbol{x}=\boldsymbol{0}$,得到属于$\lambda_1=7$的两个线性无关的特征向量

$$\boldsymbol{\alpha}_2=\begin{pmatrix}1\\2\\-2\end{pmatrix},\quad \boldsymbol{\alpha}_3=\begin{pmatrix}0\\6\\-3\end{pmatrix},$$

正交化得

$$\boldsymbol{\beta}_2=\begin{pmatrix}1\\2\\-2\end{pmatrix},\quad \boldsymbol{\beta}_3=\begin{pmatrix}-2\\2\\1\end{pmatrix},$$

单位化得

$$\boldsymbol{p}_2=\begin{pmatrix}\frac{1}{3}\\\frac{2}{3}\\-\frac{2}{3}\end{pmatrix},\quad \boldsymbol{p}_3=\begin{pmatrix}-\frac{2}{3}\\\frac{2}{3}\\\frac{1}{3}\end{pmatrix}.$$

令

$$\boldsymbol{Q}=(\boldsymbol{p}_1,\boldsymbol{p}_2,\boldsymbol{p}_3)=\begin{pmatrix}\frac{2}{3}&\frac{1}{3}&-\frac{2}{3}\\\frac{1}{3}&\frac{2}{3}&\frac{2}{3}\\\frac{2}{3}&-\frac{2}{3}&\frac{1}{3}\end{pmatrix},$$

则$\boldsymbol{Q}$为正交矩阵,且$\boldsymbol{Q}^{\mathrm{T}}\boldsymbol{A}\boldsymbol{Q}=\begin{pmatrix}-2&&\\&7&\\&&7\end{pmatrix}$.于是做正交变换$\boldsymbol{x}=\boldsymbol{Q}\boldsymbol{y}$,则有

$$f=-2y_1^2+7y_2^2+7y_3^2.$$

例 6.8 设二次型$f(x_1,x_2,x_3)=2x_1^2+3x_2^2+3x_3^2+2ax_1x_2+2bx_2x_3$经正交变换$\boldsymbol{x}=\boldsymbol{Q}\boldsymbol{y}$化为标准形$f=y_1^2+2y_2^2+5y_3^2$,求$a,b$的值.

解 二次型$f(x_1,x_2,x_3)=2x_1^2+3x_2^2+3x_3^2+2ax_1x_2+2bx_2x_3$的矩阵为

$$\boldsymbol{A}=\begin{pmatrix}2&a&0\\a&3&b\\0&b&3\end{pmatrix}.$$

由于在正交变换下的标准形为$f=y_1^2+2y_2^2+5y_3^2$,所以矩阵$\boldsymbol{A}$的特征值为$\lambda_1=1,\lambda_2=2$,

$\lambda_3=5$，于是 $|\boldsymbol{E}-\boldsymbol{A}|=0$，$|2\boldsymbol{E}-\boldsymbol{A}|=0$，$|5\boldsymbol{E}-\boldsymbol{A}|=0$，即

$$\begin{cases}-4+2a^2+b^2=0,\\a^2=0,\\12-2a^2-3b^2=0,\end{cases}$$

解得 $a=0,b=\pm 2$.

用正交变换化二次型为标准形的步骤：

(1) 写出二次型的矩阵 $\boldsymbol{A}$；

(2) 求出矩阵 $\boldsymbol{A}$ 的全部特征值；

(3) 求得正交矩阵 $\boldsymbol{Q}$，使得 $\boldsymbol{Q}^{\mathrm{T}}\boldsymbol{A}\boldsymbol{Q}=\mathrm{diag}(\lambda_1,\lambda_2,\cdots,\lambda_n)$；

(4) 做正交变换 $\boldsymbol{x}=\boldsymbol{Q}\boldsymbol{y}$，得到标准形 $f=\lambda_1y_1^2+\lambda_2y_2^2+\cdots+\lambda_ny_n^2$，其中 $\lambda_1,\lambda_2,\cdots,\lambda_n$ 的排序与 $\boldsymbol{Q}$ 中特征向量的排序相对应.

6.2.3 用配方法化二次型为标准形

用正交变换化二次型为标准形，具有保持几何形状不变的特点.若不限用正交变换，还有多种方法可将二次型化为标准形，下面举例介绍常用的配方法.

例 6.9 用配方法化二次型

$$f(x_1,x_2,x_3)=x_1^2+2x_2^2-x_3^2-4x_1x_2-2x_2x_3+4x_1x_3$$

为标准形.

解 由于 f 中含变量 x_1 的平方，先将含有 x_1 的项配方：

$$\begin{aligned}f(x_1,x_2,x_3)&=x_1^2+2x_2^2-x_3^2-4x_1x_2-2x_2x_3+4x_1x_3\\&=(x_1^2-4x_1x_2+4x_1x_3)+2x_2^2-x_3^2-2x_2x_3\\&=[x_1^2-4x_1(x_2-x_3)+4(x_2-x_3)^2]-4(x_2-x_3)^2+2x_2^2-x_3^2-2x_2x_3\\&=(x_1-2x_2+2x_3)^2-2x_2^2-5x_3^2+6x_2x_3,\end{aligned}$$

上式右端除配出的平方项外不再含 x_1，由于剩余的项中含有 x_2 的平方，再将含有 x_2 的项配方：

$$\begin{aligned}f(x_1,x_2,x_3)&=(x_1-2x_2+2x_3)^2-2\left[x_2^2-3x_2x_3+\left(\frac{3}{2}x_3\right)^2\right]+2\left(\frac{3}{2}x_3\right)^2-5x_3^2\\&=(x_1-2x_2+2x_3)^2-2\left(x_2-\frac{3}{2}x_3\right)^2-\frac{1}{2}x_3^2.\end{aligned}$$

做可逆线性变换

$$\begin{cases}y_1=x_1-2x_2+2x_3,\\y_2=x_2-\dfrac{3}{2}x_3,\\y_3=x_3,\end{cases}\quad\text{即}\quad\begin{cases}x_1=y_1+2y_2+y_3,\\x_2=y_2+\dfrac{3}{2}y_3,\\x_3=y_3.\end{cases}$$

将二次型 $f(x_1,x_2,x_3)$ 化为标准形 $y_1^2-2y_2^2-\dfrac{1}{2}y_3^2$.

例 6.10 用配方法化二次型

$$f(x_1,x_2,x_3)=x_1x_2+x_1x_3+5x_2x_3$$

为标准形.

解 由于二次型没有平方项，但含有 x_1x_2 乘积项，先做如下可逆线性变换使其出现平方项，令

$$\begin{cases} x_1 = y_1 + y_2, \\ x_2 = y_1 - y_2, \\ x_3 = y_3, \end{cases} \tag{6.6}$$

代入可得

$$f = y_1^2 - y_2^2 + 6y_1y_3 - 4y_2y_3.$$

再进行配方，得

$$\begin{aligned} f &= [y_1^2 + 6y_1y_3 + (3y_3)^2] - (3y_3)^2 - 4y_2y_3 - y_2^2 \\ &= (y_1 + 3y_3)^2 - (y_2^2 + 4y_2y_3 + 4y_3^2) - 5y_3^2 \\ &= (y_1 + 3y_3)^2 - (y_2 + 2y_3)^2 - 5y_3^2. \end{aligned}$$

做变换

$$\begin{cases} z_1 = y_1 + 3y_3, \\ z_2 = y_2 + 2y_3, \\ z_3 = y_3, \end{cases} \quad 即 \quad \begin{cases} y_1 = z_1 - 3z_3, \\ y_2 = z_2 - 2z_3, \\ y_3 = z_3, \end{cases} \tag{6.7}$$

则有 $f = z_1^2 - z_2^2 - 5z_3^2$，由(6.6) 式和(6.7) 式，所做的可逆线性变换为

$$\begin{pmatrix} x_1 \\ x_2 \\ x_3 \end{pmatrix} = \begin{pmatrix} 1 & 1 & 0 \\ 1 & -1 & 0 \\ 0 & 0 & 1 \end{pmatrix} \begin{pmatrix} y_1 \\ y_2 \\ y_3 \end{pmatrix} = \begin{pmatrix} 1 & 1 & 0 \\ 1 & -1 & 0 \\ 0 & 0 & 1 \end{pmatrix} \begin{pmatrix} 1 & 0 & -3 \\ 0 & 1 & -2 \\ 0 & 0 & 1 \end{pmatrix} \begin{pmatrix} z_1 \\ z_2 \\ z_3 \end{pmatrix} = \begin{pmatrix} 1 & 1 & -5 \\ 1 & -1 & -1 \\ 0 & 0 & 1 \end{pmatrix} \begin{pmatrix} z_1 \\ z_2 \\ z_3 \end{pmatrix}.$$

一般来说用配方法化二次型为标准形的原则是：如果含有 x_1^2，将含有 x_1 的项放在一起配成完全平方后，剩余的项中不再含有 x_1.如果剩余项中含有 x_2^2，继续配方后，剩余的项中不再含有 x_2.如此继续下去，将所有项均配成完全平方，这时所做的线性变换是可逆变换.如果二次型中没有平方项，用类似例 6.10 的可逆线性变换使二次型中出现平方项，再进行上述的配方过程。

例 6.11 用配方法化二次型

$$f(x_1, x_2, x_3) = x_1^2 + 3x_2^2 + 8x_3^2 + 4x_1x_2 + 6x_1x_3 + 10x_2x_3$$

为标准形.

解 按照上述配方原则有

$$\begin{aligned} f(x_1, x_2, x_3) &= x_1^2 + 3x_2^2 + 8x_3^2 + 4x_1x_2 + 6x_1x_3 + 10x_2x_3 \\ &= [x_1^2 + 2x_1(2x_2 + 3x_3) + (2x_2 + 3x_3)^2] - (2x_2 + 3x_3)^2 \\ &\quad + 3x_2^2 + 8x_3^2 + 10x_2x_3 \\ &= (x_1^2 + 2x_2 + 3x_3)^2 - x_2^2 - x_3^2 - 2x_2x_3 \\ &= (x_1 + 2x_2 + 3x_3)^2 - (x_2 + x_3)^2, \end{aligned}$$

做可逆线性变换

$$\begin{cases} y_1 = x_1 + 2x_2 + 3x_3, \\ y_2 = x_2 + x_3, \\ y_3 = x_3, \end{cases} \quad 即 \quad \begin{cases} x_1 = y_1 - 2y_2 - y_3, \\ x_2 = y_2 - y_3, \\ x_3 = y_3, \end{cases}$$

将二次型 $f(x_1, x_2, x_3)$ 化为标准形 $y_1^2 - y_2^2$.

6.2.4 惯性定理与二次型的规范形

设秩为 r 的实二次型 $f(x_1,x_2,\cdots,x_n)=\boldsymbol{x}^{\mathrm{T}}\boldsymbol{A}\boldsymbol{x}$ 经可逆线性变换 $\boldsymbol{x}=\boldsymbol{C}\boldsymbol{y}$ 化为标准形

$$f=d_1y_1^2+d_2y_2^2+\cdots+d_ny_n^2. \tag{6.8}$$

由于二次型的秩为 r，于是对角矩阵

$$\begin{pmatrix} d_1 & & & \\ & d_2 & & \\ & & \ddots & \\ & & & d_n \end{pmatrix}$$

的秩为 r，不妨设 $d_1,d_2,\cdots,d_p>0,d_{p+1},d_{p+2},\cdots,d_r<0,d_{r+1}=d_{r+2}=\cdots=d_n=0$，再做可逆线性变换

$$\begin{cases} z_1=\sqrt{d_1}\,y_1, \\ \cdots\cdots \\ z_p=\sqrt{d_p}\,y_p, \\ z_{p+1}=\sqrt{-d_{p+1}}\,y_{p+1}, \\ \cdots\cdots \\ z_r=\sqrt{-d_r}\,y_r, \\ z_{r+1}=y_{r+1}, \\ \cdots\cdots \\ z_n=y_n. \end{cases}$$

二次型进一步化为标准形

$$f=z_1^2+\cdots+z_p^2-z_{p+1}^2-\cdots-z_r^2, \tag{6.9}$$

称(6.9)式为实二次型 $f(x_1,x_2,\cdots,x_n)$ 的**规范形**.

规范形是特殊的标准形，其特点是平方项的系数为 ±1 或 0，正系数的平方项排在前面，负系数的平方项排在后面.对二次型做不同的可逆线性变换可以得到不同的标准形，即二次型的标准形是不唯一的，但是我们有如下的定理.

定理 6.3(惯性定律) 实二次型都能用可逆的线性代换化为规范形，且规范形是唯一的.

(证明略)

由惯性定理知，尽管实二次型 $f(x_1,x_2,\cdots,x_n)$ 的标准形不唯一，但标准形中正平方项的个数 p 是唯一确定的，负平方项的个数 $q=r-p$ 也是唯一确定的(r 为二次型的秩)，分别称为实二次型 $f(x_1,x_2,\cdots,x_n)$ 的**正惯性指数**和**负惯性指数**，$p-q$ 称为二次型的**符号差**.

例 6.12 求出例 6.9、例 6.6、例 6.11 中二次型的规范形，并指出二次型的秩、正惯性指数、负惯性指数、符号差.

解 (1) 由于例 6.9 中的二次型 $f(x_1,x_2,x_3)=x_1^2+2x_2^2-x_3^2-4x_1x_2-2x_2x_3+4x_1x_3$ 的标准形为 $f=y_1^2-2y_2^2-\dfrac{1}{2}y_3^2$，进一步做可逆线性变换

$$\begin{cases} z_1 = y_1, \\ z_2 = \sqrt{2}y_2, \\ z_3 = \dfrac{1}{\sqrt{2}}y_3, \end{cases} \quad 即 \quad \begin{cases} y_1 = z_1, \\ y_2 = \dfrac{1}{\sqrt{2}}z_2, \\ y_3 = \sqrt{2}z_3, \end{cases}$$

得到二次型的规范形为 $f = z_1^2 - z_2^2 - z_3^2$,于是二次型的秩 $r=3$,正惯性指数 $p=1$,负惯性指数 $q=2$,符号差 $p-q=-1$.

(2) 由于例 6.6 中的二次型 $f(x_1,x_2,x_3) = -x_1^2 + 3x_2^2 + 3x_3^2 + 4x_2x_3$ 的标准形为 $f = -y_1^2 + y_2^2 + 5y_3^2$,进一步做可逆线性变换

$$\begin{cases} z_1 = y_2, \\ z_2 = \sqrt{5}y_3, \\ z_3 = y_1, \end{cases} \quad 即 \quad \begin{cases} y_1 = z_3, \\ y_2 = z_1, \\ y_3 = \dfrac{1}{\sqrt{5}}z_2, \end{cases}$$

得到二次型的规范形为 $f = z_1^2 + z_2^2 - z_3^2$,于是二次型的秩 $r=3$,正惯性指数 $p=2$,负惯性指数 $q=1$,符号差 $p-q=1$.

(3) 由于例 6.11 中的二次型 $f(x_1,x_2,x_3) = x_1^2 + 3x_2^2 + 8x_3^2 + 4x_1x_2 + 6x_1x_3 + 10x_2x_3$ 的标准形为 $f = y_1^2 - y_2^2$,这就是二次型的规范形,所以二次型的秩 $r=2$,正惯性指数 $p=1$,负惯性指数 $q=1$,符号差 $p-q=0$.

6.2.5* 二次型的应用

例 6.13 化简二次曲线方程 $x^2 - \sqrt{3}xy + 2y^2 = 1$,并指出曲线的类型.

解 设 $f(x,y) = x^2 - \sqrt{3}xy + 2y^2$,二次型 f 的矩阵为

$$\boldsymbol{A} = \begin{pmatrix} 1 & -\dfrac{\sqrt{3}}{2} \\ -\dfrac{\sqrt{3}}{2} & 2 \end{pmatrix}.$$

由特征方程 $|\lambda\boldsymbol{E} - \boldsymbol{A}| = 0$ 求得矩阵 $\boldsymbol{A}$ 的特征值为 $\lambda_1 = \dfrac{5}{2}$,$\lambda_2 = \dfrac{1}{2}$.

对于特征值 $\lambda_1 = \dfrac{5}{2}$,由方程组 $\left(\dfrac{5}{2}\boldsymbol{E} - \boldsymbol{A}\right)\boldsymbol{x} = \boldsymbol{0}$,求得属于 $\lambda_1 = \dfrac{5}{2}$ 的一个单位特征向量

$$\boldsymbol{\alpha}_1 = \begin{pmatrix} \dfrac{1}{2} \\ -\dfrac{\sqrt{3}}{2} \end{pmatrix}.$$

对于特征值 $\lambda_2 = \dfrac{1}{2}$,由方程组 $\left(\dfrac{1}{2}\boldsymbol{E} - \boldsymbol{A}\right)\boldsymbol{x} = \boldsymbol{0}$,求得属于 $\lambda_2 = \dfrac{1}{2}$ 的一个单位特征向量

$$\boldsymbol{\alpha}_2 = \begin{pmatrix} \dfrac{\sqrt{3}}{2} \\ \dfrac{1}{2} \end{pmatrix}.$$

令 $Q=(\boldsymbol{\alpha}_1,\boldsymbol{\alpha}_2)=\begin{pmatrix}\frac{1}{2} & \frac{\sqrt{3}}{2}\\ -\frac{\sqrt{3}}{2} & \frac{1}{2}\end{pmatrix}$，做正交变换 $\begin{pmatrix}x\\y\end{pmatrix}=Q\begin{pmatrix}x_1\\y_1\end{pmatrix}$，得到二次型的标准形

$$f=\frac{5x_1^2}{2}+\frac{y_1^2}{2}.$$

这表示在新坐标系下二次曲线的方程变为

$$\frac{5x_1^2}{2}+\frac{y_1^2}{2}=1,$$

故曲线的类型为椭圆.事实上，我们所做的就是坐标轴的旋转变换.

例 6.14 化简二次曲面方程 $-x^2+3y^2+3z^2+4yz=0$，并指出曲面的类型.

解 由例 6.6 知二次型 $f(x,y,z)=-x^2+3y^2+3z^2+4yz$ 经正交变换

$$\begin{pmatrix}x\\y\\z\end{pmatrix}=\begin{pmatrix}1 & 0 & 0\\ 0 & \frac{\sqrt{2}}{2} & \frac{\sqrt{2}}{2}\\ 0 & -\frac{\sqrt{2}}{2} & \frac{\sqrt{2}}{2}\end{pmatrix}\begin{pmatrix}x_1\\y_1\\z_1\end{pmatrix}$$

化为标准形 $f=-x_1^2+y_1^2+5z_1^2$.这表示在新坐标系下二次曲面的方程变为

$$-x_1^2+y_1^2+5z_1^2=0,$$

故曲面为椭圆锥面.

注 为保持曲线和曲面的形状，只能用正交变换，而不能用配方法.

习 题 6.2

1. 用正交变换化下列二次型为标准形，并写出所做的正交变换：

(1) $f(x_1,x_2)=2x_1^2+2x_2^2-6x_1x_2$；

(2) $f(x_1,x_2,x_3)=2x_1^2+x_2^2-4x_1x_2-4x_2x_3$；

(3) $f(x_1,x_2,x_3)=x_1^2+4x_2^2+x_3^2-4x_1x_2-8x_1x_3-4x_2x_3$；

(4) $f(x_1,x_2,x_3)=x_1x_2+x_1x_3+x_2x_3$.

2. 用配方法化下面二次型为标准形，并写出所做的可逆线性变换：

(1) $f(x_1,x_2,x_3)=x_1^2+2x_2^2-x_3^2+2x_1x_2-2x_1x_3$；

(2) $f(x_1,x_2,x_3)=2x_1x_2+2x_2x_3+2x_1x_3$；

(3) $f(x_1,x_2,x_3)=x_1^2-x_2^2+2x_1x_2+4x_1x_3$.

3. 写出习题 1 中二次型的规范型，并指出二次型的秩、正惯性指数、负惯性指数、符号差.

4.* 利用正交变换把下列二次曲线(面)化为标准形式(只含平方项的形式)，并判断类型：

(1) $x^2-xy+y^2=1$；　(2) $2x^2-4xy+3y^2=1$；

(3) $3x^2+6y^2+3z^2-4xy-8xz-4yz=0$.

6.3 正定二次型与正定矩阵

定义 6.3 设 $f(x_1,x_2,\cdots,x_n)=\boldsymbol{x}^{\mathrm{T}}\boldsymbol{A}\boldsymbol{x}$ 是一个实二次型，若对任意非零向量 $\boldsymbol{\alpha}=(a_1,a_2,\cdots,a_n)^{\mathrm{T}}\neq\mathbf{0}$，都有 $f(a_1,a_2,\cdots,a_n)=\boldsymbol{\alpha}^{\mathrm{T}}\boldsymbol{A}\boldsymbol{\alpha}>0$，则称二次型 f 为**正定二次型**，并称实对称矩阵 $\boldsymbol{A}$ 为**正定矩阵**.

例 6.15 判断下列二次型是否为正定二次型：

(1) $f(x_1,x_2,\cdots,x_n)=\sum\limits_{i=1}^{n}x_i^2$；

(2) $g(x_1,x_2,\cdots,x_n)=\sum\limits_{i=1}^{n-1}x_i^2$.

解 (1) 对任意非零向量 $\boldsymbol{\alpha}=(a_1,a_2,\cdots,a_n)^{\mathrm{T}}$，由于 $a_1,a_2,\cdots,a_n$ 是不全为零的一组实数，于是 $f(a_1,a_2,\cdots,a_n)=\sum\limits_{i=1}^{n}a_i^2>0$，故 $f(x_1,x_2,\cdots,x_n)=\sum\limits_{i=1}^{n}x_i^2$ 为正定二次型.

(2) 对于非零向量 $\boldsymbol{\alpha}=(0,0,\cdots,0,1)^{\mathrm{T}}$，因为 $g(0,0,\cdots,0,1)=0$，由定义 6.3 知二次型 $g(x_1,x_2,\cdots,x_n)=\sum\limits_{i=1}^{n-1}x_i^2$ 不是正定二次型.

定理 6.4 n 元实二次型 $f(x_1,x_2,\cdots,x_n)$ 正定的充要条件是 f 的正惯性指数为 n.

证明 设二次型经可逆线性变换 $\boldsymbol{x}=\boldsymbol{C}\boldsymbol{y}$ 化为标准形

$$f=d_1y_1^2+d_2y_2^2+\cdots+d_ny_n^2. \tag{6.10}$$

必要性：设二次型正定，用反证法证明所有的 $d_j>0,j=1,2,\cdots,n$. 如果存在某个 i 使得 $d_i\leqslant 0$，对于第 i 个分量为 1，其余分量为 0 的向量

$$y=\begin{pmatrix}0\\ \vdots\\ 1\\ \vdots\\ 0\end{pmatrix}\leftarrow 第\ i\ 个分量.$$

由于矩阵 $\boldsymbol{C}$ 可逆，则 $\boldsymbol{x}=\boldsymbol{C}\boldsymbol{y}\neq\mathbf{0}$，且

$$f(\boldsymbol{x})=d_1 0+\cdots+d_i 1^2+\cdots+d_n 0=d_i\leqslant 0,$$

这与 f 为正定二次型的假设相矛盾，所以 $d_j>0,j=1,2,\cdots,n$，即二次型的正惯性指数为 n.

充分性：由于二次型的正惯性指数为 n，所以(6.10)式中的 $d_i>0,i=1,2,\cdots,n$. 对任意 $\boldsymbol{x}=(x_1,x_2,\cdots,x_n)^{\mathrm{T}}\neq\mathbf{0}$，由于 $\boldsymbol{C}$ 为可逆矩阵，所以

$$\boldsymbol{y}=(y_1,y_2,\cdots,y_n)^{\mathrm{T}}=\boldsymbol{C}^{-1}\boldsymbol{x}\neq\mathbf{0},$$

即 $y_1,y_2,\cdots,y_n$ 不全为零，于是 $f(x_1,x_2,\cdots,x_n)=d_1y_1^2+d_2y_2^2+\cdots+d_ny_n^2>0$，故二次型 $f(x_1,x_2,\cdots,x_n)$ 为正定二次型.

由于用正交变换化二次型 $f(x_1,x_2,\cdots,x_n)=\boldsymbol{x}^{\mathrm{T}}\boldsymbol{A}\boldsymbol{x}$ 为标准形时，平方项的系数恰为矩阵 $\boldsymbol{A}$ 的 n 个特征值，所以有

推论 1 实二次型 $f(x_1,x_2,\cdots,x_n)=\boldsymbol{x}^{\mathrm{T}}\boldsymbol{A}\boldsymbol{x}$ 正定的充要条件是矩阵 $\boldsymbol{A}$ 的特征值都大于零.

推论 1′ 实对称矩阵 $\boldsymbol{A}$ 正定的充要条件是矩阵 $\boldsymbol{A}$ 的特征值都大于零.

推论 2 n 元实二次型 $f(x_1,x_2,\cdots,x_n)$ 正定的充要条件是其规范形为

$$z_1^2+z_2^2+\cdots+z_n^2.$$

推论 3 实二次型 $f(x_1,x_2,\cdots,x_n)=\boldsymbol{x}^{\mathrm{T}}\boldsymbol{A}\boldsymbol{x}$ 正定的充要条件是 $\boldsymbol{A}$ 合同于单位矩阵.

证明 必要性：由推论 2 知存在可逆线性变换 $\boldsymbol{x}=\boldsymbol{C}\boldsymbol{z}$，使得

$$\begin{aligned}f(x_1,x_2,\cdots,x_n)&=\boldsymbol{x}^{\mathrm{T}}\boldsymbol{A}\boldsymbol{x}=(\boldsymbol{C}\boldsymbol{z})^{\mathrm{T}}\boldsymbol{A}(\boldsymbol{C}\boldsymbol{z})=\boldsymbol{z}^{\mathrm{T}}(\boldsymbol{C}^{\mathrm{T}}\boldsymbol{A}\boldsymbol{C})\boldsymbol{z}\\&=z_1^2+z_2^2+\cdots+z_n^2.\end{aligned}$$

于是 $\boldsymbol{C}^{\mathrm{T}}\boldsymbol{A}\boldsymbol{C}=\boldsymbol{E}$，即矩阵 $\boldsymbol{A}$ 合同于单位矩阵.

充分性：由于矩阵 $\boldsymbol{A}$ 合同于单位矩阵，所以存在可逆矩阵 $\boldsymbol{C}$，使得 $\boldsymbol{C}^{\mathrm{T}}\boldsymbol{A}\boldsymbol{C}=\boldsymbol{E}$，做可逆线性变换 $\boldsymbol{x}=\boldsymbol{C}\boldsymbol{y}$，则

$$\begin{aligned}f(x_1,x_2,\cdots,x_n)&=\boldsymbol{x}^{\mathrm{T}}\boldsymbol{A}\boldsymbol{x}=(\boldsymbol{C}\boldsymbol{y})^{\mathrm{T}}\boldsymbol{A}(\boldsymbol{C}\boldsymbol{y})=\boldsymbol{y}^{\mathrm{T}}(\boldsymbol{C}^{\mathrm{T}}\boldsymbol{A}\boldsymbol{C})\boldsymbol{y}=\boldsymbol{y}^{\mathrm{T}}\boldsymbol{y}\\&=y_1^2+y_2^2+\cdots+y_n^2.\end{aligned}$$

根据推论 2 知二次型 $f(x_1,x_2,\cdots,x_n)=\boldsymbol{x}^{\mathrm{T}}\boldsymbol{A}\boldsymbol{x}$ 是正定的.

推论 3′ 实对称矩阵 $\boldsymbol{A}$ 为正定的充要条件是矩阵 $\boldsymbol{A}$ 合同于单位矩阵.

定理 6.5 正定矩阵的行列式大于零.

证明 设 $\boldsymbol{A}$ 为正定矩阵，由推论 3′ 知存在可逆矩阵 $\boldsymbol{C}$，使得 $\boldsymbol{C}^{\mathrm{T}}\boldsymbol{A}\boldsymbol{C}=\boldsymbol{E}$，于是

$$\boldsymbol{A}=(\boldsymbol{C}^{-1})^{\mathrm{T}}\boldsymbol{E}\boldsymbol{C}^{-1}=(\boldsymbol{C}^{-1})^{\mathrm{T}}\boldsymbol{C}^{-1},$$

所以 $|\boldsymbol{A}|=|(\boldsymbol{C}^{-1})^{\mathrm{T}}\boldsymbol{C}^{-1}|=|\boldsymbol{C}^{-1}|^2>0$.

设 $\boldsymbol{A}=(a_{ij})_{n\times n}$ 是 n 阶实对称矩阵，$i_1,i_2,\cdots,i_k$ 是一组自然数，并且满足条件 $1\leqslant i_1<i_2<\cdots<i_k\leqslant n$，在矩阵 $\boldsymbol{A}$ 中选取 $i_1,i_2,\cdots,i_k$ 行与 $i_1,i_2,\cdots,i_k$ 列得到的行列式

$$\begin{vmatrix}a_{i_1i_1}&a_{i_1i_2}&\cdots&a_{i_1i_k}\\a_{i_2i_1}&a_{i_2i_2}&\cdots&a_{i_2i_k}\\\vdots&\vdots&&\vdots\\a_{i_ki_1}&a_{i_ki_2}&\cdots&a_{i_ki_k}\end{vmatrix}$$

称为 $\boldsymbol{A}$ 的一个**主子式**，特别地，

$$a_{11},\quad\begin{vmatrix}a_{11}&a_{12}\\a_{21}&a_{22}\end{vmatrix},\quad\cdots,\quad\begin{vmatrix}a_{11}&a_{12}&\cdots&a_{1n}\\a_{21}&a_{22}&\cdots&a_{2n}\\\vdots&\vdots&&\vdots\\a_{n1}&a_{n2}&\cdots&a_{nn}\end{vmatrix}$$

称为 $\boldsymbol{A}$ 的**顺序主子式**.

定理 6.6 设 $\boldsymbol{A}$ 是实对称矩阵，则 $\boldsymbol{A}$ 正定的充要条件是 $\boldsymbol{A}$ 的顺序主子式均大于零.

（证明略）

例 6.16 判断下列二次型是否正定：

(1) $f(x_1,x_2,x_3)=3x_1^2+4x_2^2+5x_3^2-2x_1x_2-2x_1x_3-2x_2x_3$；

(2) $g(x_1,x_2,x_3)=2x_1^2+4x_2^2+3x_3^2-4x_1x_2-4x_1x_3-2x_2x_3$.

解 (1) 二次型的矩阵为

$$\boldsymbol{A}=\begin{pmatrix}3&-1&-1\\-1&4&-1\\-1&-1&5\end{pmatrix}.$$

由于$3>0$，$\begin{vmatrix} 3 & -1 \\ -1 & 4 \end{vmatrix}=11>0$，$\begin{vmatrix} 3 & -1 & -1 \\ -1 & 4 & -1 \\ -1 & -1 & 5 \end{vmatrix}=46>0$，根据定理6.6知矩阵$\boldsymbol{A}$是正定的，所以二次型$f$为正定二次型.

(2) 二次型的矩阵为

$$\boldsymbol{B}=\begin{pmatrix} 2 & -2 & -2 \\ -2 & 4 & -1 \\ -2 & -1 & 3 \end{pmatrix}.$$

由于$2>0$，$\begin{vmatrix} 2 & -2 \\ -2 & 4 \end{vmatrix}=4>0$，$\begin{vmatrix} 2 & -2 & -2 \\ -2 & 4 & -1 \\ -2 & -1 & 3 \end{vmatrix}=-14<0$，根据定理6.6知矩阵$\boldsymbol{B}$不是正定的，所以二次型$g$不是正定二次型.

例 6.17 设二次型

$$f(x_1,x_2,x_3)=x_1^2+x_2^2+5x_3^2+2tx_1x_2+4x_2x_3-2x_1x_3,$$

当t为何值时，$f(x_1,x_2,x_3)$为正定二次型.

解 二次型的矩阵为

$$\boldsymbol{A}=\begin{pmatrix} 1 & t & -1 \\ t & 1 & 2 \\ -1 & 2 & 5 \end{pmatrix}.$$

二次型$f(x_1,x_2,x_3)$正定的充要条件是$\boldsymbol{A}$的各阶顺序主子式均大于零，即

$$|1|>0,\quad \begin{vmatrix} 1 & t \\ t & 1 \end{vmatrix}=(1-t^2)>0,\quad |\boldsymbol{A}|=\begin{vmatrix} 1 & t & -1 \\ t & 1 & 2 \\ -1 & 2 & 5 \end{vmatrix}=-5t^2-4t>0,$$

解得$-\dfrac{4}{5}<t<0$，从而当$-\dfrac{4}{5}<t<0$时，二次型$f(x_1,x_2,x_3)$为正定二次型.

例 6.18 若$\boldsymbol{A}$为正定矩阵，则$\boldsymbol{A}^{-1}$也为正定矩阵.

解 由于$\boldsymbol{A}$为正定矩阵，根据推论1′知矩阵$\boldsymbol{A}$的特征值$\lambda_1,\lambda_2,\cdots,\lambda_n$均大于零.由于$(\boldsymbol{A}^{-1})^{\mathrm{T}}=(\boldsymbol{A}^{\mathrm{T}})^{-1}=\boldsymbol{A}^{-1}$，故矩阵$\boldsymbol{A}^{-1}$也为实对称矩阵.又$\boldsymbol{A}^{-1}$的特征值为$\dfrac{1}{\lambda_1},\dfrac{1}{\lambda_2},\cdots,\dfrac{1}{\lambda_n}$，均为正数，所以矩阵$\boldsymbol{A}^{-1}$为正定矩阵.

定义 6.4 设$f(x_1,x_2,\cdots,x_n)=\boldsymbol{x}^{\mathrm{T}}\boldsymbol{A}\boldsymbol{x}$是一个实二次型，若对任意非零向量$\boldsymbol{\alpha}=(a_1,a_2,\cdots,a_n)^{\mathrm{T}}\neq\boldsymbol{0}$，都有$f(a_1,a_2,\cdots,a_n)=\boldsymbol{\alpha}^{\mathrm{T}}\boldsymbol{A}\boldsymbol{\alpha}<0$，则称二次型$f$为**负定二次型**，并称实对称矩阵$\boldsymbol{A}$为**负定矩阵**；若对任意非零向量$\boldsymbol{\alpha}=(a_1,a_2,\cdots,a_n)^{\mathrm{T}}\neq\boldsymbol{0}$，都有$f(a_1,a_2,\cdots,a_n)=\boldsymbol{\alpha}^{\mathrm{T}}\boldsymbol{A}\boldsymbol{\alpha}\geqslant 0(\leqslant 0)$，则称二次型$f$为**半正(负)定二次型**，并称实对称矩阵$\boldsymbol{A}$为**半正(负)定矩阵**.不是正定、负定、半正定、半负定的二次型称为**不定二次型**，相应的矩阵称为**不定矩阵**.

由定义可知，$f=\boldsymbol{x}^{\mathrm{T}}\boldsymbol{A}\boldsymbol{x}$为负定二次型的充要条件是$(-f)=\boldsymbol{x}^{\mathrm{T}}(-\boldsymbol{A})\boldsymbol{x}$为正定二次型.由于$(-\boldsymbol{A})$的$k$阶顺序主子式为

$$D_k=\begin{vmatrix} -a_{11} & -a_{12} & \cdots & -a_{1k} \\ -a_{21} & -a_{22} & \cdots & -a_{2k} \\ \vdots & \vdots & & \vdots \\ -a_{k1} & -a_{k2} & \cdots & -a_{kk} \end{vmatrix}=(-1)^k\begin{vmatrix} a_{11} & a_{12} & \cdots & a_{1k} \\ a_{21} & a_{22} & \cdots & a_{2k} \\ \vdots & \vdots & & \vdots \\ a_{k1} & a_{k2} & \cdots & a_{kk} \end{vmatrix},$$

所以 $f=\boldsymbol{x}^{\mathrm{T}}\boldsymbol{A}\boldsymbol{x}$ 为负定二次型（$\boldsymbol{A}$ 为负定矩阵）的充要条件是矩阵 $\boldsymbol{A}$ 的偶数阶顺序主子式大于零，奇数阶顺序主子式小于零.

二次型 $f(x_1,x_2,x_3)=-2x_1^2-5x_2^2-5x_3^2-4x_1x_2+8x_2x_3+4x_1x_3$ 的矩阵

$$\boldsymbol{A}=\begin{pmatrix}-2&-2&2\\-2&-5&4\\2&4&-5\end{pmatrix}.$$

由于 $\boldsymbol{A}$ 的顺序主子式满足

$$a_{11}=-2<0,\quad \begin{vmatrix}-2&-2\\-2&-5\end{vmatrix}=6>0,\quad |\boldsymbol{A}|=-10<0,$$

所以矩阵 $\boldsymbol{A}$ 为负定矩阵，相应的二次型 f 为负定二次型.

习 题 6.3

1. 判断下列二次型的正定性：

(1) $f(x_1,x_2,x_3)=x_1^2+x_2^2+x_3^2-8x_1x_2-4x_2x_3+2x_1x_3$；

(2) $f(x_1,x_2,x_3)=7x_1^2+8x_2^2+6x_3^2-4x_1x_2-4x_2x_3$；

(3) $f(x_1,x_2,x_3)=x_1^2+2x_2^2+5x_3^2-2x_1x_2+4x_1x_3-6x_2x_3$；

(4) $f(x_1,x_2,x_3)=3x_1^2+4x_2^2+5x_3^2+4x_1x_2-4x_2x_3$；

(5) $f(x_1,x_2,x_3)=(x_1+2x_2+x_3)^2+(x_2-x_3)^2$.

2. 确定参数 t 的取值范围，使得下列二次型正定：

(1) $f(x_1,x_2,x_3)=2x_1^2+2x_2^2+5x_3^2-2tx_1x_2$；

(2) $f(x_1,x_2,x_3)=4x_1^2+x_2^2+tx_3^2-2x_1x_2+4x_1x_3-2x_2x_3$；

(3) $f(x_1,x_2,x_3)=5x_1^2+2x_2^2+tx_3^2+4x_1x_2-2x_1x_3-2x_2x_3$.

3. 设 $\boldsymbol{A},\boldsymbol{B}$ 都是 n 阶矩阵，且 $\boldsymbol{A}$ 是正定矩阵，$\boldsymbol{B}$ 是半正定矩阵，证明：$\boldsymbol{A}+\boldsymbol{B}$ 是正定矩阵.

4. 设 $\boldsymbol{A}$ 为正定矩阵，证明：伴随矩阵 $\boldsymbol{A}^*$ 也为正定矩阵.

习 题 六

1. 单项选择题

(1) 设实对称矩阵 $\boldsymbol{A}=\begin{pmatrix}0&2&0\\2&1&-1\\0&-1&2\end{pmatrix}$，则对应的二次型 $f(x_1,x_2,x_3)=\boldsymbol{x}^{\mathrm{T}}\boldsymbol{A}\boldsymbol{x}$ 为________.

A. $x_1^2+2x_2^2+4x_1x_2-2x_2x_3$　　B. $x_2^2+2x_3^2+4x_1x_2-2x_2x_3$

C. $x_1^2+2x_3^2+4x_1x_3-2x_2x_3$　　D. $x_2^2+2x_3^2+2x_1x_2-x_2x_3$

(2) 下列三元二次型中，秩为 2 的二次型为________.

A. $2x_1^2$　　B. $x_1^2+4x_2^2-4x_1x_2$

C. x_1x_2　　D. $x_1^2+x_2^2+2x_1x_2$

(3) 下列二次型中为二次型 $f(x_1,x_2)=2x_1x_2$ 的标准形的是________.

A. $y_1^2+y_2^2$ B. $2y_1^2+2y_2^2$

C. $-y_1^2-y_2^2$ D. $y_1^2-y_2^2$

(4) 下列二次型中为规范形的是________.

A. $y_1^2-y_2^2$ B. $y_1^2-y_2^2+y_3^2$

C. $y_1^2-y_3^2$ D. $y_1^2+2y_2^2+3y_3^2$

(5) 二次型 $f(x_1,x_2,x_3)=x_1^2+x_2^2+x_3^2+2x_1x_2$ 的正惯性指数为________.

A. 0 B. 1 C. 2 D. 3

2. 填空题

(1) 二次型 $f(x_1,x_2,x_3)=x_1^2+x_2^2+x_3^2+2x_1x_2+2x_1x_3+2x_2x_3$ 的秩为________.

(2) 二次型 $f(x_1,x_2)=2x_1^2-6x_1x_2+4x_2^2$ 的规范形为________.

(3) 二次型 $f(x_1,x_2,x_3)=2x_1^2-x_2^2+x_3^2$ 的规范形为________.

(4) 若三元二次型的正惯性指数是2,秩是3,那么其规范型是________.

(5) 若实二次型 $f(x_1,x_2,x_3)=x_1^2+2x_2^2+3x_3^2+2tx_1x_2$ 正定,则 t 的取值范围是________.

(6) 二次型 $f(x_1,x_2,x_3)=\boldsymbol{x}^{\mathrm{T}}\boldsymbol{A}\boldsymbol{x}$ 的矩阵 $\boldsymbol{A}$ 有3个特征值1,−2,4,则二次型 f 在正交变换下的标准形为________.

(7) 设 $\boldsymbol{A}=\begin{pmatrix}1&1&0\\1&a&0\\0&0&a^2\end{pmatrix}$ 是正定矩阵,则 a 满足条件________.

3. 计算题

(1) 设二次型 $f(x_1,x_2,x_3)=4x_1^2+3x_2^2+3x_3^2+2x_2x_3$,求一个正交变换 $\boldsymbol{x}=\boldsymbol{Q}\boldsymbol{y}$,将二次型化为标准形.

(2) 设二次型 $f(x_1,x_2,x_3)=2x_1^2+2x_2^2+2x_3^2+2x_1x_2+2x_1x_3+2x_2x_3$,求一个正交变换 $\boldsymbol{x}=\boldsymbol{Q}\boldsymbol{y}$,将二次型化为标准形.

(3) 设二次型 $f(x_1,x_2,x_3)=3x_1^2+3x_2^2+ax_3^2+2bx_1x_2$,经正交变换 $\boldsymbol{x}=\boldsymbol{Q}\boldsymbol{y}$ 化为标准形 $f=y_1^2+5y_2^2$,求 a,b 的值.

(4) 已知二次型 $f(x_1,x_2,x_3)=2x_1^2+2x_2^2+ax_3^2+2x_2x_3$ 的矩阵 $\boldsymbol{A}$ 的一个特征值为1,求参数 a,并用正交变换化二次型为标准形.

(5) 用配方法化二次型 $f(x_1,x_2,x_3)=2x_1^2+2x_2^2+2x_3^2+2x_1x_2+2x_1x_3+2x_2x_3$ 为标准形.

4. 证明题

(1) 设 $\boldsymbol{A}$ 是 n 阶正定矩阵,$\boldsymbol{E}$ 是 n 阶单位矩阵,证明:$\boldsymbol{A}+\boldsymbol{E}$ 的行列式大于1.

(2) 设 $\boldsymbol{A}$ 为可逆实矩阵,证明:$\boldsymbol{A}^{\mathrm{T}}\boldsymbol{A}$ 是正定矩阵.

习题参考答案与提示

第1章 行 列 式

习 题 1.1

1. 由于系数行列式 $\begin{vmatrix} 2 & 1 \\ -2 & 3 \end{vmatrix}=8\neq 0$,又 $\begin{vmatrix} -2 & 1 \\ 1 & 3 \end{vmatrix}=-7$, $\begin{vmatrix} 2 & -2 \\ -2 & 1 \end{vmatrix}=-2$,

故方程组的唯一解为 $\begin{cases} x_1=-\dfrac{7}{8}, \\ x_2=-\dfrac{1}{4}. \end{cases}$

2. (1) $\cos^2\alpha+\sin^2\alpha=1$. (2) 12. (3) $a_1a_2a_3a_4$. (4) $a_1a_2a_3a_4$.

(5) $-a_1a_2a_3a_4$. (6) $-a_1a_2a_3a_4$. (7) a^4-b^4. (8) $(a^2-b^2)^2$.

3. (1) $(-1)^{n+1}a_1a_2\cdots a_n$. (2) $a^n+(-1)^{n+1}b^n$.

习 题 1.2

1. (1) 61200. 提示:先将第1列的(−1)倍加到第2列上.

(2) 8.

(3) 512.

(4) −192. 提示:将各列的(−1)倍加到第1列.

(5) 160. 提示:先将各列加到第1列.

2. (1) $x=3$ 或 $x=-1$. (2) $x=-2$ 或 $x=1$.

3. −8.

4. (1) 提示:可将各列加到某一列. (2) 提示:可先将各列加到第1列.

(3) 提示:利用性质1和性质2.

5. (1) $(-1)^{n-1}b^{n-1}\left(\sum\limits_{i=1}^{n}a_i-b\right)$. 提示:先将第1行的(−1)倍加到其余各行.

(2) 原式 $=\begin{cases} a_1-b_1, & \text{当 } n=1 \text{ 时}, \\ (a_2-a_1)(b_2-b_1), & \text{当 } n=2 \text{ 时}, \\ 0, & \text{当 } n\geqslant 3 \text{ 时}. \end{cases}$

提示：可先将第 1 行（或第 1 列）的(—1)倍加到其余各行（或各列）上，并注意当行列式的阶数为 1 或 2 时的结果.

习 题 1.3

1. (1) 4. 提示：先将行列式按第 3 列展开.

(2) $(\lambda-8)(\lambda+1)^2$. 提示：先将行列式第 1 列的(—1)倍加到第 3 列.

(3) 6.

2. (1) a^4-b^4. 提示：按第 1 行展开.

(2) $-a^4+b^4$.

3. 提示：从第 4 行起，依次将各行的 x 倍加到上一行，再将得到的行列式按第 1 行展开.

4. 提示：先从第 1 列起，将各列依次加到下一列，再将所得的行列式按第 5 列展开.

(1) 360. (2) $5a_1a_2a_3a_4$.

习 题 1.4

1. -2.

2. (1) $(a^2-b^2)^2$.提示：可按第 1,4 行展开. (2) $-(a^2-b^2)^2$.提示：可按 1,2 行展开.

3. (1) ab. (2) ab. (3) $-ab$.

习 题 1.5

1. (1) $\begin{cases}x_1=-a,\\x_2=b,\\x_3=c.\end{cases}$ (2) $x_1=x_2=x_3=\dfrac{1}{2a+b}$.

2. $k\neq-1$ 且 $k\neq4$.

3. $a=1$ 或 $b=0$.

习 题 一

1. 单项选择题

(1) B.

(2) D. 提示：$D_4=a_{11}M_{11}-a_{12}M_{12}+a_{13}M_{13}-a_{14}M_{14}$.

(3) D. 提示：$f(x)=(-1)A_{12}+xA_{13}$，故常数项为$(-1)A_{12}=4$(一次项系数为 $A_{13}=-4$).

(4) A.

(5) D.

(6) C.

2. 填空题

(1) 0.

(2) 0. 提示:提出某两行(或两列)的公因子.

(3) 24. 提示:按定义展开.

(4) -10. 提示:$A_{23}=-\begin{vmatrix}1 & 2\\ -4 & 2\end{vmatrix}$.

(5) $36d$. 提示:先分别提出第2,3行的公因子2和3,再分别提出第2,3列的公因子2和3.

(6) 6.

(7) 1. 提示:$\begin{vmatrix}x & y & z\\ 5 & 2 & 4\\ 1 & 1 & 1\end{vmatrix}=\begin{vmatrix}x & y & z\\ 3+2 & 0+2 & 2+2\\ 1 & 1 & 1\end{vmatrix}$.

(8) 6. 提示:这是一个3阶范德蒙德行列式.

(9) 2.

(10) 0.

3. 计算题

(1) 0. 提示:先将第2列的(-1)倍加到第1列,再将第3列的(-1)倍加到第2列.

(2) $-2(a^3+b^3)$. 提示:先将第2,3列加到第1列.

(3) 4. 提示:分别将第1行的(-3)倍加到第3行,第2行的(-3)倍加到第4行.

(4) 8. 提示:先将第1行的(-1)倍分别加到其余各行,再按第1列展开.

(5) 6. 提示:先将第4行的(-1)倍分别加到其余各行,再按定义展开.

(6) -2. 提示:分别将第2列的$\left(-\frac{1}{2}\right)$倍,第3列的$\left(-\frac{1}{3}\right)$倍,第4列的$\left(-\frac{1}{4}\right)$倍加到第1列.

(7) $-3a^2$. 提示:先将第1行的$(-a)$倍分别加到其余各行,然后分别将第2,3,4列的$\frac{1}{a}$倍加到第1列.

第2章 矩　　阵

习 题 2.2

1. $\boldsymbol{A}+\boldsymbol{B}=\begin{pmatrix}1 & 1 & 1\\ 1 & 2 & 3\end{pmatrix}$, $\boldsymbol{A}-\boldsymbol{B}=\begin{pmatrix}3 & -1 & -3\\ 5 & 0 & -7\end{pmatrix}$, $2\boldsymbol{A}-3\boldsymbol{B}=\begin{pmatrix}7 & -3 & -8\\ 12 & -1 & -19\end{pmatrix}$.

2. $\boldsymbol{X}=\begin{pmatrix}2 & -2\\ -2 & 2\end{pmatrix}$.

3. (1) $\begin{pmatrix}4 & 6\\ 7 & -1\end{pmatrix}$. (2) $\begin{pmatrix}0 & 0\\ 0 & 0\end{pmatrix}$. (3) 14.

(4) 15. (5) $\begin{pmatrix} a_1b_1 & 0 & 0 \\ 0 & a_2b_2 & 0 \\ 0 & 0 & a_3b_3 \end{pmatrix}$. (6) $\begin{pmatrix} 12 \\ 15 \\ 18 \end{pmatrix}$.

4. (1) 所有与 $\boldsymbol{A}$ 可交换的矩阵,形如 $\begin{pmatrix} a & 0 \\ b & a \end{pmatrix}$,其中 a,b 为任意常数.

(2) 所有与 $\boldsymbol{A}$ 可交换的矩阵,形如 $\begin{pmatrix} a & b & c \\ 0 & a & b \\ 0 & 0 & a \end{pmatrix}$,其中 a,b,c 为任意常数.

提示:(1) 设与 $\boldsymbol{A}$ 可交换的矩阵 $\boldsymbol{X}=\begin{pmatrix} x_{11} & x_{12} \\ x_{21} & x_{22} \end{pmatrix}$,再由 $\boldsymbol{AX}=\boldsymbol{XA}$ 求出 $x_{11}=x_{22}$,$x_{12}=0$.令 $x_{11}=x_{22}=a$,$x_{21}=b$,从而得到所有与 $\boldsymbol{A}$ 可交换的矩阵,形如 $\begin{pmatrix} a & 0 \\ b & a \end{pmatrix}$,其中 a,b 为任意常数.

(2) 与(1) 方法类似.

5. (1) $\begin{pmatrix} 0 & 0 \\ 0 & 0 \end{pmatrix}$. (2) $\begin{pmatrix} 1 & 3n \\ 0 & 1 \end{pmatrix}$. (3) $\begin{pmatrix} a^n & 0 & 0 \\ 0 & b^n & 0 \\ 0 & 0 & c^n \end{pmatrix}$.

(4) $n=1$ 时,为 $\begin{pmatrix} 0 & 1 & 0 \\ 0 & 0 & 1 \\ 0 & 0 & 0 \end{pmatrix}$,$n=2$ 时,为 $\begin{pmatrix} 0 & 0 & 1 \\ 0 & 0 & 0 \\ 0 & 0 & 0 \end{pmatrix}$,$n\geqslant 3$ 时,为 $\begin{pmatrix} 0 & 0 & 0 \\ 0 & 0 & 0 \\ 0 & 0 & 0 \end{pmatrix}$.

6. (1) $\begin{pmatrix} 0 & 0 \\ 0 & 0 \end{pmatrix}$. (2) $\begin{pmatrix} 7 & 1 & 3 \\ 8 & 2 & 3 \\ -2 & 1 & 0 \end{pmatrix}$.

习 题 2.3

1. (1) $\boldsymbol{AB}=\begin{pmatrix} \boldsymbol{B}_{11} & \boldsymbol{B}_{12} \\ \boldsymbol{A}_{21}\boldsymbol{B}_{11}+\boldsymbol{A}_{22} & \boldsymbol{A}_{21}\boldsymbol{B}_{12}+\boldsymbol{A}_{22}\boldsymbol{B}_{22} \end{pmatrix}=\begin{pmatrix} 3 & -2 & 5 \\ -2 & 1 & 3 \\ 7 & -3 & 9 \\ -5 & 4 & -1 \end{pmatrix}$.

(2) $\boldsymbol{AB}=\begin{pmatrix} \boldsymbol{A}_1\boldsymbol{B}_1 & \boldsymbol{A}_1\boldsymbol{B}_2 & \boldsymbol{A}_1\boldsymbol{B}_3 \\ \boldsymbol{A}_2\boldsymbol{B}_1 & \boldsymbol{A}_2\boldsymbol{B}_2 & \boldsymbol{A}_2\boldsymbol{B}_3 \\ \boldsymbol{A}_3\boldsymbol{B}_1 & \boldsymbol{A}_3\boldsymbol{B}_2 & \boldsymbol{A}_3\boldsymbol{B}_3 \end{pmatrix}=\begin{pmatrix} 9 & 0 & 0 \\ 0 & 9 & 0 \\ 0 & 0 & 9 \end{pmatrix}$.

2. (1) $|\boldsymbol{A}_1,2\boldsymbol{A}_2,3\boldsymbol{A}_3|=2\cdot 3\cdot|\boldsymbol{A}_1,\boldsymbol{A}_2,\boldsymbol{A}_3|=6|\boldsymbol{A}|=6\cdot(-2)=-12$.

(2) $|\boldsymbol{A}_1,2\boldsymbol{A}_3,\boldsymbol{A}_2|=2\cdot|\boldsymbol{A}_1,\boldsymbol{A}_3,\boldsymbol{A}_2|=(-2)|\boldsymbol{A}_1,\boldsymbol{A}_2,\boldsymbol{A}_3|=(-2)|\boldsymbol{A}|=4$.

(3) $|\boldsymbol{A}_3-2\boldsymbol{A}_1,3\boldsymbol{A}_2,\boldsymbol{A}_1|=|\boldsymbol{A}_3,3\boldsymbol{A}_2,\boldsymbol{A}_1|=(-3)|\boldsymbol{A}_1,\boldsymbol{A}_2,\boldsymbol{A}_3|=(-3)|\boldsymbol{A}|=6$.

3. $\boldsymbol{ABC}=\begin{pmatrix} 2 & -2 \\ -3 & 2 \end{pmatrix}\Rightarrow|\boldsymbol{ABC}|=\begin{vmatrix} 2 & -2 \\ -3 & 2 \end{vmatrix}=-2$;$|\boldsymbol{A}|\cdot|\boldsymbol{B}|\cdot|\boldsymbol{C}|=2\cdot 1\cdot(-1)=-2$.

4. 提示:$|\boldsymbol{AB}|=\begin{vmatrix} a_{11}b_{11}+a_{12}b_{21} & a_{11}b_{12}+a_{12}b_{22} \\ a_{21}b_{11}+a_{22}b_{21} & a_{21}b_{12}+a_{22}b_{22} \end{vmatrix}$

$$=\begin{vmatrix} a_{11}b_{11} & a_{11}b_{12}+a_{12}b_{22} \\ a_{21}b_{11} & a_{21}b_{12}+a_{22}b_{22} \end{vmatrix}+\begin{vmatrix} a_{12}b_{21} & a_{11}b_{12}+a_{12}b_{22} \\ a_{22}b_{21} & a_{21}b_{12}+a_{22}b_{22} \end{vmatrix}=\cdots.$$

习　题　2.4

1.（1）$\boldsymbol{A}$ 可逆，$\boldsymbol{A}^{-1}=\begin{pmatrix} -1 & 2 \\ 3/2 & -5/2 \end{pmatrix}$.

（2）$|\boldsymbol{A}|=0$，故 $\boldsymbol{A}$ 不可逆.

（3）$\boldsymbol{A}$ 可逆，$\boldsymbol{A}^{-1}=\begin{pmatrix} -1/4 & -5/4 & 3/4 \\ 1/4 & -3/4 & 1/4 \\ 1/2 & 3/2 & -1/2 \end{pmatrix}$.

（4）$\boldsymbol{A}$ 可逆，$\boldsymbol{A}^{-1}=\begin{pmatrix} 1 & 0 & 0 \\ -1/2 & 1/2 & 0 \\ 0 & -1/3 & 1/3 \end{pmatrix}$.

（5）$\boldsymbol{A}$ 可逆，$\boldsymbol{A}^{-1}=\begin{pmatrix} 1 & 0 & 0 \\ 0 & 1/2 & 0 \\ 0 & 0 & 1/3 \end{pmatrix}$.

（6）$\boldsymbol{A}$ 可逆，$\boldsymbol{A}^{-1}=\begin{pmatrix} 0 & 0 & 1/3 \\ 0 & 1/2 & 0 \\ 1 & 0 & 0 \end{pmatrix}$.

2.（1）$\boldsymbol{A}=\begin{pmatrix} -2 & 1 \\ 3/2 & -1/2 \end{pmatrix}$，$\boldsymbol{A}^{*}=\begin{pmatrix} -1/2 & -1 \\ -3/2 & -2 \end{pmatrix}$.

提示：$\boldsymbol{A}=(\boldsymbol{A}^{-1})^{-1}=-\dfrac{1}{2}\begin{pmatrix} 4 & -2 \\ -3 & 1 \end{pmatrix}$；$\boldsymbol{A}^{*}=|\boldsymbol{A}|\boldsymbol{A}^{-1}$，$|\boldsymbol{A}|=\dfrac{1}{|\boldsymbol{A}^{-1}|}=-\dfrac{1}{2}$.

（2）$\boldsymbol{A}=\begin{pmatrix} 4 & -2 \\ -3 & 1 \end{pmatrix}$，$\boldsymbol{A}^{-1}=\begin{pmatrix} -1/2 & -1 \\ -3/2 & -2 \end{pmatrix}$.

提示：$\boldsymbol{A}=(\boldsymbol{A}^{*})^{*}$，$\boldsymbol{A}^{-1}=\dfrac{1}{|\boldsymbol{A}|}\boldsymbol{A}^{*}$，$|\boldsymbol{A}|=|\boldsymbol{A}|^{2-1}=|\boldsymbol{A}^{*}|=-2$.

（3）$\boldsymbol{A}^{*}=\begin{pmatrix} 4 & -2 \\ -3 & 1 \end{pmatrix}$，$(\boldsymbol{A}^{*})^{-1}=\begin{pmatrix} -1/2 & -1 \\ -3/2 & -2 \end{pmatrix}$.

提示：由 $\boldsymbol{A}^{*}=|\boldsymbol{A}|\boldsymbol{A}^{-1}$，可推出$(\boldsymbol{A}^{*})^{-1}=\dfrac{1}{|\boldsymbol{A}|}\boldsymbol{A}$.

3.（1）提示：由于 $\boldsymbol{A}^{3}=\boldsymbol{O}$，并且

$$(\boldsymbol{E}-\boldsymbol{A})(\boldsymbol{E}+\boldsymbol{A}+\boldsymbol{A}^{2})=\boldsymbol{E}+\boldsymbol{A}+\boldsymbol{A}^{2}-\boldsymbol{A}-\boldsymbol{A}^{2}-\boldsymbol{A}^{3}=\boldsymbol{E}-\boldsymbol{O}=\boldsymbol{E},$$

故由定理 2.2 的推论即可得到结论.

（2）由于 $\boldsymbol{A}^{2}=\begin{pmatrix} 0 & 0 & 1 \\ 0 & 0 & 0 \\ 0 & 0 & 0 \end{pmatrix}$，$\boldsymbol{A}^{3}=\begin{pmatrix} 0 & 0 & 0 \\ 0 & 0 & 0 \\ 0 & 0 & 0 \end{pmatrix}$，故由（1）的结果，有

$$(\boldsymbol{E}-\boldsymbol{A})^{-1}=\boldsymbol{E}+\boldsymbol{A}+\boldsymbol{A}^2=\begin{pmatrix}1&1&1\\0&1&1\\0&0&1\end{pmatrix}.$$

4. $\boldsymbol{X}=\boldsymbol{B}\boldsymbol{A}^{-1}=\begin{pmatrix}10&0&1\\20&2&1\end{pmatrix}\begin{pmatrix}1/5&0&0\\0&7&-2\\0&-3&1\end{pmatrix}=\begin{pmatrix}2&-3&1\\4&11&-3\end{pmatrix}.$

5. $\boldsymbol{X}=(\boldsymbol{A}-2\boldsymbol{E})^{-1}\boldsymbol{A}=\begin{pmatrix}1&-4&-3\\1&-5&-3\\-1&6&4\end{pmatrix}\begin{pmatrix}4&2&3\\1&1&0\\-1&2&3\end{pmatrix}=\begin{pmatrix}3&-8&-6\\2&-9&-6\\-2&12&9\end{pmatrix}.$

6. $\boldsymbol{X}=\boldsymbol{A}^{-1}\boldsymbol{B}^{\mathrm{T}}=\begin{pmatrix}3&-3&1\\-6&5&-1\\2&-1&0\end{pmatrix}\begin{pmatrix}1&2&-1\\0&1&2\\0&1&2\end{pmatrix}=\begin{pmatrix}3&4&-7\\-6&-8&14\\2&3&-4\end{pmatrix}.$

7. $k\neq 0$ 时 $\boldsymbol{A}$ 可逆,且 $\boldsymbol{A}^{-1}=\begin{pmatrix}1&0&0\\-1/k&1/k&0\\1/k&-1/k&-1\end{pmatrix}.$

8. 由于 $\boldsymbol{B}=\boldsymbol{P}_1\boldsymbol{A}\boldsymbol{P}_2$,故 $\boldsymbol{B}^{-1}=\boldsymbol{P}_2^{-1}\boldsymbol{A}^{-1}\boldsymbol{P}_1^{-1}=\begin{pmatrix}0&1\\1&0\end{pmatrix}\begin{pmatrix}a_1&a_2\\b_1&b_2\end{pmatrix}\begin{pmatrix}1&-2\\0&1\end{pmatrix}=\begin{pmatrix}b_1&b_2-2b_1\\a_1&a_2-2a_1\end{pmatrix}.$

9. $\boldsymbol{D}^{-1}=\begin{pmatrix}\boldsymbol{A}^{-1}&\boldsymbol{O}\\\boldsymbol{O}&\boldsymbol{B}^{-1}\end{pmatrix}=\begin{pmatrix}1&-1&0&0\\-1&2&0&0\\0&0&-1&3\\0&0&2&-5\end{pmatrix}.$

10. (1) 提示:设 $\boldsymbol{D}^{-1}=\begin{pmatrix}\boldsymbol{X}_{11}&\boldsymbol{X}_{12}\\\boldsymbol{X}_{21}&\boldsymbol{X}_{22}\end{pmatrix}$,由 $\boldsymbol{D}\boldsymbol{D}^{-1}=\boldsymbol{E}$,即

$$\begin{pmatrix}\boldsymbol{O}&\boldsymbol{A}\\\boldsymbol{B}&\boldsymbol{O}\end{pmatrix}\begin{pmatrix}\boldsymbol{X}_{11}&\boldsymbol{X}_{12}\\\boldsymbol{X}_{21}&\boldsymbol{X}_{22}\end{pmatrix}=\begin{pmatrix}\boldsymbol{E}_m&\boldsymbol{O}\\\boldsymbol{O}&\boldsymbol{E}_n\end{pmatrix}.$$

可得到结果.

(2) $\boldsymbol{D}^{-1}=\begin{pmatrix}0&0&1/2&0&0\\0&0&0&1/3&0\\0&0&0&0&1/4\\-2&1&0&0&0\\3/2&-1/2&0&0&0\end{pmatrix}.$

习　题　2.5

1. (1) $\begin{pmatrix}1&0\\0&1\end{pmatrix}$. (2) $\begin{pmatrix}1&0&0\\0&1&0\end{pmatrix}$. (3) $\begin{pmatrix}1&0&0\\0&1&0\\0&0&0\end{pmatrix}$.

2. (1) $\boldsymbol{A}^{-1}=\begin{pmatrix}1&0&0\\-1/2&1/2&0\\0&-1/3&1/3\end{pmatrix}$. (2) $\boldsymbol{A}^{-1}=\begin{pmatrix}1/2&0&0\\0&1/3&0\\0&0&1/4\end{pmatrix}$.

（3）$A^{-1}=\begin{pmatrix}0&0&-1&1\\0&-1&1&0\\-1&1&0&0\\1&0&0&0\end{pmatrix}$.（4）$A^{-1}=\begin{pmatrix}0&0&0&1/4\\0&0&1/3&0\\0&1/2&0&0\\1&0&0&0\end{pmatrix}$.

（5）$A^{-1}=\begin{pmatrix}0&0&0&1/a_4\\1/a_1&0&0&0\\0&1/a_2&0&0\\0&0&1/a_3&0\end{pmatrix}$.

3.（1）$X=\begin{pmatrix}-7&-2&9\\5&1&-5\end{pmatrix}$.

（2）$X=\begin{pmatrix}3&-8&-6\\2&-9&-6\\-2&12&9\end{pmatrix}$.

提示：先将原等式化为$(A-2E)X=A$，由$A-2E$可逆，得到$X=(A-2E)^{-1}A$.

4. $A=\begin{pmatrix}1&2\\-1&-4/3\end{pmatrix}$，$A^{-1}=\begin{pmatrix}-2&-3\\3/2&3/2\end{pmatrix}$.

提示：由已知条件可设$P=\begin{pmatrix}1&0\\0&-3\end{pmatrix}$，并且$PA=B$. 由此得到

$$A=P^{-1}B=\begin{pmatrix}1&0\\0&-1/3\end{pmatrix}\begin{pmatrix}1&2\\3&4\end{pmatrix}=\begin{pmatrix}1&2\\-1&-4/3\end{pmatrix},$$

$$A^{-1}=B^{-1}P=\begin{pmatrix}-2&1\\3/2&-1/2\end{pmatrix}\begin{pmatrix}1&0\\0&-3\end{pmatrix}=\begin{pmatrix}-2&-3\\3/2&3/2\end{pmatrix}.$$

5. $A=\begin{pmatrix}7&2\\15&4\end{pmatrix}$，$A^{-1}=\begin{pmatrix}-2&1\\15/2&-7/2\end{pmatrix}$.

提示：由已知条件可设$Q=\begin{pmatrix}1&0\\-3&1\end{pmatrix}$，并且$AQ=B$，由此得到

$$A=BQ^{-1}=\begin{pmatrix}1&2\\3&4\end{pmatrix}\begin{pmatrix}1&0\\3&1\end{pmatrix}=\begin{pmatrix}7&2\\15&4\end{pmatrix},$$

$$A^{-1}=QB^{-1}=\begin{pmatrix}1&0\\-3&1\end{pmatrix}\begin{pmatrix}-2&1\\3/2&-1/2\end{pmatrix}=\begin{pmatrix}-2&1\\15/2&-7/2\end{pmatrix}.$$

6. $A=\begin{pmatrix}3&10\\1&4\end{pmatrix}$，$A^{-1}=\begin{pmatrix}2&-5\\-1/2&3/2\end{pmatrix}$.

提示：由已知条件可设$P=\begin{pmatrix}0&1\\1&0\end{pmatrix}$，$Q=\begin{pmatrix}1&-2\\0&1\end{pmatrix}$，并且$(PA)Q=C$，由此得到

$$A=P^{-1}CQ^{-1}=\begin{pmatrix}0&1\\1&0\end{pmatrix}\begin{pmatrix}1&2\\3&4\end{pmatrix}\begin{pmatrix}1&2\\0&1\end{pmatrix}=\begin{pmatrix}3&10\\1&4\end{pmatrix},$$

$$A^{-1}=QC^{-1}P=\begin{pmatrix}1&-2\\0&1\end{pmatrix}\begin{pmatrix}-2&1\\3/2&-1/2\end{pmatrix}\begin{pmatrix}0&1\\1&0\end{pmatrix}=\begin{pmatrix}2&-5\\-1/2&3/2\end{pmatrix}.$$

习 题 2.6

1. (1) 3. (2) 2. (3) 3.

2. $r(\boldsymbol{A})=1$.

提示：由于 $a_ib_i \neq 0, i=1,2,3$，故可将 $\boldsymbol{A}$ 经过初等行变换化为阶梯形矩阵. 即先分别用 $\frac{1}{a_1},\frac{1}{a_2},\frac{1}{a_3}$ 乘以 $\boldsymbol{A}$ 的第 1,2,3 行，有

$$\boldsymbol{A}=\begin{pmatrix} a_1b_1 & a_1b_2 & a_1b_3 \\ a_2b_1 & a_2b_2 & a_2b_3 \\ a_3b_1 & a_3b_2 & a_3b_3 \end{pmatrix} \to \begin{pmatrix} b_1 & b_2 & b_3 \\ b_1 & b_2 & b_3 \\ b_1 & b_2 & b_3 \end{pmatrix} \to \begin{pmatrix} b_1 & b_2 & b_3 \\ 0 & 0 & 0 \\ 0 & 0 & 0 \end{pmatrix}.$$

3. $r(\boldsymbol{AB})=2$.

提示：由于 $|\boldsymbol{B}|=10 \neq 0$，故 $\boldsymbol{B}$ 可逆. 由定理 2.8 知 $r(\boldsymbol{AB})=r(\boldsymbol{A})=2$.

习 题 二

1. 单项选择题

(1) B. 提示：注意矩阵可乘的条件.

(2) A. 提示：注意矩阵的数乘与行列式提公因子的关系，以及 $|\boldsymbol{A}^{-1}|=\frac{1}{|\boldsymbol{A}|}$，故

$$|-2\boldsymbol{A}^{-1}|=(-2)^3|\boldsymbol{A}^{-1}|=\cdots.$$

(3) A. 提示：本题有两种解法：$\left|\left(\frac{1}{2}\boldsymbol{A}\right)^{-1}\right|=|2\boldsymbol{A}^{-1}|=2^3|\boldsymbol{A}^{-1}|=\cdots$，或 $\left|\left(\frac{1}{2}\boldsymbol{A}\right)^{-1}\right|=\frac{1}{\left|\frac{1}{2}\boldsymbol{A}\right|}=\frac{8}{|\boldsymbol{A}|}=\cdots$.

(4) C. 提示：$\boldsymbol{A}^{-1}=\frac{1}{|\boldsymbol{A}|}\boldsymbol{A}^*=(-1)\begin{pmatrix} d & -b \\ -c & a \end{pmatrix}=\cdots$. 注意不要丢了 $\boldsymbol{A}^*$ 的系数 $\frac{1}{|\boldsymbol{A}|}$，并注意 $\boldsymbol{A}^*$ 的结构.

(5) D. 提示：$(2\boldsymbol{A})^{-1}=\frac{1}{2}\boldsymbol{A}^{-1}=\begin{pmatrix} 1 & 2 \\ 3 & 4 \end{pmatrix} \Rightarrow \boldsymbol{A}^{-1}=2\cdot\begin{pmatrix} 1 & 2 \\ 3 & 4 \end{pmatrix}$.

(6) C. 提示：$|\boldsymbol{A}^*|=|\boldsymbol{A}|^{3-1}$.

(7) C. 提示：矩阵乘法一般不满足交换律，但单位矩阵与任意同阶矩阵可交换；当 $\boldsymbol{AB}=\boldsymbol{O}$ 时，不一定必有 $\boldsymbol{A}=\boldsymbol{O}$ 或 $\boldsymbol{B}=\boldsymbol{O}$.

(8) D. 提示：注意可逆矩阵的性质.

(9) D. 提示：由 $\boldsymbol{ABC}=\boldsymbol{E} \Rightarrow \boldsymbol{B}=\boldsymbol{A}^{-1}\boldsymbol{E}\boldsymbol{C}^{-1}=\boldsymbol{A}^{-1}\boldsymbol{C}^{-1}$，从而 $\boldsymbol{B}^{-1}=\boldsymbol{CA}$.

(10) D. （提示：由 $\boldsymbol{ABC}=\boldsymbol{E} \Rightarrow (\boldsymbol{AB})\boldsymbol{C}=\boldsymbol{E}$，故必有 $\boldsymbol{C}(\boldsymbol{AB})=\boldsymbol{E}$，即 $\boldsymbol{CAB}=\boldsymbol{E}$；或由 $\boldsymbol{ABC}=\boldsymbol{E} \Rightarrow \boldsymbol{A}(\boldsymbol{BC})=\boldsymbol{E}$，故必有 $(\boldsymbol{BC})\boldsymbol{A}=\boldsymbol{E}$，即 $\boldsymbol{BCA}=\boldsymbol{E}$.

(11) A. 提示：注意分块矩阵的行列式：$|\boldsymbol{A}+\boldsymbol{B}|=|\boldsymbol{\alpha}_1+\boldsymbol{\alpha}_2,2\boldsymbol{\beta},2\boldsymbol{\gamma}|=4|\boldsymbol{\alpha}_1+\boldsymbol{\alpha}_2,\boldsymbol{\beta},\boldsymbol{\gamma}|=$

$4(|\boldsymbol{\alpha}_1,\boldsymbol{\beta},\boldsymbol{\gamma}|+|\boldsymbol{\alpha}_2,\boldsymbol{\beta},\boldsymbol{\gamma}|)=4(|\boldsymbol{A}|+|\boldsymbol{B}|)$.

(12) B. 提示:用初等矩阵 $\boldsymbol{P}$ 左乘 $\boldsymbol{A}$,相当于对 $\boldsymbol{A}$ 做初等行变换.

(13) B. 提示:两个 3 阶矩阵等价的充要条件是它们有相同的秩.

2. 填空题

(1) $\begin{pmatrix}-2 & -1\\ 2 & 0\end{pmatrix}$.

(2) 4. 提示:此类题一般不用先计算乘积 $\boldsymbol{A}^{\mathrm{T}}\boldsymbol{A}$,而是由 $|\boldsymbol{A}^{\mathrm{T}}\boldsymbol{A}|=|\boldsymbol{A}^{\mathrm{T}}|\cdot|\boldsymbol{A}|=|\boldsymbol{A}|^2$ 求出.

(3) -54. 提示:$|\boldsymbol{AB}|=|\boldsymbol{A}|\cdot|\boldsymbol{B}|=|\boldsymbol{A}|\cdot|-3\boldsymbol{E}|=(-3)^3|\boldsymbol{A}|\cdot|\boldsymbol{E}|=\cdots$.

(4) $\begin{pmatrix}0 & -5 & 2\\ 0 & 3 & -1\\ 1/2 & 0 & 0\end{pmatrix}$. 提示:利用分块矩阵 $\begin{pmatrix}\boldsymbol{O} & \boldsymbol{A}\\ \boldsymbol{B} & \boldsymbol{O}\end{pmatrix}^{-1}=\begin{pmatrix}\boldsymbol{O} & \boldsymbol{B}^{-1}\\ \boldsymbol{A}^{-1} & \boldsymbol{O}\end{pmatrix}$,有

$$(\boldsymbol{A}^{\mathrm{T}})^{-1}=\begin{pmatrix}0 & 0 & 2\\ 1 & 2 & 0\\ 3 & 5 & 0\end{pmatrix}^{-1}=\begin{pmatrix}0 & -5 & 2\\ 0 & 3 & -1\\ 1/2 & 0 & 0\end{pmatrix}.$$

(5) $\begin{pmatrix}6 & 0 & 0\\ 0 & 6 & 0\\ 0 & 0 & 6\end{pmatrix}$ 或 $6\boldsymbol{E}_3$. 提示:$\boldsymbol{A}^*\boldsymbol{A}=|\boldsymbol{A}|\boldsymbol{E}$.

(6) $\begin{pmatrix}1 & 2\\ 1/2 & 3/2\end{pmatrix}$. 提示:$(\boldsymbol{A}^*)^{-1}=\dfrac{1}{|\boldsymbol{A}|}\boldsymbol{A}$.

(7) r. 提示:用可逆矩阵 $\boldsymbol{C}$ 右乘矩阵 $\boldsymbol{A}$,相当于对 $\boldsymbol{A}$ 做一系列初等列变换,而初等列变换不改变 $\boldsymbol{A}$ 的秩.

(8) 2. 提示:$\boldsymbol{B}=\boldsymbol{A}-\boldsymbol{E}=\begin{pmatrix}0 & 0 & 1\\ 0 & 1 & 0\\ 0 & 0 & 0\end{pmatrix}$.

(9) $-\dfrac{1}{2}$. 提示:若 3 阶矩阵的秩 $\mathrm{r}(\boldsymbol{A})<3$,则 $|\boldsymbol{A}|=0$,由 $|\boldsymbol{A}|=\begin{vmatrix}1 & a & a\\ a & 1 & a\\ a & a & 1\end{vmatrix}=(1+2a)(1-a)^2=0$,推出 $a=-\dfrac{1}{2}$ 或 $a=1$. 而当 $a=1$ 时 $\mathrm{r}(\boldsymbol{A})=1$,因此必有 $a=-\dfrac{1}{2}$.

3. 计算题

(1) $\boldsymbol{A}^{-1}=\begin{pmatrix}2 & -1 & -1\\ 2 & -2 & -1\\ -1 & 1 & 1\end{pmatrix}$,$\boldsymbol{X}=\boldsymbol{A}^{-1}\boldsymbol{B}=\begin{pmatrix}5 & -2 & -2\\ 4 & -3 & -2\\ -2 & 2 & 3\end{pmatrix}$.

(2) $|\boldsymbol{B}|=\dfrac{1}{2}$. 提示:原矩阵等式可化为 $\boldsymbol{B}(\boldsymbol{A}-\boldsymbol{E})=\boldsymbol{E}$,其中 $\boldsymbol{A}-\boldsymbol{E}$ 可逆,故 $\boldsymbol{B}=(\boldsymbol{A}-\boldsymbol{E})^{-1}$,因此 $|\boldsymbol{B}|=\dfrac{1}{|\boldsymbol{A}-\boldsymbol{E}|}$.

(3) $\boldsymbol{B}=\boldsymbol{A}+\boldsymbol{E}=\begin{pmatrix}2 & 0 & -1\\ 0 & 3 & 0\\ -1 & 0 & 2\end{pmatrix}$. 提示:先将原矩阵等式化为 $\boldsymbol{AB}-\boldsymbol{B}=\boldsymbol{A}^2-\boldsymbol{E}$,则有

$(A-E)B=(A-E)(A+E)$，其中 $A-E$ 可逆，由此得到 $B=A+E$.

(4) $-\frac{16}{27}$. 提示：方法 1 利用 $A^{-1}=\frac{1}{|A|}A^*$，可得 $(3A)^{-1}=\frac{1}{3}A^{-1}=\frac{1}{3|A|}A^*=\frac{2}{3}A^*$，故 $\left|(3A)^{-1}-2A^*\right|=\left|\frac{2}{3}A^*-2A^*\right|=\left|-\frac{4}{3}A^*\right|=\left(-\frac{4}{3}\right)^3|A|^2=\cdots$.

方法 2 由 $A^*=|A|A^{-1}$，得到 $2A^*=2|A|A^{-1}=A^{-1}$，故

$$\left|(3A)^{-1}-2A^*\right|=\left|\frac{1}{3}A^{-1}-A^{-1}\right|=\left|-\frac{2}{3}A^{-1}\right|=\left(-\frac{2}{3}\right)^3|A^{-1}|=\cdots.$$

4. 证明题

(1) 提示：由 $(A+E)^2=O$，即 $A^2+2A+E=O$，可推出 $A(-A-2E)=E$.

(2) 提示：方法 1 设 $A=\begin{pmatrix}a_{11}&a_{12}&a_{13}\\0&a_{22}&a_{23}\\0&0&a_{33}\end{pmatrix}$，其中 $|A|=a_{11}a_{22}a_{33}\neq 0$.由 $A^{-1}=\frac{1}{|A|}A^*=\frac{1}{|A|}\begin{pmatrix}A_{11}&A_{21}&A_{31}\\A_{12}&A_{22}&A_{32}\\A_{13}&A_{23}&A_{33}\end{pmatrix}$，计算其中的 $A_{12}=A_{13}=A_{23}=0$；

方法 2 设 $A^{-1}=\begin{pmatrix}b_{11}&b_{12}&b_{13}\\b_{21}&b_{22}&b_{23}\\b_{31}&b_{32}&b_{33}\end{pmatrix}$，由 $AA^{-1}=E_3$ 推出 $b_{21}=b_{31}=b_{32}=0$.

(3) 提示：由对称矩阵定义，即 A 为对称矩阵 $\Leftrightarrow A^{\mathrm{T}}=A$.

(4) 提示：由于 $|A|\neq 0$，以及 $AA^*=|A|E$，得到 $|AA^*|=\big||A|E\big|$，即 $|A|\cdot|A^*|=|A|^n$，推出 $|A^*|=|A|^{n-1}$.

(5) 提示：用反证法，即如果 $|A|\neq 0$，则 A 可逆，用 A^{-1} 左乘等式 $A^2=A$ 两边，得到 $A^{-1}A^2=A^{-1}A$，推出 $A=E$，与已知条件矛盾.

(6) 提示：由于 A,B 都是 n 阶可逆矩阵，则 AB 也是 n 阶可逆矩阵，且有 $A^{-1}=\frac{1}{|A|}A^*$，$B^{-1}=\frac{1}{|B|}B^*$，$(AB)^{-1}=\frac{1}{|AB|}(AB)^*$，由此推出

$$A^*=|A|A^{-1},\quad B^*=|B|B^{-1},\quad (AB)^*=|AB|(AB)^{-1}=\cdots=B^*A^*.$$

第3章 向量空间

习 题 3.2

1. $\boldsymbol{\beta}=2\boldsymbol{\alpha}_1+3\boldsymbol{\alpha}_2+4\boldsymbol{\alpha}_3$.

2. (1) 线性无关. (2) 线性相关. (3) 线性无关. (4) 线性相关.

3. 当 $k=3$ 或 $k=-2$ 时，$\boldsymbol{\alpha}_1,\boldsymbol{\alpha}_2,\boldsymbol{\alpha}_3$ 线性相关；当 $k\neq 3$ 并且 $k\neq -2$ 时，$\boldsymbol{\alpha}_1,\boldsymbol{\alpha}_2,\boldsymbol{\alpha}_3$ 线性无

关. 提示:计算行列式$|\boldsymbol{\alpha}_1,\boldsymbol{\alpha}_2,\boldsymbol{\alpha}_3|$.

4. 提示:证明方法与例3.6相同.

5. 提示:证明方法与例3.6相同.

6. 提示:设有$l_1\boldsymbol{\beta}+l_2\boldsymbol{\alpha}_2=\mathbf{0}$,再将$\boldsymbol{\beta}=k_1\boldsymbol{\alpha}_1+k_2\boldsymbol{\alpha}_2$代入前式,有

$$l_1(k_1\boldsymbol{\alpha}_1+k_2\boldsymbol{\alpha}_2)+l_2\boldsymbol{\alpha}_2=\mathbf{0},$$

可整理为

$$l_1k_1\boldsymbol{\alpha}_1+(l_1k_2+l_2)\boldsymbol{\alpha}_2=\mathbf{0}.$$

已知$\boldsymbol{\alpha}_1,\boldsymbol{\alpha}_2$线性无关,故由上式可推出$\begin{cases}l_1k_1=0,\\ l_1k_2+l_2=0.\end{cases}$由于$k_1\neq 0$,可得到$l_1=l_2=0$.

习　题　3.3

1. 提示:可利用分块矩阵乘法表示向量组之间的线性表出. 例如,可设

$$(\boldsymbol{\alpha}_1,\boldsymbol{\alpha}_2,\boldsymbol{\alpha}_3)=(\boldsymbol{\beta}_1,\boldsymbol{\beta}_2)\begin{pmatrix}a_{11}&a_{12}&a_{13}\\a_{21}&a_{22}&a_{23}\end{pmatrix},\quad (\boldsymbol{\beta}_1,\boldsymbol{\beta}_2)=(\boldsymbol{\gamma}_1,\boldsymbol{\gamma}_2,\boldsymbol{\gamma}_3)\begin{pmatrix}b_{11}&b_{12}\\b_{21}&b_{22}\\b_{31}&b_{32}\end{pmatrix}.$$

将后式代入前式,有

$$(\boldsymbol{\alpha}_1,\boldsymbol{\alpha}_2,\boldsymbol{\alpha}_3)=(\boldsymbol{\gamma}_1,\boldsymbol{\gamma}_2,\boldsymbol{\gamma}_3)\begin{pmatrix}b_{11}&b_{12}\\b_{21}&b_{22}\\b_{31}&b_{32}\end{pmatrix}\begin{pmatrix}a_{11}&a_{12}&a_{13}\\a_{21}&a_{22}&a_{23}\end{pmatrix}=\cdots.$$

2. (1) 等价. (2) 不等价. 提示:由于$\boldsymbol{\alpha}_1,\boldsymbol{\alpha}_2$不能由$\boldsymbol{\beta}_1,\boldsymbol{\beta}_2$线性表出.

3. 提示:由所给表示式可得

$$\boldsymbol{\alpha}_1=\frac{1}{2}\boldsymbol{\beta}_1+\frac{1}{2}\boldsymbol{\beta}_2,\quad \boldsymbol{\alpha}_2=\frac{1}{2}\boldsymbol{\beta}_2+\frac{1}{2}\boldsymbol{\beta}_3,\quad \boldsymbol{\alpha}_3=\frac{1}{2}\boldsymbol{\beta}_1+\frac{1}{2}\boldsymbol{\beta}_3.$$

4. 提示:由已知条件可求出:

$$\boldsymbol{\alpha}_1=\boldsymbol{\varepsilon}_1,\quad \boldsymbol{\alpha}_2=\boldsymbol{\varepsilon}_1+\boldsymbol{\varepsilon}_2,\quad \cdots,\quad \boldsymbol{\alpha}_n=\boldsymbol{\varepsilon}_1+\boldsymbol{\varepsilon}_2+\cdots+\boldsymbol{\varepsilon}_n;$$

$$\boldsymbol{\varepsilon}_1=\boldsymbol{\alpha}_1,\quad \boldsymbol{\varepsilon}_2=\boldsymbol{\alpha}_2-\boldsymbol{\alpha}_1,\quad \cdots,\quad \boldsymbol{\varepsilon}_n=\boldsymbol{\alpha}_n-\boldsymbol{\alpha}_{n-1}.$$

5. 提示:由于$\boldsymbol{\beta}$可由$\boldsymbol{\alpha}_1,\boldsymbol{\alpha}_2,\boldsymbol{\alpha}_3$线性表出,故可设

$$\boldsymbol{\beta}=k_1\boldsymbol{\alpha}_1+k_2\boldsymbol{\alpha}_2+k_3\boldsymbol{\alpha}_3,$$

但$\boldsymbol{\beta}$不能由$\boldsymbol{\alpha}_1,\boldsymbol{\alpha}_2$线性表出,从而上式中必有$k_3\neq 0,\cdots$.

6. 提示:用反证法. 假设$\boldsymbol{\alpha}_1,\boldsymbol{\alpha}_2,\cdots,\boldsymbol{\alpha}_s,\boldsymbol{\beta}$线性相关,则必存在不全为0的常数$k_1,k_2,\cdots,k_s,k_{s+1}$,使得

$$k_1\boldsymbol{\alpha}_1+k_2\boldsymbol{\alpha}_2+\cdots+k_s\boldsymbol{\alpha}_s+k_{s+1}\boldsymbol{\beta}=\mathbf{0},\qquad ①$$

其中,如果$k_{s+1}\neq 0$,则推出$\boldsymbol{\beta}$可由$\boldsymbol{\alpha}_1,\boldsymbol{\alpha}_2,\cdots,\boldsymbol{\alpha}_s$线性表出,与已知条件矛盾.如果$k_{s+1}=0$,则①式化为

$$k_1\boldsymbol{\alpha}_1+k_2\boldsymbol{\alpha}_2+\cdots+k_s\boldsymbol{\alpha}_s=\mathbf{0},$$

其中,$k_1,k_2,\cdots,k_s$不全为0,由此推出$\boldsymbol{\alpha}_1,\boldsymbol{\alpha}_2,\cdots,\boldsymbol{\alpha}_s$线性相关,也与已知条件矛盾. 因此向量组$\boldsymbol{\alpha}_1,\boldsymbol{\alpha}_2,\cdots,\boldsymbol{\alpha}_s,\boldsymbol{\beta}$必线性无关.

7. 提示:用反证法. 假设向量组$\boldsymbol{\alpha}_1,\boldsymbol{\alpha}_2,\cdots,\boldsymbol{\alpha}_s$中存在$r$个向量线性无关,但不是该向量组

的极大无关组,不妨设这 r 个向量为 $\boldsymbol{\alpha}_1,\boldsymbol{\alpha}_2,\cdots,\boldsymbol{\alpha}_r$. 由于 $r<s$,则在向量 $\boldsymbol{\alpha}_{r+1},\cdots,\boldsymbol{\alpha}_s$ 中至少存在一个向量 $\boldsymbol{\alpha}_j$ 不能由 $\boldsymbol{\alpha}_1,\boldsymbol{\alpha}_2,\cdots,\boldsymbol{\alpha}_r$ 线性表出,又 $\boldsymbol{\alpha}_1,\boldsymbol{\alpha}_2,\cdots,\boldsymbol{\alpha}_r$ 线性无关,因此由第 6 题结论可知 $\boldsymbol{\alpha}_1,\boldsymbol{\alpha}_2,\cdots,\boldsymbol{\alpha}_r,\boldsymbol{\alpha}_j$ 仍线性无关. 由此推出 $\mathrm{r}(\boldsymbol{\alpha}_1,\boldsymbol{\alpha}_2,\cdots,\boldsymbol{\alpha}_s)\geqslant r+1$,与已知条件矛盾.

8. (1) $\boldsymbol{\alpha}_1,\boldsymbol{\alpha}_2$ 为一个极大无关组,$\boldsymbol{\alpha}_3=-3\boldsymbol{\alpha}_1+2\boldsymbol{\alpha}_2$.

(2) $\boldsymbol{\beta}_1,\boldsymbol{\beta}_2,\boldsymbol{\beta}_3$ 线性无关,从而极大无关组即为该向量组自身.

(3) $\boldsymbol{\gamma}_1,\boldsymbol{\gamma}_2$ 为一个极大无关组,$\boldsymbol{\gamma}_3=-\boldsymbol{\gamma}_1+2\boldsymbol{\gamma}_2$,$\boldsymbol{\gamma}_4=-2\boldsymbol{\gamma}_1+3\boldsymbol{\gamma}_2$.

9. (1) 提示:由于向量组 $\boldsymbol{\alpha}_1,\boldsymbol{\alpha}_2,\cdots,\boldsymbol{\alpha}_s$ 可由向量组 $\boldsymbol{\beta}_1,\boldsymbol{\beta}_2,\cdots,\boldsymbol{\beta}_t$ 线性表出,故向量组 $\boldsymbol{\alpha}_1,\boldsymbol{\alpha}_2,\cdots,\boldsymbol{\alpha}_s,\boldsymbol{\beta}_1,\boldsymbol{\beta}_2,\cdots,\boldsymbol{\beta}_t$ 可由向量组 $\boldsymbol{\beta}_1,\boldsymbol{\beta}_2,\cdots,\boldsymbol{\beta}_t$ 线性表出. 而向量组 $\boldsymbol{\beta}_1,\boldsymbol{\beta}_2,\cdots,\boldsymbol{\beta}_t$ 显然可由 $\boldsymbol{\alpha}_1,\boldsymbol{\alpha}_2,\cdots,\boldsymbol{\alpha}_s,\boldsymbol{\beta}_1,\boldsymbol{\beta}_2,\cdots,\boldsymbol{\beta}_t$ 线性表出,即有 $\{\boldsymbol{\alpha}_1,\boldsymbol{\alpha}_2,\cdots,\boldsymbol{\alpha}_s,\boldsymbol{\beta}_1,\boldsymbol{\beta}_2,\cdots,\boldsymbol{\beta}_t\}\cong\{\boldsymbol{\beta}_1,\boldsymbol{\beta}_2,\cdots,\boldsymbol{\beta}_t\}$,因此 $\mathrm{r}(\boldsymbol{\alpha}_1,\boldsymbol{\alpha}_2,\cdots,\boldsymbol{\alpha}_s,\boldsymbol{\beta}_1,\boldsymbol{\beta}_2,\cdots,\boldsymbol{\beta}_t)=\mathrm{r}(\boldsymbol{\beta}_1,\boldsymbol{\beta}_2,\cdots,\boldsymbol{\beta}_t)$.

(2) 提示:设 $\mathrm{r}(\boldsymbol{\alpha}_1,\boldsymbol{\alpha}_2,\cdots,\boldsymbol{\alpha}_s)=\mathrm{r}(\boldsymbol{\beta}_1,\boldsymbol{\beta}_2,\cdots,\boldsymbol{\beta}_t)=r$,并不妨设 $\boldsymbol{\alpha}_1,\boldsymbol{\alpha}_2,\cdots,\boldsymbol{\alpha}_r$ 为向量组 $\boldsymbol{\alpha}_1,\boldsymbol{\alpha}_2,\cdots,\boldsymbol{\alpha}_s$ 的一个极大无关组,又由(1) 的结论知

$$\mathrm{r}(\boldsymbol{\alpha}_1,\boldsymbol{\alpha}_2,\cdots,\boldsymbol{\alpha}_s)=\mathrm{r}(\boldsymbol{\beta}_1,\boldsymbol{\beta}_2,\cdots,\boldsymbol{\beta}_t)=\mathrm{r}(\boldsymbol{\alpha}_1,\boldsymbol{\alpha}_2,\cdots,\boldsymbol{\alpha}_s,\boldsymbol{\beta}_1,\boldsymbol{\beta}_2,\cdots,\boldsymbol{\beta}_t).$$

因此 $\boldsymbol{\alpha}_1,\boldsymbol{\alpha}_2,\cdots,\boldsymbol{\alpha}_r$ 也是向量组 $\boldsymbol{\alpha}_1,\boldsymbol{\alpha}_2,\cdots,\boldsymbol{\alpha}_s,\boldsymbol{\beta}_1,\boldsymbol{\beta}_2,\cdots,\boldsymbol{\beta}_t$ 的一个极大无关组,从而 $\boldsymbol{\beta}_1,\boldsymbol{\beta}_2,\cdots,\boldsymbol{\beta}_t$ 可由 $\boldsymbol{\alpha}_1,\boldsymbol{\alpha}_2,\cdots,\boldsymbol{\alpha}_r$ 线性表出,因而 $\boldsymbol{\beta}_1,\boldsymbol{\beta}_2,\cdots,\boldsymbol{\beta}_t$ 可由 $\boldsymbol{\alpha}_1,\boldsymbol{\alpha}_2,\cdots,\boldsymbol{\alpha}_s$ 线性表出.

10. 提示:不妨设 $\boldsymbol{\alpha}_1,\boldsymbol{\alpha}_2,\cdots,\boldsymbol{\alpha}_m$ 与 $\boldsymbol{\beta}_1,\boldsymbol{\beta}_2,\cdots,\boldsymbol{\beta}_t$ 分别为向量组 $\boldsymbol{\alpha}_1,\boldsymbol{\alpha}_2,\cdots,\boldsymbol{\alpha}_s$ 和 $\boldsymbol{\beta}_1,\boldsymbol{\beta}_2,\cdots,\boldsymbol{\beta}_s$ 的一个极大无关组,则

(1) $\boldsymbol{\alpha}_1,\boldsymbol{\alpha}_2,\cdots,\boldsymbol{\alpha}_s,\boldsymbol{\beta}_1,\boldsymbol{\beta}_2,\cdots,\boldsymbol{\beta}_s$ 可由 $\boldsymbol{\alpha}_1,\boldsymbol{\alpha}_2,\cdots,\boldsymbol{\alpha}_m,\boldsymbol{\beta}_1,\boldsymbol{\beta}_2,\cdots,\boldsymbol{\beta}_t$ 线性表出,因此

$$\mathrm{r}(\boldsymbol{\alpha}_1,\boldsymbol{\alpha}_2,\cdots,\boldsymbol{\alpha}_s,\boldsymbol{\beta}_1,\boldsymbol{\beta}_2,\cdots,\boldsymbol{\beta}_s)\leqslant\mathrm{r}(\boldsymbol{\alpha}_1,\boldsymbol{\alpha}_2,\cdots,\boldsymbol{\alpha}_m,\boldsymbol{\beta}_1,\boldsymbol{\beta}_2,\cdots,\boldsymbol{\beta}_t)\leqslant m+t.$$

(2) $\boldsymbol{\alpha}_1+\boldsymbol{\beta}_1,\boldsymbol{\alpha}_2+\boldsymbol{\beta}_2,\cdots,\boldsymbol{\alpha}_s+\boldsymbol{\beta}_s$ 可由 $\boldsymbol{\alpha}_1,\boldsymbol{\alpha}_2,\cdots,\boldsymbol{\alpha}_m,\boldsymbol{\beta}_1,\boldsymbol{\beta}_2,\cdots,\boldsymbol{\beta}_t$ 线性表出,因此

$$\mathrm{r}(\boldsymbol{\alpha}_1+\boldsymbol{\beta}_1,\boldsymbol{\alpha}_2+\boldsymbol{\beta}_2,\cdots,\boldsymbol{\alpha}_s+\boldsymbol{\beta}_s)\leqslant\mathrm{r}(\boldsymbol{\alpha}_1,\boldsymbol{\alpha}_2,\cdots,\boldsymbol{\alpha}_m,\boldsymbol{\beta}_1,\boldsymbol{\beta}_2,\cdots,\boldsymbol{\beta}_t)\leqslant m+t.$$

习　题　3.4

1. 提示:设 $\mathrm{r}(\boldsymbol{A})=s$,$\mathrm{r}(\boldsymbol{B})=t$,并设 $\boldsymbol{\alpha}_{i_1},\boldsymbol{\alpha}_{i_2},\cdots,\boldsymbol{\alpha}_{i_s}$ 为 $\boldsymbol{A}$ 的列向量组 $\boldsymbol{\alpha}_1,\boldsymbol{\alpha}_2,\cdots,\boldsymbol{\alpha}_n$ 的一个极大无关组,$\boldsymbol{\beta}_{j_1},\boldsymbol{\beta}_{j_2},\cdots,\boldsymbol{\beta}_{j_t}$ 为 $\boldsymbol{B}$ 的列向量组 $\boldsymbol{\beta}_1,\boldsymbol{\beta}_2,\cdots,\boldsymbol{\beta}_n$ 的一个极大无关组. 因此 $\boldsymbol{A}-\boldsymbol{B}$ 的列向量组 $\boldsymbol{\alpha}_1-\boldsymbol{\beta}_1,\boldsymbol{\alpha}_2-\boldsymbol{\beta}_2,\cdots,\boldsymbol{\alpha}_n-\boldsymbol{\beta}_n$ 可由 $\boldsymbol{\alpha}_{i_1},\boldsymbol{\alpha}_{i_2},\cdots,\boldsymbol{\alpha}_{i_s},\boldsymbol{\beta}_{j_1},\boldsymbol{\beta}_{j_2},\cdots,\boldsymbol{\beta}_{j_t}$ 线性表出,从而

$$\mathrm{r}(\boldsymbol{\alpha}_1-\boldsymbol{\beta}_1,\boldsymbol{\alpha}_2-\boldsymbol{\beta}_2,\cdots,\boldsymbol{\alpha}_n-\boldsymbol{\beta}_n)\leqslant\mathrm{r}(\boldsymbol{\alpha}_{i_1},\boldsymbol{\alpha}_{i_2},\cdots,\boldsymbol{\alpha}_{i_s},\boldsymbol{\beta}_{j_1},\boldsymbol{\beta}_{j_2},\cdots,\boldsymbol{\beta}_{j_t})\leqslant s+t,$$

即 $\mathrm{r}(\boldsymbol{A}-\boldsymbol{B})\leqslant\mathrm{r}(\boldsymbol{A})+\mathrm{r}(\boldsymbol{B})$.

2. 提示:由于 $\boldsymbol{\alpha}_1,\boldsymbol{\alpha}_2,\cdots,\boldsymbol{\alpha}_s$ 可由 $\boldsymbol{\alpha}_1,\boldsymbol{\alpha}_2,\cdots,\boldsymbol{\alpha}_s,\boldsymbol{\beta}_1,\boldsymbol{\beta}_2,\cdots,\boldsymbol{\beta}_t$ 线性表出,故

$$\mathrm{r}(\boldsymbol{\alpha}_1,\boldsymbol{\alpha}_2,\cdots,\boldsymbol{\alpha}_s)\leqslant\mathrm{r}(\boldsymbol{\alpha}_1,\boldsymbol{\alpha}_2,\cdots,\boldsymbol{\alpha}_s,\boldsymbol{\beta}_1,\boldsymbol{\beta}_2,\cdots,\boldsymbol{\beta}_t),$$

即 $\mathrm{r}(\boldsymbol{A})\leqslant\mathrm{r}(\boldsymbol{C})$. 又 $\boldsymbol{\beta}_1,\boldsymbol{\beta}_2,\cdots,\boldsymbol{\beta}_t$ 可由 $\boldsymbol{\alpha}_1,\boldsymbol{\alpha}_2,\cdots,\boldsymbol{\alpha}_s,\boldsymbol{\beta}_1,\boldsymbol{\beta}_2,\cdots,\boldsymbol{\beta}_t$ 线性表出,故

$$\mathrm{r}(\boldsymbol{\beta}_1,\boldsymbol{\beta}_2,\cdots,\boldsymbol{\beta}_t)\leqslant\mathrm{r}(\boldsymbol{\alpha}_1,\boldsymbol{\alpha}_2,\cdots,\boldsymbol{\alpha}_s,\boldsymbol{\beta}_1,\boldsymbol{\beta}_2,\cdots,\boldsymbol{\beta}_t),$$

即 $\mathrm{r}(\boldsymbol{B})\leqslant\mathrm{r}(\boldsymbol{C})$. 由 $\mathrm{r}(\boldsymbol{A})\leqslant\mathrm{r}(\boldsymbol{C})$ 和 $\mathrm{r}(\boldsymbol{B})\leqslant\mathrm{r}(\boldsymbol{C})$,有 $\max(\mathrm{r}(\boldsymbol{A}),\mathrm{r}(\boldsymbol{B}))\leqslant\mathrm{r}(\boldsymbol{C})$,即 $\max(r_1,r_2)\leqslant r_3$. 又由于 $\mathrm{r}(\boldsymbol{A})=r_1$,$\mathrm{r}(\boldsymbol{B})=r_2$,设 $\boldsymbol{\alpha}_{i_1},\boldsymbol{\alpha}_{i_2},\cdots,\boldsymbol{\alpha}_{i_{r_1}}$ 和 $\boldsymbol{\beta}_{j_1},\boldsymbol{\beta}_{j_2},\cdots,\boldsymbol{\beta}_{j_{r_2}}$ 分别为向量组 $\boldsymbol{\alpha}_1,\boldsymbol{\alpha}_2,\cdots,\boldsymbol{\alpha}_s$ 和 $\boldsymbol{\beta}_1,\boldsymbol{\beta}_2,\cdots,\boldsymbol{\beta}_t$ 的一个极大无关组,则 $\boldsymbol{\alpha}_1,\boldsymbol{\alpha}_2,\cdots,\boldsymbol{\alpha}_s,\boldsymbol{\beta}_1,\boldsymbol{\beta}_2,\cdots,\boldsymbol{\beta}_t$ 可由 $\boldsymbol{\alpha}_{i_1},\boldsymbol{\alpha}_{i_2},\cdots,\boldsymbol{\alpha}_{i_{r_1}},\boldsymbol{\beta}_{j_1},\boldsymbol{\beta}_{j_2},\cdots,\boldsymbol{\beta}_{j_{r_2}}$ 线性表出,故

$$\begin{aligned}\mathrm{r}(\boldsymbol{\alpha}_1,\boldsymbol{\alpha}_2,\cdots,\boldsymbol{\alpha}_s,\boldsymbol{\beta}_1,\boldsymbol{\beta}_2,\cdots,\boldsymbol{\beta}_t)&\leqslant\mathrm{r}(\boldsymbol{\alpha}_{i_1},\boldsymbol{\alpha}_{i_2},\cdots,\boldsymbol{\alpha}_{i_{r_1}},\boldsymbol{\beta}_{j_1},\boldsymbol{\beta}_{j_2},\cdots,\boldsymbol{\beta}_{j_{r_2}})\\&\leqslant r_1+r_2,\end{aligned}$$

得到 $\mathrm{r}(C)\leqslant \mathrm{r}(\boldsymbol{A})+\mathrm{r}(\boldsymbol{B})$，即 $r_3\leqslant r_1+r_2$. 将两个结果合并起来，有

$$\max(r_1,r_2)\leqslant r_3\leqslant r_1+r_2.$$

习　题　3.5

1. (1) $(\boldsymbol{\alpha},\boldsymbol{\beta})=-9$，$\boldsymbol{\alpha}$ 与 $\boldsymbol{\beta}$ 不正交.　(2) $(\boldsymbol{\alpha},\boldsymbol{\beta})=0$，$\boldsymbol{\alpha}$ 与 $\boldsymbol{\beta}$ 正交.

2. (1) $\left(\frac{1}{2},-\frac{1}{2},-\frac{1}{2},\frac{1}{2}\right)^{\mathrm{T}}$.　(2) $\left(\frac{1}{\sqrt{21}},-\frac{4}{\sqrt{21}},0,\frac{2}{\sqrt{21}}\right)^{\mathrm{T}}$.

3. 提示：由 $(\boldsymbol{\beta},\boldsymbol{\alpha}_j)=0,j=1,2,\cdots,s$，推出 $(\boldsymbol{\beta},k_1\boldsymbol{\alpha}_1+k_2\boldsymbol{\alpha}_2+\cdots+k_s\boldsymbol{\alpha}_s)=0$.

4. 提示：如果 $\boldsymbol{\alpha}$ 与 $\mathbf{R}^n$ 中的任意向量都正交，则 $\boldsymbol{\alpha}$ 必与自己也正交.

5. 坐标为 $(1,1,-1)$.

6. (1) $\boldsymbol{\gamma}_1=\left(0,\frac{\sqrt{2}}{2},\frac{\sqrt{2}}{2}\right)^{\mathrm{T}}$，$\boldsymbol{\gamma}_2=\left(\frac{\sqrt{6}}{3},\frac{\sqrt{6}}{6},-\frac{\sqrt{6}}{6}\right)^{\mathrm{T}}$，$\boldsymbol{\gamma}_3=\left(\frac{\sqrt{3}}{3},-\frac{\sqrt{3}}{3},\frac{\sqrt{3}}{3}\right)^{\mathrm{T}}$.

(2) $\boldsymbol{\gamma}_1=\left(\frac{1}{3},-\frac{2}{3},\frac{2}{3}\right)^{\mathrm{T}}$，$\boldsymbol{\gamma}_2=\left(-\frac{2}{3},-\frac{2}{3},-\frac{1}{3}\right)^{\mathrm{T}}$，$\boldsymbol{\gamma}_3=\left(\frac{2}{3},-\frac{1}{3},-\frac{2}{3}\right)^{\mathrm{T}}$.

(3) $\boldsymbol{\gamma}_1=\left(\frac{1}{2},\frac{1}{2},\frac{1}{2},\frac{1}{2}\right)^{\mathrm{T}}$，$\boldsymbol{\gamma}_2=\left(\frac{1}{2},\frac{1}{2},-\frac{1}{2},-\frac{1}{2}\right)^{\mathrm{T}}$，$\boldsymbol{\gamma}_3=\left(-\frac{1}{2},\frac{1}{2},-\frac{1}{2},\frac{1}{2}\right)^{\mathrm{T}}$.

7. 提示：由 $\boldsymbol{A}^{\mathrm{T}}\boldsymbol{A}=\boldsymbol{E}\Rightarrow|\boldsymbol{A}^{\mathrm{T}}\boldsymbol{A}|=|\boldsymbol{E}|=1,\cdots$.

8. 提示：由 $\boldsymbol{A}^{\mathrm{T}}\boldsymbol{A}=\boldsymbol{E}$，先证明 $(\boldsymbol{A}^{-1})^{\mathrm{T}}(\boldsymbol{A}^{-1})=\boldsymbol{E}$，再利用 $\boldsymbol{A}^*=|\boldsymbol{A}|\boldsymbol{A}^{-1}$ 和 $\boldsymbol{A}^{-1}$ 为正交矩阵，证明 $(\boldsymbol{A}^*)^{\mathrm{T}}(\boldsymbol{A}^*)=\boldsymbol{E}$.

9. 提示：由 $\boldsymbol{A}^{\mathrm{T}}\boldsymbol{A}=\boldsymbol{E}$ 和 $\boldsymbol{B}^{\mathrm{T}}\boldsymbol{B}=\boldsymbol{E}$，证明 $(\boldsymbol{AB})^{\mathrm{T}}(\boldsymbol{AB})=\boldsymbol{E}$.

10. 提示：由于 $\boldsymbol{\alpha}_1,\boldsymbol{\alpha}_2,\boldsymbol{\alpha}_3$ 是 $\mathbf{R}^3$ 的一组标准正交基，令 $\boldsymbol{A}=(\boldsymbol{\alpha}_1,\boldsymbol{\alpha}_2,\boldsymbol{\alpha}_3)$，则 $\boldsymbol{A}$ 为正交矩阵. 又 $\boldsymbol{\beta}_1=\frac{2}{3}\boldsymbol{\alpha}_1+\frac{2}{3}\boldsymbol{\alpha}_2-\frac{1}{3}\boldsymbol{\alpha}_3$ 可表为

$$\boldsymbol{\beta}_1=(\boldsymbol{\alpha}_1,\boldsymbol{\alpha}_2,\boldsymbol{\alpha}_3)\begin{pmatrix}2/3\\2/3\\-1/3\end{pmatrix}=\boldsymbol{A}\begin{pmatrix}2/3\\2/3\\-1/3\end{pmatrix},$$

$\boldsymbol{\beta}_2=\frac{2}{3}\boldsymbol{\alpha}_1-\frac{1}{3}\boldsymbol{\alpha}_2+\frac{2}{3}\boldsymbol{\alpha}_3$ 可表为

$$\boldsymbol{\beta}_2=(\boldsymbol{\alpha}_1,\boldsymbol{\alpha}_2,\boldsymbol{\alpha}_3)\begin{pmatrix}2/3\\-1/3\\2/3\end{pmatrix}=\boldsymbol{A}\begin{pmatrix}2/3\\-1/3\\2/3\end{pmatrix},$$

从而

$$(\boldsymbol{\beta}_1,\boldsymbol{\beta}_2)=\boldsymbol{\beta}_1^{\mathrm{T}}\boldsymbol{\beta}_2=(2/3,2/3,-1/3)\boldsymbol{A}^{\mathrm{T}}\boldsymbol{A}\begin{pmatrix}2/3\\2/3\\-1/3\end{pmatrix}=(2/3,2/3,-1/3)\begin{pmatrix}2/3\\2/3\\-1/3\end{pmatrix}=1;$$

$$(\boldsymbol{\beta}_1,\boldsymbol{\beta}_2)=\boldsymbol{\beta}_1^{\mathrm{T}}\boldsymbol{\beta}_2=(2/3,2/3,-1/3)\boldsymbol{A}^{\mathrm{T}}\boldsymbol{A}\begin{pmatrix}2/3\\-1/3\\2/3\end{pmatrix}=(2/3,2/3,-1/3)\begin{pmatrix}2/3\\-1/3\\2/3\end{pmatrix}=0.$$

类似地，可求出 $(\boldsymbol{\beta}_2,\boldsymbol{\beta}_2)=1$，$(\boldsymbol{\beta}_3,\boldsymbol{\beta}_3)=1$，$(\boldsymbol{\beta}_1,\boldsymbol{\beta}_3)=0$，$(\boldsymbol{\beta}_2,\boldsymbol{\beta}_3)=0$，由此推出 $\boldsymbol{\beta}_1,\boldsymbol{\beta}_2,\boldsymbol{\beta}_3$ 也

是 $\mathbf{R}^3$ 的一组标准正交基.

11. 提示：由于$(\boldsymbol{\alpha},\boldsymbol{\alpha})=\boldsymbol{\alpha}^{\mathrm{T}}\boldsymbol{\alpha}$，故

$$\begin{aligned}\|\boldsymbol{A\alpha}\| &= \sqrt{(\boldsymbol{A\alpha},\boldsymbol{A\alpha})}=\sqrt{(\boldsymbol{A\alpha})^{\mathrm{T}}(\boldsymbol{A\alpha})}\\ &=\sqrt{\boldsymbol{\alpha}^{\mathrm{T}}\boldsymbol{A}^{\mathrm{T}}\boldsymbol{A\alpha}}=\sqrt{\boldsymbol{\alpha}^{\mathrm{T}}\boldsymbol{E\alpha}}=\sqrt{\boldsymbol{\alpha}^{\mathrm{T}}\boldsymbol{\alpha}}=\sqrt{(\boldsymbol{\alpha},\boldsymbol{\alpha})}=\|\boldsymbol{\alpha}\|.\end{aligned}$$

12. 提示：由$(\boldsymbol{\alpha}_i,\boldsymbol{\alpha}_j)=\begin{cases}1, & i=j,\\ 0, & i\neq j,\end{cases}\quad i,j=1,2,\cdots,n$，来证明

$$(\boldsymbol{A\alpha}_i,\boldsymbol{A\alpha}_j)=\begin{cases}1, & i=j,\\ 0, & i\neq j,\end{cases}\quad i,j=1,2,\cdots,n.$$

习　题　三

1. 单项选择题

(1) C.　选项 A,B 和 D 都是向量组线性相关的充分条件，而非必要条件.

(2) C.　选项 A 是向量组线性相关的必要条件，而非充分条件，而选项 B 和 D 是错误条件.

(3) B.　根据“整体无关，则部分无关”得到. 选项 C 和 D 是向量组线性相关的充要条件；选项 A 是错误条件.

(4) B.　利用定理 3.8 的推论 1.

(5) D.　选项 A,B 的向量组显然线性相关，对于选项 C 中的向量组，有

$$(\boldsymbol{\alpha}_1-\boldsymbol{\alpha}_2)+(\boldsymbol{\alpha}_2-\boldsymbol{\alpha}_3)+(\boldsymbol{\alpha}_3-\boldsymbol{\alpha}_1)=\mathbf{0},$$

因此向量组 $\boldsymbol{\alpha}_1-\boldsymbol{\alpha}_2,\boldsymbol{\alpha}_2-\boldsymbol{\alpha}_3,\boldsymbol{\alpha}_3-\boldsymbol{\alpha}_1$ 线性相关.

(6) A.　其余是错误条件.

(7) B.　$\boldsymbol{A}$ 有两行元素成比例是 $|\boldsymbol{A}|=0$ 的充分条件，而非必要条件.

(8) D.　证明参见习题三中证明题的第(4) 题的提示.

(9) B.

(10) A.

2. 填空题

(1) $s\leqslant t$.　提示：由定理 3.8 的推论 1 可得.

(2) 2.

(3) -3.

(4) $k\neq 0$ 且 $k\neq 2$.

(5) 2.

(6) 10.

(7) $\left(\dfrac{2}{3},\dfrac{1}{3},\dfrac{1}{3}\right)^{\mathrm{T}}$.

(8) $\left(\dfrac{1}{\sqrt{3}},\dfrac{1}{\sqrt{3}},\dfrac{1}{\sqrt{3}}\right)^{\mathrm{T}}$.

(9) $\boldsymbol{\beta}=\boldsymbol{\alpha}_1+0\boldsymbol{\alpha}_2-\boldsymbol{\alpha}_3$.

3. 计算题

（1）结论：向量组 $\boldsymbol{\alpha}_1,\boldsymbol{\alpha}_2,\boldsymbol{\alpha}_3$ 线性无关． 提示：设 $x_1\boldsymbol{\alpha}_1+x_2\boldsymbol{\alpha}_2+x_3\boldsymbol{\alpha}_3=\mathbf{0}$，即

$$\begin{cases} x_1+\ \ x_2+\ \ x_1=0,\\ t_1x_1+t_2x_2+t_3x_1=0,\\ t_1^2x_1+t_2^2x_2+t_3^2x_1=0.\end{cases}$$

此齐次线性方程组的系数行列式 $\begin{vmatrix}1&1&1\\t_1&t_2&t_3\\t_1^2&t_2^2&t_3^2\end{vmatrix}$ 为 3 阶范德蒙德行列式，由于 t_1,t_2,t_3 互不相同，故该行列式不为 0，由此推出上述齐次线性方程组仅有零解，从而向量组 $\boldsymbol{\alpha}_1,\boldsymbol{\alpha}_2,\boldsymbol{\alpha}_3$ 线性无关．

（2）秩为 3，一个极大无关组为 $\boldsymbol{\alpha}_1,\boldsymbol{\alpha}_2,\boldsymbol{\alpha}_4$（极大无关组不唯一）．

（3）① 一个极大无关组为 $\boldsymbol{\alpha}_1,\boldsymbol{\alpha}_3$． ② $\boldsymbol{\alpha}_2=2\boldsymbol{\alpha}_1$，$\boldsymbol{\alpha}_4=-3\boldsymbol{\alpha}_1+\boldsymbol{\alpha}_3$．

（4）$\boldsymbol{\alpha}_1,\boldsymbol{\alpha}_2$ 为一个极大无关组，并且 $\boldsymbol{\alpha}_3=-\boldsymbol{\alpha}_1+2\boldsymbol{\alpha}_2,\boldsymbol{\alpha}_4=-2\boldsymbol{\alpha}_1+3\boldsymbol{\alpha}_2$．

（5）① $\boldsymbol{\alpha}^{\mathrm{T}}\boldsymbol{\beta}=\begin{pmatrix}1&-1&2&0\\2&-2&4&0\\3&-3&6&0\\4&-4&8&0\end{pmatrix}$． ② $(\boldsymbol{\alpha},\boldsymbol{\beta})=5$．

4. 证明题

（1）提示：如果向量组 $\boldsymbol{\alpha}_1,\boldsymbol{\alpha}_2,\boldsymbol{\alpha}_3$ 可由向量组 $\boldsymbol{\beta}_1,\boldsymbol{\beta}_2$ 线性表出，则 $\mathrm{r}(\boldsymbol{\alpha}_1,\boldsymbol{\alpha}_2,\boldsymbol{\alpha}_3)\leqslant\mathrm{r}(\boldsymbol{\beta}_1,\boldsymbol{\beta}_2)$；又 $\mathrm{r}(\boldsymbol{\beta}_1,\boldsymbol{\beta}_2)\leqslant 2$，故 $\mathrm{r}(\boldsymbol{\alpha}_1,\boldsymbol{\alpha}_2,\boldsymbol{\alpha}_3)\leqslant 2$. 因此向量组 $\boldsymbol{\alpha}_1,\boldsymbol{\alpha}_2,\boldsymbol{\alpha}_3$ 线性相关．

（2）提示：设有 $x_1(\boldsymbol{\alpha}_1+2\boldsymbol{\alpha}_2)+x_2(2\boldsymbol{\alpha}_2+3\boldsymbol{\alpha}_3)+x_3(3\boldsymbol{\alpha}_3+\boldsymbol{\alpha}_1)=\mathbf{0}$，整理为

$$(x_1+x_3)\boldsymbol{\alpha}_1+(2x_1+2x_2)\boldsymbol{\alpha}_2+(3x_2+3x_3)\boldsymbol{\alpha}_3=\mathbf{0}.$$

由于 $\boldsymbol{\alpha}_1,\boldsymbol{\alpha}_2,\boldsymbol{\alpha}_3$ 线性无关，推出

$$\begin{cases} x_1\qquad\quad +x_3=0,\\ 2x_1+2x_2\qquad\ =0,\\ \qquad 3x_2+3x_3=0.\end{cases}$$

该齐次线性方程组的系数行列式 $\begin{vmatrix}1&0&1\\2&2&0\\0&3&3\end{vmatrix}=12\neq 0$，故仅有零解．

（3）提示：方法 1　考虑 $x_1\boldsymbol{\alpha}_1+x_2\boldsymbol{\alpha}_2=\boldsymbol{\beta}$，即

$$\begin{cases} a_{11}x_1+a_{12}x_2=b_1,\\ a_{21}x_1+a_{22}x_2=b_2.\end{cases}\qquad ①$$

由于 $\boldsymbol{\alpha}_1,\boldsymbol{\alpha}_2$ 线性无关，故 $\begin{vmatrix}a_{11}&a_{12}\\a_{21}&a_{22}\end{vmatrix}\neq 0$，由克拉默法则知方程组 ① 必有唯一解，因此 $\boldsymbol{\beta}$ 可由 $\boldsymbol{\alpha}_1,\boldsymbol{\alpha}_2$ 线性表出．

方法 2　由于 $\boldsymbol{\alpha}_1,\boldsymbol{\alpha}_2,\boldsymbol{\beta}$ 是 3 个 2 维向量，故必线性相关；又 $\boldsymbol{\alpha}_1,\boldsymbol{\alpha}_2$ 线性无关，从而 $\boldsymbol{\beta}$ 必可由 $\boldsymbol{\alpha}_1,\boldsymbol{\alpha}_2$ 线性表出（参见 3.2 节例 3.7）．

（4）提示：由于 $\boldsymbol{\alpha}_1,\boldsymbol{\alpha}_2,\boldsymbol{\alpha}_3$ 线性无关，故其部分组 $\boldsymbol{\alpha}_2,\boldsymbol{\alpha}_3$ 也线性无关. 又已知 $\boldsymbol{\alpha}_2,\boldsymbol{\alpha}_3,\boldsymbol{\alpha}_4$ 线

性相关，因此 $\boldsymbol{\alpha}_4$ 必可由 $\boldsymbol{\alpha}_2,\boldsymbol{\alpha}_3$ 线性表出（参见3.2节例3.7），设有 $\boldsymbol{\alpha}_4=k_2\boldsymbol{\alpha}_2+k_3\boldsymbol{\alpha}_3$，即 $\boldsymbol{\alpha}_4=0\boldsymbol{\alpha}_1+k_2\boldsymbol{\alpha}_2+k_3\boldsymbol{\alpha}_3$，表明 $\boldsymbol{\alpha}_4$ 可由 $\boldsymbol{\alpha}_1,\boldsymbol{\alpha}_2,\boldsymbol{\alpha}_3$ 线性表出.

顺便指出：$\boldsymbol{\alpha}_1$ 不能由 $\boldsymbol{\alpha}_2,\boldsymbol{\alpha}_3,\boldsymbol{\alpha}_4$ 线性表出. 这是由于，如果 $\boldsymbol{\alpha}_1$ 可由 $\boldsymbol{\alpha}_2,\boldsymbol{\alpha}_3,\boldsymbol{\alpha}_4$ 线性表出，设有 $\boldsymbol{\alpha}_1=l_2\boldsymbol{\alpha}_2+l_3\boldsymbol{\alpha}_3+l_4\boldsymbol{\alpha}_4$，则将上面的结果 $\boldsymbol{\alpha}_4=k_2\boldsymbol{\alpha}_2+k_3\boldsymbol{\alpha}_3$ 代入等式右边，有 $\boldsymbol{\alpha}_1=l_2\boldsymbol{\alpha}_2+l_3\boldsymbol{\alpha}_3+l_4(k_2\boldsymbol{\alpha}_2+k_3\boldsymbol{\alpha}_3)$，可整理为 $\boldsymbol{\alpha}_1=(l_2+l_4k_2)\boldsymbol{\alpha}_2+(l_3+l_4k_3)\boldsymbol{\alpha}_3$，由此推出 $\boldsymbol{\alpha}_1,\boldsymbol{\alpha}_2,\boldsymbol{\alpha}_3$ 线性相关，与已知条件矛盾.

类似可证，$\boldsymbol{\alpha}_2$ 不能由 $\boldsymbol{\alpha}_1,\boldsymbol{\alpha}_3,\boldsymbol{\alpha}_4$ 线性表出；$\boldsymbol{\alpha}_3$ 不能由 $\boldsymbol{\alpha}_1,\boldsymbol{\alpha}_2,\boldsymbol{\alpha}_4$ 线性表出.

（5）提示：设有

$$k_1\boldsymbol{\alpha}+k_2\boldsymbol{A}\boldsymbol{\alpha}=\boldsymbol{0}, \qquad ①$$

为利用已知条件 $\boldsymbol{A}^2\boldsymbol{\alpha}=\boldsymbol{0}$，用 $\boldsymbol{A}$ 左乘 ① 式两边，有 $\boldsymbol{A}(k_1\boldsymbol{\alpha}+k_2\boldsymbol{A}\boldsymbol{\alpha})=\boldsymbol{A}\boldsymbol{0}=\boldsymbol{0}$，即

$$k_1\boldsymbol{A}\boldsymbol{\alpha}+k_2\boldsymbol{A}^2\boldsymbol{\alpha}=\boldsymbol{0}, \qquad ②$$

由于 $\boldsymbol{A}^2\boldsymbol{\alpha}=\boldsymbol{0}$，故 ② 式化为 $k_1\boldsymbol{A}\boldsymbol{\alpha}=\boldsymbol{0}$，而 $\boldsymbol{A}\boldsymbol{\alpha}\neq\boldsymbol{0}$，则必有 $k_1=0$. 将 $k_1=0$ 代入 ① 式，得到 $k_2\boldsymbol{A}\boldsymbol{\alpha}=\boldsymbol{0}$，再由 $\boldsymbol{A}\boldsymbol{\alpha}\neq\boldsymbol{0}$ 推出 $k_2=0$. 从而仅当 $k_1=k_2=0$ 时 ① 式才能成立，因此 $\boldsymbol{\alpha},\boldsymbol{A}\boldsymbol{\alpha}$ 线性无关.

（6）提示：设有

$$x_1\boldsymbol{\alpha}_1+x_2\boldsymbol{\alpha}_2+x_3\boldsymbol{\alpha}_3=\boldsymbol{0} \qquad ①$$

将

$$\boldsymbol{\alpha}_1=-2\boldsymbol{\beta}_1+\boldsymbol{\beta}_2+\boldsymbol{\beta}_3,\quad \boldsymbol{\alpha}_2=\boldsymbol{\beta}_1-2\boldsymbol{\beta}_2+\boldsymbol{\beta}_3,\quad \boldsymbol{\alpha}_3=\boldsymbol{\beta}_1+\boldsymbol{\beta}_2-2\boldsymbol{\beta}_3$$

代入 ① 式左边，得

$$x_1(-2\boldsymbol{\beta}_1+\boldsymbol{\beta}_2+\boldsymbol{\beta}_3)+x_2(\boldsymbol{\beta}_1-2\boldsymbol{\beta}_2+\boldsymbol{\beta}_3)+x_3(\boldsymbol{\beta}_1+\boldsymbol{\beta}_2-2\boldsymbol{\beta}_3)=\boldsymbol{0},$$

整理为

$$(-2x_1+x_2+x_3)\boldsymbol{\beta}_1+(x_1-2x_2+x_3)\boldsymbol{\beta}_2+(x_1+x_2-2x_3)\boldsymbol{\beta}_3=\boldsymbol{0}.$$

令

$$\begin{cases}-2x_1+x_2+x_3=0,\\ x_1-2x_2+x_3=0,\\ x_1+x_2-2x_3=0,\end{cases}$$

此齐次线性方程组的系数行列式

$$\begin{vmatrix}-2&1&1\\1&-2&1\\1&1&-2\end{vmatrix}=0,$$

故有非零解. 从而存在不全为0的常数 $x_1=k_1,x_1=k_2,x_3=k_3$，使得 ① 式成立，因此 $\boldsymbol{\alpha}_1,\boldsymbol{\alpha}_2,\boldsymbol{\alpha}_3$ 线性相关.

（7）提示：设有

$$x_1\boldsymbol{\alpha}_1+x_2\boldsymbol{\beta}=\boldsymbol{0}, \qquad ①$$

将 $\boldsymbol{\beta}=k_1\boldsymbol{\alpha}_1+k_2\boldsymbol{\alpha}_2$ 代入 ① 式左边，有 $x_1\boldsymbol{\alpha}_1+x_2(k_1\boldsymbol{\alpha}_1+k_2\boldsymbol{\alpha}_2)=\boldsymbol{0}$，即

$$(x_1+k_1x_2)\boldsymbol{\alpha}_1+k_2x_2\boldsymbol{\alpha}_2=\boldsymbol{0} \qquad ②$$

由于 $\boldsymbol{\alpha}_1,\boldsymbol{\alpha}_2$ 线性无关，故 ② 式中必有 $\begin{cases}x_1+k_1x_2=0,\\ k_2x_2=0.\end{cases}$ 已知 $k_2\neq0$，由 $k_2x_2=0$ 推出 $x_2=0$；代入 $x_1+k_1x_2=0$，推出 $x_1=0$. 从而仅当 $x_1=x_2=0$ 时，① 式才能成立，因此 $\boldsymbol{\alpha}_1,\boldsymbol{\beta}$ 线性无关.

（8）提示：由条件知 $\boldsymbol{AB}$ 为 m 阶矩阵，而 $|\boldsymbol{AB}|=0\Leftrightarrow \mathrm{r}(\boldsymbol{AB})<m$. 对于任意 $m\times n$ 矩阵 $\boldsymbol{A}$，

有 $\mathrm{r}(\boldsymbol{A}) \leqslant \min(m, n)$，因此当 $m>n$ 时，必有 $\mathrm{r}(\boldsymbol{A}) \leqslant n<m$；类似可得 $\mathrm{r}(\boldsymbol{B}) \leqslant n<m$.又由于 $\mathrm{r}(\boldsymbol{AB}) \leqslant \min(\mathrm{r}(\boldsymbol{A}), \mathrm{r}(\boldsymbol{B}))$（可参见例 3.13），从而对于 m 阶矩阵 $\boldsymbol{AB}$，有 $\mathrm{r}(\boldsymbol{AB}) \leqslant n<m$.

第 4 章　线性方程组

习　题　4.1

1. (1) $x_1=4, x_2=-5, x_3=-2$.

(2) $x_1=\dfrac{17}{3}, x_2=\dfrac{4}{3}, x_3=-2$.

(3) $x_1=-2c+\dfrac{1}{2}, x_2=c-\dfrac{3}{2}, x_3=c, x_4=\dfrac{1}{2}$.

2. 无解.

习　题　4.2

1. (1) 基础解系：$\boldsymbol{\xi}_1=\begin{pmatrix}1\\-1\\1\\0\end{pmatrix}, \boldsymbol{\xi}_2=\begin{pmatrix}4\\-3\\0\\2\end{pmatrix}$；通解为 $c_1\boldsymbol{\xi}_1+c_2\boldsymbol{\xi}_2$，$c_1, c_2$ 为任意常数.

(2) 基础解系：$\boldsymbol{\xi}_1=\begin{pmatrix}1\\-2\\1\\0\end{pmatrix}, \boldsymbol{\xi}_2=\begin{pmatrix}-1\\-1\\0\\1\end{pmatrix}$；通解为 $c_1\boldsymbol{\xi}_1+c_2\boldsymbol{\xi}_2$，$c_1, c_2$ 为任意常数.

(3) 基础解系：$\boldsymbol{\xi}_1=\begin{pmatrix}-1\\1\\0\\0\end{pmatrix}, \boldsymbol{\xi}_2=\begin{pmatrix}-1\\0\\1\\0\end{pmatrix}, \boldsymbol{\xi}_3=\begin{pmatrix}-1\\0\\0\\1\end{pmatrix}$；通解为 $c_1\boldsymbol{\xi}_1+c_2\boldsymbol{\xi}_2+c_3\boldsymbol{\xi}_3$，$c_1, c_2, c_3$ 为任意常数.

(4) 基础解系：$\boldsymbol{\xi}_1=\begin{pmatrix}2\\1\\0\\0\\0\end{pmatrix}, \boldsymbol{\xi}_2=\begin{pmatrix}3\\0\\-2\\-2\\1\end{pmatrix}$；通解为 $c_1\boldsymbol{\xi}_1+c_2\boldsymbol{\xi}_2$，$c_1, c_2$ 为任意常数.

2. $c\begin{pmatrix}\frac{5}{6}\\-\frac{7}{6}\\\frac{5}{6}\\1\end{pmatrix}$，$c$ 为非零常数.

3. 当 $a=1$ 或 $a=2$ 时方程组有非零解；

当 $a=1$ 时，通解为 $c_1\begin{pmatrix}-1\\1\\0\end{pmatrix}$，$c_1$ 为任意常数；

当 $a=2$ 时，通解为 $c_2\begin{pmatrix}0\\-1\\1\end{pmatrix}$，$c_2$ 为任意常数.

4. 提示：根据题设条件有 $\boldsymbol{A}\begin{pmatrix}1\\1\\\vdots\\1\end{pmatrix}=\boldsymbol{0}$，通解为 $c\begin{pmatrix}1\\1\\\vdots\\1\end{pmatrix}$，$c$ 为任意常数.

5. 提示：$\boldsymbol{AB}=\boldsymbol{A}(\boldsymbol{\beta}_1,\boldsymbol{\beta}_2,\cdots,\boldsymbol{\beta}_n)=(\boldsymbol{A\beta}_1,\boldsymbol{A\beta}_2,\cdots,\boldsymbol{A\beta}_n)=(\boldsymbol{0},\boldsymbol{0},\cdots,\boldsymbol{0})$，于是 $\boldsymbol{\beta}_i$ 为齐次方程组 $\boldsymbol{Ax}=\boldsymbol{0}$ 的解向量，从而可由方程组的基础解系线性表示.

习　题　4.3

1. (1) $\begin{pmatrix}1\\0\\0\end{pmatrix}+c\begin{pmatrix}1\\1\\1\end{pmatrix}$，$c$ 为任意常数.

(2) $\frac{1}{2}\begin{pmatrix}1\\-3\\0\\1\end{pmatrix}+c\begin{pmatrix}-2\\1\\1\\0\end{pmatrix}$，$c$ 为任意常数.

(3) $\begin{pmatrix}1\\0\\-2\\0\end{pmatrix}+c_1\begin{pmatrix}3\\0\\-4\\1\end{pmatrix}+c_2\begin{pmatrix}2\\1\\0\\0\end{pmatrix}$，$c_1,c_2$ 为任意常数.

(4) $\begin{pmatrix}6\\-4\\0\\0\\0\end{pmatrix}+c_1\begin{pmatrix}-2\\1\\1\\0\\0\end{pmatrix}+c_2\begin{pmatrix}-2\\1\\0\\1\\0\end{pmatrix}+c_3\begin{pmatrix}-6\\5\\0\\0\\1\end{pmatrix}$，$c_1,c_2,c_3$ 为任意常数.

2. $a=1$ 时方程组有解，通解为 $\begin{pmatrix}1\\-1\\0\\0\end{pmatrix}+c_1\begin{pmatrix}4\\-2\\1\\0\end{pmatrix}+c_2\begin{pmatrix}-1\\-2\\0\\1\end{pmatrix}$，$c_1,c_2$ 为任意常数.

3. 当 $a\neq 1$ 时，不能表示；当 $a=1$ 时，能表示，且 $\boldsymbol{\beta}=(-2c-1)\boldsymbol{\alpha}_1+(c+2)\boldsymbol{\alpha}_2+c\boldsymbol{\alpha}_3$，$c$ 为任意常数.

4. $a=3$.

5. 提示：
$$\boldsymbol{A}(\lambda_1\boldsymbol{\eta}_1+\lambda_2\boldsymbol{\eta}_2+\cdots+\lambda_s\boldsymbol{\eta}_s)=\lambda_1\boldsymbol{A}\boldsymbol{\eta}_1+\lambda_2\boldsymbol{A}\boldsymbol{\eta}_2+\cdots+\lambda_s\boldsymbol{A}\boldsymbol{\eta}_s$$
$$=(\lambda_1+\lambda_2+\cdots+\lambda_s)\boldsymbol{\beta}=\boldsymbol{\beta}.$$

习　题　四

1. 单项选择题

(1) D.　提示：由题设条件知方程组基础解系中解向量的个数为1，$\boldsymbol{\alpha}_1,\boldsymbol{\alpha}_2$ 是齐次方程组两个不同的解，所以 $\boldsymbol{\alpha}_1-\boldsymbol{\alpha}_2$ 是方程组的非零解，所以D为正确选项，其他选项中的解不能保证是非零解.

(2) B.

(3) C.　提示：可直接验证得到.事实上，当 $k_1+k_2=1$ 时，$k_1\boldsymbol{\beta}_1+k_2\boldsymbol{\beta}_2$ 均为方程组的解.

(4) C.　提示：$\dfrac{\boldsymbol{\eta}_1+\boldsymbol{\eta}_2}{2}$ 是非齐次方程组的特解，$k_1\boldsymbol{\xi}_1+k_2\boldsymbol{\xi}_2$ 是导出组的通解，所以选项C正确.选项A中的 $\dfrac{\boldsymbol{\eta}_1-\boldsymbol{\eta}_2}{2}$ 不是非齐次方程组的解，是导出组的解.选项D中的 $\boldsymbol{\eta}_1-\boldsymbol{\eta}_2$ 与 $\boldsymbol{\xi}_1$ 均为导出组的解，但向量组 $\boldsymbol{\xi}_1,\boldsymbol{\eta}_1-\boldsymbol{\eta}_2$ 不一定线性无关，从而不一定是导出组的基础解系，所以选项D错误.

(5) D.　提示：由题设条件知相应导出组的基础解系由一个非零解向量构成，选项D中的 $(0,1,-1)^{\mathrm T}=\boldsymbol{\alpha}-\boldsymbol{\beta}$ 是导出组的解，为正确选项.选项B中的 $(1,-1,3)^{\mathrm T}=\boldsymbol{\beta}$ 不是导出组的解，选项C中的 $(2,-1,5)^{\mathrm T}=\boldsymbol{\alpha}+\boldsymbol{\beta}$ 也不是导出组的解，所以均为错误选项.

2. 填空题

(1) 2.

(2) 6.　提示：齐次线性方程组有非零解且系数矩阵为方阵，所以系数行列式等于零.

(3) 3.　提示：由于线性方程组 $\boldsymbol{Bx}=\boldsymbol{0}$ 只有零解，$\boldsymbol{B}$ 为方阵，所以 $|\boldsymbol{B}|\neq 0$，故 $\boldsymbol{B}$ 是可逆矩阵，于是 $\mathrm{r}(\boldsymbol{AB})=\mathrm{r}(\boldsymbol{A})$.

(4) 2.　提示：$\boldsymbol{A}=\boldsymbol{\alpha\alpha}^{\mathrm T}$ 为3阶矩阵，$\mathrm{r}(\boldsymbol{A})\leqslant\mathrm{r}(\boldsymbol{\alpha})=1$，又 $\boldsymbol{A}$ 为非零矩阵，所以 $\mathrm{r}(\boldsymbol{A})\geqslant 1$，故 $\mathrm{r}(\boldsymbol{A})=1$.

(5) $\begin{pmatrix}1\\2\\3\end{pmatrix}+c\begin{pmatrix}1\\1\\1\end{pmatrix}$，$c$ 为任意常数.　提示：由题设知未知量的个数为3，系数矩阵的秩为2，所以导出组的基础解系中只含一个解向量.$(\boldsymbol{\alpha}_2+\boldsymbol{\alpha}_3)-2\boldsymbol{\alpha}_1$ 为导出组的非零解，构成导出组的一个基础解系.

3. 计算题

(1) $c_1\begin{pmatrix}1\\1\\0\\0\end{pmatrix}+c_2\begin{pmatrix}1\\0\\2\\1\end{pmatrix}$，$c_1,c_2$为任意常数.

(2) $a=1$，通解为$c\begin{pmatrix}-1\\0\\1\end{pmatrix}$，$c$为任意常数.

(3) 通解为$\frac{1}{7}\begin{pmatrix}1\\2\\0\\0\end{pmatrix}+c_1\begin{pmatrix}11\\-1\\7\\0\end{pmatrix}+c_2\begin{pmatrix}0\\2\\0\\1\end{pmatrix}$，$c_1,c_2$是任意常数.

(4) 无解.

(5) $a\neq 1$且$a\neq -2$时有唯一解；$a=-2$时无解；$a=1$时有无穷多解，此时通解为

$$\begin{pmatrix}1\\0\\0\end{pmatrix}+c_1\begin{pmatrix}-1\\1\\0\end{pmatrix}+c_2\begin{pmatrix}-1\\0\\1\end{pmatrix},\quad c_1,c_2\text{为任意常数.}$$

(6) 当$a\neq 2$时，方程组无解.当$a=2$时，方程组有无穷多解，通解为

$$\boldsymbol{\eta}=\begin{pmatrix}2\\-3\\0\\0\\0\end{pmatrix}+c_1\begin{pmatrix}1\\-2\\1\\0\\0\end{pmatrix}+c_2\begin{pmatrix}1\\-2\\0\\1\\0\end{pmatrix}+c_3\begin{pmatrix}5\\-6\\0\\0\\1\end{pmatrix},\quad c_1,c_2,c_3\text{是任意常数.}$$

(7) 当$a\neq 0$时，方程组无解.当$a=0$时，方程组有无穷多解，通解为

$$\boldsymbol{\eta}=\begin{pmatrix}2\\0\\-1\\-1\\0\end{pmatrix}+c_1\begin{pmatrix}2\\1\\0\\0\\0\end{pmatrix}+c_2\begin{pmatrix}3\\0\\-2\\-2\\1\end{pmatrix},\quad c_1,c_2\text{是任意常数.}$$

4. 证明题

(1) 提示：证明$\boldsymbol{\xi}_1,\boldsymbol{\xi}_1+\boldsymbol{\xi}_2,\boldsymbol{\xi}_1+\boldsymbol{\xi}_2+\boldsymbol{\xi}_3$线性无关.

(2) 提示：增广矩阵的秩为3，系数矩阵的秩为2.

(3) 提示：标准向量$\boldsymbol{\varepsilon}_1=(1,0,\cdots,0)^{\mathrm{T}},\boldsymbol{\varepsilon}_2=(0,1,0,\cdots,0)^{\mathrm{T}},\cdots,\boldsymbol{\varepsilon}_n=(0,0,\cdots 0,1)^{\mathrm{T}}$都是方程组的解，于是$\boldsymbol{A}(\boldsymbol{\varepsilon}_1,\boldsymbol{\varepsilon}_2,\cdots,\boldsymbol{\varepsilon}_n)=\boldsymbol{O}$.

第 5 章　矩阵的对角化

习　题　5.1

1. (1) $\lambda_1=-1,\lambda_2=1$.属于 $\lambda_1=-1$ 的特征向量为 $k_1\begin{pmatrix}-1\\1\end{pmatrix}$，$k_1$ 为任意非零常数；属于 $\lambda_2=1$ 的特征向量为 $k_2\begin{pmatrix}1\\1\end{pmatrix}$，$k_2$ 为任意非零常数.

(2) $\lambda_1=-3,\lambda_2=3$.属于 $\lambda_1=-3$ 的特征向量为 $k_1\begin{pmatrix}-1\\1\end{pmatrix}$，$k_1$ 为任意非零常数；属于 $\lambda_2=3$ 的特征向量为 $k_2\begin{pmatrix}1\\5\end{pmatrix}$，$k_2$ 为任意非零常数.

(3) $\lambda_1=-3,\lambda_2=0,\lambda_3=2$.属于 $\lambda_1=-3$ 的特征向量为 $k_1\begin{pmatrix}-1\\0\\1\end{pmatrix}$，$k_1$ 为任意非零常数；属于 $\lambda_2=0$ 的特征向量为 $k_2\begin{pmatrix}-2\\0\\1\end{pmatrix}$，$k_2$ 为任意非零常数；属于 $\lambda_3=2$ 的特征向量为 $k_3\begin{pmatrix}4\\-\frac{5}{3}\\1\end{pmatrix}$，$k_3$ 为任意非零常数.

(4) $\lambda_1=1,\lambda_2=\lambda_3=2$.属于 $\lambda_1=1$ 的特征向量为 $k_1\begin{pmatrix}1\\1\\1\end{pmatrix}$，$k_1$ 为任意非零常数；属于 $\lambda_2=\lambda_3=2$ 的特征向量为 $k_2\begin{pmatrix}-2\\-1\\1\end{pmatrix}$，$k_2$ 为任意非零常数.

(5) $\lambda_1=3,\lambda_2=\lambda_3=0$.属于 $\lambda_1=3$ 的特征向量为 $k_1\begin{pmatrix}1\\1\\1\end{pmatrix}$，$k_1$ 为任意非零常数；属于 $\lambda_2=\lambda_3=0$ 的特征向量为 $k_2\begin{pmatrix}-1\\0\\1\end{pmatrix}+k_3\begin{pmatrix}-1\\1\\0\end{pmatrix}$，$k_2,k_3$ 是不全为零的任意常数.

2. $\lambda_1=1,\lambda_2=-1,\lambda_3=2$，$|\boldsymbol{A}|=-2$.

3. 特征值为 0，5，12.

4. 提示：矩阵不可逆 $\Leftrightarrow$ 其行列式等于零.

5. 提示：$\boldsymbol{A}\begin{pmatrix}1\\1\\\vdots\\1\end{pmatrix}=a\begin{pmatrix}1\\1\\\vdots\\1\end{pmatrix}$.

6. 提示：$\boldsymbol{A}=|\boldsymbol{A}|\boldsymbol{A}^*$.

习　题　5.2

1.（1）不能对角化.

（2）可以对角化，$\boldsymbol{P}=\begin{pmatrix}-5&-2\\3&1\end{pmatrix}$，$\boldsymbol{P}^{-1}\boldsymbol{A}\boldsymbol{P}=\begin{pmatrix}-1&\\&-2\end{pmatrix}$.

（3）可以对角化，$\boldsymbol{P}=\begin{pmatrix}1&-1&1\\1&1&0\\1&0&1\end{pmatrix}$，$\boldsymbol{P}^{-1}\boldsymbol{A}\boldsymbol{P}=\begin{pmatrix}2&&\\&1&\\&&1\end{pmatrix}$.

（4）不能对角化.

2. $\begin{pmatrix}3+2(-1)^{n+1}&1+(-1)^{n+1}\\-6+6(-1)^n&-2+3(-1)^n\end{pmatrix}$. 提示：$\boldsymbol{A}=\begin{pmatrix}1&1\\-2&-3\end{pmatrix}\begin{pmatrix}1&\\&-1\end{pmatrix}\begin{pmatrix}3&1\\-2&-1\end{pmatrix}$.

3. $a=5,b=6$.

4. $\boldsymbol{A}=\dfrac{1}{3}\begin{pmatrix}-1&0&2\\0&1&2\\2&2&0\end{pmatrix}$.

5. 证明略.

6. 提示：矩阵的特征值为 $1,2,\cdots,n$.

7. 提示：$\lambda=1$ 是矩阵的 4 重特征值，属于 $\lambda=1$ 的线性无关的特征向量只有 1 个.

习　题　5.3

1.（1）$\boldsymbol{Q}=\begin{pmatrix}\frac{1}{\sqrt{2}}&-\frac{1}{\sqrt{2}}\\\frac{1}{\sqrt{2}}&\frac{1}{\sqrt{2}}\end{pmatrix}$，$\boldsymbol{Q}^{-1}\boldsymbol{A}\boldsymbol{Q}=\begin{pmatrix}3&\\&-1\end{pmatrix}$.

（2）$\boldsymbol{Q}=\begin{pmatrix}\frac{1}{\sqrt{2}}&0&-\frac{1}{\sqrt{2}}\\0&1&0\\\frac{1}{\sqrt{2}}&0&\frac{1}{\sqrt{2}}\end{pmatrix}$，$\boldsymbol{Q}^{-1}\boldsymbol{A}\boldsymbol{Q}=\begin{pmatrix}0&&\\&1&\\&&2\end{pmatrix}$.

(3) $\boldsymbol{Q}=\begin{pmatrix}\frac{2}{\sqrt{5}} & \frac{2}{3\sqrt{5}} & -\frac{1}{3}\\ \frac{1}{\sqrt{5}} & -\frac{4}{3\sqrt{5}} & \frac{2}{3}\\ 0 & \frac{5}{3\sqrt{5}} & \frac{2}{3}\end{pmatrix}$，$\boldsymbol{Q}^{-1}\boldsymbol{A}\boldsymbol{Q}=\begin{pmatrix}1 & & \\ & 1 & \\ & & 10\end{pmatrix}$.

(4) $\boldsymbol{Q}=\begin{pmatrix}\frac{2}{3} & \frac{1}{\sqrt{2}} & \frac{1}{3\sqrt{2}}\\ \frac{1}{3} & 0 & -\frac{4}{3\sqrt{2}}\\ \frac{2}{3} & -\frac{1}{\sqrt{2}} & \frac{1}{3\sqrt{2}}\end{pmatrix}$，$\boldsymbol{Q}^{-1}\boldsymbol{A}\boldsymbol{Q}=\begin{pmatrix}9 & & \\ & 9 & \\ & & -9\end{pmatrix}$.

2. 全部特征值为 $k\begin{pmatrix}-1\\1\\0\end{pmatrix}$，$k\neq 0$ 为常数.

3. 全部特征向量为 $k_1\begin{pmatrix}2\\1\\0\end{pmatrix}+k_2\begin{pmatrix}-1\\0\\1\end{pmatrix}$，$k_1,k_2$ 不全为零，$\boldsymbol{A}=\frac{1}{6}\begin{pmatrix}11 & 2 & -1\\ 2 & 8 & 2\\ -1 & 2 & 11\end{pmatrix}$.

习　题　五

1. 单项选择题

(1) D.　提示：若 λ 是可逆矩阵 $\boldsymbol{A}$ 的特征值，则 λ^{-1} 是矩阵 $\boldsymbol{A}^{-1}$ 的特征值.

(2) C.　提示：直接计算.

(3) A.　提示：若 λ 是可逆矩阵 $\boldsymbol{A}$ 的特征值，则 λ^2 是矩阵 $\boldsymbol{A}^2$ 的特征值，λ^{-1} 是矩阵 $\boldsymbol{A}^{-1}$ 的特征值，$|\boldsymbol{A}|\lambda^{-1}$ 是矩阵 $\boldsymbol{A}^*=|\boldsymbol{A}|\boldsymbol{A}^{-1}$ 的特征值.

(4) B.　提示：A 选项中的矩阵为对称矩阵，可以对角化.C 选项与 D 选项中的 2 阶矩阵有两个不同特征值，可以对角化.B 选项中的矩阵特征值为 $\lambda_1=\lambda_2=2$，属于特征值 2 的线性无关的特征向量只有一个，所以不能对角化.

(5) D.　提示：$\boldsymbol{P}$ 中特征向量的排序与对角矩阵中特征值的排序相对应.

2. 填空题

(1) $\frac{1}{3}$.

(2) 3,3,6.　提示：若 λ 是矩阵 $\boldsymbol{A}$ 的特征值，则 $\varphi(\lambda)$ 是矩阵 $\varphi(\boldsymbol{A})$ 的特征值.

(3) $\frac{1}{6}$.　提示：若 $\lambda_1,\lambda_2,\cdots,\lambda_n$ 是 n 阶矩阵 $\boldsymbol{A}$ 的特征值，则 $|\boldsymbol{A}|=\lambda_1\lambda_2\cdots\lambda_n$；若 λ 是可逆矩阵 $\boldsymbol{A}$ 的特征值，则 λ^{-1} 是矩阵 $\boldsymbol{A}^{-1}$ 的特征值.

(4) 0.　提示：矩阵 $\boldsymbol{A}$ 的秩小于矩阵的阶数，所以 $\boldsymbol{A}$ 不可逆，故方程组 $\boldsymbol{A}\boldsymbol{x}=\boldsymbol{0}$ 有非零解 $\boldsymbol{\alpha}$，于是 $\boldsymbol{A}\boldsymbol{\alpha}=0\boldsymbol{\alpha}$，即 0 是矩阵的特征值.

(5) -3. 提示:相似矩阵具有相同的行列式.

3. 计算题

(1) 提示:由 $\boldsymbol{A\alpha}=\lambda\boldsymbol{\alpha}$,解出 $k=-2,1$.

(2) 特征值为 $\lambda_1=\lambda_2=0,\lambda_3=2$;属于 $\lambda_1=\lambda_2=0$ 的全部特征向量为 $k_1\begin{pmatrix}-2\\1\\0\end{pmatrix}+k_2\begin{pmatrix}1\\0\\1\end{pmatrix}$,$k_1k_2$ 为不全为零的任意常数.属于 $\lambda_3=2$ 的全部特征向量为 $k\begin{pmatrix}1\\2\\3\end{pmatrix}$,$k$ 为任意非零常数.

(3) $\boldsymbol{P}=\begin{pmatrix}7&1&1\\4&-2&0\\-17&1&1\end{pmatrix}$,$\boldsymbol{P}^{-1}\boldsymbol{AP}=\begin{pmatrix}4&&\\&-2&\\&&0\end{pmatrix}$.

(4) $\boldsymbol{Q}=\begin{pmatrix}\frac{1}{\sqrt{3}}&\frac{1}{\sqrt{2}}&\frac{1}{\sqrt{6}}\\-\frac{1}{\sqrt{3}}&\frac{1}{\sqrt{2}}&-\frac{1}{\sqrt{6}}\\\frac{1}{\sqrt{3}}&0&-\frac{2}{\sqrt{6}}\end{pmatrix}$,$\boldsymbol{Q}^{-1}\boldsymbol{AQ}=\begin{pmatrix}9&&\\&4&\\&&0\end{pmatrix}$.

(5) $\boldsymbol{A}^n=\dfrac{1}{3}\begin{pmatrix}5^n-2(-1)^{n+1}&5^n+(-1)^{n+1}\\2\times5^n-2(-1)^n&2\times5^n+(-1)^n\end{pmatrix}$. 提示:求可逆矩阵 $\boldsymbol{P}$,使得 $\boldsymbol{A}=\boldsymbol{P\Lambda P}^{-1}$.

4. 证明题

(1) 提示:$\boldsymbol{A}^{-1}(\boldsymbol{AB})\boldsymbol{A}=\boldsymbol{BA}$.

(2) 提示:设 λ 是矩阵 $\boldsymbol{A}$ 的任意特征值,则 $\lambda^2-\lambda$ 是矩阵 $\boldsymbol{A}^2-\boldsymbol{A}=\boldsymbol{O}$ 的特征值,又零矩阵的特征值均为零,于是 $\lambda^2-\lambda=0$.

(3) 提示:$|\lambda\boldsymbol{E}-\boldsymbol{A}|=0\Rightarrow|(\lambda\boldsymbol{E}-\boldsymbol{A})^{\mathrm{T}}|=0\Rightarrow|\lambda\boldsymbol{E}+\boldsymbol{A}|=0$.

第6章 实二次型

习 题 6.1

1. (1) $\begin{pmatrix}2&-2\\-2&5\end{pmatrix}$,秩为2. (2) $\begin{pmatrix}1&-2&-4\\-2&-2&3\\-4&3&3\end{pmatrix}$,秩为3.

(3) $\begin{pmatrix}1&2&3\\2&4&6\\3&6&2\end{pmatrix}$,秩为2. (4) $\begin{pmatrix}0&\frac{1}{2}&\frac{1}{2}\\\frac{1}{2}&0&\frac{1}{2}\\\frac{1}{2}&\frac{1}{2}&0\end{pmatrix}$,秩为3.

2. (1) $5x_1^2+3x_2^2-4x_1x_2$.

(2) $2x_1x_2+4x_1x_3+6x_2x_3$.

(3) $-x_1^2+2x_2^2-3x_3^2$.

(4) $-6x_1^2+3x_2^2+x_3^2+2x_1x_2+6x_1x_3+x_2x_3$.

习 题 6.2

1. (1) $\boldsymbol{x}=\frac{1}{\sqrt{2}}\begin{pmatrix}1&-1\\1&1\end{pmatrix}\boldsymbol{y}$, $f=5y_1^2-y_2^2$.

(2) $\boldsymbol{x}=\frac{1}{3}\begin{pmatrix}1&2&2\\2&1&-2\\2&-2&1\end{pmatrix}\boldsymbol{y}$, $f=-2y_1^2+y_2^2+4y_3^2$.

(3) $\boldsymbol{x}=\begin{pmatrix}\frac{1}{\sqrt{5}}&-\frac{4}{3\sqrt{5}}&\frac{2}{3}\\-\frac{2}{\sqrt{5}}&-\frac{2}{3\sqrt{5}}&\frac{1}{3}\\0&\frac{5}{3\sqrt{5}}&\frac{2}{3}\end{pmatrix}\boldsymbol{y}$, $f=5y_1^2+5y_2^2-4y_3^2$.

(4) $\boldsymbol{x}=\begin{pmatrix}-\frac{1}{\sqrt{2}}&-\frac{1}{\sqrt{6}}&\frac{1}{\sqrt{3}}\\0&\frac{2}{\sqrt{6}}&\frac{1}{\sqrt{3}}\\\frac{1}{\sqrt{2}}&-\frac{1}{\sqrt{6}}&\frac{1}{\sqrt{3}}\end{pmatrix}\boldsymbol{y}$, $f=-\frac{1}{2}y_1^2-\frac{1}{2}y_2^2+y_3^2$.

2. (1) $f=y_1^2+y_2^2-3y_3^2$,变换为 $\begin{cases}y_1=x_1+x_2-x_3,\\y_2=x_2+x_3,\\y_3=x_3,\end{cases}$ 即 $\begin{cases}x_1=y_1-y_2+2y_3,\\x_2=y_2-y_3,\\x_3=y_3.\end{cases}$

(2) $f=2z_1^2-2z_2^2-2z_3^2$,变换为 $\begin{cases}x_1=z_1+z_2-z_3,\\x_2=z_1-z_2-z_3,\\x_3=z_3.\end{cases}$

(3) $f=y_1^2-2y_2^2-2y_3^2$,变换为 $\begin{cases}y_1=x_1+x_2+2x_3,\\y_2=x_2+x_3,\\y_3=x_3,\end{cases}$ 即 $\begin{cases}x_1=y_1-y_2-y_3,\\x_2=y_2-y_3,\\x_3=y_3.\end{cases}$

3. (1) $f = z_1^2 - z_2^2, r = 2, p = 1, q = 1, p - q = 0$.

(2) $f = z_1^2 + z_2^2 - z_3^2, r = 3, p = 2, q = 1, p - q = 1$.

(3) $f = z_1^2 + z_2^2 - z_3^2, r = 3, p = 2, q = 1, p - q = 1$.

(4) $f = z_1^2 - z_2^2 - z_3^2, r = 3, p = 1, q = 2, p - q = -1$.

习　题　6.3

1. (1) 非正定. (2) 正定. (3) 非正定. (4) 正定. (5) 非正定.

2. (1) $-2 < t < 2$. (2) $t > \dfrac{4}{3}$. (3) $t > \dfrac{1}{2}$.

3. 提示：考虑二次型 $f(\boldsymbol{x}) = \boldsymbol{x}^{\mathrm{T}}(\boldsymbol{A} + \boldsymbol{B})\boldsymbol{x} = \boldsymbol{x}^{\mathrm{T}}\boldsymbol{A}\boldsymbol{x} + \boldsymbol{x}^{\mathrm{T}}\boldsymbol{B}\boldsymbol{x}$.

4. 提示：考虑矩阵 $\boldsymbol{A}^* = |\boldsymbol{A}|\boldsymbol{A}^{-1}$ 的特征值.

习　题　六

1. 单项选择题

(1) B. 提示：二次型 f 的矩阵$\boldsymbol{A}$，其主对角线上的元素 a_{ii} 为二次型平方项x_i^2 的系数，其他位置元素 a_{ij} 为交叉项系数x_ix_j 的一半.选项A与选项C的平方项的系数与矩阵$\boldsymbol{A}$ 的主对角向上的元素不对应，选项D的交叉项 x_ix_j 的系数与矩阵$\boldsymbol{A}$ 在(i, j)位置的元素相等，所以均为错误选项.

(2) C. 提示：二次型的秩为其矩阵的秩，其他选项的秩均为 1.

(3) D. 提示：二次型的标准形不唯一，但由惯性定理知标准型中正平方项的个数与负平方项的个数是唯一确定的，计算特征值或配方可知正、负平方项的个数均为 1，所以选项 D 正确.

(4) A. 提示：规范形是特殊的标准形，其非零平方项的系数为 ± 1，且正平方项排在前面，之后排负平方项，系数为零的平方项排在最后，只有选项 A 满足定义.

(5) C. 提示：计算特征值或配方均可以得出正惯性指数与负惯性指数，从而得到规范形.

2. 填空题

(1) 1. 提示：二次型的秩为其矩阵的秩，写出二次型的矩阵，并求矩阵的秩.

(2) $f = y_1^2 - y_2^2$. 提示：通过配方易得标准形，从而知正、负惯性指数均为 1.

(3) $f = y_1^2 + y_2^2 - y_3^2$. 提示：题中的二次型为标准形，可知正惯性指数为 2，负惯性指数为 1.

(4) $f = y_1^2 + y_2^2 - y_3^2$. 提示：由于秩为 3，正惯性指数为 2，可知负惯性指数为 1.

(5) $-\sqrt{2} < t < \sqrt{2}$. 提示：写出二次型的矩阵，计算顺序主子式.

(6) $f = y_1^2 - 2y_2^2 + 4y_3^2$（不唯一）. 提示：用正交变换化二次型为标准形，平方项的系数为其矩阵的特征值.

(7) $a > 1$. 提示：三个顺序主子式均大于零.

3. 计算题

（1）$\boldsymbol{x}=\begin{pmatrix} 0 & 1 & 0 \\ \frac{1}{\sqrt{2}} & 0 & \frac{1}{\sqrt{2}} \\ -\frac{1}{\sqrt{2}} & 0 & \frac{1}{\sqrt{2}} \end{pmatrix}\boldsymbol{y}, f=2y_1^2+4y_2^2+4y_3^2.$

（2）$\boldsymbol{x}=\begin{pmatrix} \frac{1}{\sqrt{3}} & \frac{1}{\sqrt{2}} & \frac{1}{\sqrt{6}} \\ \frac{1}{\sqrt{3}} & -\frac{1}{\sqrt{2}} & \frac{1}{\sqrt{6}} \\ \frac{1}{\sqrt{3}} & 0 & -\frac{2}{\sqrt{6}} \end{pmatrix}\boldsymbol{y}, f=4y_1^2+y_2^2+y_3^2.$

（3）$a=0, b=\pm 2$. 提示：二次型的矩阵为 $\boldsymbol{A}=\begin{pmatrix} 3 & b & 0 \\ b & 3 & 0 \\ 0 & 0 & a \end{pmatrix}$，由题设条件知矩阵的特征值为1，5，0，由特征值之和等于主对角线上的元素和，即 $3+3+a=1+5+0$，得出 $a=0$. 由于1是特征值，于是 $|\boldsymbol{E}-\boldsymbol{A}|=0$，得出 $b=\pm 2$.

（4）$a=2$，正交变换为 $\boldsymbol{x}=\begin{pmatrix} 0 & 1 & 0 \\ -\frac{1}{\sqrt{2}} & 0 & \frac{1}{\sqrt{2}} \\ \frac{1}{\sqrt{2}} & 0 & \frac{1}{\sqrt{2}} \end{pmatrix}\boldsymbol{y}, f=y_1^2+2y_2^2+3y_3^2$. 提示：由题设知 $|\boldsymbol{E}-\boldsymbol{A}|=0$.

（5）$f=2y_1^2+\frac{3}{2}y_2^2+\frac{4}{3}y_3^2$，变换为 $\begin{cases} y_1=x_1+\frac{1}{2}x_2+\frac{1}{2}x_3, \\ y_2=x_2+\frac{1}{3}x_3, \\ y_3=x_3, \end{cases}$ 即 $\begin{cases} x_1=y_1-\frac{1}{2}y_2-\frac{1}{3}x_3, \\ x_2=y_2-\frac{1}{3}y_3, \\ x_3=y_3. \end{cases}$

4. 证明题

（1）提示：正定矩阵的特征值大于0，于是 $\boldsymbol{A}+\boldsymbol{E}$ 的特征值均大于1，矩阵的行列式等于其所有特征值的乘积.

（2）提示：考虑二次型 $f=\boldsymbol{x}^{\mathrm{T}}(\boldsymbol{A}^{\mathrm{T}}\boldsymbol{A})\boldsymbol{x}$，对任意的 $\boldsymbol{\alpha}\neq\boldsymbol{0}$，由于 $\boldsymbol{A}$ 可逆，$\boldsymbol{A\alpha}\neq\boldsymbol{0}$，于是 $f=\boldsymbol{\alpha}^{\mathrm{T}}(\boldsymbol{A}^{\mathrm{T}}\boldsymbol{A})\boldsymbol{\alpha}=(\boldsymbol{A\alpha})^{\mathrm{T}}(\boldsymbol{A\alpha})>0$.

参 考 文 献

[1] 申亚男，张晓丹，李为东. 线性代数[M]. 2 版. 北京：机械工业出版社，2015.

[2] 卢刚. 线性代数[M]. 4 版. 北京：高等教育出版社，2020.

[3] 同济大学数学系. 工程数学：线性代数[M]. 6 版. 北京：高等教育出版社，2014.

[4] Lay D C. 线性代数及其应用：第 3 版[M]. 刘深泉，洪毅，马东魁，等译. 北京：机械工业出版社，2005.

后　记

经全国高等教育自学考试指导委员会同意，由公共课课程指导委员会负责高等教育自学考试《线性代数(工)》教材的审定工作.

《线性代数(工)》自学考试教材由北京科技大学申亚男教授和中国人民大学卢刚教授担任主编.

参加本教材审稿讨论会并提出修改意见的有清华大学杨晶副教授、清华大学朱彬教授和中央财经大学尹钊教授。

编审人员付出了大量努力，在此一并表示感谢!

全国高等教育自学考试指导委员会
公共课课程指导委员会
2023 年 5 月